KB024002

수정 증보판

21세기에 도전하는 영농기술 지침서 34

최신 배 재배

새품종 · 새기술 · 새영농

農學博士 金正浩 編著

오성출판사

품 종

『국내육성품종』

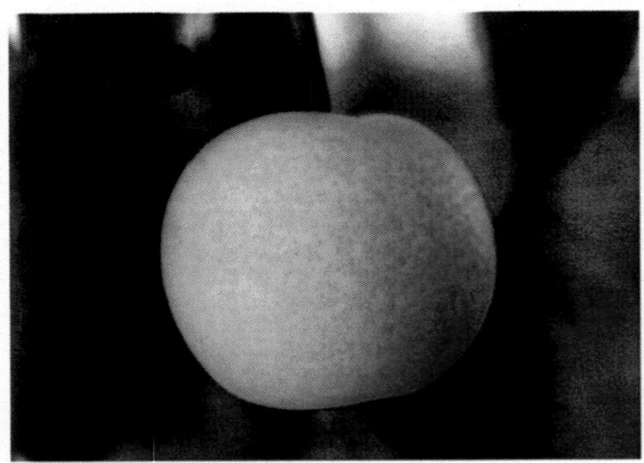

↑ 미니배 - 숙기 8/15

↑ 신천(新千) - 숙기 8/15

↑ 감로(甘露) - 숙기 8/27

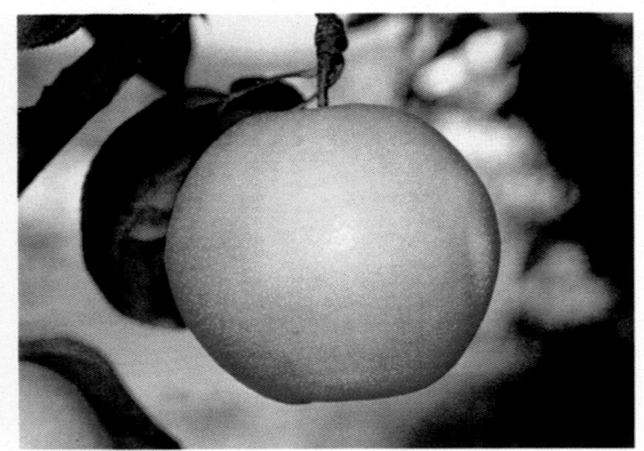

↑ 선황(鮮黃) - 숙기 9/6

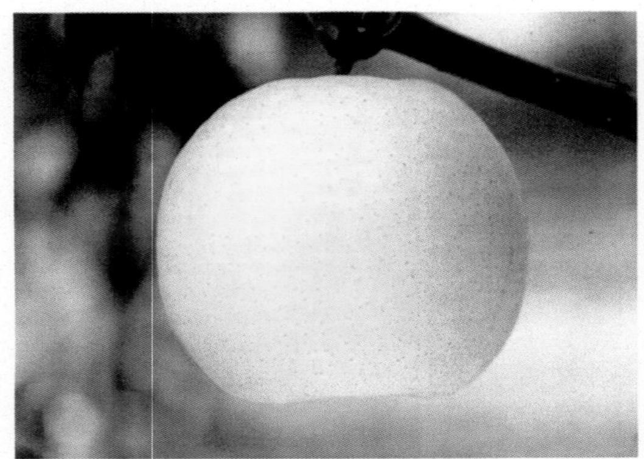

↑ 조생황금(早生黃金) - 숙기 9/8

↑ 원황(園黃) - 숙기 9/12

『국내육성품종』

↑ 신일(新一) - 숙기 9/19

↑ 황금(黃金)배 - 숙기 9/20

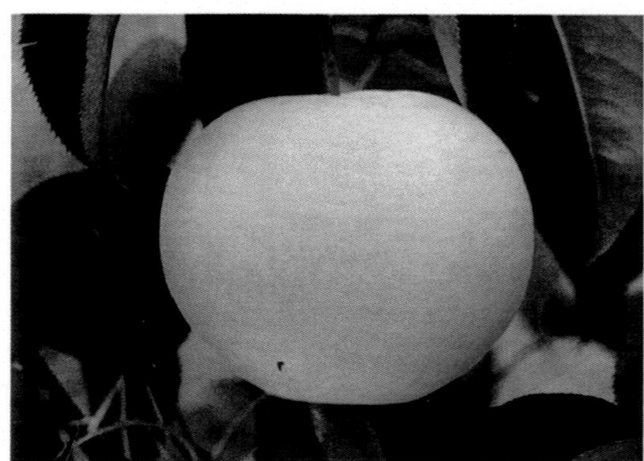

↑ 만풍(滿豊)배 - 숙기 9/23

↑ 영산(榮山)배 - 숙기 9/29

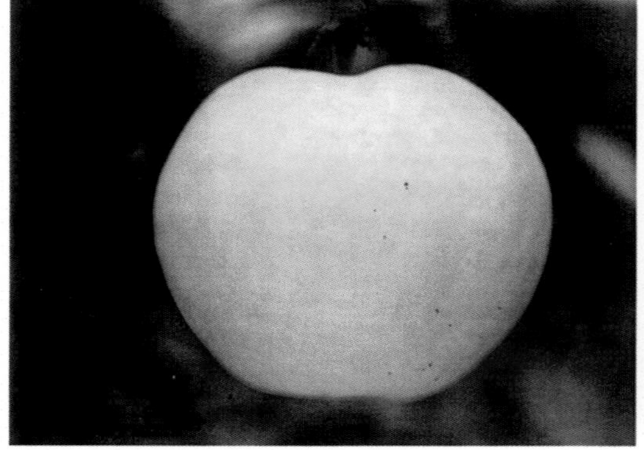

↑ 수황(秀黃)배 - 숙기 10/3

↑ 화산(華山) - 숙기 10/3

『국내육성품종』

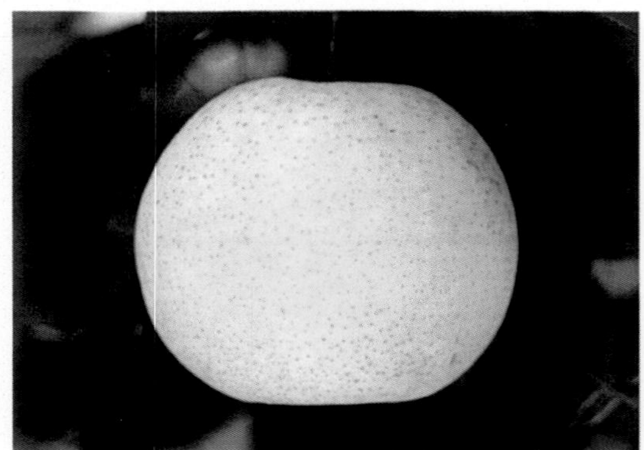

↑ 수정(水晶)배 - 숙기 10/15

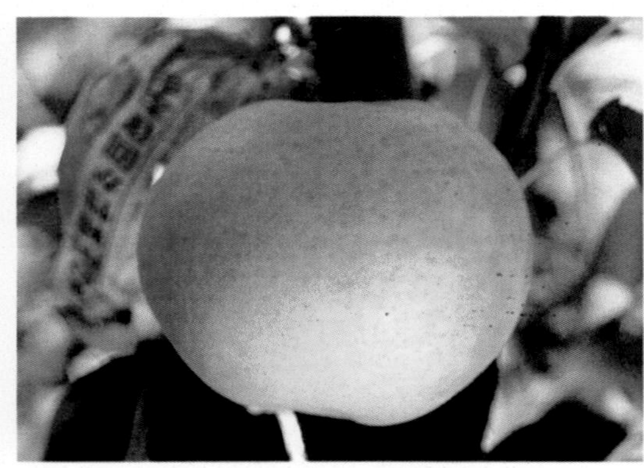

↑ 감천(甘川)배 - 숙기 10/20

↑ 단배 - 숙기 10/20

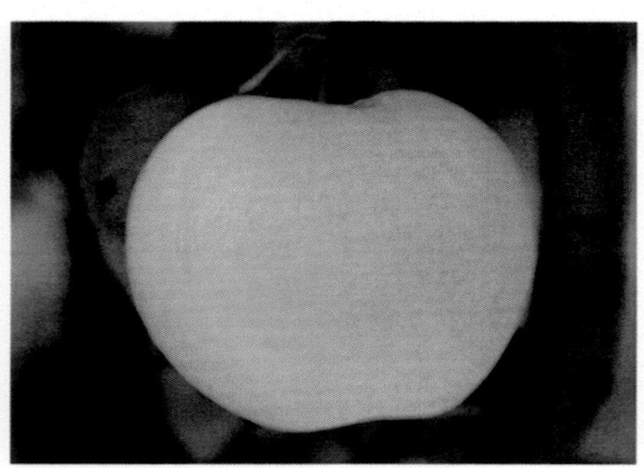

↑ 미황(美黃) - 숙기 10/23

↑ 추황(秋黃)배 - 숙기 10/26

↑ 만수(晩秀) - 숙기 10/30

『재배품종』

↑ 신수(新水) - 숙기 8/20

↑ 수진조생(水振早生) - 숙기 8/25

↑ 행수(幸水) - 숙기 9/1

↑ 장십랑(長十郞) - 숙기 9/22

↑ 풍수(豊水) - 숙기 9/25

↑ 신고(新高) - 숙기 10/10

『재배품종』

↑ 금촌추 - 숙기 10/30

↑ 만삼길 - 숙기 11/7

『서양배』

↑ 바트렛(Bartlett)

↑ 라 프랑스(La France)

↑ 파스 크라상
(Passe Crassane)

『중국배』

← 연변 사과배(華果梨)

생 리 장 해

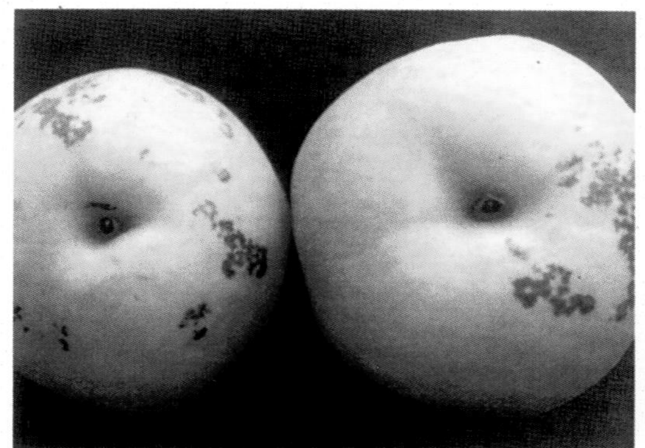
↑ 과피흑변현상

↑ 마그네슘 결핍

↑ 철분결핍

↑ 엽소현상

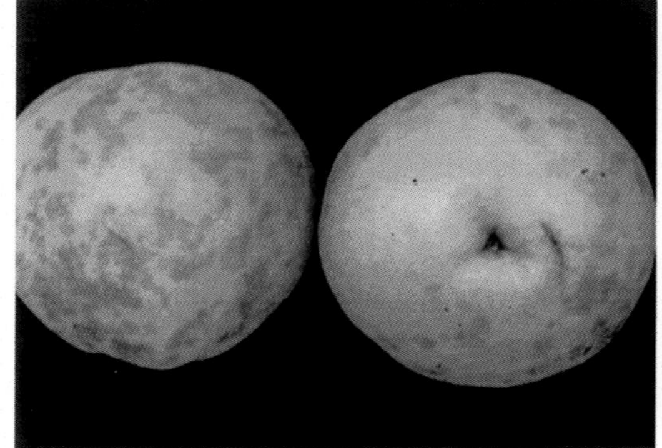
↑ 과피얼룩과

↑ 배 바람들이

병 해

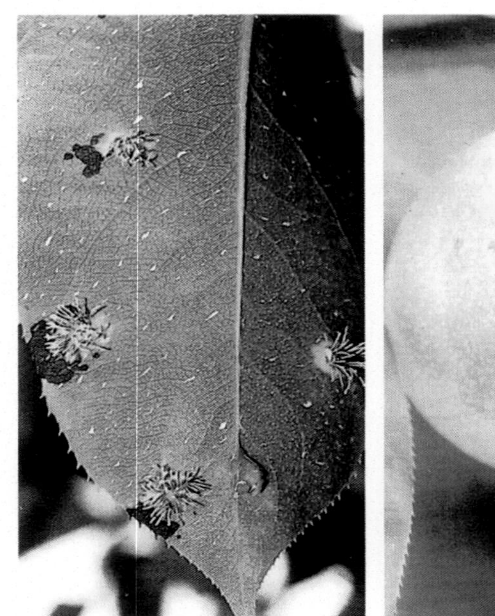
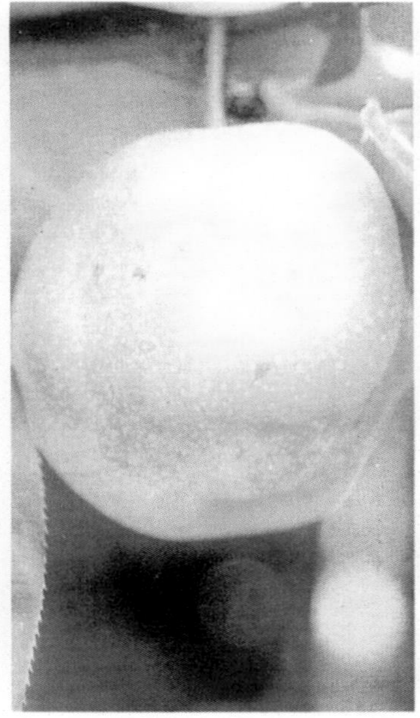

↑ 붉은별무늬병[잎, 과실, 동포자(향나무)]

↑ 검은별무늬병[잎자루, 과실]

검은무늬병[잎, 과실]

겹무늬병[줄기, 잎, 과실]

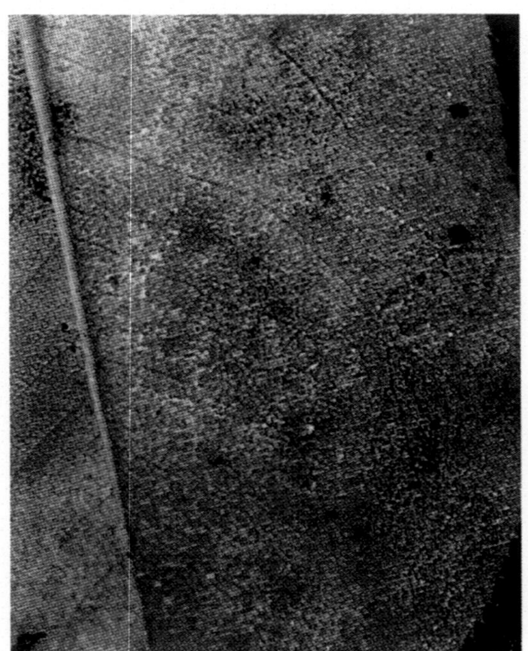

↑ 흰가루병[잎, 병원균]

↑ 가지마름병

↑ 흰날개무늬병

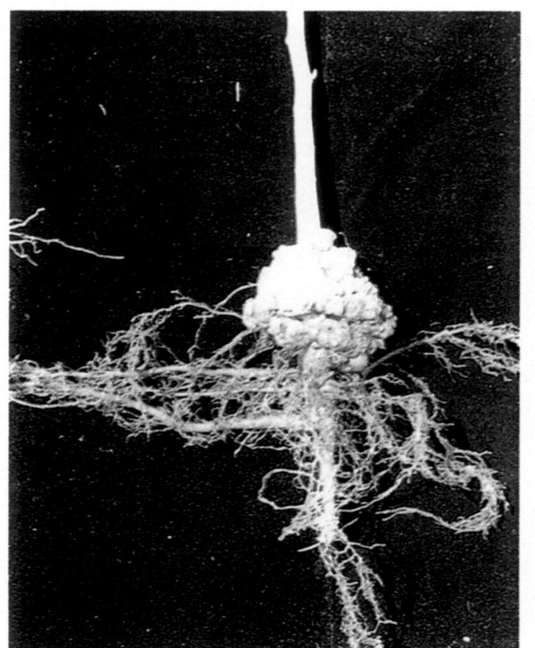

↑ 뿌리혹병

↑ 줄기혹병

↑ 괴저반점병

↑ 모자이크 증상

해 충

↑ 가루깍지벌레[성충, 피해과]

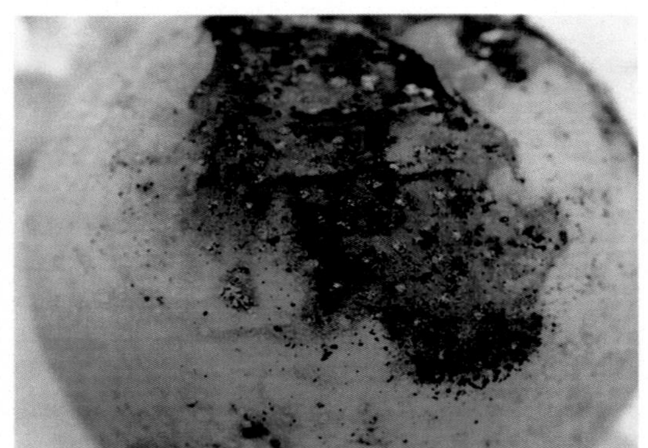

↑ 콩가루벌레[무시충, 피해과]

↑ 꼬마배나무이(어린 약충, 피해엽)

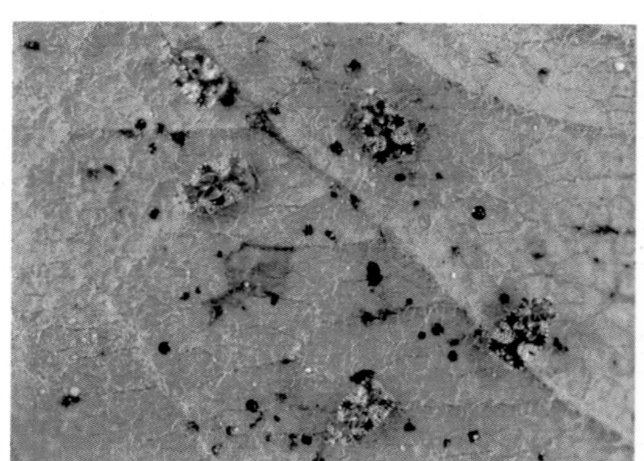

방패벌레[성충, 피해엽]

배나무면충

조팝나무진딧물(무시충)

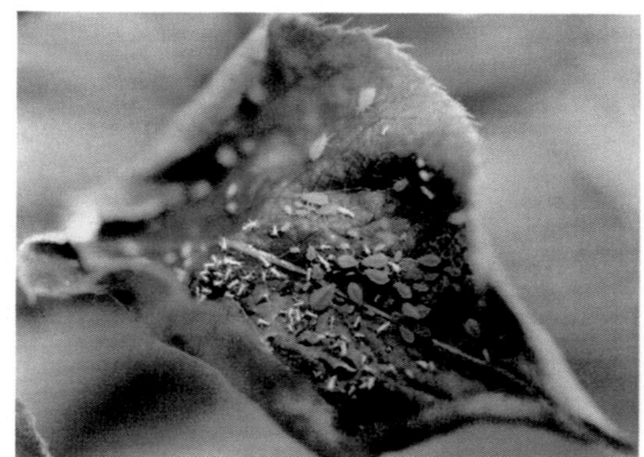

배나무털관동글밑진딧물

복숭아혹진딧물

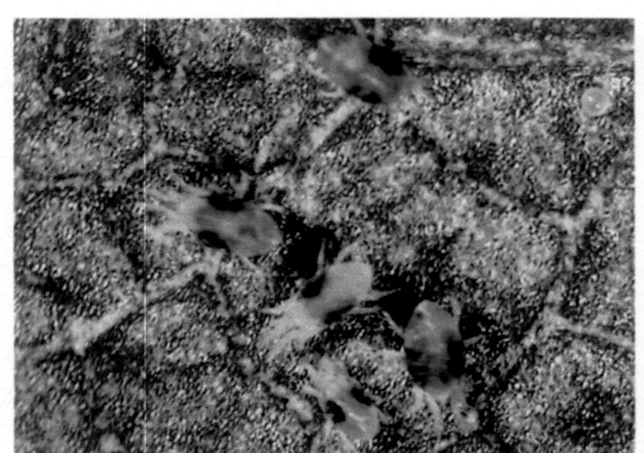

↑ 점박이응애[성충, 피해엽]

↑ 사과응애

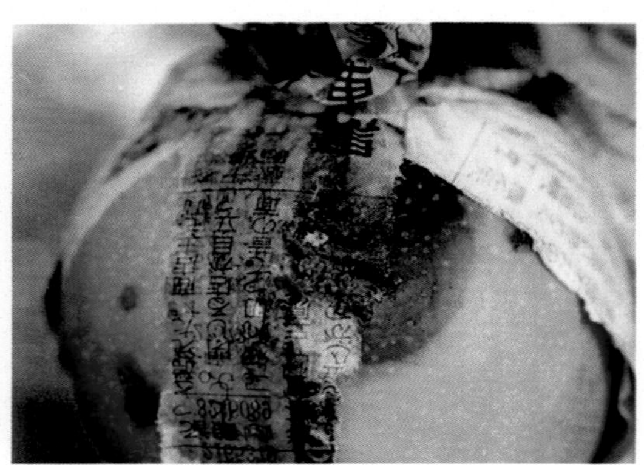

↑ 복숭아순나방(피해과)

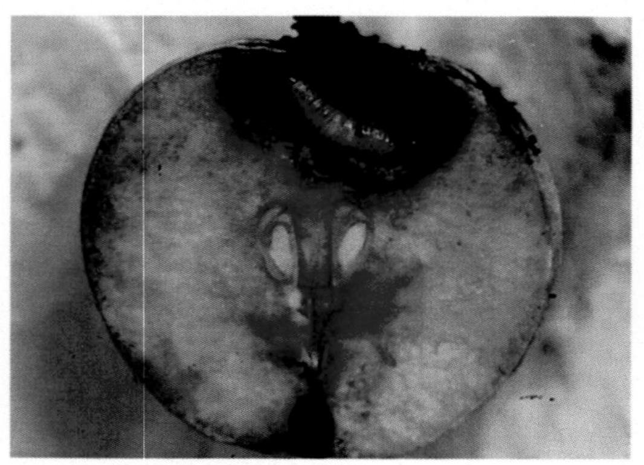

↑ 배명나방(피해과)

『천적을 이용한 생물적 방제』

↑ 기생당한 가루깍지벌레

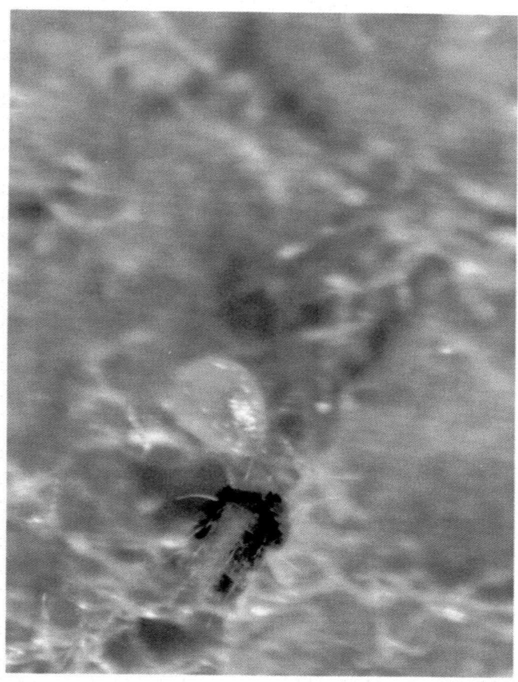

↑ 점박이응애를 잡아먹는 긴털이저응애

『페로몬을 이용한 해충 예찰 및 방제』

↑ 페로몬 트랩

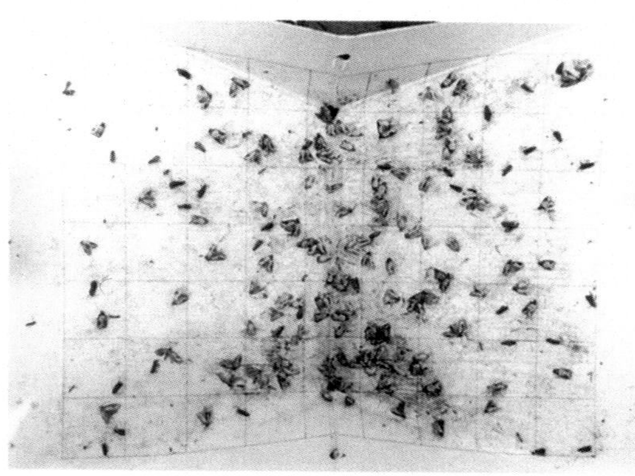

↑ 페로몬 트랩에 유인된 심식충류

생력화 재배기술

↑ Y자 수형

최신 배재배

새품종 · 새기술 · 새영농

農學博士 金正浩 編著

五星出版社

□執　筆　陣□

〈編　著〉

金 正 浩　果樹研究所長 1991. 11.
園藝試驗場長 1983. 1.
濟州試驗場長 1979. 7.
果樹栽培科長 1974. 3.

〈執　筆〉

金 聖 奉　果樹研究所 濟州柑橘研究所長 1993. 7.
果樹研究所 果樹栽培科長 農學博士 1979. 7.

金 容 碩　高嶺地試驗場長, 農學博士 1992. 7
果樹研究所 羅州배研究所長 1974.12

文 鐘 烈　果樹研究所 果樹栽培科長 農學博士

李 燉 均　果樹研究所 育種科長 農學博士

金 基 烈　果樹研究所 果樹環境科長 農學博士

金 榮 培　果樹研究所 加工利用科長 農學博士

尹 千 鍾　果樹研究所 羅州배研究所長 農學博士

金 夢 燮　濟州試驗場 園藝科長 農學博士

金 暉 千　果樹研究所 果樹育種科, 배育種研究室 研究官 農學博士

任 明 淳　果樹研究所 果樹環境科, 昆蟲研究室 研究官 農學博士

張 鉉 世　果樹研究所 加工利用科, 加工研究室 研究官 農學博士

宋 南 顯　果樹研究所 果樹栽培科, 栽培環境研究室 研究官 農學博士

崔 容 文　果樹研究所 果樹環境科, 病害研究室 研究官 農學博士

辛 鏞 億　果樹研究所 果樹育種科, 사과育種研究室 研究官 農學博士

趙 明 東　果樹研究所 果樹栽培科, 果樹省力化研究室 研究官　農學博士

趙 顯 模　果樹研究所 羅州배 研究所, 育種研究室 研究官　農學博士

李 宗 秝　果樹研究所 加工利用科, 包裝流通研究室 研究官　農學博士

孫 東 洙　果樹研究所 羅州배研究所, 暖地果樹研究室 研究官　農學博士

金 點 國　果樹研究所 羅州배研究所, 栽培研究室 研究官　農學博士

洪 庚 喜　果樹研究所 羅州배研究所, 栽培研究室 研究士　農學博士

金 月 洙　果樹研究所 果樹栽培科, 營養生理研究室 研究士　農學博士

張 漢 翼　果樹研究所 果樹環境科, 病害研究室 研究士

鄭 尙 福　果樹研究所 羅州배研究所, 暖地果樹研究室 研究士

黃 海 晟　果樹研究所 果樹育種科 배育種研究室 研究士

朴 鎭 勉　果樹研究所 果樹環境科, 土壤研究室 研究士

黃 晸 煥　果樹研究所 果樹育種科, 사과育種研究室 研究士

崔 成 鎭　果樹研究所 加工利用科, 貯藏研究室 研究士

盧 熙 明　果樹研究所 果樹環境科, 土壤研究室 研究士　農學博士

李 漢 讚　果樹研究所 果樹栽培科, 營養生理研究室 研究士

책 머리에

이 책은 배를 재배하는 농민들이 보다 좋은 품질의 과실을 생산하고 보다 손쉬운 방법으로 농사를 지을 수 있는 길잡이가 될 수 있도록 애써 만든 책이다. 또한 농민들 뿐만 아니라 연구, 지도, 학문을 하는 이들에게도 도움이 될 수 있도록 기초이론을 많이 가미하였다.

한평생 과수를 연구했고, 과수를 연구할 30명의 과수연구소 연구원들이 각자의 전공분야에서 연구하고 경험한 결과를 토대로 이 책이 만들어졌기에 모든 보는 이들에게 새로운 정보를 제공할 수 있는 자료가 되었으면 하는 마음 간절하다.

배에 대한 연구는 1906년 뚝섬에 원예모범장(園藝模範場)이 설치되면서 장십랑(長十郎), 금촌추(今村秋), 만삼길(晩三吉), 태평(泰平), 조생적룡(早生赤龍), Bartlett 등 6품종에 대한 적응시험을 실시한 이후 지금까지 87년의 세월이 흘렀다. 그 동안 배에 대한 연구와 재배면에서 많은 발전은 해 왔지만 다른 과수에 비해서는 아직도 다소 늦은 감이 없지 않았다.

그러나 최근 국내외 고급품의 수요가 증가하고 농가소득이 증대되면서부터 농민의 배 재배 의욕이 급진작되고 있다. 연구면에서도 황금배 등 새로운 우수품종의 육성과 Y자 수형 등 생력형 재배방식이 보급되면서 새 재배기술의 요구도가 점차 높아가고 있다. 이러한 시점에서 그동안 이렇다 할 배에 대한 참고서적이 없었던 것을 감안하여 이 책의 출판을 시도하게 된 것이다.

이 책이 나오기까지 1992년 6월에 계획하고 여러번 원고를 다시 쓰고 교정하는 과정에서 고생을 많이 한 집필자 여러분과 원고와 사진을 정리하는데 수고한 과수연구소 기획실 및 각과 연구원들께 진심으로 감사드리며, 특히 출판사를 오가며 체제와 교정을 위해 애써준 김월수 박사의 노고에 감사드린다. 끝으로 이 책의 출판을 맡아주신 오성 출판사 김중영 사장님께 심심한 감사를 드리는 바이다.

1993년 10월 30일
濟州 塔洞 해변가에서
編著者 金 正 浩

최신배재배 ——— 차례

제1장. 배 재배 현황과 전망

제2장. 배의 영양과 효능

제3장. 배 과수원의 신규조성

제4장. 품종의 특성과 재배상의 문제점

제5장. 품종 갱신

제6장. 결실의 안정

제7장. 고품질과 생산기술

제8장. 배나무의 정지 · 전정

제12장. 식물 생장조정제와 이용방법

제13장. 병해 및 유사 바이러스 증상

제14장. 배해충의 종류와 방제법

제15장. 재해대책

제16장. 배의 시설재배

제17장. 생력화 재배기술

제18장. 과실의 수확 및 수확후 관리

제19장. 배의 저장방법

제20장. 배의 가공

참고자료

제 1 장 재배현황과 전망

1. 배 원산지

현재 생식용으로 재배되고 있는 배속식물은 동양계중 남방형인 일본배(*P. pyriforia. N.*)와 북방형인 중국배 (*P. ussuriensis M.*) 및 유럽계인 서양배 (*P. communis L.*) 등 3종류이다. 이와 같은 배속식물은 현 재배종을 포함하여 30여종이 분포되어 있으나 이들 모두 그 발상지는 중국의 서부와 남서부의 산지로 알려져 있다.

여기에서 한쪽은 동부로 동 아시아를 경유하여 한국과 일본으로, 다른쪽은 서부로 이동하면서 그 일부는 중앙 아시아와 내륙 아시아로, 또 다른 일부는 코카서스, 소아시아, 서부 유라시아 쪽으로 이동한 것으로 되어 있다.

배 재배품종의 2차 중심지는 세곳이 있는데 첫째는 중국을 중심축으로 일본배와 중국배, 두번째는 다지구, 우츠배그 공화국, 인도, 아프가니스탄 등의 지역을 포함하는 중앙 아시아와 서양배와의 교잡종, 세번째는 코카서스 산맥과 소아시아 지역의 근동을 중심축으로 서양배의 재배품종이 발생되었다.

이 결과 배 속의 야생종은 남・북아메리카, 호주 등에는 분포하지 않고 서아시아를 중심으로 동쪽은 중국에서 대만, 한국, 일본에 분포하고, 서쪽으로는 지중해를 중심으로 유럽과 지중해 연안, 북아프리카 등에 분포하고 있다.

2. 우리나라의 배 재배역사

우리나라의 배 재배는 삼한시대와 신라의 문헌에서 배에 관한 기록이 있고 고려에서도 재배를 장려했다는 기록을 보면 배에 관한 역사는 매우 길다. 또 품종분화도 오래전에 이루어졌을 것으로 보이며 기록상 허균(AD. 1611년)의 저서인 도문대작(屠門大嚼)에 5품종이 나오고, 19세기 작품으로 보이는 완판본 춘향전에는 청실배(青實梨)라는 이름이 나오며 구한말에 황실배(黃實梨), 청실배(青實梨) 등과 같은 명칭이 있어 일반에서 널리 재배되었음을 짐작케 한다.

1920년대의 조사에는 33품종에 달하는 학명이 밝혀진 재래종과 학명이 밝혀지지 않은 26품종이 기재되어 있다.

이들 재래종 배의 명산지로는 봉산(逢山), 함흥(咸興), 안변(安邊), 금화(金化), 봉화현(逢火懸, 경기) 수원(水原), 평양(平壤) 등이었고, 품질이 우수한 품종은 황실배(黃實梨), 청실배(青實梨), 함흥배(咸興梨), 봉화배(逢火梨), 청당로배(青棠露梨), 봉의면배(鳳儀面梨),

운두면배(雲頭面梨), 합실배 등이 알려졌다.

이중에서 청실배(青實梨)는 경기도 구리시 묵동리에서 재배되었는데 석세포가 적으면서도 감미가 높고 맛이 뛰어나 구한말까지 왕실에 진상되었다. 그뒤 일본인들이 1920년경 장십랑(長十郎)과 만삼길(晩三吉)을 길렀는데, 묵동은 중랑천변으로 토심이 5~10m로 깊고 배수가 잘되는 사양토로서 맛이 좋아 "먹골배"(墨洞의 우리말)라 불렸다.

그뒤 세월이 흐르면서 여기서 재배되던 품종도 이제는 신고(新高)로 거의 바뀌어져 "먹골배"라는 이름으로 팔리고 있다.

1906년 원예모범장 설치와 함께 장십랑(長十郎), 금촌추(今村秋), 만삼길(晩三吉), 태평조생(太平早生), 적룡(赤龍), 바트렛 등 6개품종이, 1908년까지는 40여품종이 시험장에 도입, 재배되었다.

1945년 이후는 품종도입에서 특기할 만한 것이 없다가 1960년대 이후에 해외연수자 및 미국인 고문관을 통한 유전자원의 도입이 활발히 이루어졌다.

3. 우리나라의 배 재배현황

가. 재배면적 및 생산량

우리나라의 배 재배면적은 '70년에서 '80년까지는 증가하였으나 그후 배 과수원의 도시화, 공장화로 재배면적이 잠식되어 감소추세를 보였다. 그러나 '80년대 말부터는 신고 등 맛좋은 품종의 등장으로 소비수요가 늘어나 소득면에서도 타과수보다 유리한 입장에 놓이자 점차 그 면적이 증가하여 '92년도에는 10,300ha에 이르고 있다. 생산량도 '92년도에는 174,000톤에 이르러 성목비율이 높아지면 생산량도 더 많아질 것으로 본다.

해방전인 1936년 한국(남북한) 전체 면적은 3,330ha, 13,617톤이었고, 1944년 5,345ha, 24,618톤에 비하면 많은 발전을 해온 셈이다. 지역별 배 재배동향('91)을 보면 경기, 전남, 충남, 경남이 전체의 76%로서 이 4개 지역에 편중되어 있다.

〔표 1-1〕 배 재배면적 및 생산동향

(단위 : 면적:ha, 생산량:톤)

구 분	'70	'75	'80	'86	'88	'89	'90	'91	'92
면 적	6,700	7,274	9,311	9,017	8,381	8,792	9,058	9,495	10,300
생 산 량	52,041	49,356	71,596	135,069	191,711	198,852	159,335	165,310	174,000

특히 경기도는 우리나라 제일의 배 재배지역이다. 재배면적은 '70년대까지는 증가했으나 '80년대에 와서는 지역별로 증감의 차이가 심하여 경기, 강원, 충북, 경남, 전북은 감소했으며, 충남, 전남, 경북은 증가하였다. '90년대에 들어와서는 특히 경기, 경북, 경남이 다시 증가세를 보이고 있으며, 최근에 들어와서 경기도의 면적이 감소하고 충남, 전남이 증가되고 있다.

〔표 1-2〕 지역별 배 재배면적 추이

(단위 : ha)

연 도	서 울	부 산	대 구	인 천	광 주	대 전	경 기	강 원
'71	197	3	-	-	-	-	2,587	273
'81	132	145	-	-	-	-	3,101	280
'91	79	27	2	10	85	235	2,497	237
'92	92.8	26.4	1.4	64.1	61.9	208.5	2,616.4	270

충 북	충 남	전 북	전 남	경 북	경 남	계
295	1,148	383	667	238	1,012	6,803
479	1,462	451	1,308	442	1,511	9,311
326	1,561	381	1,868	713	1,474	9,495
325	1,621.5	381	1,817	855	1,845	10,186

나. 재배규모

재배농가수는 '92년 현재 19,814호로서 '82년에 비해 15% 감소했으나 '87년에 비하여 25% 이상 증가하였으며, 재식주수는 40% 이상 증가하여 밀식재배화되고 있음을 알 수 있다.

〔표 1-3〕 연도별 배 재배농가수 및 재식주수

구 분	'82	'87	'92
농가수(호)	23,358	15,894	19,814
주수(천주)	3,604.5	3,150.5	4,471.6
호당주수	154	198	226

〔표 1-4〕 연도 및 지역별 배재배 농가수(1992)

(단위 : 호)

연 도	서 울	부 산	대 구	인 천	광 주	대 전	경 기	강 원
'82	283	105	22	137	-	-	5,283	1,452
'87	195	64	8	80	3	-	3,102	794
'92	106	48	8	75	71	427	3,427	893

충 북	충 남	전 북	전 남	경 북	경 남	제 주	계
1,187	4,567	651	2,502	2,206	4,961	-	23,358
789	2,953	359	2,249	1,555	3,743	-	15,894
1,507	3,027	585	2,995	3,036	3,609	-	19,814

연도 및 지역별 재배농가수를 보면 '92년 현재 경남 3,609호, 경기 3,427, 경북 3,036, 충남 3,027, 전남 2,995의 순이며, 특히 충북, 경북은 '87대비 거의 100% 가까운 급증을 보였다. 또한 경기지역은 수도권지역으로서 '82년의 5,000호에 비해 '87년에 대폭 감소되었다가 다시 증가세로 돌아서고 있다.

경영규모별로 볼 때 '82년에는 전체 농가의 1/4 이상이 0.1ha이하의 영세 재배농이다. 이러한 농가들은 '87년에서 '92년에 오면서 전체의 1/10~1/6로 줄어들었고 0.1~0.5ha의 영세농도 현저히 감소되었다. 이와반대로 1.0ha이상의 재배농가는 현저히 증가되고 있어 전업농으로 가는 경향을 보여 주고 있다.

〔표 1-5〕 연도별 규모별 변화

(단위 : 호)

연도	0.1 ha 이하	0.1 ~ 0.2	0.2 ~ 0.3	0.3 ~ 0.5	0.5 ~ 0.7	0.7 ~ 1.0	1.0 ~ 1.5	1.5 ~ 2.0	2.0 ~ 2.5	2.5 ~ 3.0	3.0 ~ 5.0	5.0 ~ 10.0	10 이상	계
'82	6,176	4,393	3,010	3,680	2,017	1,763	1,298	532	216	120	121	28	4	23,358
'87	1,560	2,777	2,461	3,187	1,855	1,718	1,352	485	239	109	130	21	1	15,894
'92	3,574	3,405	2,567	3,609	2,039	1,999	1,414	609	301	121	140	34	2	19,814

다. 품종구성

품종구성은 '50년~'60년대까지는 장십랑, 만삼길, 금촌추 등 3품종이 한국의 주품종으로서 80%내외를 차지하였으며 기타는 조생적, 이십세기 등이었다.

1970년대부터 신고가 주력품종의 하나로 부상하기 시작하여 1980년대에는 장십랑을 제치고 제1의 품종으로 자리잡았으며 '92년에는 55% 이상으로 과반을 점유하고 있다. 또한 신육성 품종인 황금배(1,024.8ha), 추황배(64.4ha)로 면적이 증가되고 있어 2000년대에는 신고보다 우수한 황금배, 화산배 등의 신육성 품종이 30%정도의 면적을 차지할 것으로 예상된다.

〔표 1-6〕 배 품종의 구성변화 및 2000년대 전망

(단위 : %)

연대	장십랑	만삼길	금촌추	신고	20세기	신행풍 수수수	황금배등 육성품종	기타
1954	30.3	23.8	26.5	0.1	6.2	−	−	13.1
1976	34.5	26.8	7.2	21.0	1.6	−	−	8.9
1987	29.0	19.5	5.1	38.3	−	1.2	−	6.9
1992	20.9	12.9	3.8	55.3	−	2.1	2.0	5.0
2000년 (예상)	5.0	4.0	1.0	40.0	−	10.0	30.0	10.0

※ 농림수산부 (과수재배실태조사. '76, '83, '87)　　농림수산부 (농업통계년보. '75)

〔표 1-7〕배 품종 구성

(단위 : ha)

구 분	품 종	면적(%) '87	면적(%) '92
조 생 종 (1.7)	신 세 기(新 世 紀)	34.0(0.4)	19.1(0.2)
	행 수(幸 水)	32.5(0.4)	72.3(0.7)
	신 수(新 水)	26.8(0.3)	40.1(0.4)
	기 타	72.0(0.9)	41.9(0.4)
중 생 종 (79.4)	신 고(新 高)	3,059.2(38.3)	5,635.3(55.5)
	장 십 랑(長 十 郞)	2,312.8(29.0)	2,126.3(21.0)
	풍 수(豊 水)	61.2(0.8)	101.0(1.0)
	이 십 세 기(二 十 世 紀)	45.1(0.6)	24.8(0.2)
	단 배	37.0(0.5)	–
	황 금 배	3.7(0.1)	104.8(1.0)
	기 타	92.1(1.2)	66.8(0.7)
만 생 종 (18.8)	만 삼 길(晩 三 吉)	1,560.1(19.5)	1,313,8(12.9)
	금 촌 추(今 村 秋)	407.0(5.1)	348.1(3.4)
	조 생 적(早 生 赤)	131.5(1.7)	82.1(0.8)
	신 흥(新 興)	68.8(0.9)	57.4(0.6)
	추 황 배	4.4(0.1)	64.4(0.6)
	기 타	35.8(0.5)	48.9(0.5)
분 류 불 능 (0.1)		2.7(0.03)	2.2(0.0)

※ '92 과수실태조사(MOAFF)

라. 우리나라의 수출

우리나라의 배 수출이 시작된 '71년부터 지금까지 수출물량은 일정하게 증가하지 못하고 '88년까지 증가세를 보이다가 그 이후는 대만과의 국제관계, 개화기 저온에 의한 국내 생산량 감소, 가격상승으로 인한 수출기피 등으로 '90년대에는 급격히 감소하고 있다.

〔표 1-8〕연도별 수출량 및 수출액

구 분	'71	'75	'83	'86	'88	'91
수 출 량(M/T)	540.5	4,372.2	2,631	4,213	5,943	2,331
금 액(천$)	116.312	1,418.9	1,990	4,334	8,200	5,823

우리나라의 최근 수출대상국은 대만, 싱가폴, 미국 등이며, 그외 네덜란드와 말레이지아에서도 좋은 반응을 얻고 있다. 기타 10여국 내외에 소량으로 수출은 되고 있지만 연도별로 차이가 많으며 일정하지가 않다.

〔표 1-9〕 우리나라 연도별 및 국별 수출실적

(단위 : 톤, 천불)

구 분	'89		'90		'91		'92	
	수 량	금 액	수 량	금 액	수 량	금 액	수 량	금 액
계	5,262	8,062	4,361	6,799	2,331	5,823	2,198	3,832
대 만	2,271	3,829	1,438	2,583	1,056	3,012	–	–
싱 가 폴	1,400	1,424	1,342	1,403	232	396	528	864
미 국	932	2,036	745	1,787	566	1,746	516	1,796
네 덜 란 드	90	109	100	133	30	47	128	201
말 레 지 아	188	181	105	130	17	22	–	–
영 국	–	–	7	12	–	–	–	–
캐 나 다	80	91	–	–	–	–	27.3	63
기 타	301	392	624	751	430	600	–	–

※ 무역통계연보

4. 외국의 재배현황

가. 일본의 재배현황

일본배의 전체 재배면적은 20,500ha 내외이나 결과수 면적은 '85년 18,800ha에서 다소 감소하는 추세를 보이고 있다. 생산량도 '91년 15,800톤에서 '92년에 439,700톤으로 증가되었다.

〔표 1-10〕 결과수 면적, 생산량 및 10a당 수량 추이

구 분	'75	'80	'85	'90	'91	'92
결 과 수 면 적(ha)	17,000	17,900	18,800	18,400	18,400	18,300
생 산 량(M/T)	460,500	484,600	461,100	432,000	423,900	439.7
수 량(kg/10a)	2,709	2,707	2,453	2,348	2,304	2,403

품종별 생산 추이를 보면 행수, 풍수, 신고가 증가하고 이십세기, 장십랑, 신수는 감소하는 경향을 나타내고 있다.

품종비율은 행수가 전체의 34%로 해마다 증가 추세인 반면 이십세기, 장십랑은 감소추세에 있다. 품종별 수확량은 신고의 경우 결과수 면적 증가와 작황 양호로 전년대비 28% 증가되었고, 장십랑은 결과수 면적 감소로 14% 감소 되었으며 신수, 이십세기는 거의 전년 수준이다.

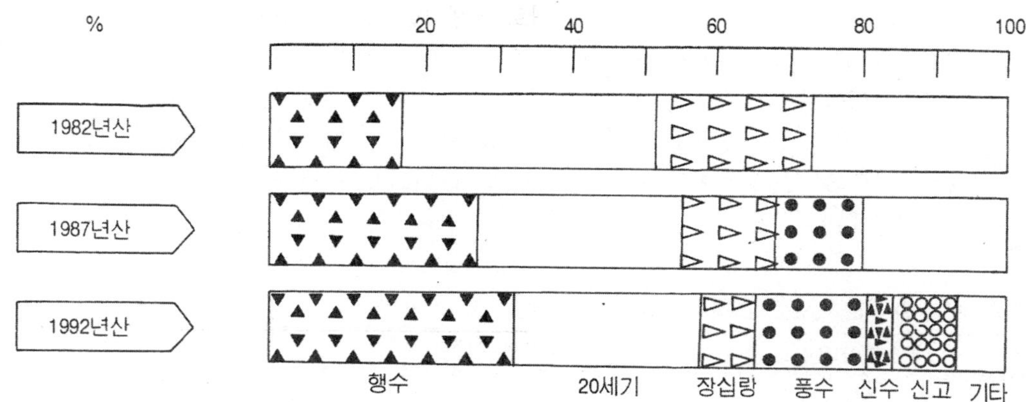

〈그림 1－1〉 품종별 생산량 추이

〔표 1－11〕 품종별 결과수 면적 및 수확량 (1992)

품종	결과수 면적(ha)	수확량 (천톤)	'91 대비 (%)	
			결과수면적	수확량
장십랑	810	18.8	11	−14
행수	6,260	136.2	2	0
신수	462	7.7	−10	−1
풍수	3,480	89.8	4	3
이십세기	4,490	121.8	−4	2
신수	1,040	27.3	4	28
계	18,300	439.7	0	4

나. 중국의 배 재배현황

중국배는 우리나라의 *Pyrus pyriforia* 와는 달리 *Pyrus ussuriensis* (秋子梨)계통 및 *Pyrus bretschneideri* (白梨)계통이다. 이들 계통은 내건성과 내습성이 강하며 중국의 고온 건조한 기후에 적응되어 있다.

'88년 기준으로 2,721천톤이 생산되며 최대 산지는 전국의 약 1/3을 생산하는 하북성(河北省, 825천)이며 다음이 산동성(山東省, 394천), 변령성(遼寧省, 195천), 강소성(江蘇省, 186.2천), 안휘성(安徽省, 139.4천)순이고 그외에도 운남성(雲南省), 사천성(四川省)에서도 10만톤 이상씩 생산된다.

중국배는 다른 과종과 달리 해남지역만 빼고는 전국 어느곳에서나 재배 생산된다는 점에서 그 특징이 있으며 그 만큼 품종의 분화, 발달이 잘 되어 있음을 보여주고 있다. 생산량의 대부분은 중국내에서 소비되고 있으나 일부는 홍콩, 싱가폴, 기타 동남아시아 국가에 소량 수출되고 있으며 품질은 나쁘나 값이 싸므로 그런대로 경쟁력을 갖추고 있다.

우리나라 배와는 달리 육질은 거친편이며 과즙이 적고, 과형은 방추형으로서 우리나라 배와 서양배의 중간형이다.

생산은 '87년에는 2,615천톤을 생산하였고 '90년에는 2,931천톤을 생산하였다. 현재 중국은 배 수입시 감귤류 및 사과처럼 CIF가격의 80% 관세를 부과하고 있으며 수량성은 532 kg / 10a 정도이다.

〔표 1-12〕 재배면적, 생산량 및 수량성('89)

재배면적(천ha)	생산량(천톤)	수량성(kg / 10a)
481.9	2,702.0	532.3

생산량은 '81년의 1,711천톤 생산되었고 해마다 큰 폭으로 증가되어 '90년에는 2,931천톤으로 70% 이상 증가되었다.

〔표 1-13〕 연도별 생산량 추이

연 도	'81	'83	'85	'87	'89	'90
생산량(천톤)	1,711	1,950	2,257	2,615	2,702	2,931

〔표 1-14〕 중국 지역별 배생산량(1989년)

(단위 : 톤)

전국통계	북경	진천	하북	산서	내몽고	변령
2,564,959	63,690	14,232	824,936	68,676	14,467	174,370

길림	흑룡강	상해	강소	절강	안휘	복건	강서
46,838	1,200	12,723	186,728	31,590	129,588	11,011	17,402

산동	하남	호북	호남	광동	광서	서천	귀주
359,419	54,671	75,334	24,638	10,527	17,280	108,023	38,823

운남	서장	협서	감숙	청해	녕하	신강
119,558	217	20,857	63,430	7,299	4,001	63,441

중국의 배 재배품종은 약 110종이 기록되어 있으며 백리계(白梨系), 추자리계(秋子梨系) 및 사리계(砂梨系)로 크게 나눈다.

백리계(白梨系)는 우리나라에서도 재배가 되었던 압리(鴨梨), 자리(慈梨)와 중국의 대표 수출품종인 설화리(雪花梨)와 추백리가 이에 속하며, 설화리를 수출시는 설향리(雪香梨)로 상표를 표시하여 수출하고 있다. 과피가 황색이며, 250g정도의 중과로 장원형이고, 9월 중순에 수확되며 저장성, 수송성이 강하여 수출이 유망하다.

추자리계(秋子梨系)는 경백리(京白梨), 대수리(大水梨), 남과리(南果梨), 추리(秋梨), 자전리(子田梨) 등이며 이중 경백리(京白梨)는 일명 북경리(北京梨)라고 하여 북경지역에서 많이 재배된다. 과실은 75~117g로 작은 편이며 숙기는 9월 상순, 과형은 편원형, 과피는 녹황색~황색이다.

사리계(砂梨系)는 만주 길림성(吉林省) 연변 조선 자치주에서 주로 재배되는 평과리(苹果梨)로 맛은 배와 같으나 과피색이나 과형이 사과와 비슷해서 사과배라고 불려지고 있다. 재배면적은 약 8,000ha로 추정되고 있으며 과실은 평균 250g(종경 6.8, 횡경 7.6cm)으로 중과에 속하나 큰 것은 600g이 되는 것도 있다.

과피색은 수확시에는 황록색이나 저장후에는 담황색이 되며 양광면은 암홍색으로 착색된다. 과점은 가늘고 작으며 갈색이다. 과육은 백색이고 석세포는 적다. 육질은 다소 거칠고 과즙은 많으며 저장뒤에는 감, 산이 잘 어울려 품질은 중상이다. 과피가 엷어 압상을 받기 쉬우며 연변에서는 9월 하순~10월 상순에 수확되며 저장성이 강하여 상온에서도 다음해 5~6월까지 저장된다.

특히 이 품종은 내한성이 강하여 −30℃ 극기온에서도 생육되어 연변지역에서 재배가 가능한 것이다.

〈그림 1-2〉 중국배의 평과리(사과배) 품종

다. 미국의 재배현황

미국의 배 재배면적은 '70년 38.3천ha 였으나 그 이후 계속 감소되어 '91년에는 29.2천ha에 이르고 있다. 생산량은 반대로 '70년의 498천톤에서 '91년에는 821천톤으로 60% 이상 증가되었다.

〔표 1－15〕 재배면적 및 생산량 추이

구 분	'70	'80	'90	'91
면 적 (천ha)	38.3	32.7	28.7	29.2
생 산 량 (천M/T)	498	814	875	821

〔표 1－16〕 미국의 주별 배 생산량

지 역	생 산 량 (천MT)		
	'90	'91	'92
캘 리 포 니 아	301.2	287.6	303.9
콜 로 라 도	2.3	2.8	3.6
컨 네 티 컷	1.0	1.1	1.3
미 시 간	2.3	4.5	3.6
뉴 욕	13.2	13.2	17.2
오 레 곤	211.8	199.6	208.7
펜 실 바 니 아	3.0	5.0	4.5
유 타	2.5	2.0	2.7
워 싱 톤	337.4	304.8	308.4
계	874.6	820.6	854.1

※ N. A. S. S . USDA

미국의 주요 배 생산지역은 캘리포니아, 오레곤, 워싱톤의 3주로서 90% 이상을 생산하고 있다.

품종은 바트렛(Bartlett)이 50만톤 내외로 생산량이 가장 많아 전체의 60%에 해당되며, 그 외에 보스크(Bosc), 레드안쥬(Red Anjou), 단쥬(D'anjou), 윈터 넬리스(Winter Nelis) 등이고 생과보다는 가공용으로 더 많이 이용되고 있다.

〔표 1－17〕 미국의 배 용도별 이용현황

년 도	생 산 량 (천톤)	이 용 (천/MT)	
		생 과	가 공
1970	497.9	179.5	309.3
1980	814.1	313.1	500.1
1990	874.4	423.9	450.3
1991	820.6	420.5	400.0

※ N. A. S. S. USDA

라. 유럽의 재배현황

유럽지역 배재배는 '92 총생산량 3,324천톤중 이태리가 38%에 해당하는 1,264천톤을 생산하며 다음은 독일, 스페인, 프랑스의 순이다. 재배품종은 콘프랜스, 윌리엄 등이 많으며 미국에서 재배면적이 많은 바트렛은 별로 재배하지 않는다.

〔표 1－18〕 EC 국가별 배 생산동향

(단위 : 천톤)

구분	'88	'89	'90	'91	'92	'93추정
이태리	993	709	1,033	837	1,264	930
독일	575	431	364	196	629	383
스페인	457	350	457	253	602	331
프랑스	315	328	325	183	394	272
화란	84	113	90	96	101	150
그리스	91	99	91	74	94	89
포르투갈	41	45	67	89	97	87
벨기에	84	87	62	68	111	123
영국	32	43	37	39	27	44
덴마크	4	4	5	3	6	6
계	2,677	2,409	2,534	1,838	3,324	2,415

※ 조사기관 : Eurostat /Ferrara

동독생산량 포함

〔표 1－19〕 EC국가의 배 품종별 생산추이

(단위 : 천톤)

구분	'88	'89	'90	'91	'92	'93추정
Conference	262	289	324	305	427	386
Williams	260	223	258	180	326	244
Abathe Fetel	186	107	227	132	274	210
Jules Guyot	179	210	194	137	217	139
Kaiser Alex	113	85	121	125	141	97
Doyenne du c	101	81	138	98	197	168
Passe Crassane	146	111	144	54	134	78
기타	1,418	1,303	1,114	793	1,080	773
계	2,212	2,091	2,225	1,705	2,796	2,095

※ 조사기관 : Eurostat /Ferrara

자 료 원 : 화란, Markt Info. PGF

동독생산량 제외

5. 배 재배전망

가. 기상면에서 본 재배전망

동양배 재배에 있어서 경쟁이 되는 나라는 현재 일본 뿐이다. 기상면에서 일본과 우리나라는 휴면기 동해, 만개기의 기온과 서리피해 등은 큰 차가 없으나 배의 품질을 좌우하는 성숙기의 기온은 큰 차이가 있다.

일본은 만생종의 성숙기인 9~10월에 비가 많이 오고 흐린날이 많으며, 태풍도 9월 중순이

후에는 한국을 거치지 않고 바로 일본으로 통과하는 경우가 많아 품질면에서 우리나라보다 불리하다. 반면 겨울과 봄의 기온은 우리보다 따뜻하여 조·중생종 재배에서는 생육 및 과실비대가 빨라 우리보다 유리한 입장에 있다.

따라서 신고를 위시한 중만생종의 재배비율은 한국이 87%인 반면, 일본은 26%에 그쳐 한국은 중·만생종 위주, 일본은 조·중생종 위주의 품종이 재배되고 있어 수출에 유리한 중·만생종은 세계에서 한국이 가장 우수한 품질의 배를 생산할 수 있는 기상조건을 갖고 있다.

〔표 1-20〕 한국과 일본의 9~10월의 기상현황

국 별	강 우 량(mm)	일 조 량(시간)	쾌 청 일(일)
한 국	207	443	12
일 본	386	302	4

나. 품종면에서 본 전망

생활수준의 향상으로 소비자의 욕구는 급속도로 고급화, 다양화되고 있으며, 앞으로의 농산물 개방화에 따라 이 추세가 더욱 가속화되어 양보다는 질을 우선으로 하는 국내외의 치열한 경쟁이 예상된다.

따라서 기존의 장십랑(長十郎), 금촌추(今村秋), 만삼길(晩三吉)은 이미 신고(新高)로 대체되고 있으며 앞으로는 현재 주력품종으로 위치를 굳힌 신고(新高)품종도 새로 개량 육성되어 나온 황금(黃金)배, 추황(秋黃)배, 화산(華山)배, 감천(甘川)배 등으로 점차 대체 가능성이 크다.

추석용 조생종으로는 장십랑(長十郎)을 대체하여 황금(黃金)배, 수황(秀黃)배를, 신고(新高)품종은 화산(華山)배로, 만삼길은 양질저장용 만생종인 추황(秋黃)배, 감천(甘川)배로 대체할 수 있을 것이다.

이들 신품종들은 기존 품종보다 감미가 더 높고 육질이 훨씬 부드러우며 물이 많고 석세포가 적은 반면 병해에 강한 특징을 갖고 있다.

일본은 이십세기(二十世紀)가 주로 수출되고 있는데 우리나라의 신육성 품종인 황금(黃金)배에 비하여 당도가 더 낮고 식미가 떨어지며, 흑반병에 약하여 우리가 유리하다. 우리나라 수출 주력품종인 신고(新高)는 과피흑변, 바람들이 등의 생리장해 문제가 있어 이러한 결점이 보완된 화산(華山)배, 감천(甘川)배 등의 신품종이 앞으로 유망할 것으로 보여진다. 따라서 일본보다 품질이 우수하고 숙기가 다양하여 수출에 유리할 것으로 생각된다.

다. 수출가격면에서 본 전망

최근의 가격동향을 보면 풍작이었던 '89년도 kg당 가격이 867원이었으며 '90년 6월까지는 1,000원 내외의 값을 유지하였다.

〔표 1-21〕 가격동향

(전국 평균 도매가격, 신고, 상품, 원 /kg)

연도	1월	2월	3월	4월	5월	6월	7월	8월	9월	10월	11월	12월	연평균
'89	949	1,027	955	851	1,335	1,200	–	–	896	740	767	812	867
'90	877	935	935	1,047	1,061	976	–	–	1,353	1,366	1,598	1,943	1,209
'91	2,109	2,272	2,546	2,788	3,472	3,700	–	–	1,879	1,487	1,594	1,767	2,361
'92	1,917	2,102	2,276	2,544	2,582	–	–	–	1,941				

그러나 '90년산이 출하되는 9월부터 가격이 '89년에 비해 50~100% 이상으로 폭등하여 '91년 1~6월까지에는 '90년에 비해 2배 이상 4배에 가까운 폭등세를 보였다. 그리하여 '91년 연평균 가격(원 /kg)은 2,361원으로서 '89년에 비해 3배 가까웠으며 그 여파로 해외수출은 '89년의 5,200톤에서 2,300톤으로 현저히 감소하였다.

주요 수출국중 가격이 가장 낮은 나라는 아르헨티나로서 톤당 397$ 정도이고, 가장 비싼 네덜란드는 1,123$이며 기타국은 500~800$ 내외이다.

이에 비해 우리나라는. '90년 현재 평균 2,498$로서 매우 비싼편이나 이는 서양배 또는 중국배와의 가격차이므로 한국배의 특수성을 감안한다면 가격면에서는 경쟁력은 있다고 전망된다.

〔표 1-22〕 주요국 수출가격

(단위 : FOB, US$ /톤)

연 도	프랑스	네덜란드	중 국	아르헨티나	미 국	칠 레	남아공	한 국
'89	633	853	518	431	480	460	642	635
'90	840	1,123	470	397	589	502	759	2,498

※ '90 FAO Trade Yearbook

라. 결론

우리나라는 이상에서 살펴본 바와같이 국내 소비수요는 매년 크게 증가하고 있다. 더욱이 소비량의 대종을 이루는 만생 품종은 최근에 품질이 우수한 추황(秋黃)배, 감천(甘川)배 품종이 육성되어 소비 수요를 촉진하고 있으며, 추석 출하용으로는 황금(黃金)배, 추황(秋黃)배, 신고(新高)대체 보완용으로는 화산(華山)배가 개발되어 국내수요의 고급화, 다양화에 부응하고 있어 국내 전망은 밝다.

또한 수출면에서도 황금배는 캐나다로부터 좋은 평가를 받아 수출주문이 많으나 국내생산 및 가격여건으로 이를 제대로 수용하지 못하고 있어 관계자를 안타깝게 하고 있다('92년 100M /T 수출예정 – 실제 수출량 6M /T, '93년 100M /T 수출예정 – 실제 수출량 12M /T 예상).

그러나 한국은 장거리 수송과 장기 유통보관에 유리한 중만생종 위주로 되어 있어 저장력이 약한 조중생 품종위주로 되어 있는 일본보다 유리하며, 기후 관계로 맛은 우리가 더 우수하여 앞으로 과실의 규격화, 상자 디자인, 개개 과실의 포장 등 외관 유통면을 개선한다면 외국보다 유리하므로 우리나라 배 수출은 우리 노력 여하에 따라 획기적으로 증대될 것이다.

제 2 장 배의 영양과 효능

1. 배의 영양

배에 함유된 영양성분은 먹을 수 있는 가식율(可食率)이 80~82%, 수분함량이 85~88%이며 열량은 51칼로리 정도이다.

주성분은 탄수화물이며 당분은 10~13%로 품종에 따라 차이가 많고 단백질 함량은 0.3% 내외로서 다른 과실과 큰 차이가 없다. 지방질은 0.2%, 섬유소 함량은 0.5%로 다른 과실에 비하여 다소 적은 편이다.

가. 배의 무기성분

우리가 먹는 식품은 알카리성 식품과 산성 식품으로 구별된다. 건강을 지키기 위해서는 알카리성 식품을 섭취하여 혈액을 중성으로 유지하는 것이 건강에 좋다고 알려져 있다.

식품이 산성이냐, 알카리성이냐 하는 것은 그 식품속에 함유한 무기성분의 함량에 따라 구별되는데 무기질 성분중 인(P), 유황(S), 염소(Cl)의 성분은 몸속에서 인산, 유산(硫酸), 염산(鹽酸) 등의 산을 만들어내므로 이들 성분이 나트륨(Na), 칼리(K), 칼슘(Ca) 등에 비하여 많이 함유된 식품을 산성 식품이라고 한다.

이와 반대로 나트륨, 칼리, 칼슘, 마그네슘 등이 인, 유황, 염소보다 많이 함유된 식품은 먹은뒤 몸 속에서 염기성 회분을 만들어내므로 이를 알카리성 식품이라고 한다.

산성 식품의 대표적인 것은 육류, 계란, 곡물류 등이다. 고기나 계란과 같이 단백질이 많은 식품이 산성이 되는 원인은 단백질중에 함유되어 있는 아미노산에는 유황성분이 많은데 이 유황성분이 체내에서 산화되어 유산을 만들기 때문이며, 곡물은 인의 함량이 특히 많아 인산을 생성하기 때문이다.

그러나 과실류는 나트륨, 칼리, 칼슘 등의 함량이 많아 체내에서 알칼리성을 나타내므로 중요한 알칼리성 식품이다. 과실은 유기산을 함유하고 있어 신맛이 나지만 체내에서 이 산이 분해하여 그 회분이 알칼리성이 되므로 맛은 시더라도 알칼리성 식품인 것이다.

따라서 혈액을 중성으로 유지하려면 고기류, 곡물과 같은 산성 식품을 섭취할 때도 과실과 같은 알칼리성 식품을 함께 많이 섭취하는 것이 생활화되어야 한다.

배는 〔표2-1〕과 같이 칼리, 나트륨, 칼슘, 마그네슘의 함량이 75%를 차지하고 인이나 유산 등의 함량이 25% 정도로서 강한 알칼리성 식품이므로 배나 배 가공품를 많이 먹는 것은 우리의 혈액을 중성으로 유지시켜 건강을 유지하는데 큰 효과가 있는 것이다.

〔표 2-1〕 과실의 무기성분 조성

(가식부 100g당 mg)

성 분	사 과	배	감	포 도	매 실	감 귤	바나나
칼 리	57.0	51.0	67.0	57.0	66.0	44.0	56.0
나 트 륨	5.0	8.0	3.0	1.0	3.0	3.0	3.0
칼 슘	10.0	8.0	6.0	12.0	3.0	23.0	1.0
마 그 네 슘	6.0	6.0	3.0	5.0	6.0	5.0	5.0
철	1.1	-	0.7	-	1.0	1.0	0.3
망 간	2.0	-	0.1	-	0.3	0.4	0.4
인	17.0	14.0	1.0	16.0	13.0	13.0	5.0
요 드	3.0	6.0	9.0	6.0	2.0	5.0	3.0
규 소	1.0	3.0	2.0	3.0	5.0	1.0	2.0
염 소	-	-	0.4	1.0	0.2	1.0	1.5

나. 배의 비타민 함량

배에 함유된 비타민의 종류는 다른 과실에 비하여 많은 것은 아니나 사과에 비하여 비타민 B_1, B_2 함량은 다소 많고 비타민 C의 함량은 적다.

비타민 C는 잎에서 동화작용의 결과 생성된 포도당에 의하여 만들어져 이것이 과실중으로 이동하여 저축되는 것으로 알려져 있는데 일반적으로 햇빛이 비타민 C 생성에 많은 영향을 주어 햇빛을 많이 받는 과실일수록 비타민 C의 함량이 많다. 따라서 같은 배중에서도 품종별, 결실 부위별, 숙기별에 따라 비타민 C의 함량이 차이가 있다.

〔표 2-2〕 과실의 비타민류 함유량 (가식부 100g 당)

종 류	비타민 A(IU)	비타민 B_1(mg)	비타민 B_2(mg)	비타민 C(mg)
사 과	10	0.02	0.03	5
배	0	0.06	0.04	4
감	450	0.03	0.03	30
포 도	0	0.05	0.02	5
복 숭 아	0	0.03	0.04	-
밀 감	80	0.10	0.03	40
바 나 나	200	0.03	0.05	10

다. 단 맛

과실류의 품질을 좌우하는 것은 단맛이다. 탄수화물중 단맛을 내는 것은 비교적 저분자(低分子)의 단당류(포도당, 과당)와 이당류(자당)이다.

단맛은 감각으로 느끼는 것이며 정량적으로 비교하는 것은 정확한 판단이 못된다. 보통 감미도(甘味度)는 자당을 100으로 했을때 미각검사(味覺檢査)에 의하여 비교치로 나타내고 있다. 당중에서 과당이 제일 단맛을 많이 느끼게 하고 다음이 자당, 전화당의 순이다.

또한 온도에 의해서도 단맛의 느낌에 차이가 있다. 과당에는 알파(α)형과 베타(β)형의 당으로 구분되는데 베타형은 알파형보다 3배 단맛을 느끼게 한다. 보통은 베타형이지만 과실의 온도를 높이면 알파형으로 변하여 단맛을 감소시킨다.

〔표 2-3〕 당의 종류별 감도

당의 종류	감미도
자당	100
과당	103 ~ 173
전화당	78 ~ 127
포도당	49 ~ 127
맥아당	33 ~ 60
키시로스	40
가락토스	27 ~ 33
유당	16 ~ 28

이와반대로 포도당은 알파형이 감미가 더 높아 베타형보다 1/3정도 더 단맛을 나타낸다.

포도당은 온도가 높아지면 알파형이 베타형으로 변하여 단맛이 떨어진다. 따라서 과당이나 포도당은 온도가 높아지면 단맛의 느낌이 떨어지므로 당의 조성중 과당과 포도당의 비율이 높은 과실은 냉장고에 넣어 차게해서 먹으면 단맛을 더 높게 느낀다.

〔표 2-4〕 과실의 당 조성

(단위 : %)

종류	자당	포도당	과당	전당
사과	2.97	2.39	5.13	10.43
배	0.59	2.27	5.10	7.96
감	0.76	6.17	5.41	12.34
포도	0	8.09	6.92	15.01
복숭아	5.14	0.76	0.93	6.83
감귤	5.37	1.41	1.59	8.67

라. 과실의 갈변 물질

배를 잘라 놓으면 과육이 갈색으로 변하는데 이것은 배속에 함유한 폴리페놀(Polyphenol) 물질이 폴리페놀 산화효소(Polyphenol Oxidase)에 의하여 산화되어 갈색의 착색물질을 만들어 내는 것이다. 따라서 과실속에 폴리페놀 함량이 높으면 갈변하는 정도가 더 심해지는데 금촌추 품종이 갈변이 가장 심하게 나타난다.

이러한 갈변현상을 가정에서 쉽게 방지하려면 1%전후 소금물에 담구어 효소의 작용을 억제시키면 된다. 또 다른 방법은 아스코르브산(비타민 C) 액에 담구어 갈변을 막을수 있는데 이것은 산화 생성물질을 비타민 C가 환원시켜 주기 때문이다.

〔표 2-5〕 배 품종별 부위별 폴리페놀 함량

(단위 : mg %)

부　　위	금촌추	만삼길	신 고	장십랑	비 율
과　　피	21.3	16.2	14.2	10.3	76.94
과육+과피	4.2	3.2	2.8	0.7	18.19
과　　육	1.31	1.2	1.2	0.1	4.87

※ 과육 두께 : 5 mm, 수확시 조사

2. 배나무 및 배의 효능

〈배나무 잎〉

배나무 잎는 알푸진과 단령질(單寧質)성분이 3% 함유되어 있어 토사광난이나 갑자기 배탈이 났을때 배나무 마른잎 10g을 달여서 4~5회 마시면 효과가 있다. 특히 어린아이가 갑자기 복통이 심할때는 배나무 잎을 진하게 달여 4~5회 마시게 한다(千金方). 또한 요도(尿道)를 소독하고 소변을 잘 나오게 하는 효과도 있다(植物辭典).

〈배나무 껍질〉

배나무 껍질은 부스럼이 생기거나 옴이 올랐을때 달여서 마시면 효과가 있다(草本).

〈배 과실〉

① 가례기침

담이 나오는 기침에는 배즙 100cc와 무우즙 100cc를 혼합한 다음 생강즙 30cc를 타서 한꺼번에 마신다(百病禾必方).

기침이 아주 심할때는 배 1개를 썰어 우유나 양유와 섞어 달여서 먹는다(海上方).

가례가 심한 천식에는 큰배 한 개를 쪼개어 배속을 긁어내고 그 속에 검은콩을 채워넣고 두쪽을 합한 다음 문종이를 물에 적시어 배를 싸서 불속에 넣어 충분히 익힌 후에 콩을 꺼내어 짓이겨 먹으면 효력이 있다(醫古適方).

어린아이의 기침이나 백일해(百日咳)에는 큰배 한 개에 젓가락으로 50개 정도 구멍을 내고 그속에 후추를 한알식 넣은 다음 밀가루 반죽으로 배를 싸서 불속에 넣어 익힌후 후추를 빼고 배를 먹이면 효과적이다(本草).

② 해열

배의 성질은 냉하나 소화에 효과가 있고 대변이나 소변을 잘 나오게 하며 몸에 열을 내리게 한다. 동남아 등 열대 아열대 국가에서는 학질 모기에 물려 심하게 열이 생기는 말라리아나 권태, 근육통, 두통 등의 증세를 보이는 뎅구(dengue)열 등에 배가 명약으로 알려져 있어 이 나라 사람들은 배를 희귀하게 생각하고 있다.

이는 배가 말라리아나 뎅구열에 직접적으로 약효가 있는 것은 아니고 고열로 다른 음식을 먹을 수 없을 때도 배는 시원하게먹을 수 있고 과실속에는 비타민 B와 C가 함유되어 있어 해열효과가 있기 때문이다(果實酒와 草木의 百種). 또한 어린 아이에 열이 있을 때는 배즙을 내어 죽을 쑤어 먹이면 효과적이다(聖德方).

③ 숙취

갈증이 심하거나 심한 숙취에는 배가 간장 활동을 촉진시켜 체내의 알콜성분을 빨리 해독시키므로 주독이 풀어지고 갈증도 없어진다(本草).

④ 배변(排便)

배를 많이 먹으면 지라(脾)가 냉해져서 설사가 나는데 껍질과 같이 먹으면 껍질에 배를 소화시키는 효소와 탄닌성분이 많기 때문에 설사가 적게 난다. 젖먹는 어린이가 있는 어머니나 허약한 사람은 배를 너무 많이 먹지 말아야 한다(本草備要).

⑤ 연육(軟肉)

배는 고기를 부드럽게 하는 연육 효소가 있으므로 배를 채로 썰어서 고기와 섞어 하룻밤 재웠다가 먹으면 고기가 연해지고 소화가 잘된다.

⑥ 종기

종기의 근(根)을 뺄때는 생 배를 썰어서 환부에 붙이면 근이 빠진다(錄山方).

제 3 장 배 과수원의 신규조성

과수원을 신규 조성할 때는

① 개원하려는 과수원의 위치가 배나무를 심는데 기상적인 문제점이 있는지 적지여부를 우선 검토해야 한다.

② 토양조건과 지형에 따라 작업이 간편하고 배수가 잘 될 수 있는 방향으로 배수구, 배수로 및 농로를 조성하여 나무를 심을 수 있는 기반을 완성한다.

③ 나무를 심을 때 가장 중요한 것이 품종의 선택이다. 품종은 과수원의 규모, 위치, 경영상의 문제, 수분수의 선택 등을 고려하여 수요시기에 알맞는 품종 또는 단경기에 출하할 수 있는 품종을 선택하는 것이 유리하다.

④ 심으려는 품종의 묘목이 준비되면 수형에 알맞는 재식거리를 결정하고 토양조건에 따라 묘목심는 시기를 결정한다. 따뜻한 지역에서는 가을에, 추운 지역에서는 봄에 심도록 준비한다.

⑤ 묘목을 심은 후에는 관리를 철저히 하여 말라죽는 묘목이 생기지 않도록 하고 건전하게 자랄 수 있도록 어린나무 관리를 잘해야 한다.

1. 적지선정

배나무는 영년생 과수로써 한번 심으면 그 자리에서 25~30년 이상 계속하여 생산을 해야 하므로 새로 과원을 조성할 때 품질 좋은 과실이 생산될 수 있는 적지의 선정이 가장 중요하다.

특히 배는 기온에 따라 동해, 서리피해 등의 영향을 받을 뿐만 아니라 품질에도 큰 차이를 가져오므로 지역에 따라 품종의 선택도 달리해야 한다.

따라서 배과수원을 조성할 때는 우선 기상과 토양조건, 지형 등을 고려하여 적지 적품종을 심어야 한다.

가. 기상조건

1) 온도

우리나라 배는 한냉지에 심으면 대체적으로 과피의 외관은 좋아지나 과심이 커지는 반면 알이 작아지며 당도가 낮아지는 경우가 있다. 반대로 너무 더운 곳에 심으면 알이 커지며 환원당의 비율이 높아져 단맛은 강하나 과피가 조잡해진다.

우리나라의 배 재배 분포는 서울 이북을 비롯하여 남부의 울산, 나주 등 전국에 걸쳐 이루어지고 있다.

경제적 재배온도는 생육기간중 고온량지수(월평균 5℃ 이상의 달에서 5℃ 뺀 온도 합계)가 85℃선이며, 충남이북 지방은 조·중생종 재배는 적합하나 만생종은 생육기간중의 적산온도가 부족하여 과실 품질 저하로 부적합하다.

남부지방에서는 조생종~만생종 모두 품질이 우수하여 기온상으로 재배적지라고 할 수 있다. 배의 주산지는 1일 평균기온 10℃ 이상 일수가 215~240일이 되어야 한다. 한국배의 자발휴면 완료기는 12월 하순~1월 중순이다.

가) 동해온도에 따른 적지구분

우리나라는 대륙성 기후의 영향을 받고 있기 때문에 겨울 휴면기간중 저온에 의한 동해를 간혹 받고 있다. 배나무는 영하 25~30℃에서 5시간 정도만 지속되어도 동해를 받기 때문에 그 이하로 내려가지 않는 지역에서 재배해야 한다. 우리나라의 생육기 및 8~9월의 평균기온을 기준으로 배 재배적지를 구분한 것을 보면 〈그림 3-1〉과 같다.

- **지대구분**

1 지대 : 생육기(4~10월)의 평균기온이 19~21℃이고, 8~9월의 평균기온이 22℃ 이상이며 동해 위험이 없는 지역

2 지대 : 생육기(4~10월)의 평균기온이 19~21℃이고, 8~9월의 평균기온이 22℃ 이상이며 동해 위험이 예상되는 지역

3 지대 : 생육기(4~10월) 및 8~9월의 평균기온 중 하나가 적지에 들고 동해의 위험이 예상되는 지역

4 지대 : 생육기(4~10월) 평균기온이 19℃ 이하, 8~9월의 평균기온이 22℃ 이하이며 동해 위험이 예상되는 지역

5 지대 : 극기온이 -25℃ 이하로 재배 부적지

〔표 3-1〕 우리나라 주요 지방의 기온

지역	연평균 기온(℃)	4~10월 평균기온(℃)	겨울 극기온(℃)
강릉	12.1	18.56	-20.2
서울	11.1	18.76	-23.1
추풍령	11.5	18.56	-17.8
포항	13.0	19.07	-15.0
대구	12.6	19.62	-20.2
전주	12.4	19.36	-17.1
울산	12.8	18.95	-16.7
광주	12.8	19.48	-19.4
부산	13.8	19.49	-14.0
목포	13.4	19.63	-14.2

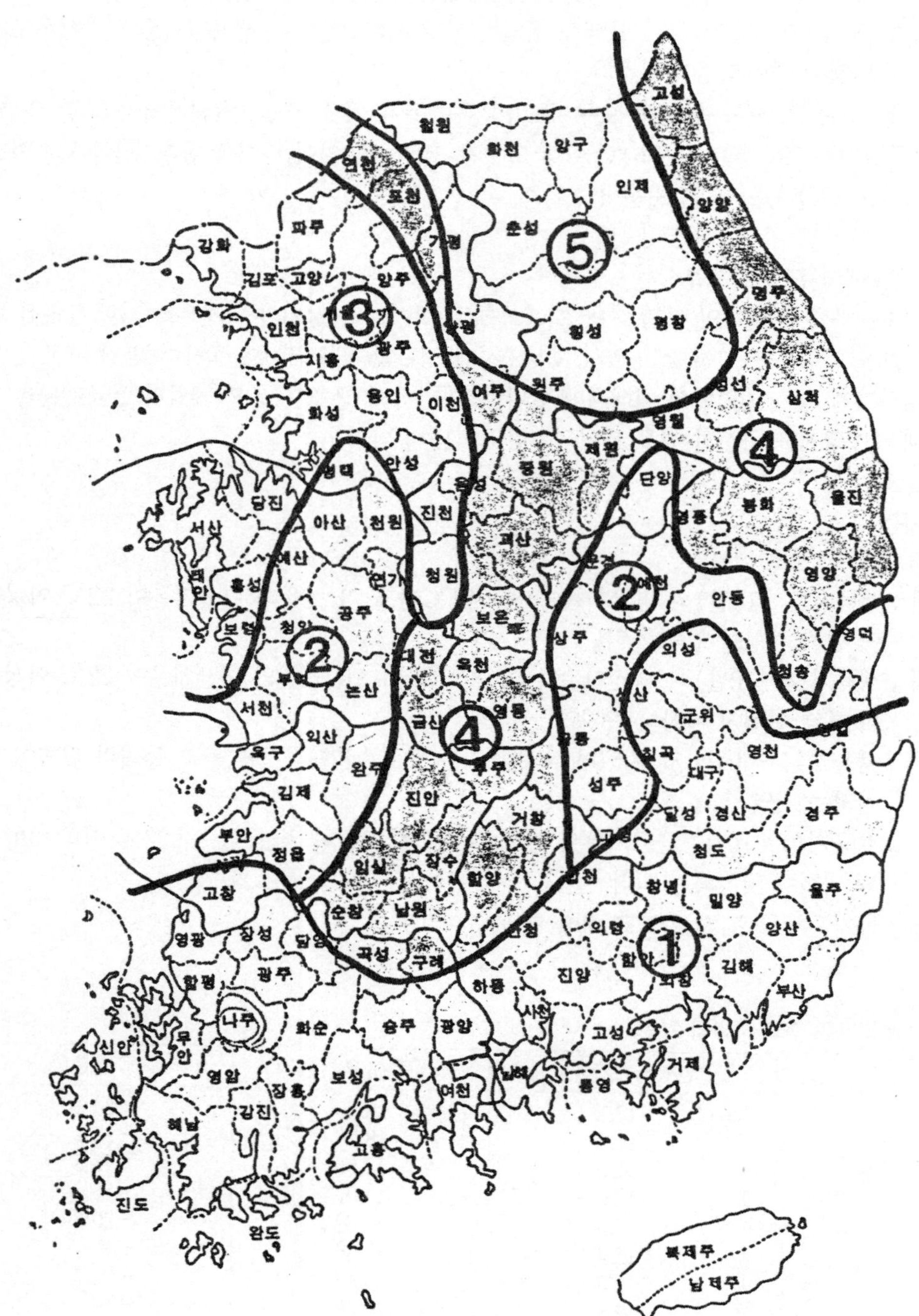

〈그림 3-1〉 배 재배지대 구분도(농진청 농업경영자료 제 59호)

※ ○내 번호는 지대구분 표시

나) 개화기 저온

개화기 저온은 화기에 직접 동해를 주어 수분과 결실에도 큰 영향을 미친다. 화분 매개곤충인 꿀벌은 18.3℃ 이하에서는 벌집에서 나오지 않으며 바람이 적고 기온이 21℃ 되면 활발히 날아다니면서 수분작용을 한다.

개화기간중 평지밭의 평균기온이 20.2℃ 일때 경사지 북향의 배과수원에서는 16℃가 되며, 곤충의 비례수는 평지 100으로 하였을 때 북향 배과원은 2.3으로 매우 적다.

따라서 개화기간중 일기에 따른 기온 강하는 곤충의 활동을 현저히 억제하게 되므로 착과에 큰 영향을 준다.

다) 기온과 품종선택

(1) 생육기간중 온도는 과실의 모양과 품질에 영향을 준다. 장십랑과 같이 원형인 품종은 영향이 적으나 금촌추, 만삼길 등 과형의 변이가 큰 품종은 크게 영향을 받는다.

장십랑처럼 건조하고 냉량한 지방에서 생산된 과실은 습윤 온난한 곳에서 생산된 과실에 비하여 타원형이고 과심이 크다.

만삼길에서 9~10월의 월평균기온이 20℃인 지방에서 생산된 것은 풍만한 원형을 나타내지만 이보다 온도가 낮은 지방에서 생산된 과실은 장원형이고 품질도 떨어진다.

(2) 배의 품질을 지배하는 당분의 종류 및 함유 비율은 온도와 깊은 관계가 있다. 기온이 낮은 지방에서 생산된 과실은 환원당이 많으며, 기온이 높은 지방에서 생산된 과실은 비환원당인 자당이 많다.

만생종인 만삼길 품종 중 중부이북 지방에서 생산된 과실은 당의 대부분이 환원당이고 비환원당인 자당이 적기 때문에 품질이 좋지 못하다. 이와같은 현상은 수확전 저온에 의한 것으로 생각된다.

(3) 품질이 좋은 과실을 생산하기 위해서는 생육기의 온도가 높고 수확기까지의 적산온도가 높은 지방이어야 한다. 조·중생종 품종은 중부이북 지방에서도 품질이 좋은 과실이 생산되나 만생종은 남부지방에서 생산된 과실의 품질이 좋은 것은 이러한 이유 때문이다.

2) 강우량

한국배는 생육기간중 강우량이 많고 습윤한 기후조건에 적합한 과수이다. 생육기간중 기온이 낮고 강우량이 적은 지방에서 생산된 과실은 품질이 떨어진다. 특히 공기습도는 과피색과 밀접한 관계가 있다.

생육기간중 다습한 기후조건에서 장십랑과 조생종 품종은 적갈색을 나타내고 여름철 건조한 기후에서는 중간색을 띤다. 금촌추와 만삼길 등은 기후의 건습에 관여하지 않고 적갈색을 띤다. 과피에 형성되는 과점콜크인 녹도 생육기간중 강우량의 다소에 따라서 영향이 다르다.

4~10월 강우량이 많은 지방에서 생산된 과실은 과면이 거칠고 과점이 크며 일정과피 표면적당 과점수가 많다. 생육기간중 강우량이 적은 지대에서는 봉지재배를 하여 봉지내 습도의 변화를 적게한다. 이렇게 하여 생산된 과실은 과면이 매끄럽고 윤기가 나며 과점이 적고 녹이 적

어 외관이 아름답다.

과육중의 석세포는 건조한 지역에서 생산된 과실에 많이 생긴다. 이러한 현상은 공중습도의 원인 뿐만이 아니고 토양수분 부족에 따른 칼슘 흡수 장해 또는 고온에 깊은 관계가 있다.

〔표 3-2〕 우리나라 주요 지방의 강우량

(단위 : mm)

지　역	연 강수량	4~10월 강수량	지　역	연 강수량	4~10월 강수량
강　릉	1,282.2	957.5	전　주	1,240.7	1,042.9
서　울	1,259.2	1,097.4	울　산	1,217.6	993.1
인　천	1,092.8	944.1	광　주	1,222.8	1,008.2
추 풍 령	1,146.7	968.4	부　산	1,381.6	1,141.1
포　항	1,027.9	805.1	목　포	1,125.9	902.5
대　구	979.3	836.0	여　수	1,313.7	1,107.0

3) 일 조

배나무는 광선 부족에 매우 민감한 과수이다.

묘목밭에 갈대발을 1년간 피복한 시험에서 무처리구의 신초 생장량을 100으로 할 때 갈대발 1겹구는 61, 2겹구는 57이었고 묘목 고사율이 60%였으며, 지하부의 발육도 표준구에 비하여 현저히 부진하였다.

차광에 의한 배의 건물량 생성기능은 사과와 같이 타과수에 비하여 가장 심하게 영향을 받는 과수이다. 특히 칼리성분이 부족한 경우 직사광선을 받지 않는 단과지의 과실은 비대생장이 억제되어 소과로 되는 경우가 많다.

과실의 당도에 영향을 미치는 광선의 효과는 광선 투과가 다른 봉지를 20세기 품종에 씌운 후 성숙과실의 당함량을 비교분석한 결과 봉지를 씌우지 않은 과실의 당도가 가장 높고 봉지 종류에 따라 7~8%까지 차이가 있었다.

광선투과가 가장 낮은 흑색봉지구에서는 5%로 감소되어 차광과는 관계가 있는 것으로 밝혀졌다. 과실의 당분은 과실에 인접한 잎의 동화작용에 기인하여 생성된 것이고, 과실 자체에 의한 광합성 작용은 극히 적은 것으로 생각된다.

4) 서리피해

개화기 직전부터 낙화직후에 늦서리가 오는 경우 배꽃의 피해는 암꽃의 배주와 태좌에 해가 가장 심하고 다음은 암술머리이다. 수꽃의 꽃밥, 꽃가루, 수술대와 꽃받침은 피해를 약간 받으나 화경에는 피해를 받지 않는다.

온도강하가 심하고 저온 시간이 길어지면 꽃과 꽃봉오리 자방중의 배는 흑변하여 동사하고 화탁 및 화경의 외피도 쉽게 물러진다. 수꽃의 피해는 거의 없으나 개약한 약에서 꽃가루 양이 감소하고 화판은 변색된다.

개화시 동해로 배(胚)가 사멸한 과실이 종자가 없는 상태로 수상에서 성숙기까지 남아 있는 경우는 정상과의 1/3 정도밖에 자라지 않으며 감미도 적어진다. 품종에 따른 서리피해 저항력의 차이는 수령, 수세, 환경조건, 개화시 등 각종 요인의 영향을 받게 되므로 정확한 판단은 곤란하다. 개화기가 늦은 품종일수록 피해는 적게 발생한다.

개화기중 서리피해를 방지하기 위해서는 방상림설치, 연소법, 방상선풍기 설치, 관수 등의 방법이 행해지고 있다. 방상림의 설치는 배과수원 외측에 냉기가 내려오는 방향으로 설치하여 인위적으로 배과수원내의 미기상의 변화를 주는 방법으로 방상림의 높이는 배나무 높이의 2배 이상 되어야 효과가 높다.

관수처리는 서리가 올 염려가 있는 경우에 서리가 오기 전에 배과수원에 충분히 관수하여 공중습도를 높여 열의 복사를 막으면서 토양의 열량을 증가시킴으로써 냉각온도를 지연시켜 저온피해를 감소시키는 방법이다.

나. 토양조건

1) 토양공기

배나무의 신초생장을 억제시키는 것은 토양내의 산소농도 부족이다. 밀봉처리한 포트 내에 토양공기의 산소농도가 7~8%일 때는 배 묘목이 정상적인 생육을 한다.

배 뿌리의 발육은 토양공기중의 산소농도가 5% 이상이면 표준구 20%에 비하여 크게 떨어지지 않아 뿌리는 포트 하층까지 신장하고 왕성하게 신근을 발생시킨다. 배 신근의 생성을 억제하는 산소농도는 2% 이하이다. 포트 내 산소 통기를 2% 이하로 연속 처리한 구의 뿌리신선중은 20%로 산소를 통기한 구의 50% 이하로, 산소결핍은 배 묘목의 생육에 큰 영향을 주게 된다.

2) 토양수분

배 묘목생육에 미치는 토양 수분함량은 건토중으로 하여 30~40%가 가장 양호하며, 20% 이하에서는 현저히 억제되고, 15%로 되면 지상부는 생육이 정지되며, 9%에서는 위조되기 시작한다.

배뿌리는 30~40%의 적습의 수분에서는 외피는 황갈색~선갈색을 나타내고 흡수부가 크게 자라지만 토양수분이 10% 내외로 되면 뿌리색은 암갈색으로 변하고 굵기도 가늘어지며 신근이 형성되어도 백색부는 볼 수 없게 된다. 이와 같이 배생육에 적합한 토양수분은 높아야 한다.

3) 토양의 내건성 및 내수성

배나무의 내건성이 토양수분 당량에 가까운 24%에 달하면 가지의 생장이 정지되고 잎의 위조가 시작되므로, 건조에 대한 저항성이 타 과수에 비하여 현저히 약하다.

내수성과 관련되는 가지신장, 잎의 위조, 동화작용, 뿌리신장, T/R율의 변화를 보면 포도와 같은 내수성이 강하고, 복숭아, 무화과는 약하며 배는 중간에 속한다.

배나무 내수성의 강약은 토양내 뿌리의 호흡량과 밀접한 관계가 있다. 굴취한 뿌리가 산소 농도가 낮은 수중에 침지하여 견디는 성질을 보아도 배나무는 감, 포도에 비하여 약하고 복숭아보다는 강하다.

4) 토양의 비옥도

배나무는 비옥하고 경토가 깊은 토양이 알맞으며 하층토는 배수가 양호하고 토양수분량이 높은 사양토, 식양토, 식토 등에 적합하다. 생산력이 높은 우량과원과 불량과원의 토양 각층에서 수분과 공기함량을 비교 분석해 보면 우량원은 공기함량이 많다.

표층에서 60cm 깊이까지 공기 함량이 10% 이라도 지하수가 유동하고 있으면 신선한 산소가 용존하고 있어 직근은 토양 깊이까지 신장한다. 지력이 척박하고 건조한 사토에 심어진 나무는 영양생장이 불량하고 수량이 적으며 석세포가 많아, 육질이 불량한 과실이 생산된다.

다. 지 형

평탄지는 경사지에 비하여 모든 재배관리에 있어서 편리하다. 그러나 배수가 불량하고 지하수위가 높은 평탄지에서는 덕가설 밑부위는 공기 유통이 잘 안되어 공중습도가 높게 된다.

이로 인해 병 발생이 많아지며 수량감소와 품질저하를 가져오게 된다. 배수가 불량한 구릉지 밭에 심어진 배과수원은 배수를 철저히하고 소식재배하여 통광과 통풍이 잘되도록 하여 수관내부의 공중습도를 낮춰주는 것이 병해 발생을 적게 할 수 있는 방법이다.

경사지는 배수 및 광선의 수광량이 양호하고 상승기류가 발생되어 공중습도가 낮아 병 발생이 적은 이점이 있으나 경사가 급하면 토양유실이 심하고 재배관리에 어려움이 많다. 수체생육에 미치는 경사방향을 보면 동향과수원은 개화기에 서리피해를 받을 염려가 있고, 동남향은 여름철 과실비대기에 태풍피해를 받아 낙과되기 쉬우며, 서향은 하계 건조피해를 받기 쉽다.

경사지 과수원은 재배상 위와 같이 많은 문제점이 있으므로 이에 대한 철저한 대책을 강구해야 한다. 경사지 과원을 선택한 경우에는 경사가 완만한 북향이 바람 피해가 적고 일조도 적당하며 토양수분도 많아 배재배에 적합하다.

2. 신규 과원 조성 방법

새로 과원을 조성할 수 있는 입지 형태는 평지, 경사지, 답전환지로 구분할 수 있고 기존의 과원을 타 과종 혹은 신품종으로 개식하는 형태의 조성 방법도 있다.

우리나라 배 주산지 과원은 대부분 평지와 완경사지에 위치하고 있으나 농촌 노동력의 부족, 경쟁력 향상을 위한 생산비 절감 및 유망소득 작목의 시대적 변화 등에 따라 기반조성과 시설화, 기계화가 어려운 경사지보다는 답전환지에 신규 개원하는 면적이 최근 급격한 증가 추세를 보이고 있다. 이러한 경향은 전국에서도 산지가 비교적 많은 경남북과 충북에서 더욱 뚜렷한 경향이다.

〔표 3-3〕 답전환 과원의 과종별, 지역별 면적

(단위 : ha)

지 역	사 과	배	포 도	계
경 기	2.0	6.3	0.5	8.8
강 원	2.7	0.7	–	3.4
충 북	43.1	9.6	101.8	154.5
충 남	6.0	30.3	20.8	57.1
전 북	9.0	16.0	5.2	30.2
전 남	19.6	17.6	4.6	41.8
경 북	1,676.5	115.2	446.5	2,238.2
경 남	181.4	23.9	25.5	230.8
기 타	3.9	4.2	17.4	25.5
계	1,944.2	223.8	622.3	2,790.3

※ '92 과수연구소

주산지에서는 단지로 계속 유지하기 위해서는 노목갱신 및 신품종 대체를 위하여 20~30% 정도의 유목이 계속 개식되어야 하므로 계획적으로 신규과원을 증가시키거나 개식에 의한 방법을 이용할 필요가 있다.

가. 입지별 과원 조성상 장단점

1) 평지

평지는 토양이 비옥하고 각종 관리작업 및 농로개설이 용이하여 시설 및 기계화작업이 용이한 장점을 갖고 있다. 그러나 지가(地價)가 비싸고, 지하수위가 높은 곳이 많아 배수 불량한 곳이 많고 곡간 지대에서는 서리 피해를 받을 염려가 있다.

2) 경사지

경사지는 땅이 비옥하지는 않지만 대개 배수가 잘 되고 서리의 피해를 받을 염려가 적다. 경

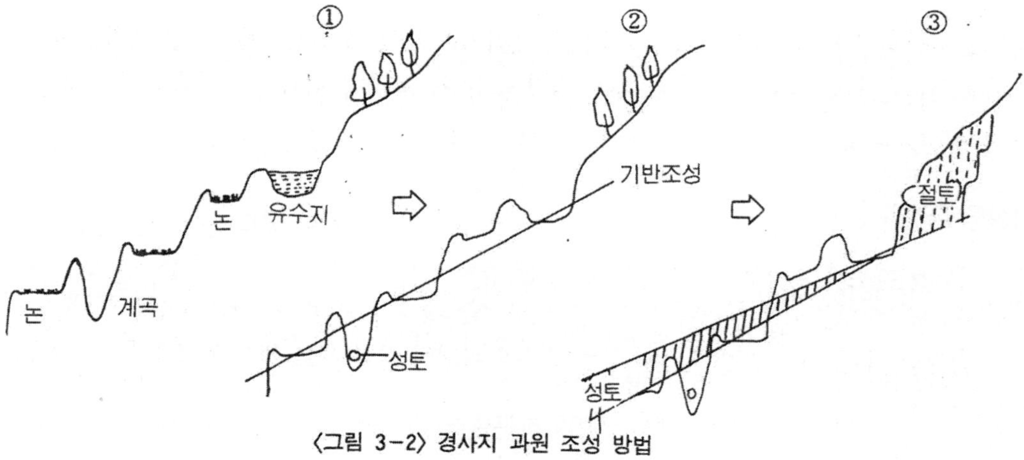

〈그림 3-2〉 경사지 과원 조성 방법

사지는 평지에 비하여 토양의 이화학적 특성이 불량하고 생산자재, 수확물 운반작업에 많은 노력이 들고, 토양관리, 약제살포, 유기물투입 등 기계화가 불리하므로 노력 절감형 생력재배를 위해서는 대형 중장비를 이용한 완경사 형태의 경지의 정지가 필요하다. 과거의 계단식 또는 등고선, 원형개간 방식은 기계화가 곤란하므로 과원 경영에 불리하다.

3) 답전환지

답지대는 평지로서 비옥지가 많아 과수원 경영에는 편리하나 지하수위가 높고 배수불량지가 많다. 대개 경토 아래에 경반층이 형성되어 있어 수직배수가 불량하여 뿌리가 심층까지 잘 발달되지 않아 수세가 약한 경우가 많다.

답전환지는 배수시설과 심경을 통해 토양 물리성을 개선하여 토양 공기량을 증가시키고, 모래와 유기물 등을 투입하여 토양의 점성을 낮춰 투수성과 비옥도를 향상시켜야 한다.

〔표 3-4〕 답전환 배과원과 일반과원의 토양 물리화학성

구 분	토 심 (cm)	pH	유기물 (g/kg)	3 상 (%)			공극률 (%)	양이온치환용량 (me/100g)
				고상	액상	기상		
답전환 과원	0 ~ 20	5.1	17.2	53.0	32.0	15.0	47	12.4
	20 ~ 40	6.0	14.2	61.9	33.1	4.6	38	12.3
일반 과원	0 ~ 20	6.0	20.0	41.0	30.4	28.6	46	17.4
	20 ~ 40	6.1	17.0	38.9	31.6	29.4	43	19.4

4) 과원 갱신

기반조성과 토양관리가 비교적 잘 되어 있어 과원 경영에는 유리하나 문우병 이병률이 많아 유목의 생육이 부진하거나 고사되는 등 피해가 발생하므로 문우병 방지 대책이 뒤따라야 한다.

나. 과원 조성 과정과 방법

과원 조성을 위한 적지가 선정되면 재배품종, 재식거리 등을 결정하고 세부작업 계획을 수립한다. 개원개식을 위한 작업은 지상목 정리, 기반조성, 토양소독, 재식, 덕시설로 크게 나눌 수 있다.

1) 지상목 정리

새로 개원될 장소나 개식할 과원은 그곳에 있는 잡목 또는 기존 과목을 모두 잘라낸 후 중장비를 이용하여 늦어도 10월 초순까지 뿌리를 모두 뽑아내어야 한다. 신 개간지의 입목(入木)과 기존 과원의 사과, 배나무 및 상전에서는 문우병 발생이 많아 새로 재식한 배유목에 전염될 위험이 있다.

〔표 3－5〕 조사지역별 과원의 문우병 발생상황

과 종	조 사 지 역		이병주율 (%)	조 사 지 역		이병주율 (%)
사 과	충북	충주시	3.1	경북	안동군	15.4
		중원군	1.7		상주군	10.4
		음성군	3.3		청송군	1.3
	충남	예산군	1.3	전남	영암군	45.3
		홍성군	0.4			
배	경기	화성군	4.2	전남	나주군	2.5
		안성군	1.7			
		성환읍	1.3			

※ '92 과수연구소

2) 기반조성

가) 배수시설

① 답전환지와 평지는 지하수위가 높거나 중점질 토양 조건이 많으므로 과습을 방지하고 경사지에서는 경토 유실을 경감시키기 위하여 배수로를 설치해야 한다.

② 배수구는 과거의 최대 강수량과 집수면적의 크기를 보아 결정하는 것이 안전하다.

③ 승수구(承水溝)는 과원내에 물꼬를 만들어 배수구에 직접 연결시키지 말고 토사류를 통하도록 한다.

④ 경사지 과원에서는 집수구 시설을 하여 물이 고였다가 서서히 흘러내려 가도록 한다.

⑤ 답전환지의 배수불량 조건인 경우에는 재식열마다 두둑을 만들어 나무를 높게 심거나 암거 시설을 하는 것이 좋다.

⑥ 암거배수 자재로는 자갈, 모래 등 단용사용보다는 최근에는 장기간 배수효과가 좋은 것으로 알려져 있는 배수관이나 플라스틱관이 효과적이다.

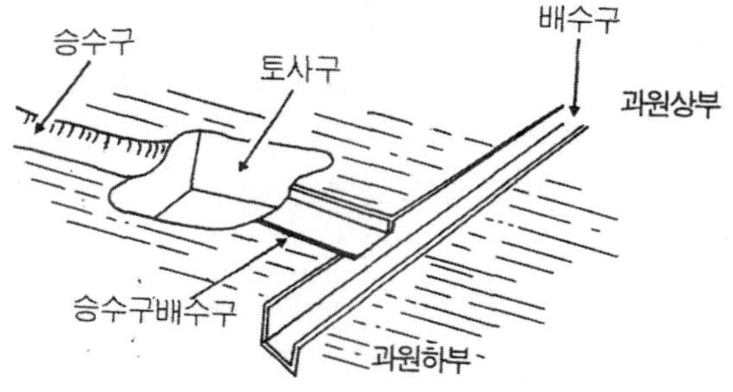

〈그림 3－3〉 조성지 과원의 승배수구 설치방법

⑦ 유공 파이프 등 각종 자재를 조합하여 이용하는 편이 좋다.

⑧ 암거배수의 깊이는 80～100cm로 하고 깊이 갈이는 근군 분포와 토양개량 자재 확보에 따라서 재식열 또는 재식부위에 한하여 실시하는 것이 바람직하다.

⑨ 개원시 깊이 갈이는 50～60cm, 폭은 1m 전후로 한다.

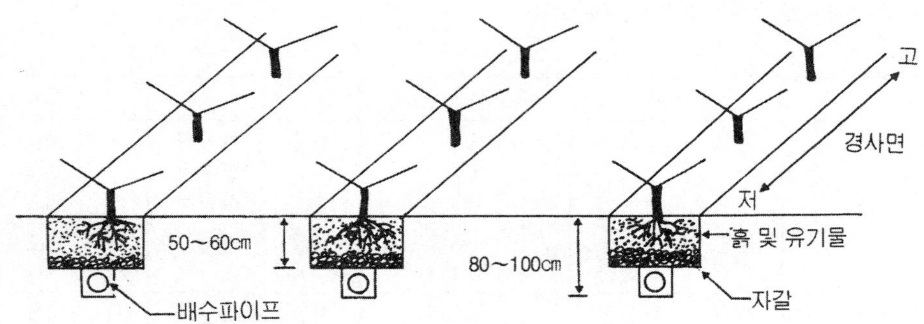

〈그림 3－4〉 암거배수와 깊이 갈이

나) 농로

각종 자재와 수확과실의 운반, 제반 관리작업을 위하여 대형 농기계의 출입 및 우회장소로서의 농로를 설치해야 한다. 농로의 폭은 과원의 규모와 사용되고 있는 농기계의 기종에 맞추도록 한다.

다) 기타시설

(1) 방풍시설

① 산간지나 해안지대 등 바람이 잦은 곳에 개원할 경우에는 방풍시설이 필요하다.

② 방풍용 벨트, 울타리 설치는 응급적인 것에 불과하고 항구적인 것으로는 방풍림을 조성하는 것이 좋다.

③ 배 과원의 방풍수로서 피해야 할 수종으로는 노간주나무, 향나무 같이 적성병 중간기주가 되는 나무나, 단풍나무 같이 도롱이벌레, 하늘소 등의 가해가 많은 나무이다.

④ 낙엽수를 방풍수로 하면 개화기에 방풍효과가 떨어지므로 그 지역에 알맞는 상록 방풍수로 선정하여 재식한다.

(2) 관수용 우물 및 탱크

① 우리나라의 봄은 강우가 적은 시기로 토양수분 부족은 유부과의 다발 또는 과실 비대의 저해요인이 된다.

② 1일 10a당 관수 필요량 4톤 전후로 과원 규모에 적합한 우물 및 저수탱크를 재식전에 설치해야 한다.

③ 적기 수분공급은 배 대과 생산은 물론 고품질 과실 생산에 절실히 요구된다.

3. 묘목의 재식

가. 묘목 선택과 취급

1) 묘목 선택

과수재배는 상품성이 높은 과실을 생산하여 고수익을 올리는 것이므로 주품종과 수분수품종 모두 경제성이 높은 품종을 선택, 재배해야 한다. 대개 주품종의 재식비율은 수확노력을 분산시키기 위하여 재배면적이 넓을수록 줄이고, 좁을수록 늘리는 것이 좋다.

묘목의 소질이 초기생육에 미치는 영향이 크므로 좋은 묘목을 선택해야 한다.

- **좋은 묘목의 구비조건**
  - 품종이 정확해야 한다. 과수는 영년생 작물이므로 1년생 작물과는 달리 품종이 정확하지 않으면 큰 피해를 받게 되므로 믿을 수 있는 종묘상에서 구입하는 것이 좋다.
  - 뿌리의 발달이 좋고 수피에 윤기가 있는 묘목을 선택한다. 뿌리상태의 좋고 나쁨은 재식후 활착과 생육에 크게 영향을 미친다.
  - 웃자라지 않고 병해충의 피해를 받지 않은 묘목이어야 한다. 웃자란 묘목은 재식후 가지 발생이 나쁘고 겨울철 동해나 건조해에 약해 고사하는 경우가 많다. 근두암종병, 문우병 등의 피해를 받지 않은 건전한 묘목이어야 재식후 생장이 좋다.

2) 묘목의 취급

개원시에는 많은 묘목을 단시간에 취급하기 때문에 허술한 관리 등에 의해 묘목상태가 나빠질 우려가 있다. 따라서 가능한 한 뿌리가 많이 상하지 않게 잘 굴취한 묘목을 선택하여 포장이나 수송시 잎눈이 상하지 않도록 주의해야 한다. 잎눈이 탈락되면 신초 발생이 늦어 수형 구성이 어려워지게 된다. 묘목을 재식할 때까지 가식하여 둘 때는 뿌리 사이에 공간이 생기지 않도록 하여 재식전 묘목의 건조피해를 막아야 한다.

나. 재식시기

묘목은 가을 낙엽후부터 봄 발아전까지 재식이 가능하다. 가을재식은 겨울을 지나는 동안 뿌리에 흙이 잘 밀착되어 다음해 뿌리 활착과 생육이 좋아진다. 추운 지방에서는 동해를 받기 쉽고 겨울동안 눈이나 비가 적을 경우에는 건조피해를 받을 우려가 있으므로 짚으로 지상부를 싸주고 흙을 복토하여 겨울철 동해와 건조해에 대비해야 한다.

복토한 흙은 봄에 일찍 파헤쳐 주어 토양온도 상승으로 뿌리 활동을 빠르게 해야 생육이 좋아진다. 봄 재식은 땅이 풀린 직후 가능한 빨리 심을수록 지상부 및 지하부 생육이 좋아진다. 재식 시기가 늦어질수록 발아가 더디고 지상부 및 지하부 생육도 나빠진다.

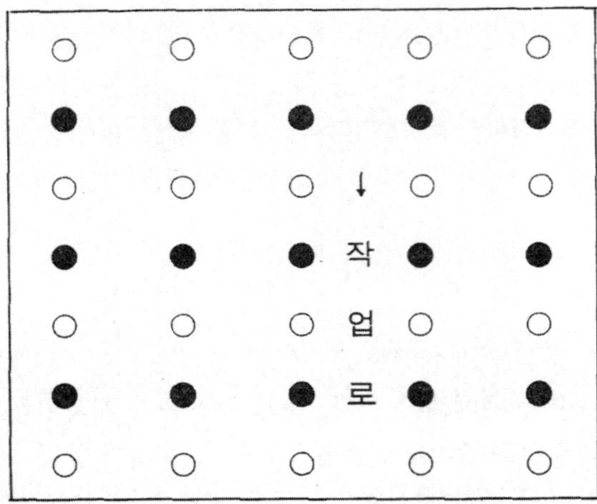

〈그림 3-5〉 소식재배시 간벌예정수 재배방법 (○ : 영구수 ● : 간벌예정수)

따라서 봄에 재식할 경우는 뿌리가 흙과 잘 밀착되도록 뿌리가 보이지 않을 정도로 흙을 덮고 물을 10~20ℓ 준 다음 물이 사라진 뒤에 복토해야 생육이 좋아진다. 일반적으로 따뜻한 남쪽지역은 가을에, 추운지역에서는 봄에 일찍 심는 것이 좋다.

다. 재식거리

재식거리는 토양의 비옥도, 품종의 수세, 수형 및 전정방법에 따라 결정하는 것이 원칙이다. 따라서 토양이 비옥하고 수세가 강한 품종일수록 재식거리를 넓히고 척박한 토양이나 수세가 약한 품종일 경우는 좁히는 것이 좋다.

덕을 설치하여 배상형 수형으로 키울 경우는 보통 열간 6.5m, 주간 6.5m 또는 열간 6.0m 주간 6.0m로 심는 것이 좋으나 이와 같은 소식재배(疎植栽培)는 초기수량이 적은 단점이 있으므로 〈그림3-5〉와 같이 간벌 예정수를 심어 수관이 커진 후 간벌하면 소식재배의 단점을 해결할 수 있다.

최근에는 Y자수형에 의한 밀식재배법이 이용되고 있으며 밀식재배는 조기증수(早期增收) 및 성과기를 앞당기고 수확, 적과 등의 작업노력을 줄일 수 있는 장점이 있으나 밀식장해가 발생되면 과실 품질이 나빠지기 쉬우므로 적기에 간벌을 해야 한다.

〔표 3-6〕 배나무 수형에 따른 재식거리

구 분	재식거리		비 고
	열 간	주 간	
배 상 형	6.0~6.5m	6.0~6.5m	토양비옥도에 따라 가감
Y 자 형	5.0~6.0m 5.0~6.0m 5.0~6.0m	0.7~0.8m 1.25m 2.5m	고밀식재배로 밀식장해시 간벌할 경우 밀식장해시 간벌할 경우 밀식적응성이 낮은 품종 재식시

※ 밀식적응성이 낮은 품종 : 신수, 행수, 단배등과 같이 단과지 및 단과지군 형성이 불량한 품종

Y자수형 재배의 재식거리는 밀식장해 발생시 대처방법에 따라 다소 차이가 있는데 밀식적응성이 낮은 품종은 열간 6.0, 주간 2.5m로 재식하고, 간벌을 목표로 할 경우는 열간 6.0~6.5m, 주간은 0.7m, 0.8m, 1.25m로 재식하였다가 밀식장해가 발생하기 시작하면 간벌하여 주간(株間)거리가 2.5m 되게 한다.

라. 재식방법

1) 재식구덩이 파기

재식열에 따라 깊이갈이한 부분에 묘목을 재식할 경우 토양 개량제로 고토석회 4kg, 용과린 2kg, 완숙퇴비 50kg과 함께 살포한 후 1m 폭에 30cm 깊이로 다시 경운을 하여 흙과 잘 섞이도록 한다.

묘목은 뿌리가 마르지 않도록 주의하고 재식전 하루 정도 수분을 충분히 흡수시킨다. 재식전에 벤레이트 수화제 1,000배액 또는 톱신 M 수화제 500배액에 10분 정도 침지하여 소독한다.

뿌리의 끝은 재식전에 전정가위로 가볍게 잘라 내어 상처부위가 잘 아물도록 하고 비교적 좋은 묘목은 영구수 위치에 배치한다.

지주를 세워 묘목이 움직이지 않게 하고 뿌리를 잘 편 후 흙이 밀착되도록 심는다. 묘목 주위에는 흙을 성토하여 지면보다 높게 하고, 화학비료를 뿌려준 후 짚, 산야초, 수피 퇴비 등으로 나무주위를 피복한다.

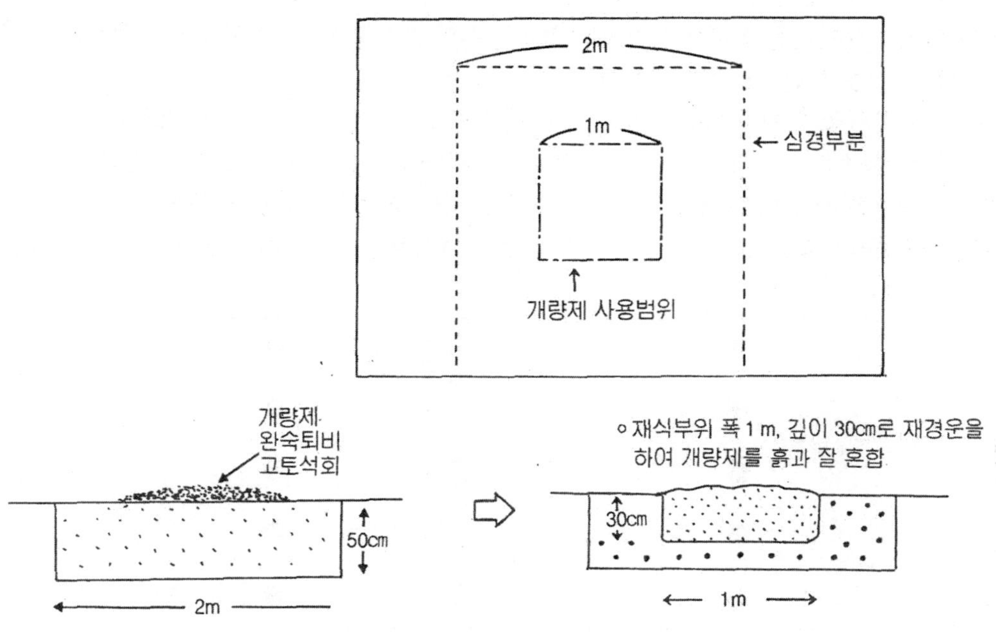

〈그림 3-6〉 재식부위의 개량제 사용 방법

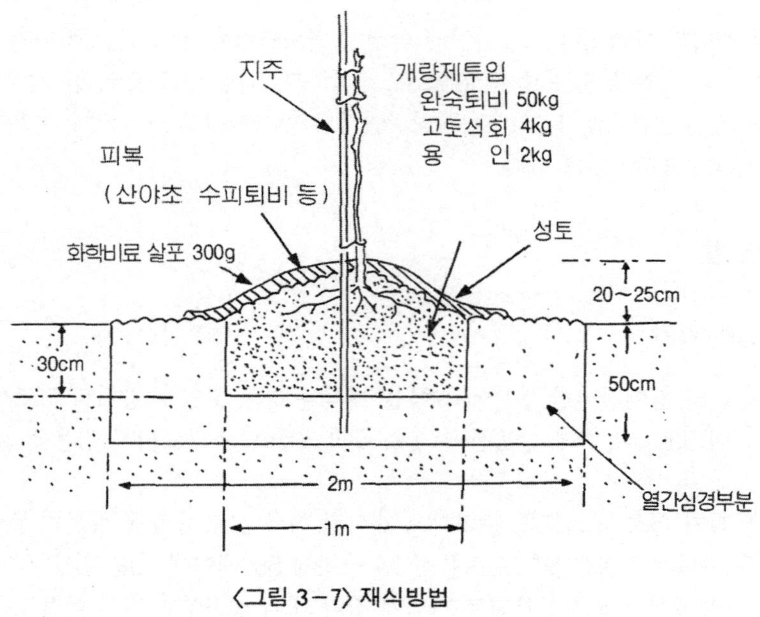

〈그림 3-7〉 재식방법

신규 개간 과원에 미숙 수피 퇴비를 시용하는 경우는 8월경 질소부족 현상을 초래하기 쉬우므로 2~3년간은 7월 상순경에 질소비료를 보충해야 하므로 완숙 퇴비를 사용하는 것이 좋다.

2) 수분수 재식

배나무는 자가결실성이 낮고 품종간에도 서로 교배되지 않는 경우가 있으며 품종에 따라 꽃가루가 없거나 불안전한 꽃가루를 가지고 있으므로 안정된 결실량을 확보하기 위해서는 주품종에 알맞는 수분수를 반드시 재식해야 한다.

수분수는 주품종과 개화기가 거의 같거나 다소 빠르고, 건전한 꽃가루가 많으며, 반드시 경제성이 높은 품종을 선택해야 한다. 수분수로 부적합한 품종은 신고, 황금배, 영산배 등이며 품종간 교배불친화성(交配不親和性)은 신수와 행수, 수진조생과 행수 품종 등이다.

수분수의 재식비율은 주품종에 대해 20% 정도 혼식하는 것이 좋다. 신고와 같이 꽃가루가

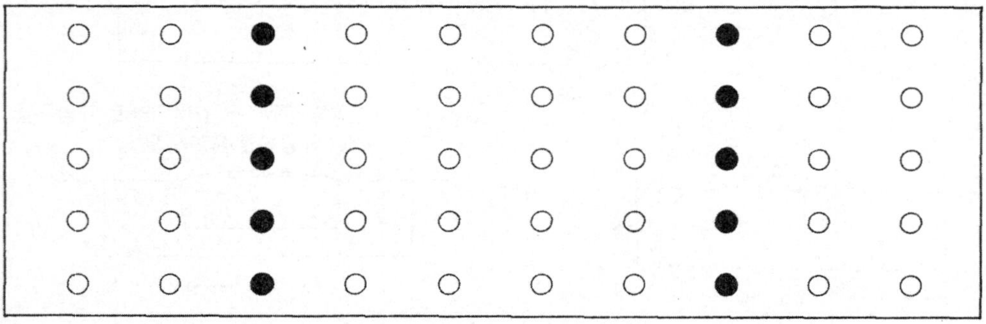

〈그림 3-8〉 수분수 재식방법 (○ : 주품종 ● : 수분품종)

없는 품종이 주품종인 경우는 수분수 품종이 결실되지 않으므로 수분수 줄에 두품종을 심어야 한다. 수분수 재식방법은 주품종 4열에 수분수 1열을 심는 것이 좋다.

4. 덕(棚) 설치

평덕식 재배는 바람이 심한 남부지역에서 바람피해를 방지하기 위해 이루어졌으나 최근에는 측지(測枝)의 갱신전정(更新剪定)이 행해지면서 가지유인을 용이하게 하기 위한 방법으로 많이 이용되고 있다.

덕은 대개 묘목 재식후 4~5년 차이를 두고 설치하며, 하나의 덕 설치면적은 50a 정도가 알맞으나 자재 이용에 따라서는 1ha까지도 가능하다.

가. 설치상 유의사항

① 배 재배시 덕 설치는 먼저 과원 형태를 고려하여 설계도를 그린 후 지주 배치나 필요 자재량을 계산하여 자재가 부족되거나 과다하지 않도록 해야 한다.

② 갓지주(周圍柱), 갓선(周線), 지선(枝線), 세선(細線) 등은 과원의 형태나 재식거리에 의해 결정되므로 큰 문제가 없으나 가운데 지주는 지주 높이에 따라 필요량이 다르므로 사전에 계획을 세워야 한다.

③ 덕 설치시 지주는 기계화에 지장이 없도록 계획해야 하며, 기계화를 고려하여 가운데 지주는 작업로에 세우지 말아야 한다. 가운데 지주를 작업로에 세우지 않을 경우는 철선이 아래로 처져 고속분무기와 같은 농기계 사용시나 각종 작업도중 사람이 철선에 다칠 우려가 있으므로 가운데 지주를 높게 하여 당김줄(弔線)을 고정시켜 철선이 처지지 않도록 한다.

④ 측지갱신 전정법을 이용할 경우는 세선(細線)을 배게 설치하여 가지 유인이 용이하도록 하는 것이 좋다.

나. 덕 설치방법

① 덕은 〈그림 3-9〉와 같은 방법으로 설치한다. 설치 순서는 먼저 과원 형태나 재식거리에 따라 당김돌의 위치를 정하고 구석지주(隅柱)는 2개, 갓지주(周圍柱)는 1개씩 당김돌을 박아서 철선을 잡아 당겨 고정시킬 때 지주가 움직이지 않도록 한다.

② 당김돌 설치가 끝나면 구석지주, 갓지주 및 가운데 지주위치를 결정하고 각 지주마다 받침돌로 고정한다.

③ 갓선을 설치하고 고정시킬 때에는 구석 지주의 각도 및 방향이 어긋나지 않도록 주의하고 지선은 망(網)과 같이 각 선이 상하로 통과되도록 엮은 후 고정시킨다.

④ 지선을 설치할 때는 거리가 짧은 쪽에서 먼저 작업하는 것이 좋으며, 갓지주 근처에서 차

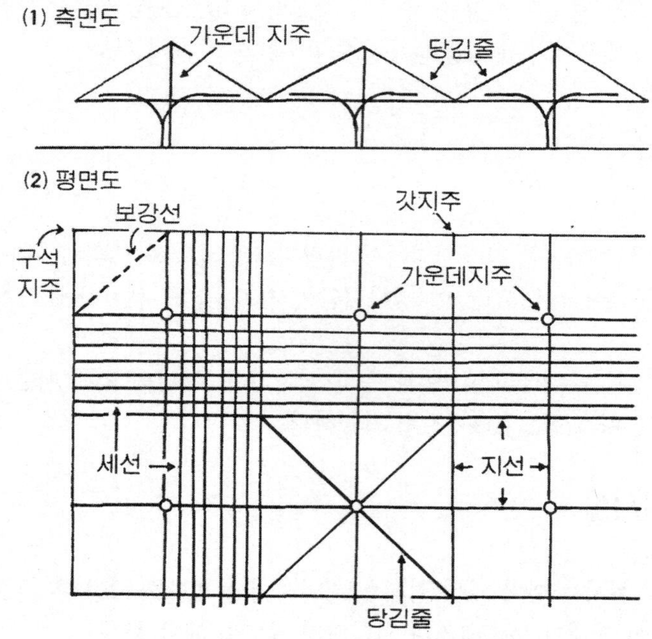

〈그림 3－9〉 직각형 과원에서의 덕 설치방법

례대로 해나가는 것이 작업능률도 좋고 덕 설치에도 용이하다.

⑤ 지선 설치가 끝나면 〈그림 3－9〉에서 점선으로 표시한 것과 같이 보조선을 설치하는데 보조선은 덕이 비틀어짐이 없게 하는 효과가 있으므로 덕의 크기가 클 때는 반드시 설치해준다.

⑥ 이상의 작업이 끝나면 가운데 지주와 당김줄을 설치한다.

⑦ 가운데 지주는 반드시 수직이 되게 세우고 당김줄은 미리 길이를 측정하여 절단한 후 당김줄의 균형을 잡아 덕 높이가 일정하도록 조절한다.

⑧ 마지막 세선(細線)작업은 망과 같이 엮고 전체 덕이 느슨해지지 않도록 고정한다.

다. 경사지 및 부정형 과원에서의 덕 설치

① 경사지나 부정형 과원에서 덕 설치는 앞의 순서로 진행하나 지형과 과원의 형태에 따라 편리한 대로 하면 된다.

② 경사지에서는 경사 상부의 갓지주(偶柱)에 많은 힘이 가해지게 되어 지선(枝線)을 설치하고 고정하게 되면 당김돌이 빠져나오는 경우가 있으므로 이때는 경사 상부 약 1/3 부분에 비스듬히 보강용 철선을 설치하면 작업도 쉽고 힘의 지탱이 가능하다.

③ 과원내 지면에 굴곡이 있을 경우 전체 지면보다 낮은 부위는 당김돌을 설치하여 지선을 아래로 끌어내리고 전체 지면보다 높은 부위는 지주를 세워 지선을 끌어 올려 원내 어느 부분에서도 덕의 높이가 지면으로부터 일정하도록 한다.

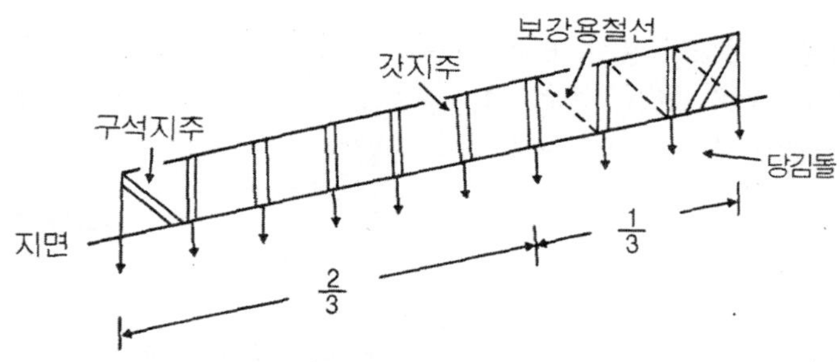

〈그림 3-10〉 경사지 과원에서의 덕 설치방법

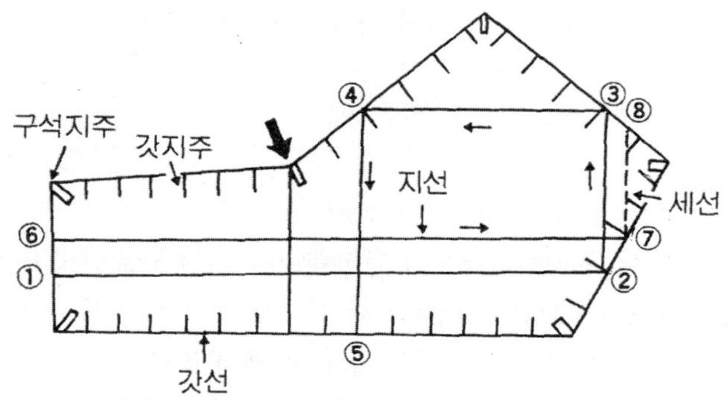

〈그림 3-11〉 부정형 과원에서의 덕 설치방법

④ 과원 형태가 정사각형이나 직사각형이 아닌 부정형과원에서의 덕 설치요령은 〈그림 3-10〉에서 보는 바와 같이 갓지주의 방향과 갓선 및 지선 배치에 주의해야 한다.

⑤ 갓지주는 〈그림 3-10〉과 같이 각각의 직선상에 직각방향이 되도록 세우는 것이 기본이나, 지선의 방향과 반드시 일치하지 않아도 된다.

⑥ 갓선은 과원 주위를 돌아가며 철선을 배치하여 고정시키거나 〈그림 3-11〉의 화살표 부분과 같이 갓선이 안쪽으로 들어간 부분은 갓선을 고정시킨 후 양면이 만나는 부분에 갓지주를 세워 결속시킴으로써 갓선이 잘 당겨질 수 있도록 힘을 조절한다.

⑦ 지선은 갓선과 직각이 되도록 하지 않으면 갓지주가 기울어 덕이 한 방향으로 쏠리기 쉬우므로 〈그림 3-11〉의 ① → ② → ③ → ④ → ⑤ 와 같이 하여 갓선과 지선이 직각이 되게 한다. 그러나 ⑥, ⑦ 과 같이 그 가까이에 오는 지선은 ⑦, ⑧과 같이 세선을 설치하여 갓지주의 선단을 끌어당겨 갓지주가 기울어지는 것을 방지한다.

5. 재식후 관리

가. 전정

① 묘목의 길이는 정지법에 따라 차이가 있으나, 심은 후 정상적인 것은 60~70cm 높이에서 잘라준다.

② 묘목에서 새순이 나오면 끝의 새순이 10cm 정도 자라고 아랫부분의 눈도 수 cm 자랄 때 (5월중 · 하순) 끝의 세력이 강한 새순을 포함하여 묘목 끝에서부터 10cm 정도 잘라 주면 그 아랫쪽에서 나온 새순은 분지 각도가 넓다.

나. 관수, 멀칭

① 재식후 묘목은 뿌리 활동이 좋지 않기 때문에 건조 피해를 받기 쉬우므로 흙과 뿌리가 밀착될 수 있도록 충분한 관수를 해 주어야 한다.
② 충분한 관수 후에는 수분이 쉽게 증발되지 않도록 짚이나 풀 또는 비닐 등으로 묘목 주위를 피복해 주어야 한다.

다. 병해충 방제

① 묘목에 병해충의 피해를 받아 초기생육이 불량해지면 수형구성에 필요한 가지 확보가 어렵게 되므로 방제를 소홀히 해서는 안된다.
② 특히 적성병, 진딧물, 배나무이 등의 피해가 없도록 해야 한다.

라. 시비

1주당 시용량은 전체 시용량의 40~60% 정도를 3월부터 7월까지 나누어 균등히 시용한다.

마. 제초

① 잡초와의 양분경합을 줄이고 각종 병해충의 잠복처를 없애주기 위해 묘목 주위에 있는 잡초를 제거해 주도록 한다.
② 제초제 살포시에는 특히 묘목에 약액이 바람에 날려 묻지 않도록 주의해야 한다.

제 4 장 품종의 특성과 재배상의 문제점

1. 품종의 재배동향

우리나라의 배는 예로부터 생식, 약용 및 제물용으로 중요하게 취급되어 매우 오래전부터 재배되어 왔다.

재배된 품종은 자생종인 산돌배 계통과 중국배와의 잡종이 대부분이었으며, 학명이 밝혀진 33 품종과 학명이 밝혀지지 않은 26 품종이 보고되어 왔다. 이중 품질이 우수한 재래배로는 황실리, 청실리, 청당로리, 합실리 등이 있다.

이러한 한국 재래종 배는 중국배 또는 일본배와 전혀 다른 다음과 같은 특성을 갖고 있다.

첫째, 과실은 일본배보다 다소 작고 과피색이 선명하지 않으며 유체종이 많다.

둘째, 수확당시 과실은 과즙이 적고 감미가 적으나 저장을 하면 과피가 검게 되면서 당도가 극히 높아지고 특이한 향기가 난다.

그러나 우리나라 재래종 배는 계속적인 육종사업이 이루어지지 않은 관계로 그 후 도입된 일본배에 밀려 현재는 거의 재배되지 않고 있다. 최근에는 재래종 배의 우수한 유전인자를 이용하여 한국 특유 배품종을 육성하기 위해 재래종 배의 수집, 분류, 평가에 관한 연구가 활발하게 진행되고 있다.

1906년 독도 원예모범장 설치당시 일본에서 14품종을 도입한 이래 1980년까지 47품종을 도입하였으며 그후 '93년까지 108품종을 도입하여 비교시험을 하고 있다.

일본의 문헌상에 나타나는 배 품종은 500품종 정도로 대부분이 일본 재래 산배(山梨)를 기본으로 개량된 것들이다. 이와 같이 수 많은 배품종이 육성, 보고되었으나 극히 소수만이 재배품종으로 정착되었다.

우리나라 배 재배품종 구성비율의 변천상황을 〔표 4－1〕에서 보면 1964년까지는 장십랑, 금촌추, 만삼길의 3개 품종이 전체의 80% 이상을 차지하였으나 1970년대부터 신고가 급증하기 시작하여 추석용으로는 품질이 나쁜 장십랑과 중부이북 지방에서 품질이 저하되는 만삼길, 금촌추를 대체하여 왔다.

한편 1980년대에 들어와서는 소득이 향상되어 양적생산보다는 품질을 중시하게 되면서 조생종 계통으로 품질이 우수한 신수, 행수와 추석용으로 풍수의 재배면적이 늘어났다. 1980년대 후반부터 신품종 육성사업이 활발해지면서 국내 육성품종인 황금배, 추황배, 영산배의 면적이 꾸준히 증가하고 있다.

1990년대에 들어 이러한 경향은 계속되어 감천배, 수황배, 화산배의 재배가 늘어나고 있다. 이는 기존 주 품종인 신고보다 품질이 우수하고 과피흑변 현상이나, 바람들이 현상이 없는 품종, 그리고 만삼길보다 당도가 높고 육질이 우수한 저장용 배품종을 재배농가에서 선호하기 때문이다.

향후 우리나라의 배 품종구성은 이러한 고급 다수성 및 생력형 품종으로 급격하게 변화될 것으로 예상된다.

일본의 배 품종 동향도 이와 유사하여 최근 고품질인 행수, 풍수의 면적이 장십랑, 만삼길, 이십세기를 대체하여 크게 늘고 있다.

한편, 일본의 수출 주품종인 이십세기의 면적은 최근 점차 감소되고 있으며 그대신 골드이십세기 등 동녹발생이 없는 생력형 신품종과 신고품종이 늘고 있다. 또한, 일본은 가을철 태풍이 빈번한 관계로 만생종 재식비율이 극히 적고 이십세기, 행수, 풍수, 장십랑 등 조·중생종이 거의 대부분을 차지하고 있다.

따라서 우리나라는 향후 고급 만생종 배 품종의 비율을 현수준으로 유지함으로써 대일 수출은 물론 배의 국제 경쟁력 향상을 도모할 수 있을 것으로 전망된다.

〔표 4-1〕 우리나라와 일본의 배 품종 구성 비율의 변천 (단위 : %)

품 종	한 국				일 본			
	'54	'71	'87	'92	'66	'74	'84	'92
신 고	0.1	10.0	38.3	55.5	–	0.9	2.4	–
장 십 랑	30.3	37.0	29.0	21.0	40	28.4	14.8	5.0
만 삼 길	23.8	32.0	19.5	12.9	–	0.7	0.3	–
금 촌 추	26.5	9.0	5.1	3.4	–	0	0	–
이 십 세 기	6.2	2.0	0.6	0.2	–	38.2	30.5	25.4
신 수	0	0	0.4	0.7	34	3.5	19.9	33.3
풍 수	0	0	0.8	1.0	–	0	11.4	18.3
신 흥	0	0	0.9	0.6	–	1.6	0.9	–
조 생 적	7.2	2.8	1.7	0.8	–	–	–	–
황 금 배	–	–	0.1	1.0	–	–	–	–
추 황 배	–	–	0.1	0.6	–	–	–	–
기 타	5.8	7.2	3.5	2.3	26	26.7	19.8	18.0
총면적(ha)	4,682	6,700	8,088	10,185	19,100	17,000	20,400	20,100

※ 농림수산부 통계연보(1955), 과수재배실태조사(1971, 1987, 1992)

2. 주요 재배품종의 특성

가. 재배 주품종

신 고

1) 육성경위

일본의 菊池秋雄氏가 우연실생으로 발견하여 1932년 발표했다.

2) 주요특성

가) 수성(樹性)

① 수세는 비교적 강한 편이며 직립하는 경향이 있다.
② 가지발생 밀도가 적고 가지가 굵어지는 편이다.
③ 흑반병 및 흑성병에 강하다.

나) 결실성

① 단과지 및 중과지 형성이 쉽고 결실연령에 도달하는 것은 중간 정도이다.
② 수량은 3,600kg /10a로 풍산성에 속하는 품종이나 과다 착과시키면 과실발육이 나쁘고 품질이 떨어진다.
③ 개화기는 재배품종 중 빠른 편으로 평년 만개기는 4월30일, 장십랑보다 1~2일 빠르다.

다) 과실의 특성

① 과실의 크기는 450~500g의 대과이며 과형은 원형으로 좌우대칭이고 반듯하여 외관이 좋다.
② 과피는 밝은 황갈색으로 착색되며 과면이 매끄럽고 곱다.
③ 과육은 다소 단단한 편으로 유연다즙하며 당도는 11°Bx 내외, 산도는 0.09% 내외로 감미가 상당히 있는 편이나 소과는 떫은 맛이 남아 품종고유의 특성이 발휘되지 못한다.
④ 과육내 석세포가 다소 있고 과피두께는 얇은 편이다.
⑤ 숙기는 9월30일(나주지방), 10월10일(수원지방) 이다.
⑥ 저장력은 강한 편으로 상온저장시 60일 이내, 저온저장시는 6개월 내외이다.
⑦ 과육이 적당하게 단단하여 취급 및 수송성이 양호하다.

〔표 4-2〕 신고의 특성표

나무의 특성		개화(월.일)		낙화종(월.일)	꽃가루	과 형	과 중(g)	과실크기		과피색	과육색
수 자	수 세	시	만					종(mm)	횡(mm)		
반개장	비교적강	4.28	4.30	5.3	없음	원	450	92.7	102.1	담황색	백

당도(°Bx)	경 도(kg /5mmø)	산 도(%)	육질	과즙	과심부위(과심률)	석세포	품질	저장력(일)	수 량(kg /10a)	내 병 성	
										흑반병	흑성병
11.4	1.0	소(0.09)	연	다	소(35.0)*	중	상	90	풍산성(3,600)	강	중

※ 과심률 = 과심폭 / 과실횡경
'93 과수연구소

3) 재배상의 특성

가) 장점

① 외관이 좋아 품질이 우수한 대과 품종으로 현재 수출 주품종이다.

② 우리나라산 신고는 일본산보다 육질이 부드럽고 씹은 후 섬유질이 남지 않아 맛이 우수하다. → 가을철 다우(多雨)지인 일본은 극히 일부지역(熊本縣)에서만 신고 재배가 가능하다.

③ 우리나라 가을철 날씨는 청명, 건조하여 신고재배의 최적지이다.

④ 고온건조한 기상환경하에서 재배된 미국 캘리포니아산 신고는 육질이 딱딱하고 석세포가 많아 맛이 현저하게 나빠진다.

⑤ 따라서 신고 품종은 향후에도 우리나라 수출배의 주품종으로 계속 유지될 것이다.

나) 단점

- 생리장해 발생이 증가한다.

〈과피흑변〉

- 수확직후 곧 바로 저온저장고 입고시 40% 내외 발생한다.
- 수확기에 비가 많이 내릴 때 발생이 증가한다.
- 이중봉지, 비닐코팅 또는 왁스 처리되어 통기가 잘 안되는 봉지가 발생이 높다.

〈바람들이〉

- 밀식장해원에서 발생하기 쉽다.
- 다주지형으로서 강절단 전정하며, 질소과용시 발생하기 쉽다.
- 기상과의 관계 : 비가 많고, 특히 가을성숙기 비가 많은 해에 발생이 현저히 높다.
- 토양
  배수불량한 원지에서 발생이 많음 : 저습지 또는 주위보다 지세가 낮은 평탄저지, 경토층이 얇고 불투수층(암반, 중점토반층) 및 지하수위가 높은 원지.
- 토양시비관리 : 청경재배와 금비위주 시비 및 질소성분이 많은 구비위주의 시비 관리시에 많이 발생한다.

〈꽃눈탈락(脫落)현상〉

- 휴면기인 2월 하순경에 꽃눈이 떨어지는 현상이 증가하고 있다.
- 꽃가루가 없음 : 수분수 품종으로 불가하다.
  - 1ha 이상에 주품종으로 심을 경우에는 수분수 품종은 2품종이어야 한다.
    신고만 심고 모두 인공수분할 경우에는 문제가 없다.
- 인공수분 요령
  - 주품종은 미리 적뢰(꽃봉오리 솎음)를 해 놓는다.
  - 수분수 품종은 전정을 가능하다면 개화직전까지 늦추어 소요 화분량에 맞추어 가지에

통비닐을 씌운다. 그 시기는 개화전 최소 7~10일 이전에 실시하면 3~4일 조기개화가 가능하다.

- 가지를 채취하여 수삽하고자 할 때에는 그 채취를 개화 2~3 주전에 완료한다. 수삽시 sucrose 2% 용액으로 하면 꽃가루가보다 충실하다.
- 충실한 꽃 하나에서 채취한 꽃가루면 10개의 과실용 수분이 가능하다.
- 적정착과 : 적과기준은 30잎이상 /1과 준수

※ 대과(500g이상)를 해마다 안정 생산하기 위해서는 과실당 40~50잎이 바람직하다.

- 저장력이 다소 떨어지므로 이듬해까지 장기 저장한 경우 판매하기 곤란하다.
- 중부내륙의 한냉지에서는 적응성이 낮아 품질이 저하된다.

다) 재배상의 유의점

① 과다결실시 품질이 현저하게 나빠지므로 적과작업을 철저히 실시한다.
② 개화기 만상피해 대책수립이 필요하다.
③ 난지산 과실의 품질이 우수하므로 한냉지에서는 재배를 피한다.
④ 다소 늦게 수확한 과실의 품질이 우수하므로 수확적기 판정에 유의한다.
⑤ 신고에 적합한 수분수는 추황배, 감천배, 화산, 신흥, 장십랑 등이 있다.

4) 전망

① 최근 육성된 신품종을 제외한 기존 품종 중 품질이 가장 우수하여 현재 가장 많이 보급되어 있다.
② 수출시장에 한국 대표과실로 잘 홍보되어 있어 수출용 및 내수용 주력품종으로 총 재배면적의 50% 수준까지 계속 유지될 전망이다.

황 금 배

1) 육성경위

원예시험장(현 과수연구소)에서 1967년 신고에 이십세기를 교배하여, 1984년 최종 선발하여 명명했다.

2) 주요특성

가) 수성(樹性)

① 수세는 강한 편이며 수자는 개장성이다.
② 흑반병에 저항성이며 흑성병에 강한 편이다.

나) 결실성

① 단과지, 중과지 형성이 매우 쉽고 액화아 발생도 많아 풍산성이며 결과 연령에 빨리 도달한다.

② 개화기는 신고, 풍수정도로 빠르며 평균 만개기는 나주지방에서 4월12일 정도다.

③ 수량은 3,200kg / 10a 정도로 다수성이다.

다) 과실의 특성

① 과실의 크기는 400~450g으로 비교적 대과종에 속하며 과형은 원형으로 균일하다.

② 과피는 황금색으로 착색되며 동녹발생이 다소 있는 편으로 지역 및 해에 따라서 다소 차이가 있다.

③ 과육은 매우 부드럽고 과즙이 많다.

④ 당도가 14.9°Bx로 극히 높고 석세포가 거의 없으며 과피두께가 매우 엷다.

⑤ 숙기는 수원지방 9월20일, 나주지방 9월10일이며, 나무위에서 과숙되는 현상이 없어 수확기간이 비교적 길다.

⑥ 저장력은 다소 약한 편으로 상온저장시 30일 이내, 저온저장시는 90일 정도이다.

⑦ 과피가 엷고 과육이 부드러워 수송성은 다소 약한 편이다.

〔표 4-3〕 황금배의 특성표

숙 기 (월일)	과 형	과피색	과육색	과 중 (g)	당 도 (°Bx)	산 도 (%)	경 도 (kg / 5mmø)	과 즙
9.20	원	황록	백	430	14.9	극소 (0.08)	1.13	중

육질	석세포	과심율 (%)	수송성	저장력	품질	수량 (kg / 10a)	화분량	결실부위	내 병 성	
									흑반병	흑성병
연	소	30.6	약	(2개월)	상	3,200	무	단, 중과지	강	강한편

※ '93. 과수연구소

3) 재배상의 특성

가) 장점

① 육질이 극히 부드럽고 고당도로 품질이 우수한 청배계통으로 추석기에 출하할 수 있는 고급품종이다.

② 또한 이십세기를 능가하는 품질과 흑반병 저항성을 구비하였으므로 동남아 및 구미시장에 수출전망이 높다.

나) 단점

① 과실 비대기에 강우가 잦은 해나 지역에 따라 동녹발생이 심한 편이다.

② 꽃가루가 없어 수분수로 2개 품종 이상을 재식해야 하고, 영산배와는 교배 불친화성이 있으므로 수분수로 사용할 수 없다.

다) 재배상 유의점

① 동녹발생을 방지하기 위해서는 낙화후 2주 이내에 봉지를 씌우며 유과기에 유제살포를 금한다.

② 성숙기에 고온, 가뭄이 계속되면 성숙지연 및 식미가 저하될 우려가 있으므로 충분한 관수 및 비배관리를 실시한다.

③ 내수용 및 수출용 과실 생산목표를 따로 정한다.

: 수출용은 300g 내외 생산목표로 20잎 / 1과 기준으로 적과 실시.

내수용은 400g 이상 대과 생산목표로 30잎 / 1과 기준으로 적과 실시.

④ 결과지에 강한 측지, 도장지가 발생하면 기형과나 돌배현상이 나타나므로 유의한다.

⑤ 과숙하면 과육이 발효되어 나쁜 냄새가 나고 저장력이 없어 저장용 및 수출용은 적숙기보다 10~15일 정도 조기수확한다.

⑥ 수분수 : 신고에 준한다.

⑦ 조기낙엽이 우려될 때는 도장지를 일찍 솎아내어 수세를 안정시킨다.

4) 전망

현재 총 재배면적의 1.0% 정도 재식되어 있으며 동녹은 다소 발생되나 맛있는 배로 소비자에게 품질의 우수성이 인정되어 급속히 늘어날 전망이다.

추 황 배

1) 육성경위

원예시험장 (현 과수연구소)에서 1967년 금촌추에 이십세기를 교배하여 '85년 최종 선발되었다.

2) 주요특성

가) 수성(樹性)

① 수세는 비교적 강하고 수자는 반개장성이다.

② 흑반병 및 흑성병에 강한 편이다.

나) 결실성

① 단과지 및 중과지 형성이 잘 되고 풍산성으로 수량은 3,700kg / 10a 정도이다.

② 개화기가 금촌추보다 1일 정도 빨라 재배품종 중에서는 가장 조기 개화성이다.

다) 과실의 특성

① 과실의 크기는 400~450g으로 대과종에 속하며 과형은 편원형이다.

② 과피는 선명한 황갈색으로 착색되어 외관이 우수한 편이다.

③ 과육내 석세포는 비교적 적은 편이나 섬유소가 많아 육질이 다소 거친 편이며 과즙이 많고 당도가 14.1°Bx로 매우 높다.

④ 숙기는 금촌추와 같은 만생종으로 10월26일이다.(나주지방)

⑤ 저장력은 강한 편으로 상온저장시 120일까지, 저온저장으로는 150일까지 선도가 유지된다.

⑥ 과피가 비교적 두꺼워 취급하기 쉽고 수송성이 강하다.

〔표 4-4〕 추황배의 특성표

숙기 (월일)	과형	과피색	과육색	과중 (g)	당도 (°Bx)	산도 (%)	경도 (kg /5mmϕ)	과즙	육질
10.26	편원	담황갈	유백	395	14.1	0.13	1.13	다	연

석세포	과심율 (%)	수송성	저장력 (일)	품질	수 량 (kg /10a)	화분량	내 병 성		생리장해
							흑반병	흑성병	
소	43.9	강	강(120)	상	3,700	다	강	강	과피흑변

※ '93. 과수연구소

3) 재배상의 특성

가) 장점

만삼길을 대체할 수 있는 고급 만생종 배로 저장기간이 길다.

나) 단점

① 과피흑변현상이 발생되어 상품과율이 낮아지는 문제점이 있다.

② 한냉지에서는 과피 착색이 미흡하고 품질이 저하된다.

③ 배수 불량지에서는 과피가 거칠고 경미한 유부과 증상이 발생되며, 건조한 사질토인 경우 소과발생이 증가한다.

다) 재배상 유의점

① 과피흑변을 방지하기 위해서는 i) 젖은 과실을 수확하여 노지에 방치하지 않도록 주의한다. ii) 칼리질 비료를 충분히 주고 수확 2주 전에 봉지를 벗겨주고, 과습하지 않게 저장고 상태를 유지해야 한다. iii) 저온 저장시는 충분히 예냉시킨 후 입고시키도록 한다.

② 찬기류가 정체하기 쉬운 하천변이나 댐 하류지역에서는 개화기에 서리피해를 받을 우려가 있으므로 안전대책이 필요하다.

③ 개화기가 빠르므로 행수, 만삼길 등 개화기가 늦은 품종을 수분수로 이용하지 말아야 한다.

〔표 4－5〕 주요 품종별, 지역별 만개기(5년 평균)

품 종	만 개 기	비 고
장 십 랑	5월 1일	○ 중부지방(수원) 기준
신 고	4월 30일	
만 삼 길	5월 5일	
신 수	5월 2일	
행 수	5월 4일	
풍 수	5월 1일	
금 촌 추	4월 30일	
추 황 배	4월 29일	

※ '93. 과수연구소

4) 전망

품질은 우수하나 과피흑변 발생 정도가 심한 것이 문제되므로 남부 난지의 만삼길을 대체하는 보존품종으로 소면적 증가 추세이다.

영 산 배

1) 육성경위

원예시험장 (현 과수연구소) 에서 1970년 신고에 단배를 교배하여 1986년에 최종 선발하여, 명명하였다.

2) 주요특성

가) 수성(樹性)

① 수세는 강하고 수자는 반개장성이다.

② 흑반병에 저항성이며 흑성병에도 비교적 강하다.

나) 결실성

① 단과지 형성이 잘되어 풍산성이다.

② 개화기는 금촌추와 같은 시기로 매우 빠르며, 평균 만개기는 수원지방에서 4월 30일경이다.

③ 수량은 3,700kg /10a로 다수성이다.

다) 과실의 특성

① 과실의 크기는 540～700g으로 매우 크며, 과형은 허리춤이 긴 원형이다.

② 과피는 황갈색으로 진하게 착색되며 외관이 우수하다.

③ 과육은 약간 조잡하며 과즙은 다소 적은 편이며 과육내 석세포가 약간 있어 거칠다.

④ 당도는 13.2°Bx로 비교적 높고 산도는 0.08%로 극히 적다.

⑤ 숙기는 나주지방에서 9월29일이며 수확적기의 폭이 매우 넓어 10월10일까지 수확해도 품질의 변화가 없다.

⑥ 저장력은 다소 약하여 상온저장하면 60일까지, 저온저장하면 90일까지 선도가 유지된다.

⑦ 과피가 두꺼워 취급과정중 압상이 적고 수송력이 강하다.

[표 4-6] 영산배의 특성표

숙 기 (월일)	과 형	과피색	과육색	과 중 (g)	당 도 (°Bx)	산 도 (%)	경 도 (kg/5mmφ)	과 즙
9.29	원	황갈	유백	540	13.2	극소(0.08)	1.13	중

육 질	석세포	과심율 (%)	수송성	저장력	품질	수 량 (kg/10a)	화분량	흑반병	생리장해
연, 중	중	30.6	강	약(2개월)	상	3,700	소	강	water core발생

※ '93. 과수연구소

3) 재배상의 특성

가) 장점

① 외관이 극히 우수하고 과실이 매우 큰 고당도 품종으로 재배하기가 쉽다.

② 수확 적기폭이 넓어 수확 노력을 분산시킬 수 있다.

③ 경기, 강원 등 한냉지에 재배해도 750g의 대과를 생산할 수 있고 품질변화가 적다.

나) 단점

① 저장중에 과육분질, 과심갈변, 밀병 등 생리장해 과실의 발생이 다소 있는 편이다. 대과는 저장력이 떨어지므로 수확후 즉시 판매해야 한다.

② 꽃가루가 적고 꽃가루 발아율이 낮아 수분수 품종으로 이용할 수 없다.

③ 고온건조한 기후지역이나 사질토에서 재배하면 소과 생산량이 많으며 소과는 육질이 특히 거칠고 당도가 낮아 품질이 나쁘다.

다) 재배상의 유의점

① 저장중 밀병증상이 발현되는 경우가 있으므로 수확즉시 출하하는 것이 좋다.

② 저장용 과실은 수확적기보다 10일 정도 빠른 9월 중순에 조기 수확하여 저장해야 한다.

③ 화분량이 적어 수분수로 이용할 수 없으며, 단배와 교배시 불친화성이다.

④ 대과 생산을 목표로 퇴비위주로 재배하고 배수 및 심경을 철저히 실시한다. 사질토에서는 퇴비시용 및 관수를 철저히 실시한다.

⑤ 영산배의 수분수로 적합한 품종은 추황배, 풍수, 장십랑, 수진조생, 이십세기 등이다.

4) 전망

외관이 수려한 대과를 선호하는 국내시장에서 수요가 있을 것으로 전망되므로 중생종 배로써 소면적 증가할 것으로 예상된다.

풍　수

1) 육성경위

일본 과수시험장이 1954년에 배(梨) 14호(국수×팔운)에 팔운을 교배하여 '72년에 명명하였다. 그후 1973년에 원예시험장에 도입되어 '78년 선발되었다.

2) 주요특성

가) 수성(樹性)

① 유목의 수세는 강하나 성목이 되면서 수세가 급속히 감퇴되어 약하게 되고 개장성이 된다.

② 가지 발생수가 많아 구부러지고 밑으로 늘어지는 성질이 있다.

③ 흑반병에는 강하나 흑성병에 다소 약하다.

나) 결실성

① 단과지 형성은 중정도이나 액화아가 많이 발생되어 재배하기 쉽고 풍산성이다.

② 개화기는 신고와 같이 빠른 편이며 평균 만개기는 수원지방에서 4월30일경이다.

다) 과실의 특성

① 과실의 크기는 350～400g으로 중과종이며 과형은 허리춤이 높은 원형이다.

② 과피는 선황갈색으로 착색되어 외관이 좋고 과점이 크며 유목기나 수세가 강한 나무 과실의 측면에 골이 파지는 특징이 있다.

③ 육질은 극히 유연다즙하며 석세포가 적고 품질이 매우 우수하다.

④ 당도는 12.8°Bx로 비교적 높으며 산미는 적으나 여름철의 냉랭한 지역에서는 산미가 높아지고 밀병이 많이 발생된다.

⑤ 숙기는 나주지방에서 9월15일, 수원지방에서 9월30일로 수확 적기폭이 좁고 미숙과는 품질이 매우 나쁘다.

⑥ 저장력은 약한 편으로 상온저장이 20일, 저온저장시는 60일까지 선도가 유지된다.

⑦ 과육이 매우 유연하고 과피가 얇아 수송중 압상을 받기 쉬우므로 취급에 세심한 주의를 요한다.

3) 재배상 유의점

가) 장점

육질이 매우 우수하고 외관이 수려한 고품질 배로 추석기에 출하가 가능하다.

나) 단점

① 미숙과는 산미가 높아 품질이 나쁘고 과숙과는 밀병이 발생되기 쉬우므로 수확기 판정이 어렵다.

② 과육이 극히 연하여 수송성 및 저장력이 약하고, 한랭지에 재배하면 산미가 높고 착색이 잘 되지 않아 품질이 나빠진다.

다) 재배상 유의점

① 흡즙나방 및 조류의 피해를 받기 쉬우므로 그물망 재배의 필요성이 있다.

② 소과는 산미가 많고 품질이 저하되므로 대과 생산을 목표로 한다.

③ 밀병증상이 많이 발현되므로 과피색 등에 의한 수확기 판정에 세심한 주의가 필요하다.

④ 가지가 구부러지기 쉬우므로 유목기에 수형 구성시 절단전정을 한다.

4) 전망

중북부지방에서는 해에 따라 착색이 나쁘고 신맛이 남으므로 면적확대는 곤란하나 남부지방에는 추석용 적품종으로 재배면적이 증가될 전망이다.

행 수

1) 육성경위

① 일본 원예시험장이 1941년 국수에 조생행장을 교배하여 1959년 명명하였다.

② 원예시험장(현 과수연구소)에 1967년 도입되어 '73년에 선발되었다.

2) 주요특성

가) 수성(樹性)

① 수세는 중간 정도이고, 수자는 반개장성이다.

② 가지발생은 많고 주지상 중간의 가지가 선단의 가지보다 강하게 신장되어 주지의 끝 부위가 비게 되는 수가 많다.

③ 흑반병에는 강하나 흑성병에는 매우 약하다.

나) 결실성

① 단과지 형성이 적고 중과지가 많으며 꽃눈만 붙는 단아가 많아 꽃은 피나 그 다음에 고사되므로 꽃눈 형성이 적은 품종이다.
② 묵은 주지는 기부가 비게 되며 결과부위가 선단부위로 몰려 상승하게 된다.
③ 액화아 발생은 중 정도이며 가지가 복잡하면 액화아 발생도 적게 된다.
④ 개화기는 매우 늦어 평균 만개기는 나주지방 4월16일, 수원지방은 5월4일이다.

다) 과실의 특성
① 과실의 크기는 300g 정도로 중과종이며 과형은 편원형이고 꽃자리 부위가 움푹 들어가 있다.
② 과피는 선황갈색으로 착색되며 석세포가 적고 육질이 유연다즙하다.
③ 당도는 12°Bx로 비교적 높으나 산미는 적어 맛이 담백한 편이다.
④ 숙기는 수원지방 9월1일, 나주지방 8월25일이다.
⑤ 저장력은 다소 약한 편으로 상온저장시 7~10일간 선도가 유지된다.

3) 재배상의 특성

가) 장점

조생 감미종으로 품질이 극히 우수하고 가지발생이 많아 비교적 수량이 안정된 다수성 품종으로 조생종이 대표 품종이다.

나) 단점
① 흑성병에 약하고 한발시 유과에 열과가 많이 발생한다.
② 동고병에 다소 약하고, 동해에 약하다.
③ 신수, 수진조생 및 조생적과는 교배 불친화성을 나타낸다.

다) 재배상 유의점
① 화아 착생이 적고 단과지 형성이 어려우므로 중장과지를 이용하여 결과시키고 하기 신초관리를 철저히 하여 결과모지를 확보한다.
② 과실내 종자가 20~30%만 생기는 수가 많아 변형과가 되기 쉬우므로 수분수 배치를 잘하여 충분한 수분이 이루어지게 한다.
③ 흑성병에 매우 약하므로 가을철 방제 및 이른 봄 눈 기부의 병반을 완전히 제거해야 한다.
④ 적과시기를 늦추거나 과도한 수관 확대를 실시하지 말아야 한다.

장 십 랑

1) 육성경위

1895년경 일본 長十郎氏가 우연실생으로 발견한 품종으로 우리나라에는 1907년 원예모범장에서 도입한 기록이 최초이나 이미 그 이전에 민간에 도입되었을 가능성이 크다.

2) 주요특성

가) 수성(樹性)

① 수세는 보통이고 수자는 반개장성이다. 결과연령에 도달하는 것은 늦은 편이다.

② 흑반병에는 강하나 흑성병에는 약하다.

나) 결실성

① 단과지 및 중과지에 화아 착생이 비교적 양호하고 액화아 발생도 매우 많다.

② 개화기는 신수, 이십세기와 같은 시기로 수원지방 평균 만개기는 5월1일이다.

다) 과실의 특성

① 과중은 350g 정도의 중과종이며 과형은 원 또는 편원형으로 균일하다.

② 과피는 적갈색으로 착색되며 과육은 다소 조잡하고 석세포가 많으며 감미가 높고 과즙이 적다.

③ 건조 척박지에서는 과심부위가 매우 커지며 육질이 조잡하여 품질이 나쁘다.

④ 저장력은 30일 정도로 약하나 과피는 두꺼워 수송성이 강하다.

⑤ 숙기는 수원지방 9월22일, 나주지방 9월14일이 평균이나 수확 적기폭이 20일 정도로 매우 넓고 조기에 착색된다.

3) 재배상의 특성

가) 장점

조기 수확해도 감미가 있으며 풍산성이고 흑반병에 저항성이 있다.

나) 단점

저온다습 지방에서 흑성병 발생이 매우 많고 육질이 거칠고 당도가 낮아 품질이 나쁘다.

다) 재배상 유의점

① 결과부위가 상승하기 쉬우므로 주지 및 부주지를 철저하게 유인한다.

② 유부과 증상 및 돌배현상 등 생리장해에 약하므로 과실 비대기의 한발시 관수를 철저히 한다.

4) 전망

현재 추석용 주품종이나 품질이 나쁘고 흑성병에 약하므로 황금배, 풍수, 수황배, 화산배로 점차 대체될 전망이다.

만 삼 길

1) 육성경위

일본 新潟懸에서 早生三吉의 우연실생으로 발견되었으며 우리나라에는 1907년 원예 모범장에 도입하였다.

2) 주요특성

가) 수성(樹性)

① 수세는 극히 왕성하고 수자는 직립성이다.

② 흑반병 및 흑성병에 매우 약하다.

나) 결실성

① 단과지 형성 및 꽃눈착생이 매우 양호하다.

② 개화기는 재배품종 중 가장 늦다. 수원지방 평균 만개기는 5월5일, 나주지방 4월18일이다.

다) 과실의 특성

① 과실의 크기는 400～450g 내외로 중과종이며 과형은 과실정부가 뾰족한 첨원형이다.

② 과피는 담황갈색이나 저온지대에서는 녹색이 많이 남는다.

③ 육질은 치밀다즙하며 석세포가 많아 품질은 좋지 않다.

④ 숙기는 10월하순～11월상순이고 저장력은 극히 강하여 상온저장으로도 이듬해 5월말까지 선도가 유지되며 수송력이 강하고 수송시 과피흑변이 발생되지 않는 장점이 있다.

3) 재배상의 특성

가) 장점

기존 재배품종 중 가장 저장력이 강한 만생종이 대표 품종이다.

나) 단점

① 저온지대에 재배하면 과피색 및 품질이 극히 나쁘다.

② 흑성병 및 흑반병에 약하고 수세가 너무 강하여 재배관리가 어려운 편이다.

다) 재배상 유의점

① 꽃눈이 너무 많이 형성되므로 겨울 전정시 결과지를 적당히 솎아준다.

② 토심이 깊은 비옥지에서 품종 고유의 특성이 발현되며 저습지나 척박지 및 한랭지에서는 좋은 과실을 생산할 수 없다.

4) 전망

저장력이 극히 우수한 만생종 신품종의 출현이 되기 전까지는 여전히 만생종이 대표 품종으로 현재의 재식면적 수준을 유지할 것으로 전망된다.

금 촌 추

1) 육성경위

일본 高知懸 仁淀川 유역에서 우연실생으로 발견된 것으로 우리나라에는 1907년 도입되었다.

2) 주요특성

가) 수성(樹性)

① 수세는 왕성하고 수자는 개장성이며 꽃눈형성이 잘되고 결과연령에 도달함이 빠르다.

② 흑반병 저항성은 강하나 흑성병은 중정도이며 심식충의 피해를 받기 쉽다.

나) 결실성

개화기는 장십랑보다 2~3일 빠른 편으로 나주지방 만개기는 4월10일, 수원 지방 4월30일이다.

다) 과실의 특성

① 과실크기는 520g으로 대과종이며 과형은 꽃자리 부위가 돌출된 원추형이다.

② 수확 당시에는 떫은 맛이 있으나 장기 저장중에 소실되어 식미가 양호해진다.

③ 숙기는 10월 하순경이고 남부지방에서는 품질이 좋으나 중북부지방에서는 신맛 및 떫은 맛이 많아 품질이 나쁘다.

④ 저장력이 강한 편으로 상온저장시 120일까지, 저온저장시는 150일까지 선도가 유지된다.

3) 재배상의 특성

가) 장점

대과 만생저장용 품종으로 품질이 비교적 우수한 편이다.

나) 단점

과형이 좋지 않고 과실균도가 낮으며 저장중 과피흑변 발생이 심하다.

다) 재배상 유의점

저장중 과피흑변을 방지하기 위해서 칼리 시용량을 늘리고 수확 2주 전에 봉지를 벗겨준다.

4) 전망

금촌추보다 품질이 월등하게 좋고 저장력은 같은 신품종인 추황배, 감천배가 대체, 보급되면서 재배면적이 감소될 것으로 전망된다.

수진조생

1) 육성경위

일본 동경 농업시험장에서 1963년 기원에 幸水를 교배하여 1971년 명명한 품종으로 우리나라에서는 1978년 도입하여 1986년에 수진조생으로 개명하여 선발하였다.

2) 주요특성

가) 수성(樹性)

① 수세는 비교적 강하고 수자는 반개장성으로 측지발생이 많고 신수보다 재배하기 쉽다.
② 신수보다 흑반병에 강하고 풍산성이다.

나) 결실성

① 단과지 및 중과지에 꽃눈형성이 잘된다.
② 개화기는 만삼길 정도로 늦어 수원지방 5월6일, 나주지방 4월18일이다.

다) 과실의 특성

① 과실의 크기는 340~400g으로 중과종이며 과형은 편원형으로 균일하다.
② 과피는 녹색바탕에 선황갈색으로 착색되어 외관이 우수하다.
③ 육질은 행수 정도이고 유연다즙하며 석세포가 적고, 당도는 행수보다 높다.
④ 숙기는 신수와 행수의 중간으로 수원지방에서 8월25일경이다.
⑤ 저장력은 약하여 상온저장시 15~20일간 선도가 유지된다.
⑥ 과피가 약하고 타박상을 받기 쉬워 수송력은 약하다.

〔표 4-7〕 수진조생의 특성표

숙기 (월일)	과형	과피색	과육색	과중 (g)	당도 (°BX)	산도 (%)	경도 (kg/5mmϕ)	과즙
8. 26	편원	선황갈색	백	340	12.8	극소(0.12)	1.23	다(多)

육질	석세포	수송성	저장력	품질	수량 (kg/10a)	화분량	흑반병
연, 치밀	소	약	약(15~20일)	상	2,800	다	강

※ '93. 과수연구소

3) 재배상의 특성

가) 장점

신수보다 재배하기 쉽고 풍산성인 조생계통으로 여름철 수요에 부응하는 데 적합하다.

나) 단점

개화기가 늦어 개화기가 빠른 품종의 수분수로 적당하지 않고 행수, 신수와는 교배 불친화성이다.

다) 재배상 유의점

무대재배 경우는 녹색 바탕색이 남아 외관이 불량해지므로 적정착과, 수관 내부 정리, 토양 비배관리에 주의한다.

4) 전망

당도가 높고 육질이 유연다즙한 고급 조생종 배로 재배관리가 쉬우므로 재배 면적이 증가될 전망이다.

〔표 4-8〕 배 주요 재배품종의 특성표

품종명		수성			과실특성							기타	
		수세	단과지 형성	액화아 발생	숙기	과중 (g)	당도 (°Bx)	산미	경도 (kg/5mmϕ)	석세포	수량	꽃가루	상온저장력(日)
조생	수진조생	강	다	중	8월하순	340	14.6	소	1.23	소	중	다	7
	행수	중	소	중	8월하순~9월상순	300	12.0	소	1.00	소	중	다	10
중생	황금배	강	다	다	9월중·하순	430	14.0	소	1.29	극소	다	무	30
	풍수	중	중	다	9월하순	410	13.5	중	1.02	극소	다	다	20
	장십랑	중	중	다	9월중·하순	350	12.0	소	1.39	다	다	다	20
	영산배	강	다	소	9월하순~10월상순	530	13.8	소	1.39	중	다	소	60
	신고	강	다	중	10월상·중순	470	12.0	소	1.04	소	다	무	90
만생	추황배	강	다	중	10월하순	400	13.7	소	1.30	소	다	다	150
	금촌추	강	다	중	10월하순	520	12.1	소	1.28	중	다	다	150
	만삼길	극강	다	소	10월하순~11월상순	530	10.5	소	1.18	다	다	다	180

※ '93. 과수연구소

나. 최신 육성품종

화 산 배

1) 육성경위

과수연구소에서 1981년 풍수에 만삼길을 교배하여 1988년 일차 선발한 후 지역 적응시험을 거쳐 1992년 최종선발하여, 1993년 명명하였다.

2) 주요특성

가) 수성(樹性)

① 수세는 비교적 강한 편이며 수자는 개장성이다.

② 흑반병 저항성 품종이며, 흑성병에도 강하다.

③ 가지발생이 매우 많으며 가지가 곧게 뻗고, 유목기에는 가시가 다소 발생한다.

나) 결실성

① 단과지 형성이 매우 양호하여 풍산성이고, 결실연령에 도달함이 빠르다.

② 개화기는 장십랑과 같은 시기로, 나주지방 평균 만개기는 4월14일, 수원지방은 5월1일이다.

다) 과실의 특성

① 과실의 크기는 500~600g으로 대과종이며, 과형은 원형 또는 편원형이다.

② 유목기나 수세가 강한 나무의 과실은 측면에 골이 파지는 특징이 있다.

③ 과피는 선황갈색으로 착색되어 외관이 수려하고 동녹발생이 전혀 없는 적색배이다.

〔표 4-9〕 화산배의 지역적응시험 성적

공시지역	만개기 (월. 일)	숙 기 (월. 일)	과 중 (g)	경 도 (kg/5mmφ)	당 도 (°Bx)	산 미	석세포	품 질
수 원	4.23	10.12	547	1.00	13.3	극소	극소	상
나 주	4.15	10. 4	567	1.02	13.7	극소	극소	상
남 양 주	4.22	10.10	501	0.95	13.4	극소	극소	상
청 원	4.30	9.25	731	0.93	11.5	극소	소	상
예 산	4.22	10. 5	428	−	12.6	극소	극소	상
완 주	4.19	9.27	552	1.10	12.7	극소	극소	상
대 구	4.18	9.29	400	1.20	12.3	극소	소	상
진 주	4.17	9.30	621	1.00	13.3	극소	극소	상
평 균	4.21	10. 3	543	1.03	12.9	극소	극소	상

※ '93. 과수연구소

④ 당도는 12.9°Bx로 비교적 높고 산미는 거의 없으며, 과심이 작아 가식부위가 많다.
⑤ 숙기는 풍수와 신고의 중간시기로 수원지방에서는 10월3일, 나주지역에서는 9월25일이다.
⑥ 저장력은 다소 약한 편으로 상온저장시 30일까지 선도유지가 가능하다.
⑦ 과육이 유연하고 과피가 얇은 편으로 수송중 취급에 주의를 요한다.

3) 재배상의 특성

가) 장점

① 외관이 수려하고 식미가 극상인 고품질 추석용 적품종으로 조기 수확해도 산미가 없다.
② 재배가 쉽고 내병성이며 밀식재배 적응형인 품종이다.
③ 지역 적응성이 넓어 전국재배가 가능하다.

나) 단점

과면에 골이 파져 외관상 문제가 될 수 있다.

다) 재배상 유의점

① 수분수 재식비율(8:1)을 준수하고 개화기 이상 저온시는 인공수분을 실시하여 충분한 수분을 시키면 착과가 증진되고 과면의 골이 생기지 않는다.
② 과숙시 과육내 밀병증상이 다소 발현되므로 적기 수확에 유의한다.

라) 수분수품종

추황배, 감천배, 신흥, 장십랑 등이 있다.

4) 전망

① 추석기에 출하할 수 있는 고급 적색 배 품종이 부족한 현 실정에서 추석용 고급 품종으로 면적이 확대될 것으로 예상된다.
② 중부내륙의 풍수 및 신고를 보완할 전국 재배용 고품질, 신품종으로 유망하다.

감 천 배

1) 육성경위

원예시험장 (현 과수연구소) 에서 1970년 만삼길에 단배를 교배하여 1980년 일차 선발하여 지역적응 시험을 거친 후 1990년 최종선발하여 명명하였다.

2) 주요특성

가) 수성(樹性)

① 수세는 비교적 강한 편이고, 수자는 반개장성이다.

② 흑반병에 대한 내병성은 장십랑 정도로 강하고 흑성병에도 단배정도로 강하다.

나) 결실성

① 단과지 및 중과지에 꽃눈형성이 잘 되어 풍산성이다.

② 개화기는 단배와 거의 같고 만삼길보다는 3일 정도 빨라, 평균 만개기는 나주 지방에서 4월18일이다.

다) 과실의 특성

① 과실의 크기는 530~660g으로 대과이며, 과형은 편원형이고 과실의 균도가 고르지 못한 편이다.

② 과피는 담황갈색으로 착색되나, 지역이나 착과부위에 따라서는 수확할 때까지 녹색이 남아 있는 경우도 있다.

③ 과육은 극히 유연하고, 과즙이 많으며 석세포가 전혀 없다.

④ 당도는 13.3%로 비교적 높으며, 산함량은 0.11%로 만삼길 0.24%, 단배 0.16%에 비해 극히 낮다.

⑤ 과심이 작고 과심주변에도 석세포가 적어 가식부위가 많다.

⑥ 숙기는 나주지방에서 10월10일, 수원지방에서는 10월20일이다.

⑦ 저장력은 다소 약한 편으로 상온저장시 1월하순까지 선도가 유지된다.

⑧ 과육이 단단하고 과피가 두꺼운 편으로 수송 취급중 압상률이 적은 편이다.

〔표 4-10〕 특성조사표

품 종	발아기 (월.일)	만개기 (월.일)	숙 기 (월.일)	결실기	내 병 성		수 세	수 자
					흑성병	흑반병		
감 천 배	3.18	4.18	10.25	중	강	강	강중	반개장성
만 삼 길	3.26	4.21	11. 4	양호	약	강	강	직 립 성
단 배	3.17	4.18	10.19	불량	강	강	강	반개장성

중 량 (g)	과 형	과피색	경 도 (kg/5mmφ)	당 도 (°Bx)	산함량 (%)	과심률 (%)	저장력
591	편원	담황갈	0.99	13.3	0.115	29.6	중
562	난형	녹황갈	1.03	10.9	0.254	34.4	강
698	원편원	녹황	1.64	13.9	0.163	30.5	약

※ '93. 과수연구소

3) 재배상의 특성

가) 장점

① 식미가 우수한 대과 만생종 품종으로 만삼길, 금촌추를 대체하여 구정까지 출하 가능한 저장용 품종이다.

② 개화기가 장십랑과 비슷하고 꽃가루가 많으며 주요 재배품종과 교배 친화성이 높아 수분수로 사용하기 좋다.

나) 단점

① 성숙기에 저온이 계속되는 해나 북부의 한랭지에서는 늦게까지 녹색이 남는 착색불량 문제가 있다.

② 성숙기에 고온건조가 계속되면 과숙되어 과육이 조기에 연화될 우려가 있다.

③ 과정부가 고르지 않고 과실의 균도가 떨어지는 편이다.

④ 늦게 수확하여 저장한 과실에 과심갈변, 과육 바람들이 등 생리장해가 많이 발생한다.

－조기수확(10월11일 이전, 나주)시 생리장해가 없다.

－수확지연(10월15일 이후, 나주)시 과심갈변, 과육 바람들이가 발생한다.

다) 재배상 유의점

① 장기 저장을 목표로 할 경우 조기에 수확하여야 과실의 생리장해를 방지할 수 있다 → 남부지방은 10월5일, 중부지방은 10월10일이 저장용 과실의 수확 적기이다.

② 성숙기에 비교적 고온이 지속되는 충남, 경북이남 지역이 적지이며, 경기도, 강원도 등 한냉지에서는 품종 고유의 특성이 발현되지 않으므로 유의한다.

③ 과심갈변 등 생리장해 방지를 위해 배수를 철저히 하고, 퇴비위주로 재배를 하여 과도한 강전정을 삼가야 한다.

4) 전망

만삼길 및 금촌추를 대체하여 만생 저장용 품종으로 재배가 늘어날 것으로 예상된다.

수 황 배

1) 육성경위

원예시험장 (현 과수연구소) 에서 1966년 장십랑에 군총조생을 교배하여 1988년 최종선발하여 명명했다.

2) 주요특성

가) 수성(樹性)

① 수세가 강하고 수자는 반개장성이다.

② 흑반병에 약하며 흑성병에는 장십랑보다 강한 편이다.

나) 결실성

① 단과지 및 중과지 형성이 쉽고 꽃눈이 많이 발생하여 재배하기 쉽다.

② 개화기는 장십랑과 같이 빨라, 수원지방 평균 만개기는 5월1일이다.

다) 과실의 특성

① 과실의 크기는 450~500g으로 대과종이며 과형은 원형으로 과실의 균도가 고르다.

② 과피는 담황갈색으로 착색되어 외관이 수려하고 육질은 장십랑보다 유연다즙하며 당도가 12°Bx로 비교적 높고 산미가 없어 품질이 우수하다.

③ 숙기는 장십랑보다 10일 늦고 신고보다는 10일 빨라 수원지방에서 10월3일, 나주지방에서 9월22일이다.

④ 저장력은 중정도로 상온저장시 50일간 선도가 유지된다.

⑤ 과육이 단단하고, 과피가 두꺼워 수송성은 있는 편이다.

〔표 4-11〕 수황배의 특성표

숙 기 (월.일)	과 형	과피색	과육색	과 중 (g)	당 도 (°Bx)	산 도 (%)	경 도 (kg /5mmφ)	과즙	육질
9.23	원	담황갈	백	485	12	극소	1.28	다	경, 중

석세포	과심률 (%)	수송성	저장력	품 질	수 량 (kg /10a)	수 자	화분량	결실부위
중	40	약	약(50일)	상	3,700	반개장	다	단, 중과지

※ '93. 과수연구소

3) 재배상의 특성

가) 장점

대과이며 외관이 수려한 고감미 품종으로 숙기는 장십랑과 신고사이로 추석출하가 가능하며 과피흑변현상이 발생되지 않는다.

나) 단점

흑반병에 약하고, 질소과다 및 배수불량시 가지표면이 거칠어진다.

다) 재배상 유의점

① 수세가 강하고 도장지가 많이 발생하는 편이므로 초기에 유인을 철저히 해야 한다.

② 배수 불량한 지역은 과육이 거칠고 유부과 증상이 나오므로 배수를 철저히 시행하고 질소 및 석회를 균형 시비하여 강전정을 하지 말아야 한다.

③ 흑반병에 약하므로 초기에 방제를 철저히 한다.

4) 전망

수송성 및 저장성이 장십랑 정도로 강하고 광지역 적응성이므로 풍수재배가 불안정한 중북부지대의 추석용 보관 품종으로 점차 증가될 전망이다.

수정(水晶)배

1) 육성경위

충북 청원의 권영진氏가 신고의 아조변이를 발견하여, 1991년 품종등록했다.

2) 주요특성

가) 수성(樹性)

① 신고와 같은 특성을 지니고 있어 수세가 강하고 직립성이다.
② 흑반병 및 흑성병에 강하다.

나) 결실성

① 신고와 같이 단과지 및 중과지 형성이 쉽고 풍산성이다.
② 개화기 등 기타 수성은 신고와 거의 유사하다.

다) 과실의 특성

① 과실의 크기는 450~500g 정도로 대과이며 과형은 편원형이다.
② 과피는 선황색으로 동녹발생이 심한 편이다. 과육은 유연다즙하고 석세포는 신고 정도로 다소 있는 편이다.
③ 당도는 13.1°Bx로 높은 편이고 산미는 거의 없다.
④ 숙기는 수원지방에서 10월15일이다.
⑤ 저장력은 약한 편으로 상온저장시 60일까지 선도가 유지된다.
⑥ 과피가 얇은 편이므로 수송중 취급에 주의를 요한다.

3) 재배상의 특성

가) 장점

신고의 과피색 돌연변이체로 신고와 유사한 재배적 특성을 가져 재배하기 쉽고 풍산성이다.

나) 단점

① 동녹발생이 심하고 꽃가루가 없어 수분수로 이용할 수 없다.
② 황금배와 비교하여 당도가 낮고 석세포가 있어 육질이 다소 거친 편이다.

다) 재배상 유의점

① 가능한 한 낙화후 2주내에 봉지를 씌우고 개화기 및 유과기에 유제살포를 금한다.

② 꽃가루가 없으므로 수분수 선정에 유의해야 하고 바람들이 현상이 발생하므로 강전정 및 밀식재배를 피한다.

4) 전망

신고와 같은 숙기와 재배적 특성을 가진 청배로 황금배와 함께 수출 품종의 다변화에 기여할 수 있을 것이다.

골드 이십세기

1) 육성경위

일본 농업 생물자원 연구소에서 이십세기에 감마선을 조사하여 돌연변이를 유기하여 1991년 최종선발하여 명명했다.

2) 주요특성

가) 수성 및 결실성

수세가 강하고 단과지 형성이 많으며 액화아 발생은 중정도로 매우 다수성이며 기타 특성은 이십세기와 동일하다. 흑반병 저항성이 강하여 재배하기 쉽다.

나) 과실의 특성

① 과실크기는 300~350g의 중과종이고 과형은 원형으로 과실균도가 양호하다.

② 과피는 담황록색으로 착색되며 동녹이 발생되므로 봉지를 씌워 재배한다.

③ 과육은 유연다즙하며 당도는 12. 2°Bx로 비교적 높고 석세포가 적다.

④ 숙기는 이십세기보다 3일 정도 늦은 9월 하순경이며, 당도가 10°Bx이상 되면 수확 가능하므로 수확기간이 35일 정도로 길다.

〔표 4-12〕 배 최신 육성품종의 특성비교표

품종명		수성			과실특성							기타	
		수세	단과지 형성	액화아 발생	숙기	과중 (g)	당도 (°Bx)	산미	경도 (kg/5mmφ)	석세포	수량	꽃가루	상온저장력(日)
중생	화산배	강	다	다	9월하순~10월상순	580	13.0	소	1.02	극소	다	다	30
	수황배	강	다	소	9월하순~10월상순	490	12.3	소	1.28	중	다	다	50
	수정배	강	다	중	10월중순	470	12.0	소	1.04	소	다	무	60
	골드이십세기	강	다	중	9월중·하순	320	12.2	소	1.20	소	다	다	30
만생	감천배	강	다	소	10월상·중순	590	13.0	소	0.99	극소	다	다	100

※ '93. 과수연구소

3) 재배상의 특성

가) 전망

① 일본의 이십세기 주산지인 鳥取縣에서는 골드 이십세기로 갱신할 계획이나 여전히 동녹이 발생되는 문제가 있다.

② 국내에서 수출용 및 내수용 청배로 황금배를 이미 육성하였으므로 골드 이십세기 재배면적은 증가될 것 같지는 않다.

다. 기타 보존품종

신 수

1) 육성경위

일본 원예시험장에서 1947년 국수와 군총조생을 교배하여 1965년 명명한 품종이다. 1973년 원예시험장(현 과수연구소)에서 도입 선발하였다.

2) 주요특성

가) 수성(樹性)

① 수세는 강하고 매우 직립성이다. 정부 우세성이 강하여 가지 발생수가 적고 굵고 길게 신장된다.

② 흑반병에 매우 약하나 흑성병에는 강한 편이다.

나) 결실성

① 단과지 형성이 적고 꽃눈형성 및 액화아 착생이 적어 수량이 낮다.

② 개화기는 장십랑과 같은 시기로, 수원지방에서 5월2일, 나주지방에서 4월14일이다.

다) 과실의 특성

① 과실크기는 200~250g으로 소과종이며 과형은 편원형으로 꽃자리 부위가 극히 넓다.

② 과피색은 담황갈색이고 고당도이며 석세포가 극히 적고, 육질이 유연다즙하여 품질이 매우 좋다.

③ 숙기는 수원지방에서 8월20일, 나주지방에서 8월13일이다.

3) 재배상의 특성

가) 장점

육질이 극히 우수하고 당도가 높은 조생종 품종이다.

나) 단점

① 성숙이 급속도로 진행되므로 수확기간이 짧고 과숙되기 쉽다.

② 직립성이고 도장지 발생이 극히 많아 수량이 낮고 흑반병에 매우 약하다.

다) 재배상 유의점

① 행수와는 교배 불친화성이나 주요 품종과는 친화성이 높은 편이다.

② 측지를 많이 발생시켜 엽수를 많이 확보해야 한다.

③ 유인을 철저히 하고 조기 적뢰, 적과 실시로 과실비대를 도모해야 한다.

4) 전망

고품질 조생품종이지만 과실이 작고 수량이 낮아 소규모 재배에 그칠 전망이다.

장수(長壽)

1) 육성경위

일본 神奈川懸 원예시험장에서 旭×군총조생을 교배하여 1973년 명명했다.

2) 주요특성

가) 수성(樹性)

① 수세는 중정도이고, 수자는 반개장성이며 가지발생 정도는 약간 적은편이다.

② 흑반병에 저항성이고, 흑성병에 대해서는 장십랑보다 강하다.

나) 결실성

① 단과지 형성 및 액화아 착생은 중정도이지만 꽃눈 부족현상은 없고 수량성이 안정되어 있다.

② 개화기는 장십랑과 거의 같은 시기이며, 화분이 많고 주요 품종과 친화성이 높아 수분수로 이용할 수 있다.

다) 과실의 특성

① 과실크기는 250~300g으로 약간 소과종이며 과형은 편원형, 과피는 담황갈색으로 착색되며 과실의 균도는 양호한 편이다.

② 과육은 군총조생보다 유연다즙하나 석세포는 중정도로 육질이 다소 거친 편이다.

③ 숙기는 신수보다 10일 빠른 극조생종으로 수원지방에서 8월10일이다.

④ 보구력이 매우 약하고(5~7일정도) 과숙과는 밀병증상이 발현된다.

3) 전망

조기수확하여 출하할 경우 당도가 낮고 육질이 거칠어져 품질이 저하되므로 우량 극조생 신품종이 육성되기까지 유지될 보조적인 품종이다.

신성(新星)

1) 육성경위

일본 원예시험장에서 1953년 취성(국수×팔운)에 신흥을 교배하여 1982년 명명한 품종이다.

2) 주요특성

가) 수성(樹性)

① 수세는 유목기에는 매우 강하나 성목이 되면 중정도로 되며 전체적으로 신흥과 유사한 나무 특성을 가진다.
② 흑반병에 강하고 흑성병에는 다소 약한 편이다.

나) 결실성

① 단과지 형성 및 액화아 발생이 많고 풍산성이다.
② 개화기는 신고와 같은 시기로 주요 품종과 친화성이 있다.

다) 과실의 특성

① 과실크기는 풍수보다 약간 작은 350g 정도이고 과형은 허리춤이 긴 원형으로 과실의 균도는 약간 불량하다.
② 과피는 황갈색으로 착색되며 육질은 치밀유연하고 석세포가 적다.
③ 당도는 풍수 정도로 높으며 산도는 신고 정도로 낮아 풍수 정도의 산미가 느껴지지 않는다.
④ 저장력은 약한 편으로 상온저장시 14일까지 선도가 유지된다.
⑤ 숙기는 풍수와 신고의 중간시기이다.

3) 재배상 특성

가) 장점

풍수와 신고의 중간시기에 출하되는 추석기 보완 품종이다.

나) 단점

심토가 얕고 배수불량한 지역에서는 동고병 및 동해발생 우려가 있고 유부과 및 돌배현상이 장십랑과 같은 정도로 발생한다.

4) 전망

풍수재배가 불안정한 지대에 보조적 품종으로 재식될 전망이다.

신 흥

1) 육성경위

일본 新瀉懸 농사시험장이 이십세기 실생 중에서 선발하여 1941년 명명하였다.

2) 주요특성

가) 수성(樹性)

유목기의 수세는 중정도이나 성목이 되면 수세가 급격히 감퇴되어 매우 약해진다.

나) 결실성

① 가지가 많이 발생되고 단과지 형성 및 꽃눈착생이 많다.
② 개화기는 금촌추, 풍수 정도로 빨라 수원지방 만개기는 4월30일이다.

다) 과실의 특성

① 과실의 크기는 400g 정도로 중과종이나 수세가 저하되면 250g 정도의 소과로 된다.
② 과형은 편원형으로 담황갈색으로 착색되고 과실의 균도가 좋다.
③ 육질은 다소 거친 편이며, 석세포는 중정도이다.
④ 당도는 12°Bx로 비교적 높으며 품질은 양호한 편이다.
⑤ 숙기는 수원지방에서 10월 중순경이다.
⑥ 난지산 과실의 저장력은 다소 약한 편으로 상온저장시 60일 정도로 해를 넘기기는 곤란하다. 그러나 한랭지산 과실은 저장력이 강하여 3월말까지 선도가 유지된다.

3) 재배적 특성

가) 장점

개화기가 빠르고 주품종과 교배 친화성이 높고 품질이 우량한 만생종으로 수분수 전용 품종으로서 가치가 있다.

나) 단점

매우 다수성이나 수세 쇠약시 소과생산이 많아 품질이 저하된다.

4) 전망

수량이 많고 재배하기 쉬운 고품질 장기 저장 가능 품종으로 만삼길을 대체할 수 있는 만생종의 보조품종이다. 소면적으로 유지가 가능해 전망이 있다.

단 배

1) 육성경위

원예시험장(현 과수연구소)에서 1954년 장십랑에 청실리를 교배하여 1969년 선발, 명명했다.

2) 주요특성

가) 수성(樹性)

① 수세는 중정도이고 수자는 장십랑보다 직립성이다.
② 흑반병 및 흑성병에 대해 강한 편이다.

나) 결실성

① 단과지 형성은 중정도이고, 꽃눈 착생이 많으며 액화아 발생은 거의 없는 편이다.
② 개화기는 풍수와 같이 빠른 편으로 수원지방 평균 만개기는 4월30일이다.

다) 과실의 특성

① 과실의 크기는 500～600g으로 대과종이며 과형은 원형으로 과실균도가 양호하다.
② 과피색은 녹색끼가 있는 담황갈색이며 과실표면이 거친 편이다. 과육은 연하나 석세포가 많고 당도가 극히 높으며 과즙이 많다.
③ 숙기는 수원지방에서 10월중순이며, 저장력은 약하여 상온저장시 30일까지, 저온저장시는 90일까지 선도가 유지된다.

3) 재배적 특성

가) 장점

과실이 크고 감미가 높으며 내병성인 만생종으로 재배하기 쉽다.

나) 단점

저장력이 약하고 육질이 다소 거칠며 저장중 과피흑변 등 생리장해 발생이 많다.

다) 재배상 유의점

착색이 잘 되지 않으므로 수확 2주전에 봉지를 벗겨 주도록 한다.

4) 전망

내한성이 극히 강하고 광지역 적응형이다. 중북부 내륙의 한냉지에 적합한 만생 품종으로 현재배면적 수준을 유지할 것으로 예상된다.

〔표 4-13〕 배 보존품종의 특성비교표

품종명		수성			과실특성								기타	
		수세	단과지형성	액화아발생	숙기	과중(g)	당도(°Bx)	산미	경도(kg/5mmφ)	석세포	수량	꽃가루	상온저장력(일)
조생	장수	중	중	중	8월상순	340	12.0	소	1.06	중	중	다	5~7
	신수	극강	소	소	8월중순	230	14.6	소	1.23	극소	소	다	7
중생	신성	중	다	중	9월하순~10월상순	300	12.0	소	1.38	소	다	소	14
만생	단배	중	중	소	10월중·하순	550	13.8	소	1.73	다	다	다	30
	신흥	중	다	중	10월중·하순	250~400	11.1	소	1.10	중	다	다	150

※ '93. 과수연구소

제 5 장 품종갱신

1. 품종갱신의 효과

품종갱신은 기왕에 심겨진 품종을 다른 품종으로 바꾸는 작업을 통틀어 말하는 것이다. 현재 재배하고 있는 품종의 경제성이 낮거나, 특정 병충해나 생리장해에 약하여 재배하기 어려운 경우에는 보다 수익성이 높고 재배하기 쉬운 신품종으로 대체하는 작업이다.

품종갱신의 종류에는 묘목갱신과 고접갱신의 두가지 형태가 있다. 묘목갱신은 재배중인 기존 배나무를 완전히 벌채하고 새로운 품종의 묘목을 다시 심는 방법이고, 고접갱신은 재배하고 있는 나무의 주간, 주지, 부주지 등을 이용하여 새로 재배하려는 품종의 가지를 접목하는 방법이다.

묘목갱신은 현재까지 재배하여 온 나무를 기르는데 소요된 시간과 비용을 모두 포기해야 할 뿐 아니라, 신품종의 묘목을 심어 결과기까지 기르는데 많은 시간과 비용을 재투자해야 하는 경영상의 문제점이 있다.

따라서 현재 재배하고 있는 나무의 생장량에 최소한도의 손실을 가하면서 접목 후 약 3년이 지나면 갱신 이전의 수관 점유율을 회복할 수 있는 고접갱신쪽이 묘목갱신보다 훨씬 합리적인 방법이다.

2. 고접갱신의 목적과 형태

가. 목적

신품종의 과실을 최대한 빨리 대량 결실시킴으로써 배 과수원 경영상 수익이 없는 기간을 가능한 한 단축시키는데 그 목적이 있으며, 고접갱신시 갱신대상이 되는 구품종을 중간대목이라고 부른다.

나. 고접갱신의 형태

1) 일시갱신

① 기존에 재배하고 있는 품종의 가지를 전부 접목할 수 있도록 잘라서 신품종의 접수를 가능한 한 많이 고접하여 1년만에 갱신을 완료하는 방법이다.

② 접목은 적어도 성목 한 나무당 100~200개 부위로 한다.
③ 접목한 그해부터 신품종의 가지만 기르는 방법이다.
④ 신품종이 기존 재배품종보다 경제성이 높다는 것을 확신한 경우에만 이 방법을 사용함이 좋다.
⑤ 한 나무씩 개별적으로 고접갱신을 실시할 때는 일시갱신 방법이 좋고, 과수원 전체를 다 고접갱신 하고자 한다면 한 나무를 3등분하여 매년 1/3씩 3년차에 걸쳐 과수원내 전체 나무를 고접갱신하는 방법이 좋다.

가) 장점
① 수형잡기가 좋다
② 고접후 신초의 생장이 왕성하다

나) 단점
① 일시갱신은 과수원 전체에서 3~4년간 전혀 수확할 수 없다.
② 직사광선을 가려 줄 가지가 없으므로 접목부위가 일소피해를 받을 우려가 있다.
③ 급격하게 수세가 떨어지므로 동해 및 병충해를 입을 위험이 많다.

2) 점진갱신

① 한 나무당 5~9개 부위에 고접한 후 접목된 신초의 생장량을 확대시켜 나가면서 기존 재배품종의 가지를 잘라내어 축소시켜 나가는 방법으로 수년간에 걸쳐 전체 나무를 신품종으로 갱신한다.
② 나무를 몇개 구획으로 나눈 후 매년 1개 구획씩 일시 갱신과 같은 방법으로 갱신해 나감으로써 수년간에 걸쳐 전체를 신품종으로 갱신하는 방법도 있다.

가) 장점
① 나무에 주는 충격을 최소한으로 줄이기 때문에 일소피해, 병충해 및 동해 발생의 우려가 감소될 수 있다.
② 기존 재배하였던 품종도 같이 유지하기 때문에 최소한의 수량을 유지할 수 있으므로 경영상 유리하다.

나) 단점
① 한 나무내에 고접한 부위와 안한 부위가 섞여 있기 때문에 수형을 구성하기가 곤란하고 재배관리가 어렵다.
② 고접후 신초생장이 일시갱신의 경우보다 떨어진다.

3) 부분갱신

농가 자신이 신품종을 시험적으로 재배 할 목적으로 나무의 일부분에만 고접을 실시하는 방법이며, 따라서 한 나무에 2개 이상의 품종이 존재하게 된다.

과수원 전체에 대규모로 실시하는 방법은 아니다.

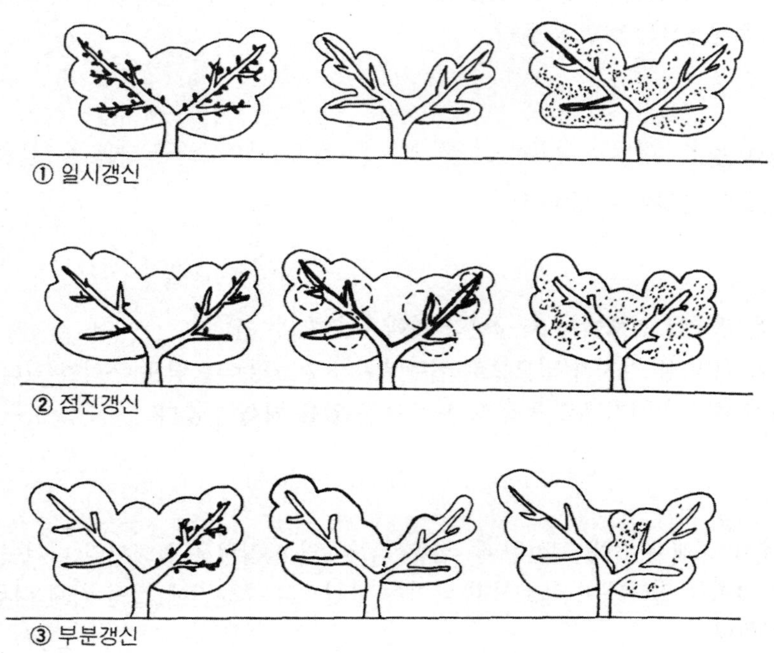

〈그림 5-1〉 고접갱신의 형태

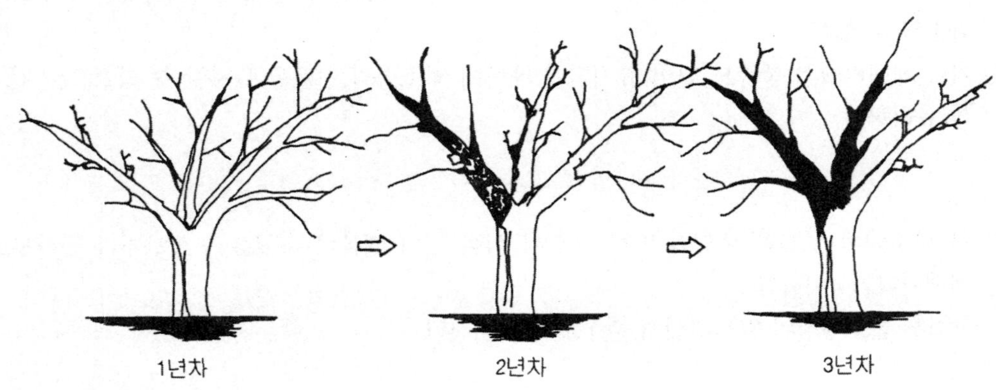

〈그림 5-2〉 도장지를 이용한 점진갱신

다. 고접갱신시 주의할 점

1) 바이러스 유무 확인

고접갱신을 실시하기 전에 사용할 접수 및 대목이 바이러스(주로 에소반점형 바이러스)에 감염되어 있는지 여부를 확인하여야 한다. 바이러스 지시식물의 접수를 연구소 등에서 분양받아 기존 재배하고 있는 구품종과 고접용 접수를 채취한 신품종의 나무에 각각 접목하여 바이러스 보독 여부를 조사한다.

접목후 바이러스 지시식물의 잎에 6월 중순경 전형적인 병반이 형성되면 에소 바이러스병에 감염되었다고 판정한다. 그러나 이와같이 재배농가가 바이러스 지시식물을 접목하여 보독여부를 검정하는 일은 매우 어려우므로 중간대목이 될 나무의 보독여부는 〔표 5－1〕에 서와 같이 직접 확인할 수도 있다.

한편 품종에 따라 병징이 발견되지 않는 수종도 있으므로 고접갱신용 접수는 연구소 등에서 지정한 바이러스 무독 모수에서 채취하는 것이 가장 좋다.

〔표 5－1〕 배 품종별 바이러스 병징발현 양상

구분	품종
●심한 병징을 발현함	●조생적, 신고, 이십세기, 팔운, 팔행, 행장, 조생행장
●가벼운 병징을 발현함	●취성, 금촌추, 조생이십세기
●병징을 발현하지 않음*	●풍수, 행수, 신수, 운정, 만삼길, 신세기, 석정조생, 명월, 장십랑, 조옥, 군총조생, 국수신흥, 박다청

※ 병징을 발현하지 않는 경우는 바이러스 지시식물로 접목하여야만 바이러스 보독 여부를 판정할 수가 있다.

2) 접목 친화성 여부 확인

중간대목이 될 주품종의 나무와 고접하려고 하는 품종사이에 접목 친화성이 있는지를 확인하여야 한다. 또한 중간대목이 접수 품종의 과실에 어떠한 영향을 미치는 가도 확인해야 한다. 〔표 5－2〕에 의하면 신수 및 행수로 고접갱신할 때 가장 좋은 중간대목은 팔운, 장십랑, 조생적이다.

[표 5-2] 중간대목이 배 접수품종의 과실에 미치는 영향

중간대목	신수	행수	비고
팔운	◎	◎	◦ 과형이 좋고 숙기는 같아짐
석정조생	○	○	◦ 과형이 약간 나쁘고 숙기가 빨라짐
신세기	○	○	◦ 과형이 약간 나쁘고 숙기는 약간 빨라짐
운정	○	○	◦ 과실균도가 나쁘고, 신수 숙기가 약간 늘어짐
군총조생		○	
장십랑	◎	◎	◦ 과형이 좋고 숙기는 같거나 약간 늘어짐
취성	○	○	
이십세기	○	○	◦ 숙기가 약간 늦어짐, 조옥은 흑반병이 많이 발생
욱	○	○	
국수	○	○	
청옥	○	○	
저원	○	○	◦ 행수의 숙기가 늦어짐
조생적	◎	◎	
신흥	×	○	◦ 숙기는 같으나 과형이 나쁘고 수세가 떨어짐
청용	○	○	
진유		○	
만삼길	×		

※ ◎ : 좋음　　○ : 보통　　× : 나쁨

3. 접목과정 및 방법

가. 접수준비

① 1m 이상 잘 자란 충실한 발육지를 접수로 사용한다. 하기에 2차 신장하지 않은 가지로서 화아가 적게 붙은 것이 좋다.

② 2월중순경 수액이 이동하기 직전에 채취하여 2~5℃, 습도 80~90% 되는 움막이나 냉장고에 넣어 보관한다. 접목실시 1일전에 꺼내어 접수온도가 외기온과 같게 한 뒤 사용한다.

③ 10년생 배나무 1주를 갱신하고자 할 때는 약 20개 정도의 발육지(길이 1m)가 필요하다. 장초 고접할 때는 더 많은 접수를 준비하도록 한다.

나. 고접시기

대목의 수액이 이동하기 전에 실시하는 것이 좋으므로 3월 하순부터 4월 중순에 걸쳐 실시한다. 접목시기는 늦을수록 생육이 부진하므로 주의해야 한다.

다. 고접부위 및 방법

① 주지, 부주지, 강한 측지 등을 선택하여 기부에서 10~30cm 정도 잘라준다. 접수는 자른

가지의 상부에 접목한다.

② 고접부위별로 고접갱신 방법을 구분할 수 있는데 주간부 고접, 주지부 고접, 부주지부 고접의 3가지 형태가 있다〈그림 5－3〉.

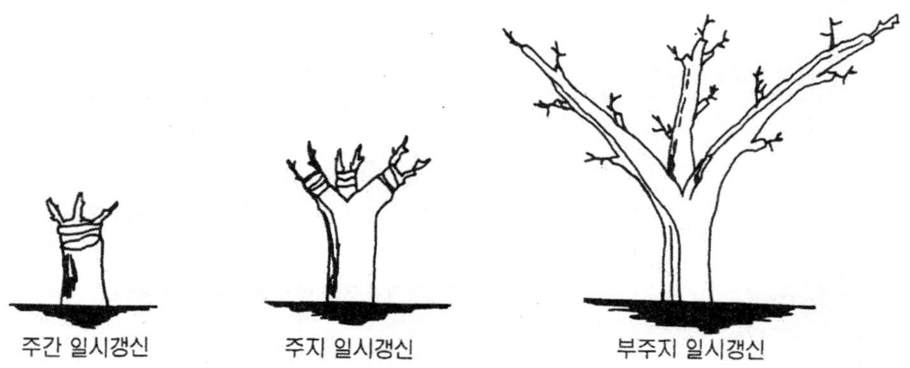

〈그림 5－3〉 고접부위별 고접갱신 방법

③ 사용하는 접수의 길이별로 장초고접(長梢 高接)과 단초고접(短梢 高接)으로 구분하는데 장초고접은 50～100cm 길이의 접수를 사용하고 단초고접은 눈이 1～2개 부착된 접수를 사용하는것으로 각각의 장·단점은 다음과 같다

i) 장초고접

－ 장점 : 접목 이후의 신초 생장량이 많고 초기 2～3년간의 수량이 많아진다. 장초고접과 단초고접시 수량 및 경제성은 〔표 5－3, 5－4〕와 같다.

－ 단점 : 접수자체가 무거워 바람에 부러질 위험이 크므로 접수의 유인, 결속에 각별히 유의해야 한다. 고접에 소요되는 접수량이 많으므로 최신 품종의 고접갱신에는 부적당하다.

※ 접목 활착율이 낮다

〔표 5－3〕 장십랑을 풍수로 고접갱신한 경우 접수길이별, 연차별 수량

접수길이(cm)	주당 수확과 수			수 량(kg/주)		
	2년차	3년차	계	2년차	3년차	계
5	4	130	134	2	44	46
20	29	133	162	13	47	59
50	69	143	212	28	53	81
100	91	123	214	35	47	81
150	33	67	100	14	24	38
고접갱신 무실시(장십랑)	152	160	312	52	55	107

※ '87. 과수연구소

〔표 5-4〕 장십랑을 풍수로 고접갱신한 경우 접수길이별 수익성 변화

접수길이 (cm)	조 수 익(1,000원/10a)				수 익(1,000원/10a)			
	1년차	2년차	3년차	계	1년차	2년차	3년차	계
5	19.5	34.0	888.9	942.3	-74.4	-147.8	595.1	372.8
20	19.5	249.8	939.9	1,209.2	-81.9	28.0	636.4	582.5
50	19.5	567.4	1,054.1	1,641.0	-86.1	319.6	739.3	972.8
100	19.5	689.3	936.2	1,645.0	-91.9	446.0	637.1	991.3
150	19.5	285.7	480.1	785.3	-81.7	91.2	221.3	230.8
고접갱신 무실시(장십랑)	671.9	700.0	738.6	2,110.5	349.7	378.9	417.8	1,146.3

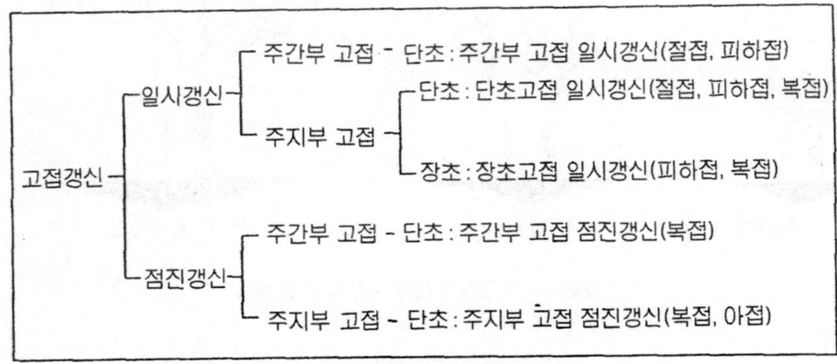

〈그림 5-4〉 고접갱신의 방법

ii) 단초고접

- 장점 : 소량의 접수로 많은 부위에 접목할 수 있으며, 고접후 활착 및 초기 생육이 좋다.
- 단점 : 고접후 개화가 늦고 개화량이 적어 경영상 불리하다.

이상 여러형태의 고접갱신 방법을 요약하면 〈그림 5-4〉와 같다.

라. 접목방법

고접시에는 쪼개접, 피하접, 깎기접 등을 적용하며 기타 눈접, 혀접, 복접(腹接) 등도 이용할 수 있다.

주요 방법별 실시시기와 적용경우 및 방법은 다음과 같다.

1) 쪼개접(割接)

① 원줄기(主幹)나 원가지(主枝)의 일시갱신 등 굵은 부위에 접목할 때 주로 이용한다.
② 접목시기는 깎기접과 같다.
③ 접수의 길이는 눈이 1~3개 있는 짧은 접수부터 20~100cm 정도로 긴 접수까지 이용할 수 있고, 긴 접수를 이용할 경우 접수의 고정수단이 필요하다(이하 겨울가지를 이용하는 다른 접목방법에서도 마찬가지이다).

④ 접수의 아래쪽을 V자와 같이 쐐기 모양으로 깎아 접수를 조제한다.

⑤ 대목을 일자형으로 쪼개고, 이곳에 최소한 접수의 한쪽면 부름켜와 대목의 한쪽면 부름켜가 서로 맞닿게 접수를 꽂고, 비닐테이프로 묶어 준다. 접목하고자 하는 대목부위가 클때에는 일자형으로 쪼갠 양쪽에 2개의 접수를 꽂을 수도 있고, 아주 클때에 대목부위를 十자형으로 쪼개고 4곳에 접목할 수도 있다.

⑥ 접목후 접착부에 빗물이 스며 들어가거나 건조되면 접목활착이 저조하므로 발코트나 톱신페스트를 접착부에 발라 주고 접수의 상단면에도 발라 준다.

2) 피하접(皮下接)

① 접목하고자 하는 가지가 비교적 굵을 때 효과적이다.

② 접목적기는 나무껍질이 잘 벗겨지는 때로서 깎기접보다 약간 늦은 만개기부터 낙화기까지 작업이 가능하다.

③ 깎기접과 같은 요령으로 접수를 조제한다.

④ 대목의 껍질에 칼로 두줄을 내리 긋고, 그 부위의 나무껍질을 벌리거나 떼어내고, 깎기접과 같은 요령으로 접수를 끼워 맞춘후 비닐테이프로 묶는다. 접수 상단면의 취급요령은 깎기접에서와 같다.

3) 깎기접(切接)

① 수액이 유동하고 눈이 움직이기 시작한 후인 3월 중순~4월 중순이 접목의 적기이다.

② 대목부위가 비교적 가는 경우에 실시한다.

③ 접수의 아래쪽을 육질부가 약간 붙을 정도로 면이 바르게 3cm 정도 깎아 내린 다음, 뒷면은 급경사지게 깎아 접수를 조제한다.

④ 대목의 접목하고자 하는 부분 한 쪽을 물관부가 약간 깎이게 2.5cm 정도 수직으로 깎는다. 그리고 대목의 깎은 자리에 대목의 부름켜(形成層)와 접수의 부름켜가 최소한 서로 한쪽이 맞닿게 하고 비닐테이프로 동여 맨다. 접수의 상단면에는 발코트나 톱신페스트를 발라서 접수의 건조 및 부패를 방지한다.

4) 녹지접(綠枝接)

① 실시적기는 새 가지가 1차 생장을 멈추고 2차 생장을 시작하기 전인 하계 휴면기(새가지의 끝부분에서 새잎이 형성되지 않고 끝막음을 하고 있는때)이다.

② 봄철의 깎기접이나 피하접에 실패한 부위를 보완하는데 주로 사용된다.

③ 충실하게 자란 새가지의 중간부위를 접수로 이용한다. 잎자루만 남기고 잎몸은 제거한다. 접목이 성공하면 잎자루의 기부(基部)에 이층(離層)이 형성되어 접목후 7~10일경에 접수에서 쉽게 떨어지거나 활착이 되지 않으면 떨어지지 아니하고 그자리에서 마르므로 접목의 성공여부를 조기에 판정하는 기준이 된다. 기타 접수 조제방법은 깎기접의 접수 조제요령과 같다.

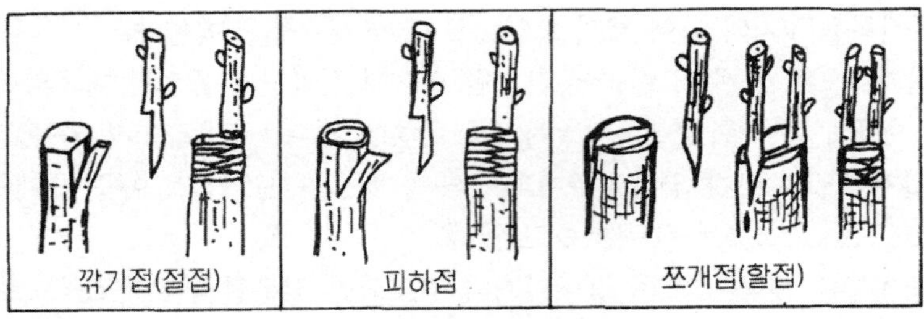

〈5-5〉 접목방법별 모식도

④ 접목요령은 깎기접과 같으나 대목의 새가지 기부에 접목한다.

⑤ 접수가 건조하지 않도록 특히 주의하여야 하며, 접목후에는 접수의 상단면에 건조방지를 위해 발코트나 톱신페스트를 반드시 발라주어야 한다.

마. 고접갱신 요령

① 높이

수형, 덕의 높이 및 고접한 가지가 활착되어 자랐을때를 고려하여 고접 부위를 선정한다. 덕식으로 재배하는 경우는 사람의 어깨높이 이내가 좋다.

② 고접부위수

나무의 크기에 따라 다음과 같이 조절한다.

- 부주지 일시갱신으로 점진갱신 할 경우 : 주당 10~15 부위
- 결과지 점진갱신으로 점진갱신 할 경우 : 주당 70~80 부위
- 주간 일시갱신의 경우 : 주당 2~4 부위
- 주지 일시갱신의 경우 : 주당 6~8 부위
- 부주지 일시갱신의 경우 : 주당 20~30 부위
- 곁가지 일시갱신의 경우 : 주당 150~160 부위

③ 수세조절

수세가 왕성하여 강한 발육지가 많을때는 그대로 발육지를 이용하면 되지만 수세가 약할 때는 전년도에 미리 강전정하여 발육지를 만든다.

④ 봄에 절접하여 실패했을 경우

여름철에 녹지접으로 보접해 줌으로써 조기에 고접갱신을 완료할 수 있다.

바. 고접후 관리방법

① 갱신후 자라나오는 새가지는 접목부위의 결합력이 약하여 비바람에 의해 그 부분이 찢어지기 쉽다. 따라서 바람 등에 흔들리지 않도록 새가지를 잘 붙들어 매준다.

② 접수가 발육하여 접목부위가 잘록해질 정도가 되면 접목테이프를 풀어서 다시 묶어준다.

이 때는 아직도 접목부위가 완전히 아물지 않았으므로 새가지 기부의 접목부위에서 찢어지지 않도록 주의한다.

③ 고접갱신 수는 강전정시와 같이 지상부는 갑자기 줄어 들었으나 지하부의 크기에는 변함이 없어 지상부와 지하부의 균형이 심하게 파괴된 상태이므로 수관이 어느정도 회복되기까지 즉, 갱신초기의 2~3년간은 질소질 비료의 시용을 금하고 기타 성분의 비료도 시용량을 줄여 준다.

④ 갱신후에는 조속한 시일내에 수량확보를 위하여 수관을 빨리 회복하는 것이 무엇보다도 중요하다. 따라서 갱신초기 1~2년간은 약전정을 실시하고, 적과(摘果)와 새가지의 유인을 철저히 하여 골격가지를 빨리 형성시키므로서 성과기에 도달하는 기간을 단축하도록 한다.

⑤ 중간대목에서 발생하는 신초를 제거하여야 접수의 생장이 촉진되므로 자주 눈 따주기를 실시한다.

⑥ 일시갱신한 경우 수세약화 및 일소방지를 위해 접목부위에 석회유, 백색 수성 페인트를 도포해주고, 7~8년 이상 성목에는 가급적 일시갱신을 하지 말고 유목을 대상으로 실시한다.

⑦ 점진갱신한 경우는 고접한 후 수세 및 수형을 더욱더 철저하게 관리해야 한다.

4. 묘목갱신을 위한 육묘방법

이 방법은 기존의 나무를 완전히 캐내고 새로운 품종의 묘목을 다시 심는 방법이므로 묘목의 양성 방법을 다음에 서술하기로 한다.

가. 묘목의 양성

1) 대목양성

가) 종자채취

종자가 완전히 성숙하여 겉질 색깔이 갈색~암갈색으로 되었을 때 채취한다. 재배품종은 과육을 먹고 남은 부분에서 종자를 채취한 다음 깨끗이 씻어 그늘에서 4~5일간 말리는 데, 직사광선 밑에서 말리거나 10일 이상 말리면 발아력이 약화될 수 있다.

돌배와 같은 종류는 과실을 쌓아 놓고 위를 거적 등으로 덮어 얼마동안 과육을 썩힌 후 물에 씻어 종자를 받는 것이 편리하다. 과실이 썩을 때 부패열이 발생하는데 온도가 20℃ 이상으로 높아지면 종자의 발아력이 저하될 수 있다.

나) 종자의 저장

종자가 겉보기에 완전히 성숙하고 발아에 적당한 온도, 수분, 산소의 조건이 충족되어도 채취한 후 일정한 기간을 경과하지 않으면 발아되지 않거나, 발아 후의 생육이 불량하게 되는데 이 현상을 휴면(休眠) 이라고 한다. 휴면기간중에 배(胚)가 성숙(後熟)되어 발아된다.

종자의 휴면타파(休眠打破) 에는 적당한 습도, 산소 및 저온이 필요하다. 알맞는 온도는 일반적으로 4~7℃이고, 습도는 70% 정도가 적당하다. 저온 요구기간은 종류에 따라 다르다.

실제로 종자를 저장할 때에는 노천매장(露天埋臟)하거나 저온저장고를 이용할 수도 있다. 노천매장 방법은 종자를 상자나 망사주머니 등에 습기가 있는 모래 2~3배와 섞어서, 봄에 가장 늦게 땅이 녹고 배수가 잘 되는 그늘진 곳에 묻어두면 된다.

수분이 과다하면 부패하고, 너무 적으면 건조하여 발아력이 약해지며, 온도가 높으면 파종하기 전에 조기발아하여 어린 뿌리가 상하고 이후의 생육이 불량해진다.

〔표 5-5〕 배의 종류별 종자의 크기, 저온요구도 및 수명

종　　　류	종자의 크기 (g당 수)	저온요구도 (일)	적정온도 (℃)	종자의 수명 (년)
P. amygdaliformis	24	15 ~ 25	7	
P. betulaefolia	90	10 ~ 55	4	
P. calleryana	55	10 ~ 30	7	
P. communis	22	60 ~ 90	4	2 ~ 3
P. cordata	86	40 ~ 100	4	
P. dimorphophylla	77	30 ~ 65	4	
P. elaeagrifolia	22	50 ~ 90	4	
P. fauriei	57	10 ~ 35	7	
P. nivalis	18	60 ~ 110	4	
P. pashia	55	0 ~ 15	10	〈1

다) 파종 및 육성

파종 적기는 3월 중순경이다. 휴면이 타파된 종자는 10℃ 정도에서 발아되므로 파종이 늦으면 저장중에 발아되어 우량 대목의 획득률이 낮아지므로 파종적기를 놓치지 않도록 한다.

파종 5개월쯤 전인 전년도의 11월 중순에 10a당 완숙퇴비 2,000kg, 석회 100kg, 용성인비 50kg 정도를 뿌린후 2~3회 갈고 이랑폭이 60~70cm 정도되는 파종상을 만들어 겨울을 지낸다.

파종시기는 대개 봄철이며, 겨울동안 저장하지 않고 늦가을에 직접 파종할 수도 있다. 이 경우 새나 쥐의 피해방지에 주의한다.

또한 완숙퇴비와 흙의 비율을 1 : 5의 비율로 만든 파종상에 파종하여 본잎 4~5매때 본포에 10cm 간격으로 옮겨 심는 방법과 본포에 직접 파종하는 방법이 있다.

이때 파종간격은 폭 60~70cm 이랑에 1~2열로 드물게 파종하는 것이 후일의 접목작업 및 그 밖의 관리가 편리하며, 파종량은 10a당 2.2~2.7ℓ(23,000립 정도)이다.

2) 대목의 종류와 특성

가) 공대(共臺)

재배품종의 종자로 육성된 대목은 공대(共臺)라 하고, 자생종의 종자로 육성된 대목은 이대

(異臺)라고 한다. 아직까지 각 품종별 공대의 특성에 대하여는 보고된 바가 없다.

나) 돌배(山梨, *Pyrus serotina*)

우리나라 남부 지리산 일대에 많이 분포되어 있다. 가시 발생이 비교적 적으며, 줄기의 비대생장이 빨라 파종 당년 8~9월이면 눈접을 할 수 있을 정도로 자란다.

나무의 키가 15m에 달하는 교목으로 과피는 갈색을 띠며, 잎은 전연(全緣)이나 삼열엽(三裂葉)도 간혹 있다. 뿌리는 약간 넓게 분포하며 뿌리수가 많고, 지상부와 지하부가 균형을 잘 유지한다. 내습성은 강하나 내건성은 약하며, 줄기마름병에 대한 저항성은 상당히 강하다.

주요 배 품종과 접목 친화력이 좋고, 활착후의 생육도 양호하여 배의 대목으로 가장 많이 이용되고 있다. 삽목에 의하여 번식된 대목은 건조한 토양에서 발육이 불량하고 수명도 짧아지지만 비옥한 토양에서는 다른 대목과 별로 차이가 없다.

다) 한국콩배(豆梨, *Pyrus fauriei*)

나무의 키는 10m 내외에 달하며, 가는 가지가 많다. 잎은 비교적 작으며, 모양은 난형(卵形) 또는 원형이다.

과실은 직경이 1cm 정도이며 갈색이다. 초기에는 생장이 늦고 심근성으로 토양 적응성은 강하나 북지콩배보다 접목친화성이 약하다. 그러나 서양배와는 접목친화성이 비교적 높은 편으로 알려져 있다.

유부과(柚膚果)의 발생을 억제하는 기능이 있고 이에 접목하면 수체내에 120ppm정도의 망간을 가진다고 한다.

라) 북지콩배(北支豆梨, *Pyrus betulaefolia*)

나무의 키는 15m정도이며, 잎의 모양은 난형이다. 과실은 콩배처럼 작고, 가지에 가시가 있다. 뿌리는 원뿌리가 적고 심근성으로 토양적응성이 강하며 특히 알칼리토양에 잘 견딘다. 내건성, 내한성이 강하여 건조하고 한냉한 지대에 알맞다.

파종후 2년째부터 왕성하게 자라며, 나무의 키는 2~3m내외의 관목(灌木)으로 잎의 모양은 난형 또는 부정원추형(不正圓錐形)이며 과실은 타원형이고, 성숙하면 독특한 향기가 있다.

나. 접목방법

1) 깎기접

현재 가장 널리 이용되고 있는 방법으로서 대목과 접수의 깎은 면이 수직이 되도록 편평하고 매끈하게 깎는 것이 기술의 핵심이다.

접목적기는 3월 중순~4월 상순이며, 접수는 접목 1~2개월 전에 건전한 1년생 가지를 채취하여 습기가 적당한 모래와 섞어 과실 저장고에 보관하거나 그늘진 곳에 바람이 통하게 하여 접수의 2/3정도를 습기있는 모래속에 묻어 두었다가 사용하거나 비닐로 싸서 냉장고에 보관해도 된다.

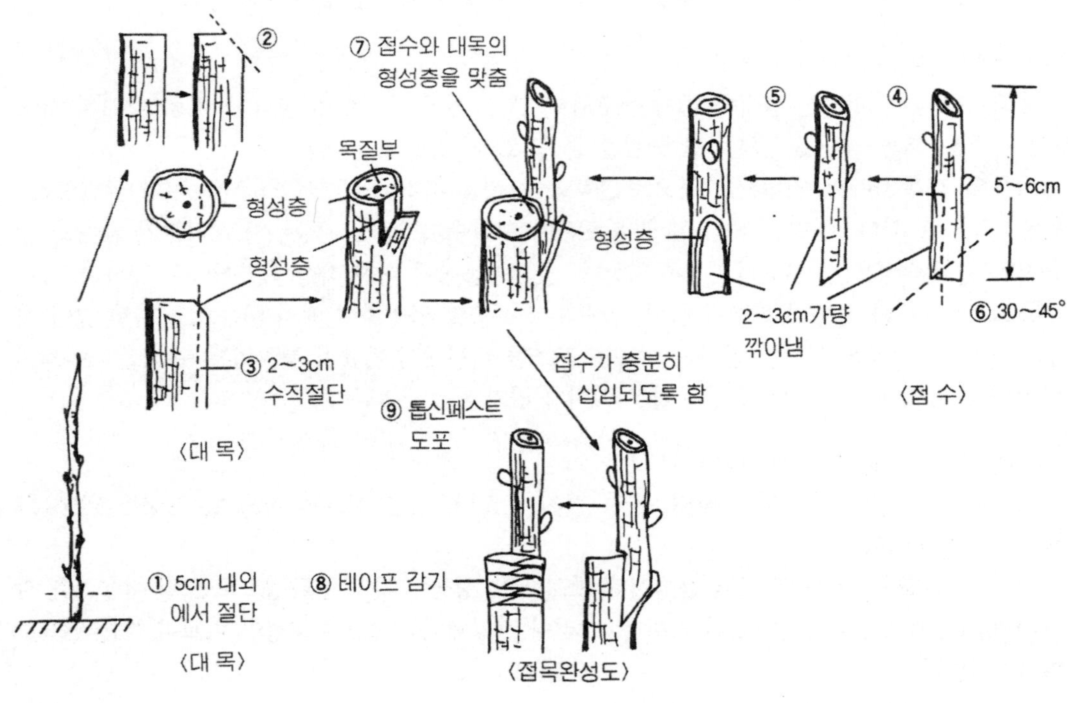

〈그림 5-6〉 깎기접(切接)하는 요령

가) 대목 다듬기

대목은 지표면에서부터 위로 5cm 내외를 남기고 전정가위로 절단한다〈그림 5-6, ①〉. 그 다음에 대목의 매끈한 부분을 골라서 접칼(接刀)로 한쪽 언저리를 베어내고〈그림 5-6, ②〉 그 자리로부터 2~3cm 정도를 수직으로 칼집을 낸다〈그림 5-6, ③〉. 이 때 접칼에 두 손가락으로 일정하게 힘을 주어야 바르게 깎아진다.

나) 접수 다듬기

접수는 대목보다 약간 가는 것을 사용하여 눈 1~2개를 붙여 5~6cm 내외로 절단한다〈그림 5-6, ④〉. 윗눈 위 가지부분을 0.5~1cm 정도 남기고 자른 다음 접수의 하단측면을 접도로 면이 바르게 2~3cm 깎아 내며〈그림 5-6, ⑤〉 뒷면은 1cm 높이에서 30~40°각도로 경사지게 쐐기모양으로 깎아준다〈그림 5-6, ⑥〉.

다) 접목

이상과 같이 대목과 접수다듬기가 완료되면 접수의 깎은 면의 부름켜(形成層 : 껍질과 목질부 사이의 분열조직)와 대목의 수직절단면의 부름켜(최소한 한면이라도)가 일치되게〈그림 5-6, ⑦〉 끼운 다음 움직이지 않도록 접목 테이프로 단단하게 감아 준다〈그림 5-6, ⑧〉. 접수의 상단면에는 건조하지 않도록 톱신페스트를 발라준다〈그림 5-6, ⑨〉.

접목후 새가지가 30cm 정도 자라고 접목부위가 완전히 아문 다음 접목테이프를 풀어 주고 지주를 세워 준다.

2) 눈접

예전에는 수액이 활발하게 움직일 때 실시하는 "T"자형 눈접을 주로 활용하였으나 이 방법은 수액이 활발하게 움직일 때만 실시가 가능하고, 접수나 대목중 어느 한쪽만이라도 껍질이 벗겨지지 않으면 접목을 할 수 없게 된다.

접목한 다음 3~4일 내에 비가 오면 활착이 극히 저조하고, 작업도 복잡하므로 지금은 수액의 이동과 관계없이 생육기간중 어느 때나 실시가 가능하고 특히 비가 거의 오지 않는 9월 중·하순이 적기이며 활착률도 높은 깎기접눈(削葉接)이 주로 이용된다.

눈접용 접수는 그 해에 충실하게 자란 가지를 채취하여 눈밑의 잎자루만 약간 남기고 잎몸을 제거한다. 접눈은 새가지의 건전한 부분에서 채취하고, 선단부와 기부의 눈은 충실하지 못하므로 이용하지 않는 것이 좋다.

접목한 다음 7~10일후 잎자루가 노랗게 되어 살짝 건드릴 경우 잘 떨어지면 활착된 것이고, 잎자루가 고사되어 떨어지지 않으면 활착이 되지 않은 것이다.

가) 대목 다듬기

대목은 지표면 5~6cm 내외에서 접눈 다듬기와 같은 방법으로 2.5~2.7cm 정도〈그림 5-7, ①, ②〉 깎아낸다. 이때 접눈의 길이보다 약간 길게 깎아야 서로의 형성층이 잘 접촉되어 활착이 잘 된다.

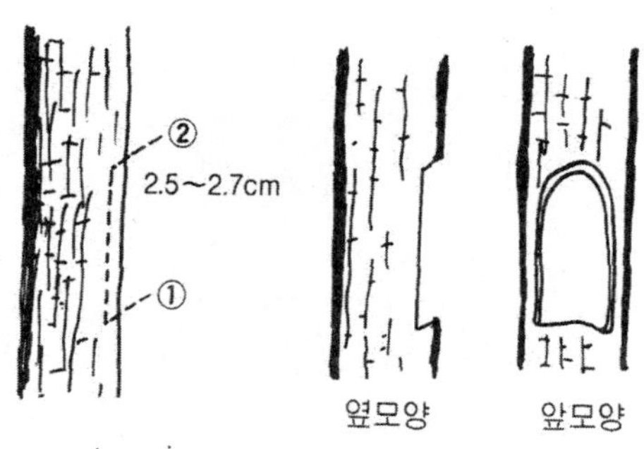

〈그림 5-7〉 대목 다듬기

나) 접눈 다듬기 및 접목

접눈은 길이가 대략 2. 5cm정도 되게 접눈 아래쪽 1cm 부위에서 눈의 기부를 향하여 비스듬히 접칼을 넣은 다음〈그림 5-8, ①〉 접눈위 1.5cm 부위에서 접눈 아래쪽까지 목질부를 두께 약 2mm 정도를 붙여서 깎아 접눈을 떼어낸다〈그림 5-8, ②〉.

또 눈 아래쪽에서 윗쪽으로 접칼을 밀어 올려서 접눈을 채취하는 방법도 있다.

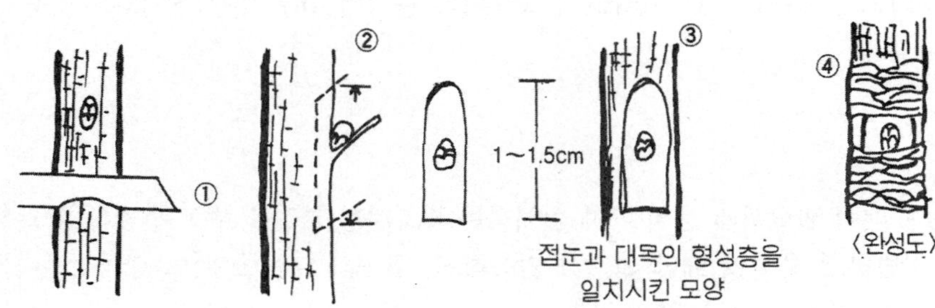

〈그림 5-8〉 접눈 다듬기 및 붙이기

대목다듬기와 접눈다듬기가 끝나면 대목에 접눈을 끼워 최소한 한면의 부름켜(形成層)를 서로 일치〈그림 5-8, ③〉시킨 후 접목 테이프를 감아준다〈그림 5-8, ④〉. 접목후 대목이 많이 자라 접목테이프로 감은 자리가 잘록해지면 풀어서 다시 감아 주며, 이듬해 눈이 발아하여 새 가지가 30cm정도 자라면 접눈위 2cm 쯤 되는 곳에서 대목을 잘라내고 접목테이프를 제거한다.

접목부위가 약하므로 이때 지주를 세워 새가지를 묶어 주어야 바람에 의한 손상을 방지할 수 있다. 대목에서 자라 나오는 새가지(臺芽)는 수시로 제거한다.

제 6 장 결실의 안정

1. 화아분화

과수는 일정 유목기를 경과하면 꽃눈이 분화되고 개화, 결실이 시작되어 매년 같은 과정이 반복된다. 꽃이 피고 열매를 맺는 데에는 광, 강우, 온도, 영양상태, 식물생장 조절물질 등 여러 가지 요인이 상호 관련되어 있는데 그 중에서 영양상태와 생장조절 물질의 상호작용에 의해 꽃눈형성이 크게 영향을 받는 것으로 알려져 있다.

가. 화아 분화에 영향을 주는 요인

1) C－N율

일반적으로 과수는 영양생장이 왕성한 상태에서는 꽃눈형성이 곤란하므로 질소비료가 과다하면 꽃눈형성이 저해된다. 이것은 수체내 질소와 탄수화물의 관계가 꽃눈형성에 영향을 미친다는 것을 증명해 주고 있는데 이 관계를 C－N 관계라 한다.

C－N 관계설은 1906년 Fisher가 처음 주장하였으며, 1981년 Kraus와 Kraybill이 토마토를 가지고 질소와 탄수화물의 양적상호관계를 생장과 결실에 관련시켜 보고한 이후 C－N율이 꽃눈형성의 이론적 근거가 되어왔다. C－N율과 과수와의 생리적 관계는 〈그림 6－1〉과 같다.

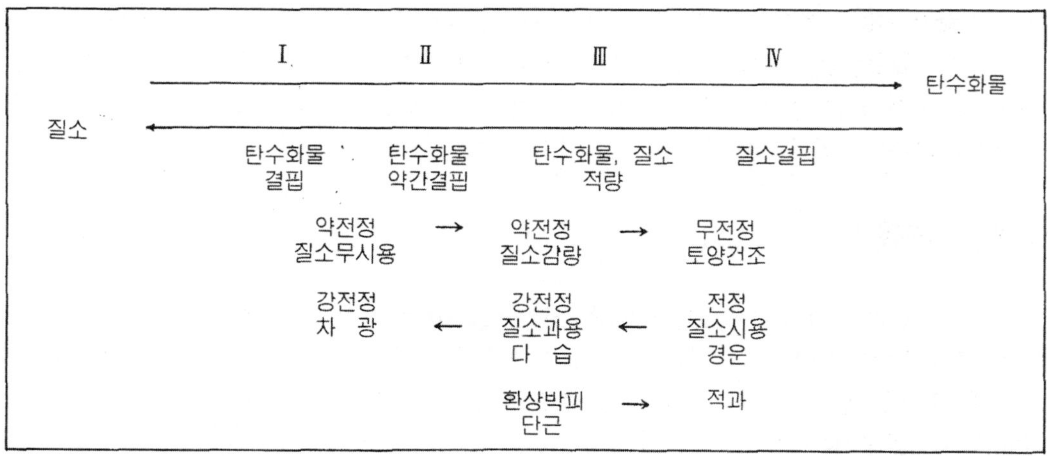

〈그림 6－1〉 C－N 관계와 꽃눈 형성

〈그림 6-1〉에서 C-N 관계설의 4가지 예를 들면 다음과 같다.

① Ⅰ의 경우 : 수분, 질소공급은 풍부하나 탄수화물 공급이 결핍되면 수체생장도 약해지며 꽃눈착생도 없다.

② Ⅱ의 경우 : 수분, 질소공급이 풍부하고 탄수화물 공급이 소량이면 수체생장은 왕성하나 꽃눈착생이 매우 불량하다.

③ Ⅲ의 경우 : 탄수화물 생성이 많아지고 질소공급이 감소하면 수체생장은 약화되고 꽃눈형성은 많아져 결실하게 된다.

④ Ⅳ의 경우 : 질소공급이 결핍되면 수체생장이 이루어지지 않으며 꽃눈은 형성되나 결실이 불량해진다.

2) 일광

일조는 탄소동화작용의 원동력이기 때문에 꽃눈형성에 절대적인 요인이 되지만 일장은 결정적인 요인이 되지 않는다.

3) 온도

인과류의 6~7월의 온도교차가 큰 해일수록 꽃눈 형성율이 높아지는데 그 이유는 고온에서 합성된 탄수화물이 저온에서 호흡에 의한 소모가 줄어들기 때문이다. 또한 꽃눈 분화가 빨라진다는 보고도 있다.

4) 식물생장 조절물질

Cajlachjan(1937)이 꽃눈을 분화시키는 물질이 잎에서 만들어지며, 그 이름을 플로리겐(florigen)이라 한 이후 꽃눈형성 물질에 관한 많은 실험과 연구결과가 보고되었으나 아직 이 물질이 추출되지는 않았다.

식물체 내에 꽃눈을 형성시키는 물질이 있다는 것은 춘화처리한 가지를 다른 가지에 접목하면 그 영향이 다른 식물체로 이동되어 꽃눈형성을 유기시키는 것으로 보아 알 수 있다.

최근 식물생장호르몬에 대한 깊은 연구가 진행됨에 따라 식물의 생리현상은 거의 생장 호르몬(growth hormone)과 관련되고 있어 꽃눈형성도 개화호르몬(flowering hormone)이 생성되기 때문이라는 설이 지배적이다.

나. 화아 분화기

과수에서 꽃눈 분화기를 최초로 보고한 사람은 Askenasy(1877)인데 산과 양앵두의 꽃눈 분화기를 6월이라 하였다. 같은 과종에서도 품종에 따라 꽃눈 분화기가 다르며 지역에 따라서도 크게 다르다. 우리나라에서는 1972년 주요 과수의 지역별 꽃눈 분화성기를 조사하였는데 배의 꽃눈 분화성기는 〔표 6-1〕과 같다.

〔표 6－1〕 배의 지역별 꽃눈 분화성기

품 종	지 역	꽃눈의 분화성기
장 십 랑	나 주	6월 7일
	김 해	6월 13일
	대 구	6월 13일
	대 전	6월 10일
	평 택	6월 10일
	수 원	6월 14일
금 촌 추	나 주	6월 28일
	김 해	6월 21일
	대 구	6월 28일
	대 전	6월 28일
	평 택	7월 5일
	수 원	7월 5일

배의 품종간 화아 분화기의 차이는 신초 생장이 왕성한 품종일 수록 늦어지는 경향이 있다(만삼길, 국수는 늦고 장십랑, 풍수, 팔운은 빠름).

다. 화아 형성을 위한 재배관리

1) 신초 유인

신초선단의 생장점 활동을 조기에 정지시키면 사이토카이닌이 액화아에 공급되므로 꽃눈형성을 촉진시킨다. 따라서 신초의 유인은 6월중에 실시하는 것이 좋다.

2) 예비지를 남김

결과지만 있으면 뿌리 활동이 약화되므로 예비지도 충분히 남겨야 한다.

3) 유기물 시용

세근의 생성을 촉진하여 사이토카이닌 합성을 도와준다.

4) 여름 비료 시용

여름비료를 과다시용하면 당도가 저하되고 숙기가 늦어지므로 뿌리의 활력이 유지될 정도로만 시용한다.

5) 하기 전정

적당한 하기 전정은 수형을 조기에 완성시켜 주며 또한 화아분화를 촉진시키고 착색증진, 병해충 방제에도 도움이 된다.

6) 도장지 제거

화아 분화시기 이전에 기부에서 완전히 제거하고 그 후에는 엽수확보 차원에서 남겨둔다.

7) 단근, 질소과용억제, 대목사용, 생장조정제(BA)처리

꽃눈 형성에 도움이 된다.

2. 개화

화기가 완성되고 배우자가 형성되면 환경조건이 갖추어짐에 따라 개화하게 된다. 한 꽃중에 암술과 수술이 모두 있는 것을 양성화라 하고, 수꽃과 암꽃이 서로 다른 것을 단성화라 하는데 배는 양성화이다.

개화기는 품종, 지역 또는 기상조건에 따라 달라지는데 같은 품종이라도 따뜻한 지방일 수록 개화기가 빠르다. 개화기를 예상하려면 개화전 일정기간의 적산온도를 조사함으로서 알 수 있다. 일반적으로 식물의 개화기는 위도가 1도 올라감에 따라 약 4일, 표고 100m 높아짐에 따라 3일 정도씩 지연된다.

〔표 6-2〕 품종별 개화기 및 화분량(천립/ 약)

품종	개화시 (월. 일)	만개기 (월. 일)	화분량	품종	개화시 (월. 일)	만개기 (월. 일)	화분량
신수	4. 15	4. 18	8.9	신고	4. 12	4. 15	0.5
수진조생	4. 19	4. 22	10.3	신흥	4. 15	4. 17	많다
행수	4. 17	4. 20	9.4	단배	4. 15	4. 18	7.2
장십랑	4. 16	4. 19	12.5	추황배	4. 14	4. 16	11.0
풍수	4. 15	4. 18	9.3	감천배	4. 14	4. 17	9.4
이십세기	4. 16	4. 19	6.4	금촌추	4. 13	4. 15	9.3
황금배	4. 15	4. 17	0	만삼길	4. 18	4. 20	10.2
영산배	4. 13	4. 16	3.6				

3. 수분의 기본원리 및 수분 품종

화아가 분화하여 환경 및 영양 조건이 적합하면 화기가 발달하여 개화하는데 개화하면 약이 터져 성숙한 꽃가루가 나오게 된다. 이때 꽃가루가 암술머리로 옮겨지는 것을 수분이라고 한다.

수분에는 타가수분과 자가수분이 있으며, 수분방법에 따라 자연수분과 인공수분으로 나눈다. 자연수분은 곤충이나 바람에 의해 꽃가루가 옮겨지는 것을 말하며, 인공수분은 인위적으로 꽃가루를 채취하여 암술머리에 칠해 주는 것을 말한다.

배의 꽃은 양성화이지만 자가불화합성이기 때문에 서로 다른 2개 이상의 품종을 혼식해야 한다.

가. 배의 화분 생성과정

배의 화분 생성과정을 보면 〔표 6－3〕과 같다.

〔표 6－3〕 배의 화분생성 과정

화분모세포기(개화 30~32일전) → 2분자기 → 4분자기(22일~24일전.) → 소포자 공포 출현기 (18~20일전) → 소포자 핵분열기(생식핵＋영양핵, 13~15일전) → 전분축적기(10~12일전) → 전분 화분기(6~8일전) → 전분, 당 화분기(2~4일전) → 당 화분기(개화일)

나. 화분발아와 온도조건

암술머리에 묻은 화분은 온도가 18℃ 이상에서는 3시간 정도면 발아한다. 15℃ 이하 및 30℃ 이상에서는 발아율이 매우 낮다.

발아된 화분은 화분관을 타고 주두로 들어가는데 화분관 신장에 적합한 온도는 20~25℃이다. 일단 주두에 들어간 화분은 10℃ 정도에서도 충분히 신장하여 배주에 도달하게 된다.

화분이 주공에 도달하는 시간은 일반적으로 30~48시간 정도 소요되는데 온도가 높을수록 짧고 낮을 수록 늦어지게 된다. 〈그림 6－2〉는 서양배 Bartlett에서 온도에 따른 수정소요일수를 나타낸 그림이다.

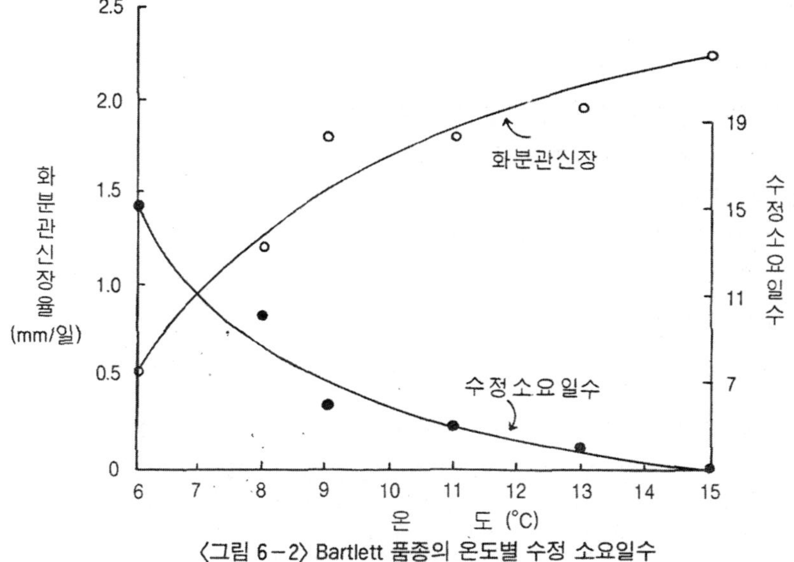

〈그림 6－2〉 Bartlett 품종의 온도별 수정 소요일수

다. 수정과 결실

배낭속으로 꽃가루관 속에 있던 2개의 생식핵이 들어가면 각각 난핵과 극핵과 합체가 된다. 난핵과 정핵의 합체를 생식수정, 제2정핵과 극핵의 합체를 영양수정이라 하며 이러한 2중수정

을 중복수정이라 한다.

라. 불화합성

1) 자가 불화합성

개화한 꽃의 암술과 수술이 모두 완전하면서도 자기 꽃가루로는 수정이 안되고 다른 품종의 꽃가루로 수정이 되는 현상을 자가 불화합성이라 한다.

2) 교배 불화합성

특정한 품종을 서로 교배할 때 화기가 완전함에도 수정되지 않는 현상을 말하는데 이십세기와 국수, 장십랑과 청룡, 태백과 조생적, 시원조생과 명월, 행수와 신수, 수진조생과 행수, 행수와 팔행, 영산배와 단배 등이 교배 불화합성 품종들이다.

마. 수분수 혼식

배는 오사이십세기를 제외하고는 대부분 자가 불화성이거나 꽃가루가 불완전하므로 경제적인 재배를 위해서는 반드시 수분수를 식재해야 한다.

1) 수분수 선정

우리나라 주 품종인 신고와 황금배, 영산배 등은 꽃가루가 없거나 극히 적으므로 두품종 이상의 수분수를 심어야 한다. 수분수 선정요령은 다음과 같다.

① 주품종과 수분수 품종간의 교배 친화성이 있는 품종이어야 한다.
② 건전한 꽃가루가 많고 발아력이 좋은 품종이어야 한다.
③ 주품종과 개화기가 일치하거나 약간 빠른 품종이어야 한다.
④ 재배관리가 용이하고 경제성이 높은 품종이어야 한다.
⑤ 주품종 과실모양에 영향을 적게 주어야 한다.

황금배, 추황배, 영산배 품종에 대한 수분수 품종별 수분관계를 보면 〔표 6-4〕와 같다.

〔표 6-4〕 수분수 품종이 황금배, 추황배, 영산배 품종의 착과율(%)에 미치는 영향

수분품종	황금배	추황배	영산배	수분품종	황금배	추황배	영산배
장십랑	76.3	88.1	76.3	행수	33.2	52.2	65.2
단배	86.3	75.1	13.8	풍수	41.9	66.8	45.3
금촌추	75.0	42.9	62.2	추황배	57.8	3.2	74.8
만삼길	80.7	59.8	44.2	영산배	6.3	1.8	3.9
이십세기	67.7	60.8	62.8	수진조생	63.8	49.8	70.9
신수	62.5	53.8	67.1				

※ '91. 과수연구소

〔표 6－5〕 주요 품종별 추천 수분수 품종

재 배 품 종	수 분 수 품 종
행수	풍수, 신흥, 팔운, 장십랑, 신세기
신수	장십랑, 신흥, 팔운
풍수	장십랑, 신흥, 이십세기, 신수
만삼길	이십세기, 장십랑
장십랑	풍수, 신수, 신흥, 이십세기
신고	신흥, 장십랑, 추황배, 수황배, 화산배
화산	추황배, 수황배, 신흥, 장십랑

※ '91. 과수연구소

2) 수분수 식재요령

수분수 식재비율은 주품종보다 개화기가 약간 빠르고 꽃가루가 많아, 꽃눈착생이 많으며 결실률 및 상품성이 높은 품종을 선택하여 20% 내외를 심는 것이 바람직하다. 식재요령은 〈그림 3－8〉과 같이하여 심는다(제3장 참조).

4. 수분방법

가. 방화곤충에 의한 수분

과수의 방화곤충은 지역적 특성, 기상조건, 해에 따라 종류와 수에 차이가 있다. 최근에는 농약의 남용, 공기오염, 이상 기상현상 등에 의해 자연계에 서식하면서 꽃가루를 매개하는 곤충의 수가 점차 감소되면서 인공수분의 필요성과 꽃가루 매개자로서의 꿀벌의 중요성이 높아지고 있다.

꿀벌은 바람이 없고 따뜻한 날에 활동이 활발하며 오전 10시부터 오후 2시 사이에 가장 활발하다. 활동 최적온도는 19～21℃이며 온도가 15℃ 이하이거나 풍속이 11.4m/초 이상일 때는 활동을 정지한다.

과수원에 필요한 벌통 수는 벌통의 크기, 과종, 재식밀도, 기상조건 등에 따라 다르지만 보통 40a당 1통(15,000～20,000마리)이 표준이다.

벌통의 설치는 바람이 적고 햇볕을 받기 좋은 곳에 설치하는 것이 좋다.

나. 인공수분

배는 타가수분에 의하여 결실되므로 수분수가 없거나 수분수가 있어도 방화곤충이 적거나 개화기가 일치하지 못하는 경우에는 인공수분을 해 주어야 한다. 크고 균일하며 당도가 높은 과실을 생산하기 위하여는 확실하게 종자를 형성시킬 필요가 있다. 또한 종자가 많으면 유과기 때 비대가 빨라 조기적과 작업도 가능하다.

꽃의 수정능력은 개화 당일부터 4일후까지이다. 조기에 수정된 과실은 유핵과로 되기 쉽고 늦게 수정된 것은 종자수가 적게 되어 변형과로 되기 쉽다.

그러므로 인공수분은 개화 당일부터 3일째까지 실시하는 것이 좋다. 수분후 비가 오면 꽃가루가 유실되는데 1시간 후의 강우는 50%의 꽃가루를 유실시키지만 2시간 정도 지나면 꽃가루가 발아되기 시작하므로 유실이 적다.

인공수분을 하는 방법에는 수분 당일 다른 품종의 꽃을 따서 결실시키고자 하는 꽃의 주두에 꽃가루를 묻혀주는 방법과 꽃가루를 미리 채취하여 붓이나 수분기로 수분하는 방법이 있는데 후자가 더 능률적이다. 인공수분 작업순서는 〈그림 6-3〉과 같다.

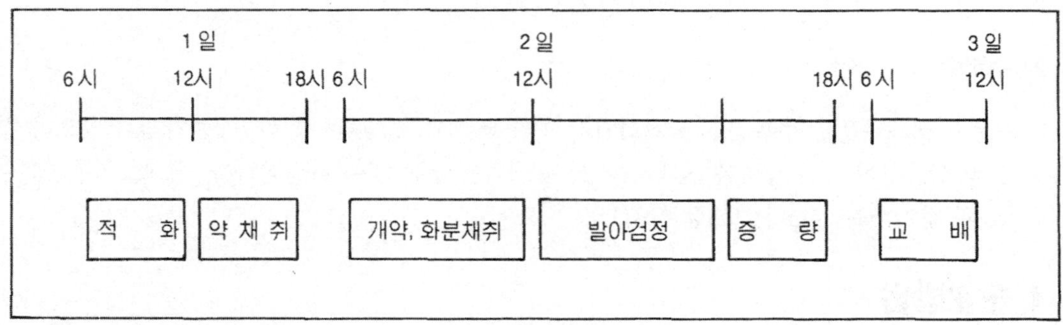

〈그림 6-3〉 인공수분 작업순서

1) 꽃 채취

인공수분에 필요한 꽃을 채취하는 데에는 자연적으로 개화된 꽃을 채취하는 방법과 개화전 가지를 모아 인공적으로 개화시킨 꽃을 채취하는 방법이 있다.

가) 수상에서 채취하는 방법

수상에서 꽃을 채취할 때는 완전 개화된 것보다는 개화직전의 풍선상 꽃봉오리나 개약되지 않은 개화직후의 꽃이 꽃가루도 많고 발아도 좋다.

나) 절단지에서 채취하는 방법

동계전정시 버리는 가지를 땅속에 묻어 두었다가 개화기 10~14일 전에 수삽하여 개화시키면 꽃가루를 얻을 수 있다. 그러나 동계 전정시 꽃눈이 분화된 가지를 남겨 두었다가 개화 7~10일 전에 절단하고 수삽하여 개화시키는 것이 더 좋다.

개화에 적당한 온도는 20~25℃이며, 야간온도가 5℃ 이하로 내려가지 않게 하고 실내가 너무 건조하지 않도록 한다.

2) 약의 채취

소량의 약을 채취하는 데는 3~5mm 체를 이용하여 손으로 가볍게 걸러 모으며 다량 채취할 때는 채약기〈그림 6-4〉를 이용하는 것이 좋다.

POPP-SX2型 (콤팩트한 보급형)

POPP-DX2型

꽃상태에 따라 2종류의 처리망을 세트

MK-400F型 대용량 처리용(특별주문)

형 식	POPP-SX2형	POPP-DX2형	MK-400F형
기계사이즈	41×29×33cm	50×35×45cm	95×50×84cm
모 타	100V-100W	100V-100W	110V-200W
처리능력	(꽃)25kg/ h	(꽃)60kg/ h	(꽃)100kg/ h
선별장치	(수분이많을시)큰구멍망 (수분이적을시)작은구멍망	(수분이많을시)큰구멍망 (수분이적을시)작은구멍망	큰구멍망 (후렌지부착)

*화분채취량 : (生花)1kg→(花葯)100g→(花粉)10g

〈그림 6-4〉 채약기

꽃을 한줌 정도 채약기에 넣어 4~5초간 기계를 작동시킨 후 1.5~2mm 체로 걸러 약을 분리한 후 화사(花絲)분리장치로 화사를 분리한다. 화사를 분리하면 습도가 낮아져 개약시간이 단축된다.

3) 개약(開葯)

개약에 적당한 온도는 25~27℃이며 습도는 50% 정도가 알맞다. 20℃ 이하에서는 오랜 시간이 걸리며 30℃ 이상에서는 개약은 빠르나 호흡에 의한 양분소모가 많아 발아력이 저하된다.

또 습도가 너무 높으면 시간이 오래 걸리고 너무 낮으면 약이 시들기 쉽다. 소량일 때는 유산지를 깔고 전구를 켜서 25℃를 유지시키면 되지만 다량일 때는 개약기〈그림 6-5〉를 이용하는 것이 확실하다. 적당한 조건에서는 개약하는 데 약 10~20시간 정도 걸린다.

M-500ET型

최대용량 처리용

生葯(생약 : 꽃밥) 2.5kg(6,500cc)를 한번에 처리한다. 24시간용 타이머가 되어 있고 층으로 되어있어 접시모양으로 빼어낸다. 공동용으로 가장 적합.

M-200ET型

보급형

生葯(생약 : 꽃밥) 1.2kg(3,000cc)를 처리. 성능은 M-500ET와 같음 층층으로 사용 가능 24시간 타이머 부착

M-100E型

소규모 면적에 적합함.

〈그림 6-5〉 개약기

4) 화분채취

개약이 완료되면 100메쉬 체를 이용하거나 화분채취기〈그림 6-6〉을 이용하여 꽃가루를 모은다. 화분채취기를 이용하면 다량의 꽃가루를 단시간에 얻을 수 있다.

채취할 수 있는 꽃가루 양은 품종이나 채취방법에 따라 다르나 일반적으로 700개의 꽃에서 1g 정도를 채취할 수 있으며 10a당 1~2g이 소요된다.

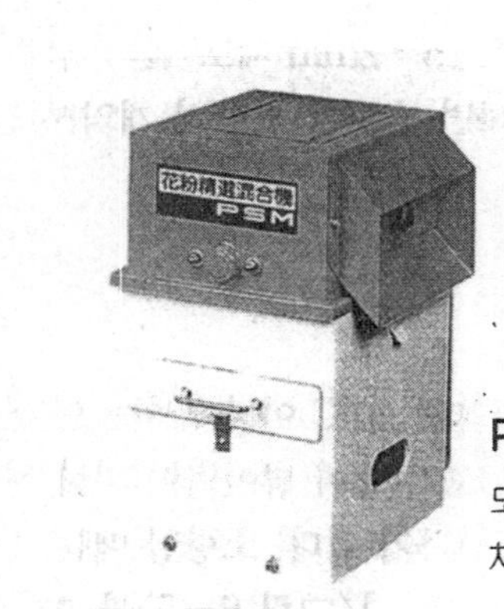

PSM型 (자동형)

모타부착 고속대량 처리에 최적.

조합한 꽃가루도 순수화분으로 선별된다.

증량제와 같이 정선과 혼합이 동시에 된다.

PS-2型 (수동형)

수동형의 보급형

교배 작업의 필수품임

형 식	PSM형	PS-2형
기계사이즈	길이24×폭34×높이47cm	길이26×폭26×높이15cm
중 량	13kg	2.1kg
모 타	100V-65W	-
정 선 강 망	100메시스텐레스강	100메시
처 리 능 력	(粗花粉)380cc	(粗花粉)개화접시1매분

〈그림 6-6〉 화분 채취기

5) 화분의 수명과 저장

꽃가루는 고온다습에 약하여 25℃ 이상에서는 4~5일이 지나면 발아력이 현저히 저하된다. 습한 상태에서 25℃ 이상이 되면 3일째 발아력이 0%로 된다.

채취후 5일 이내에 사용할 경우는 유산지에 싸서 20℃ 이하의 건조한 곳에 두었다가 사용하면 된다. 1년 이상 저장할 경우에는 파라핀 종이에 싸서 건조제와 1:1 비율로 빈캔에 넣어 냉동고에 보관한다.

저장이 잘된 꽃가루는 1년 후에도 60~70%의 발아력을 유지한다. 오래 저장한 꽃가루를 사용할 때는 1일 정도 실온에 두었다가 사용하는 것이 좋으며 발아율이 30% 이하인 것은 사용하지 말아야 한다.

6) 인공수분 방법

새로 채취한 꽃가루나 저장한 꽃가루의 발아력을 확인한 후 발아력이 높은 꽃가루는 증량제를 섞고 발아력이 낮은 것은 증량제를 섞지 않고 사용한다. 증량제로는 석송자, 탈지분유, 전분 등이 이용되는데 석송자 5배 회석 수분구는 증량하지 않은 화분 단용구에 비하여 손색이 없다.

수분은 붓이나 면봉을 사용하는 경우와 수분기를 이용하는 경우가 있는데 붓이나 면봉을 사용하는 경우는 꽃가루를 작은 병에 조금씩 넣고 면봉에 묻혀 주두에 약간씩 묻혀주는데 1회에 20~30화의 수분이 가능하다.

HD-N(花風)

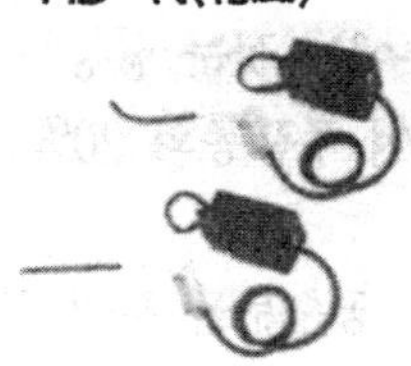

건전지사용
6개사용(6~7시간)
능　　률 : 5a/시
화분용기용량 : 70cc
중　　량 : 35g(본체)

- 힘이 넘치는 고성능 기계
- 유인한 23cm노즐 별도로 있음
- 1~2m 파이프 노즐 있음

콜롬버스(COLUMBUS)

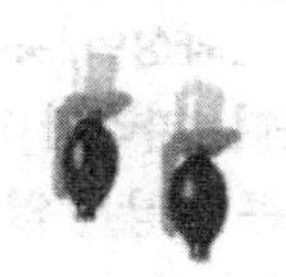

수동펌프식
능　　률 : 1a/시
화분용기용량 : 30cc
중　　량 : 40g

- 손쉽게 사용할 수 있는 간단한 교배기
- 조화분도 사용가능한 여과기
- 수직분사용 노즐부착(키위용)

MP-2

건전지사용
6개사용(5~6시간)
능　　률 : 5a/시
화분용기용량 : 30cc
중　　량 : 150g

- 경량 콤팩트, 적당한 가격
- 화분량 조절기 부착
- 20cm노즐, 물방울방지기 부착

교배용 우무봉(交配用羽毛棒 : 凡天)

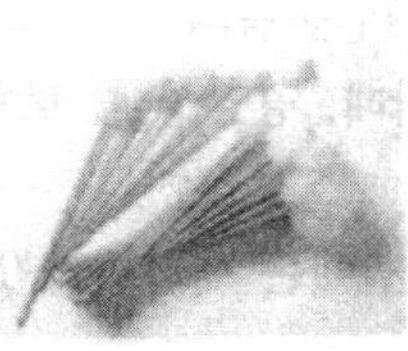

- 물에 젖지않는 물새의 날개(부드러운 털)를 사용하고 있다.
- 복원력(復元力)이 있고 털이 빠지지 않으며 여러회 반복 사용할 수 있다.
- 부드러운 감촉으로 암꽃술의 주두(柱頭)에 상처를 입히지 않는다.

〈그림 6-7〉 수분기(교배기)

분사식 수분기(그림 6-7)를 사용할 경우에는 증량제를 10배 정도 희석하여 사용하는데 작업능률은 높으나 꽃가루 소요량이 많아진다.

수분시기는 꽃이 40~80% 피었을 때가 좋으며 화아 3개중 1개씩 2~4번화에 수분한다. 수분시간은 오전이 좋으며 면봉을 사용할 경우는 10a당 2~3인이 필요하다.

5. 결실불량 요인과 대책

배 재배시 결실불량의 요인은 여러가지가 있으나 그중 주요한 요인으로는 꽃눈형성 불량, 수분수정 불완전, 만상피해 등이 있다.

가. 꽃눈형성 불량

꽃눈형성 불량 요인에는 질소 과다시용, 꽃눈 형성기의 저온·다우, 지나친 강전정에 의한 영양생장의 지연, 병해충 피해에 의한 조기낙엽 등 여러가지가 있다.

따라서 충실한 꽃눈형성을 도모하기 위해는 질소 과다시용을 삼가고, 정지전정을 적절하게 하며 병해충 방제를 철저히 해야 한다. 또한 강우가 많은 해에는 배수를 잘 해주어야 한다. 일시적인 방법으로는 환상박피나 단근이 꽃눈형성을 촉진시킨다.

나. 수분 수정의 불완전

수분수 비율이 너무 적거나 친화성이 낮은 품종을 수분수로 심은 경우에는 꽃눈 형성이 아무리 잘 되었어도 결실되지 않는다. 따라서 친화성이 있는 품종을 선정하여 주품종의 20% 내외의 수분수를 확보하면 결실에 큰 지장은 없다.

개화기간중의 일기가 불량하면 방화곤충의 활동이 크게 억제되므로 인공수분을 하여 결실을 안정시켜야 한다.

다. 늦서리 피해

우리나라 배 재배에서 결실불량의 가장 중요한 원인중 하나가 늦서리 피해이다. 서리피해를 받는 온도는 수체의 생육상태, 영양상태, 토양관리 등에 따라 다른데 장십랑의 피해온도는 〈그림 6-8〉과 같다.

만상피해를 방지하는 방법에는 세가지가 있다(제15장 재해대책 참조).

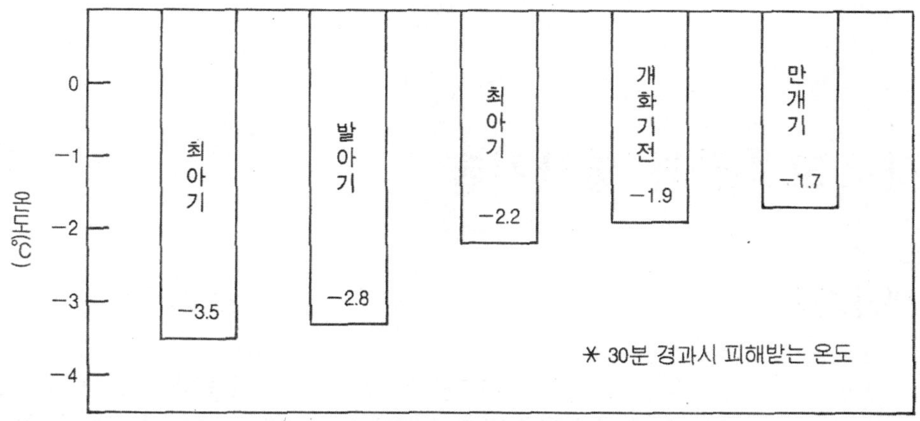

〈그림 6−8〉 장십랑의 위험한계 온도

1) 연소법

서리피해가 예상되는 시기에 중유, 고체연료, 폐타이어 등을 연소시켜 온도를 상승시킴으로써 서리피해를 방지하는 방법이다.

2) 송풍법

일반적으로 냉기는 무겁기 때문에 지표면으로 내려오며 지상 7~8m 높이에는 비교적 따뜻한 공기가 있으므로 대형 송풍팬을 8~9m 높이에 설치하여 따뜻한 공기를 아래로 불어주는 방법이다.

3) 살수빙결법

물이 얼 때 많은 열을 발산하는 성질을 이용하여 0℃ 이하로 온도가 내려가면 대형 스프링클러를 작동시켜 미세한 물을 수관전체에 살수해 주어 빙결시키면 이때 발생하는 열에 의해 상해를 어느 정도 방지할 수 있다.

제 7 장 고품질과 생산기술

1. 대과 생산기술

과실을 크게 만드는 요건은 우선 세포분열기에 과실의 세포수를 많게 하고 그후 세포의 비대기에 과실이 크게 자랄 수 있도록 충분한 양분의 공급과 적과, 관수 등이 적절한 시기에 알맞게 이루어져야 한다.

가. 과실의 발육

1) 과실의 구조

배는 꽃받기와 꽃받침의 일부가 발달, 비대하여 과육을 형성하는 위과(僞果)로서 과육은 육질이 많고 다즙하며 일부에 석세포가 있다. 따라서 특히 수분이 부족한 곳이나 습해, 건조해 등을 받아 수세가 약해지면 세포벽이 딱딱해지고, 또 석세포가 많아지기 때문에 과육이 유연하지 못하여 품질이 현저히 떨어지게 된다.

종자는 보통 10개이나 영양 상태가 나빠지거나 수정장해를 받으면 2~3개로 된다. 종자는 생장조절 물질을 생성하여 다른 조직에서 과육내로 양분을 끌어들이는 작용을 하므로 종자수가 많을수록 과실의 비대 발달이 잘되고 당도가 높은 고품질의 과실을 생산하게 된다.

2) 과실의 발육과정

배 과실의 비대 생장정도는 과실의 횡경과 과중으로 나타내며, 어느 품종이나 모두 S자형 곡선으로 발육한다. 배 과실의 생장은 개화, 수분직후의 비대 , 완만한 비대 및 성숙기의 급격한 비대 등으로 나눌 수 있다.

초기발육은 과육세포의 분열에 의한 것이며 개화 후 4~5주가 경과되면 세포분열에 의한 세포수의 증가는 멈추고 수확기까지 거의 일정한 세포수로 경과하게 된다. 이 시기를 세포분열 정지기라고 한다.

종자가 형성되는 시기는 과실비대가 완만하며 세포분열 정지기에서 2개월 정도 지난 7월 상·중순경에 세포 비대기에 들어가면서 과실은 급격히 크게 된다.

과실의 비대는 과실을 구성하는 세포수와 그 용적의 증대에 의하여 좌우되는데 세포분열은 개화부터 1개월정도의 기간에 이루어지며, 세포분열 정지기 이후에는 하나 하나의 세포 비대에 의해서 과실이 크게 된다.

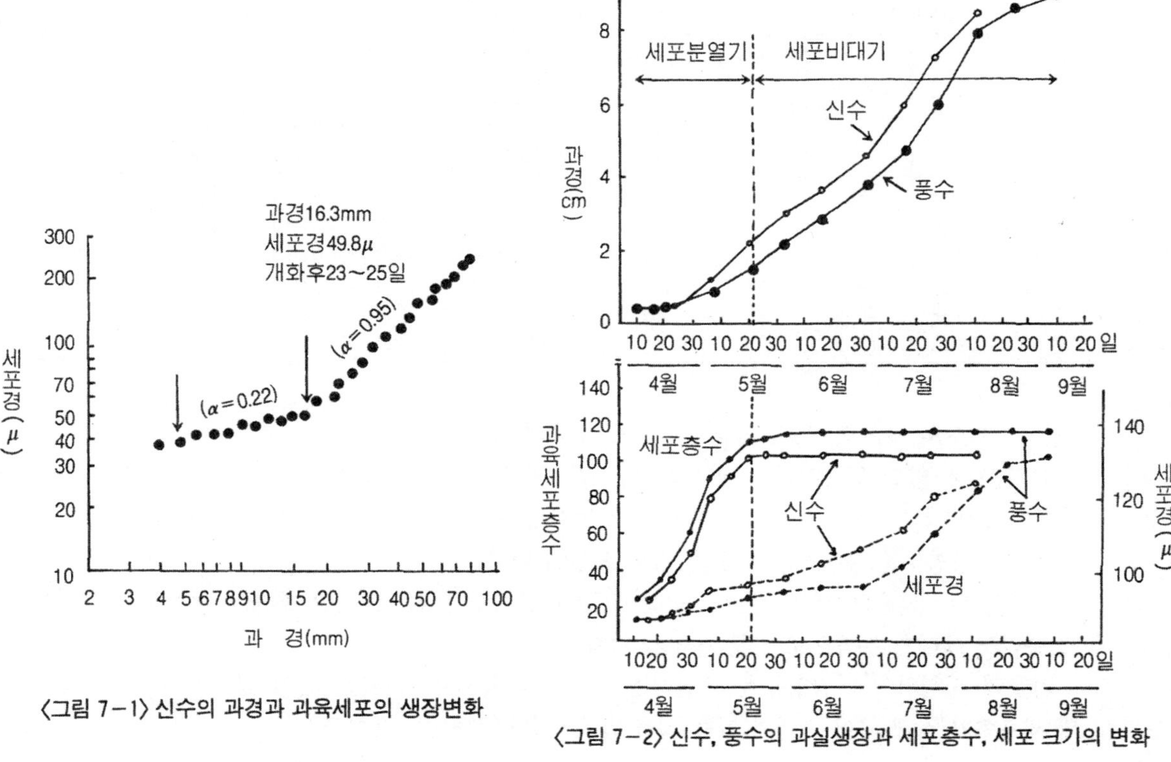

〈그림 7-1〉 신수의 과경과 과육세포의 생장변화

〈그림 7-2〉 신수, 풍수의 과실생장과 세포층수, 세포 크기의 변화

세포분열 기간은 품종에 따라 달라 조생종은 약 23~25일, 중생종은 26~28일, 만생종은 35~40일이다. 세포비대기에 접어드는 세포분열 정지기는 해에 따라 다르나 신수 품종은 대개 5월 15일~20일, 과경 15~20mm 정도 일 때이다.

나. 세포수를 증가시키는 요인

세포분열은 개화 후 4~5주 사이에서 결정되며, 영향받는 조건은 저장양분, 화아의 충실도, 영양조건, 개화기 전후 온도와 일조, 종자수, 착과위치, 적화(과)시기, 엽과비 등이 관여한다.

1) 저장양분의 관리

과실을 비대시키는 기술은 세포수를 증가시키거나 세포 비대를 촉진시키는데 있으며 두 조건이 충족될 때 비로서 대과를 생산할 수 있다.

세포수의 증가와 가장 관계가 깊은 요소는 저장양분이며 다음해의 발아, 발근, 개화, 유과의 발육에도 중요하다. 저장양분량을 좌우하는 가장 중요한 조건으로는 수확직후인 9월 이후의 건전한 잎의 유지관리이다.

수확 후 잎의 중요성을 알기 위하여 저장양분을 축적하는 9월부터 낙엽기까지 적엽처리하여 다음해의 과육세포수와 과육세포의 크기를 조사한 결과를 보면 저장양분이 적은 나무는 세포수

〔표 7-1〕 적엽처리와 다음해 과육세포수 및 과육세포크기

처 리 방 법	저장양분 다 소	유 과 기 (과육 세포 분열 정지기)			수 확 기			
		과 경 (mm)	세포경 (μ)	1 과당 세포수 ($x10^2$)	과 경 (mm)	세포경 (μ)	평균과중 (g)	지 수
9월15일 적엽	극소	10	44	11.70	72.1	270.2	181.2	65
9월30일 적엽	소	11	45	15.60	75.2	276.1	213.6	76
10월15일 적엽	중	13	46	22.60	78.8	275.1	235.7	84
10월30일 적엽	다	15	46	34.70	83.4	280.6	280.0	100
표 준	극다	16	48	37.10	83.2	280.9	285.6	100
춘 기 적 엽	극다	15	45	37.00	52.4	176.0	-	-

가 적고 세포의 크기도 적어, 과실횡경 비대나 과중도 적다.

9~10월에 잎의 동화량은 $1m^2$당 4~5g 정도로 5~7월의 동화량이 5~7g 정도라면 수확기 이후에 있어서도 거의 여름과 같은 정도의 동화작용을 하므로 수확기 이후의 잎 보호 및 노화 방지는 저장양분을 충분히 확보하는 기본 요건이 된다.

저장양분이 적은 나무는 신초의 발육이 늦고 길이도 짧다. 또 3월 중순에 신장하기 시작한 새 뿌리도 에너지 부족으로 양분 흡수가 나빠진다.

가을에 적엽하여 저장양분을 제한하면 다음해 과육세포의 분열기간이 짧아지게 되고 그 결과 세포수가 적게 되어 소과가 되는 것을 알 수 있다〈그림 7-3 참조〉.

〔표 7-2〕 배나무 잎의 가을 동화량

월. 일	수 별	$1m^2$당 동화량(g)	비 고
9.16	1	4.78	오전6시~오후3시
	2	4.16	기온 24~25℃
	3	3.98	일조 7시간
9.30	1	4.73	오전 6시30분~오후 3시30분
	2	4.15	기온 20~24℃
	3	4.82	일조 4시간
10.16	1	4.78	오전7시~오후4시
	2	3.05	기온 17~20℃
	3	5.13	일조 8시간
11. 3*	담황색엽	2.49	오전7시~오후4시
	담녹색엽	3.71	기온 14~17℃
	농녹색엽	5.49	일조 8시간

* 3 나무를 엽색별로 구분하여 측정

품종 : 이십세기

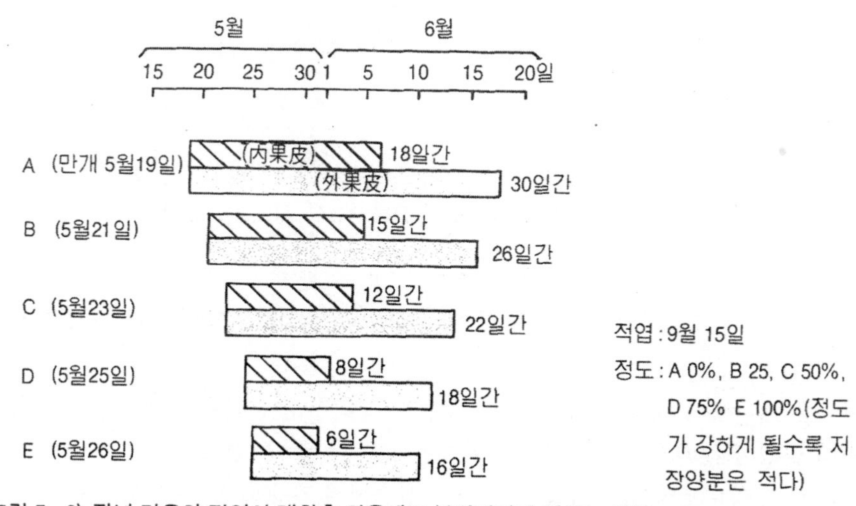

〈그림 7-3〉 전년 가을의 적엽이 개화후 과육세포 분열기간에 미치는 영향

2) 병충해 방제

수체의 저장양분은 수확직후에 생산된 동화물질이므로 병충해 피해에 의한 조기낙엽은 양분을 축적할 수 없게 한다. 따라서 배 생육 전기간을 통하여 정기적인 약제살포가 필요하며, 특히 수확 후까지의 철저한 방제로 병해충 피해를 막아 건전한 잎으로 하여금 낙엽될 때까지 충분히 동화작용을 할 수 있도록 해야 한다.

3) 추비시용

배 뿌리의 신장은 일반적으로 3월경부터 시작하여 지온이 15℃ 이상이 되는 4월 이후부터 6월까지 활발하다. 그러나 여름이 되면 뿌리신장은 일시 정지하고, 9월 하순부터 다시 신장을 시작하여 10월부터 11월까지 신근이 발생하는데 이것을 추근(秋根)이라고 한다.

추근의 기능은 다음해 생육을 위한 수체내 양분을 저장하는 것으로 추근에 의한 양분 흡수의 다소가 초기 생육에 깊이 관여하게 된다.

수확기 직후의 엽중 질소와 칼리의 변화를 보면 수확 최성기는 함량이 가장 적고 수확이 끝나면 다소 회복된다. 엽중 성분이 적은 것은 수세가 약해져 광합성 능력이 떨어진 것을 의미하므로 수세회복을 위하여 추비의 시용이 필요하다.

4) 기타

나무가 쇠약해지는 원인은 광합성 능력이 떨어지기 때문이므로 특히 9월이후 수관내부까지 햇빛이 들어가도록 가지를 배치해야 한다. 배수불량원은 뿌리의 활력을 저하시키므로 토양 물

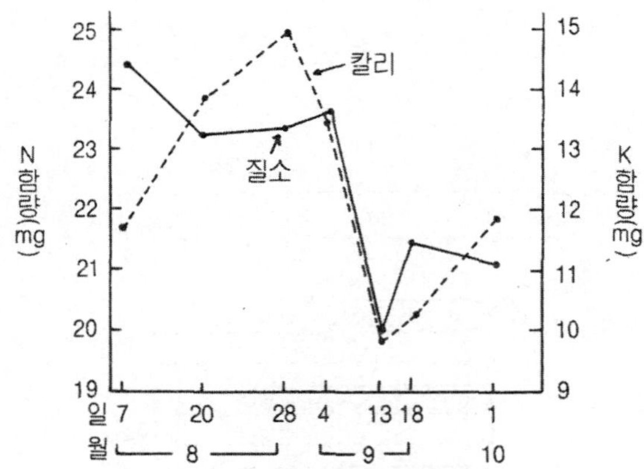

〈그림 7-4〉 수확기 전후의 엽중질소와 칼리함량 변화(장십랑, 건물 1g중)

리성을 개량하여 배수를 좋게 한다. 수분이 과다한 조건에서는 질소성분의 흡수가 많아져 도장지의 발생이 많아지므로 품질이 나빠지는 요인이 될 수 있다.

적정 토양수분의 유지관리는 지온을 상승시켜 추근의 발생을 촉진하며 뿌리의 활력을 좋게 하므로 나무의 쇠약을 막는다. 그러나 배나무는 비교적 수분요구도가 큰 작물이므로 토양수분 부족 상태에서는 과실 비대가 원만하지 못하다. 따라서 봄철 한발기에는 관수대책을 강구해 주어야 한다.

다. 세포를 비대시키는 요인(과실비대)

과육세포 분열 후의 과실 비대는 과육 세포의 용적 증대에 좌우되며, 과실의 크기는 주로 여름철의 수체영양 조건에 지배된다. 수체영양은 시비, 수분의 흡수, 동화물질 생산 및 수체를 둘러싸고 있는 환경조건에 의해서 영향을 받는다.

1) 적뢰, 적화, 적과

가) 적뢰

저장양분의 소모방지와 남은 꽃이나 과실 등의 발육을 돕기 위하여 개화되기 전에 꽃봉오리를 제거한다. 일반적으로 적뢰는 수세가 약한 나무나, 결실시킬 필요가 없는 가지에 붙은 것이나, 쌍자화(雙子花)의 화방 하나를 제거할 때 실시한다.

적뢰에 의한 과실비대 효과는 조생종에서 현저하며, 적뢰의 시기는 신초가 자라는 시기이므로 가지의 초기 생장에도 영향이 크다.

적뢰의 적기는 인편으로부터 꽃봉오리가 나온 후 개화기까지이다. 시기가 빠를수록 손가락으로 가볍게 눌러 간단히 할 수 있으므로 능률적이다.

적뢰의 정도는 결실시키고자 하는 화총에 2~3화를 남기고 적뢰한다. 남기는 꽃봉오리 위치에 따라 과실의 비대 상태가 다르고 품종에 따라 다르므로 주의하여야 한다. 행수, 장십랑 등은 2~4번화를 남기고, 풍수, 이십세기 등은 과실비대 및 과형이 좋은 3~5번화를 남긴다.

〔표 7-3〕 행수의 적뢰, 적과시기와 과실비대

구 분	수확과수	1주당 수량(kg)	과 중(g)	소과율(195g 이하, %)
적 뢰, 적과 20일	738	250	346	3.0
적 뢰, 적과 40일	610	168	287	6.6
무적뢰, 적과 50일	686	193	284	3.7
무적뢰, 적과 50일	798	173	236	34.7

※ 1980, 茨城園試

나) 적화

적화는 적뢰를 실시하지 못하였을 때 적과 전 개화기에 실시하는 것으로 양분소모를 줄여 과실의 초기생육을 돕기 위해서 실시한다. 적화의 정도는 적뢰에서와 같은 방법으로 실시하고 적화를 한 후 이상저온, 서리 또는 강우가 계속될 때 결실확보가 문제되므로 인공수분을 실시하는 것이 안전하다.

다) 적과

(1) 적과의 시기

적과는 최종적으로 필요없는 양분소모를 막아 과실의 초기 생육을 돕기 위한 것이므로 그 시기가 빠를수록 유리하다. 따라서 적뢰 및 적화는 과실이 결실되기 전에 실시되기 때문에 예비적 또는 보조적인 성격을 띠고 있으나, 적과의 노력 분산차원에서도 필요한 작업이다.

적과시기는 생리적 낙과가 지난 다음 착과가 안정된 후 가급적 빨리 실시하여 양분소모가 적도록 한다. 어린과실은 수정후 2주일 정도 지나야 결실 유무가 판정되므로 적과시기는 수령, 지역, 품종 등에 따라 다르지만, 일반적으로 1차 적과는 꽃이 떨어진 다음 1주일후에 하고, 2차 적과는 1차 적과후 7~10일 사이에 봉지씌우기와 함께 실시하는 것이 좋다.

과실 세포수는 개화후부터 1개월 전후에 결정되므로 가능한 한 일찍 적과를 실시하여 남긴 과실의 세포분열을 촉진시켜야 한다.

배의 주요 품종별 세포분열 정지기는 〔표 7-5〕에서 보는 바와 같이 조생종은 25일, 중생종은 30일, 만생종은 45일경까지이다.

〔표 7-4〕 적과시기와 수확기의 과실크기(g)

적 과 시 기	장 십 랑	취 성	조 생 적
5월 10일	427.4	317.4	337.9
5월 20일	421.0	306.6	298.8
5월 30일	404.7	297.8	290.0

〔표 7-5〕 배 품종별 세포분열 정지기

품 종	직 경(mm)	분 열 정 지 기
팔 운	16 ~ 18	개화후 25일경
이 십 세 기	15	개화후 45일경
만 삼 길	28 ~ 30	개화후 45일경
행 수	18	개화후 30일경
장 십 랑	18	개화후 30일경

② 적과 방법

적과할 때 남겨두어야 할 과실은 발육의 소질이 좋은 것이어야 한다. 어린 과실에 외상이나 상해(霜害), 병충해 피해를 조금만 입어도 과실이 비대해지면 모양이 일그러져 상품의 가치가 없다. 어린 과실의 모양이 편원형이거나 과경이 짧은 것은 좋지 않고 길쭉한 듯하며 과경이 굵고 긴 것이 대과가 될 소질이 있다.

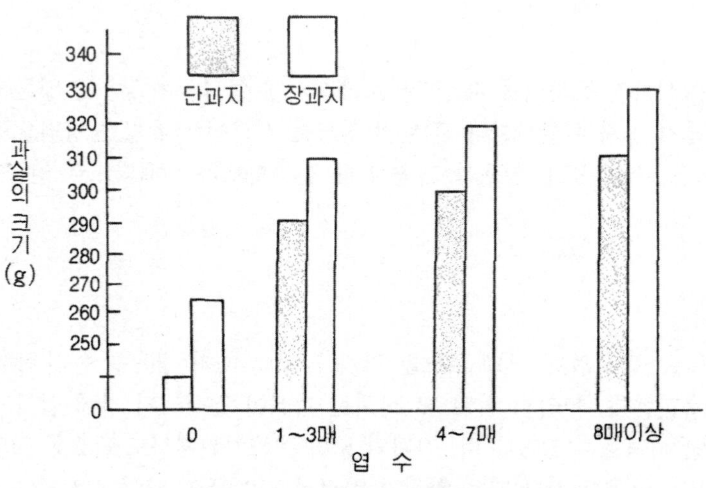

〈그림 7-5〉 행수의 과총엽수와 과실비대

〔표 7-6〕 적과후 남긴 과실 순위별 장십랑 과실의 크기

조 사 항 목	처 리	1번과	2번과	3번과	4번과	5번과
평균 과실무게(g)	적 과	310	314	313	267	274
	적 뢰	301	324	312	288	300
과 경 (cm)	적과 : 횡경	8.07	8.26	8.10	7.89	7.99
	종경	7.09	7.21	7.20	6.95	6.78
	적뢰 : 횡경	8.19	8.39	8.21	8.07	8.18
	종경	7.23	7.23	7.16	7.02	7.08

〔표 7-7〕 행수의 과대굵기와 과실비대 및 품질

과대 굵기(cm)	평균 과중(g)	당 도(°Bx)
7.0 이하	213.4	10.54
7.0 ~ 7.9	213.8	10.48
8.0 ~ 8.9	230.0	10.63
9.0 ~ 9.9	248.7	10.82
10.0 ~ 10.9	262.8	10.47
11.0 ~ 11.9	274.3	11.36
12.0 ~ 12.9	257.1	11.26
13.0 이상	237.1	11.57

한 화총이나 과총중에 어느 과실을 착과시킬 것인가는 과형, 수세 등에 따라 다르나 일반적으로 수세가 강한 것은 약간 끝에 가까운 3~4번과, 세력이 약한 품종에서는 2~3번과가 좋다.

과총내의 과실 순위와 과실 크기와의 관계를 〔표 7-6〕에서 보면 과실의 크기와 무게는 2번과가 가장 좋았고, 다음이 3번과였다. 과총의 과대가 굵을수록 과중이 크고 당도가 높으며 착엽수가 많은 것이 적은 것보다 과실비대가 크다. 과총의 방향이 밑으로 된 것은 과실이 작고, 상향으로 직립된 것은 초기에는 과실이 크나 과실비대기에 과경이 구부러지기 쉬우므로, 횡으로 붙은 것을 남기는 것이 좋다.

적과후 봉지를 씌워야 하는 품종은 1차 적과와 동시에 본적과를 실시하고 봉지를 씌워야 하며, 조생종 계통은 되도록 일찍 적과를 하여야 과실의 세포분열을 촉진시킬 수 있으므로 조생종, 중생종, 만생종의 순으로 실시하면 된다.

(3) 적과 대상 과실

① 상품가치가 없는 것

흑성, 흑반, 적성병 등에 이병되었거나 배명나방 또는 심식나방 등의 피해 과실과 수정이 잘 되지 않아 모양이 고르지 못한 과실 또는 기타 손상으로 상처를 받은 과실은 따버려야 한다.

이때 병에 걸린 과실은 적과후에 한데 모아 태워 버리거나 땅속에 묻어야 하고, 심식나방 피해과는 물에 담그어 유충을 질식시켜 죽여야 한다.

② 우량한 과실로 될 수 없는 것

배의 1~2번 과실은 과형이나 외관이 고르지 못하므로 따버리는 것이 좋다. 남길 자리에 있는 과실이라도 보통 과실보다 작은 것들은 제거해 버리는 것이 상품성을 높이는데 효과적이며 과총중 착엽수가 적은 것, 과총의 방향이 밑으로 되거나 직립된 것도 제거한다.

③ 가지의 발육에 지장을 주는 과실

어린나무의 원가지(주지)와 덧원가지(부주지)의 끝부분에 달려 있는 것은 과실을 제거하여 가지가 양호하게 생장할 수 있도록 한다.

(4) 적과 정도

적정의 착과수를 결정하는 것은 품종,수령,수세,가지 길이,토양조건 등에 따라 다르기 때문에 일률적으로 기준을 정하기는 곤란하다. 1개의 과실이 생장 발육하는 데는 15~20엽 정도가 필요하므로 가지의 세력, 근부의 발육 등에 필요한 탄수화물의 양을 고려하여 25~30엽은 확보되어야 한다. 1과당 30~40엽 이상의 조건에서 당도가 높은 대과를 생산할 수 있다.

그러나 실제로 결실량을 기준할 때에는 10a 당 생산 목표를 품종과 수령 또는 지력, 수세 등을 감안하여 결정하는 것이 바람직하다.

〔표 7-8〕 수령별 표준 착과수

품　　종	1 주 당 착 과 수							
	3 년	4년	5년	6년	7년	8년	9년	10년
신　　수	10	25	60	120	180	240	300	350
행　　수	10	30	70	140	210	280	350	420
풍　　수	10	30	70	140	210	280	350	420

〔표 7-9〕 주요 품종의 생산목표

(10a 당)

품 종	목표과중 (g)	평균당도(°Bx)	착 과 수(과)	수 량(톤)
신 수	250	13.0	10,000 ~ 1,000	2.0 ~ 2.5
행 수	300	11.5 ~ 12.0	13,000 ~ 4,000	3.0 ~ 3.5
풍 수	380	12.0 ~ 13.0	12,000 ~ 3,000	4.0 ~ 4.5
이 십 세 기	300	11.0	16,000 ~ 8,000	4.0 ~ 4.5
장 십 랑	300	11.0 ~ 11.5	16,000 ~ 8,000	4.0 ~ 4.4

2) 토양관리

가) 심경 및 유기물 시용

배나무는 심근성이므로 토양환경에 의해 생산력이 크게 좌우되며 해가 갈수록 토양의 영향을 많이 받게된다.

배 과수원의 물리성 개량 목표는 유효토심 60cm이상, 기상률 15%정도, 조공극 10~15%, 투수속도 4mm/hr 이상이어야 하므로 중점토 조건의 토심이 얕은 과수원은 심경을 해야 한다.

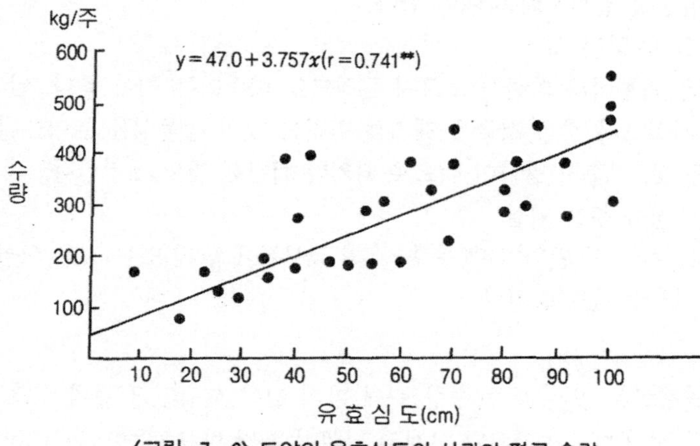

〈그림 7-6〉 토양의 유효심도와 사과의 평균 수량

〔표 7-10〕 배 과수원의 토양개량 목표

물 리 성	목 표 치
유효토심	60cm 이상
기상률	15% 정도
조공극	10~15%
경도(산중식)	20mm
투수속도	4mm/hr 이상
지하수위	1m 이상

※ 1977 千葉縣

심경후 유기물 시용에 의해 유효심도가 깊어지면 수량성도 많아진다.

과수원을 심경하게 되면 토양을 구성하고 있는 기상, 액상, 고상의 3상비는 표토에서는 큰 차이가 없으나 30cm 깊이 이하에서는 고상비가 크게 낮아지면서 기상비가 크게 증가하여 90cm 깊이 이하까지 기상비가 배 생육에 적당한 15% 이상으로 유지된다.

심경후의 근군 분포는 심경 2년후와 5년후에서 90cm 깊이까지 거의 균등하게 분포되어 있고 토양수분도 토층전체에 고르게 분포되어 있다.

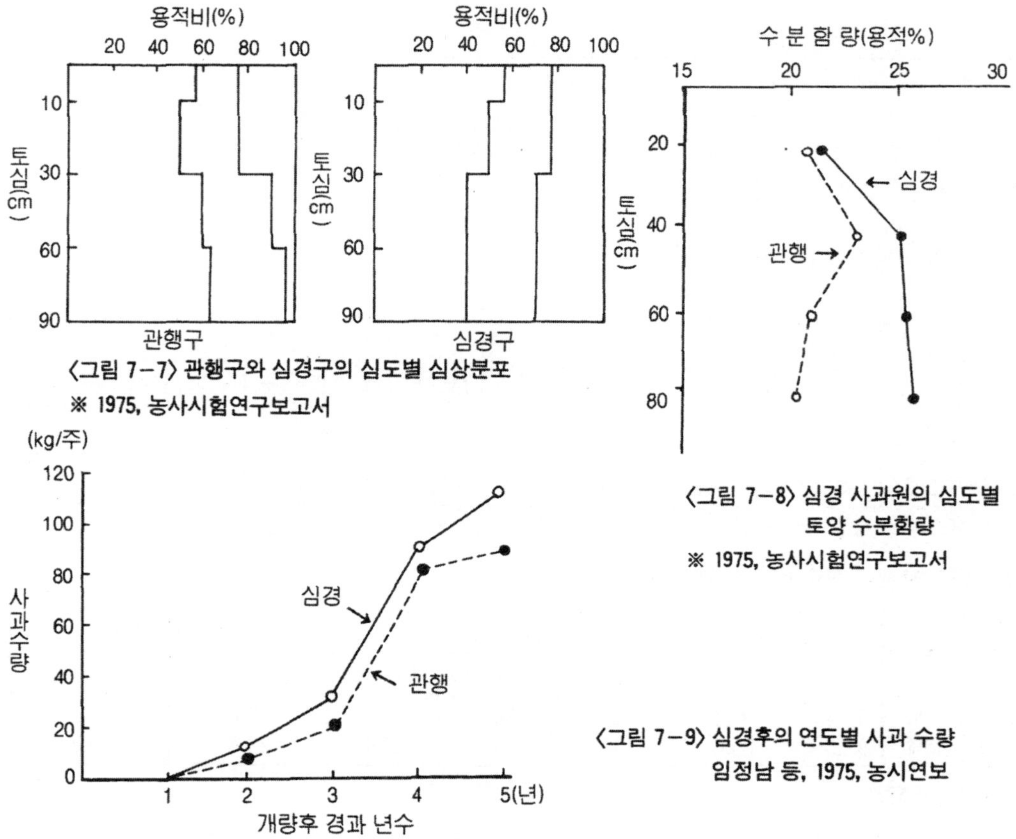

〈그림 7-7〉 관행구와 심경구의 심도별 심상분포

※ 1975, 농사시험연구보고서

〈그림 7-8〉 심경 사과원의 심도별 토양 수분함량

※ 1975, 농사시험연구보고서

〈그림 7-9〉 심경후의 연도별 사과 수량

임정남 등, 1975, 농시연보

〔표 7-11〕 심경후 유기물 시용이 심도별 뿌리 분포에 미치는 영향

심 도 (cm)	개 량 후 2 년 차			개 량 후 5 년 차		
	관행	심경+짚시용	심경+왕겨시용	관행	심경+짚시용	심경+왕겨시용
	(뿌리g/100mℓ 토양)					
10~30	45.8	39.0	35.5	202.2	93.6	86.8
40~60	4.8	41.3	40.9	25.8	109.7	120.5
70~90	0	36.3	35.3	0	97.0	102.3

※ 1975, 농사시험연구보고서

나) 배수

배나무는 수분요구도는 많으나 뿌리가 깊이 들어가기 때문에 지하수위가 높으면 습해를 받을 염려가 크다.

습해를 받게되면 토양중에 공기가 적어 산소가 부족하게 되므로 뿌리 활력이 떨어지고, 유해한 물질이 생겨 신초의 발육이 나쁘게 되며 심하면 잎이 늘어지고 과실비대가 불량해지며 수량도 적게 된다.

〔표 7-12〕 습해정도가 배 품질 및 생육에 미치는 영향

습해정도	침수일수 (일)	평 균[1] 수분장력 (cm)	과 실 품 질			줄기둘레 비 율	가는뿌리(g)	
			과중(g)	등외과실 (%)	유부과율 (%)		0~20 (cm)	30~50 (cm)
없 음	0	17.1	241	39.4	9	100	9.0	17.8
심 함	10	74.1	219	46.6	9.5	89.0	56.7	0.2

※ 1) 침수일수 (장마기간중에 평균수분장력) 깊이 60cm

2) 1963년 조사

〔표 7-13〕 과수원의 배수가 품질에 미치는 영향

(품종 : 이십세기)

구 분	평 균 과 중			당 도			특 등 급			유 부 과		
	1년차 (g)	2년차 (g)	3년차 (g)	1년차 (°Bx)	2년차 (°Bx)	3년차 (°Bx)	1년차 (%)	2년차 (%)	3년차 (%)	1년차 (%)	2년차 (%)	3년차 (%)
배수구	261	304	319	9.98	10.3	10.3	21.8	26.9	18.1	15.2	7.2	2.6
대조구	292	330	338	9.62	10.5	10.4	17.0	24.1	16.6	12.3	19.0	12.0

※ 대조구는 토층개량을 실시, 배수구는 암거배수관을 조사 개시기에 묻음.

〔표 7-14〕 답전환지 신수 배 과원의 배수 효과

처 리	과중	당도	간 주 비대량(mm)	착과후의 눈착생			토양수분함량	
				화아(%)	엽아(%)	맹아(%)	5월 18일(%)	7월 27일(%)
배 수	240	12.4	99.4	52.1	36.2	11.7	27.0	29.8
대 조	224	12.5	95.6	37.4	25.1	37.4	29.8	30.3

※ ' 1977 鳥取縣果試

배 과원에서의 배수효과를 보면 유부과 발생률이 감소되고 과실비대, 간주비대, 화아 발육에 효과가 있다.

다) 표토관리

장마기 과수의 근군은 일반적으로 지표 가까이 분포하므로 장마직후 과수와 잡초 사이에 양

〔표 7-15〕 볏짚멀칭 토양의 입단화 및 비료 요소함량에 미치는 영향

토양깊이	토양관리법	직경 1mm 이상의 단립(%)	유기물 (%)	비 료 요 소			
				초산염 (ppm)	가액성 P (ppm)	가용성 K (ppm)	가용성 Ca (ppm)
0~15cm	10년간 볏짚부초지	30.4	5.5	18	204	1063	2200
	5년간 볏짚부초지	12.4	5.4	38	261	852	2760
	무 처 리 지	3.3	5.3	11	192	634	2190
	무 처 리 과 수 원	2.2	4.2	8	238	566	2690
15~30cm	5년간 볏짚부초지	9.8	4.8	20	232	429	2720
	무 처 리 과 수 원	3.0	3.8	8	172	435	2450

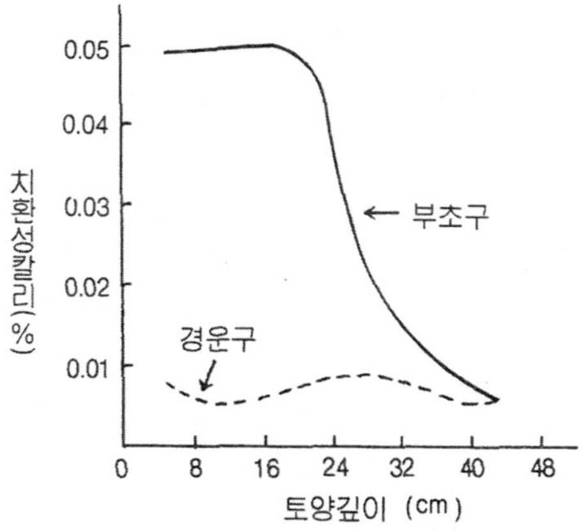

〈그림 7－10〉 사과원 부초와 토양중의 유효태 칼리함량

수분의 경합이 심하게 일어난다. 자연초생은 예초하여 수관 밑의 지표에 장기간 멀칭하므로서 토양 수분의 증발을 막고 입단화와 유기물, 초산염, 가용성칼리 함량을 증가시킨다.

산지 사면에서의 초생재배는 여름철 장마에 의한 경토유실 및 양분 유실을 막아 과실의 생육과 품질을 향상시킨다. 특히 과실의 비대효과가 있는 칼리질 비료가 부초에 의하여 유효태로 토양중에 다량 보유하게 되므로 과실 발육상 중요한 역할을 한다.

라) 관수

배 과실은 계속해서 비대하여 낮에는 잎에서 수분을 증산하여 수축하고, 야간에는 수축분 이상 비대한다. 이와 같은 현상을 반복하면서 과실은 비대하나 토양이 건조하면 점차 야간의 비대가 적게 되어 수확시 과실 크기에 영향을 준다.

관수에 의한 수분 공급은 과실비대 및 수체생육에 미치는 영향이 커서 무관수에 비하여 수량을 20% 가까이 증가시킬 수 있다.

〔표 7－16〕 관수에 의한 20세기에의 수체생육과 과실 크기

항 목	처리구분	1985년	1986년	1987년	1988년	1989년	합 계	(지수)
신초수(본／주)	관 수 구	401	462	591	593	543	2,590	(118)
	대 조 구	302	460	502	482	451	2,197	(100)
신장량(m／주)	관 수 구	321	352	428	407	431	1,939	(121)
	대 조 구	242	317	377	325	339	1,600	(100)
과실수량(kg／주)	관 수 구	92	153	122	212	260	840	(117)
	대 조 구	89	139	109	168	216	721	(100)

3) 기상조건

과실의 비대는 신초의 발육이 왕성한 전개기에는 비대가 억제되고 신장이 완만하게 되기 시작하면서 과실비대가 급격해진다. 배 과실의 발육 정체기는 대개 6월 상·중순경으로이 시기의

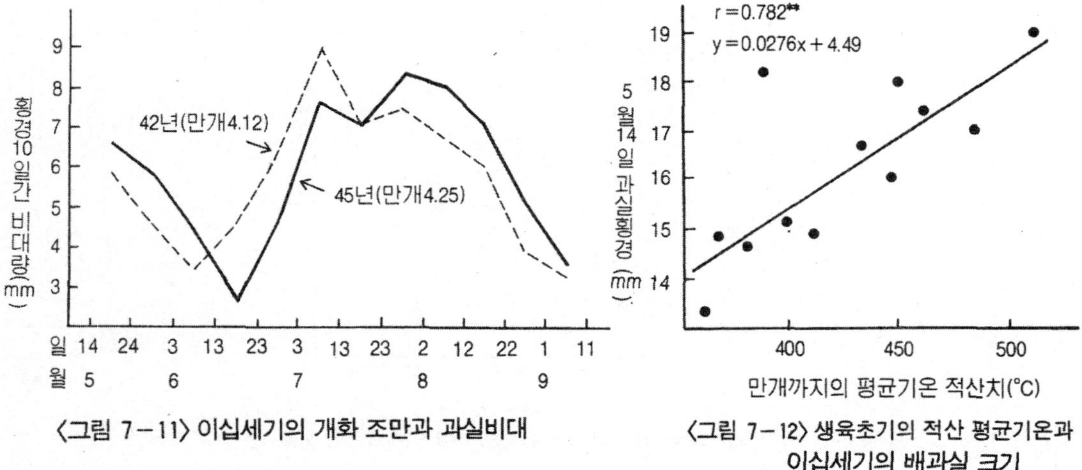

〈그림 7-11〉 이십세기의 개화 조만과 과실비대

〈그림 7-12〉 생육초기의 적산 평균기온과 이십세기의 배과실 크기

조만은 7월의 과실발육 최성기의 조만과 연관된다.

과실발육의 정체기가 빨리 오는 해는 개화가 빠르고, 개화후의 기온이 고온으로 안정된 해가 많아 초기 발육이 양호하고 그후 특별히 일조가 부족하지 않는 한 수확과는 대과로 된다.

정체기가 늦게 오는 해는 개화도 늦고, 과실크기도 개화후 발육성기의 기온에 따라 좌우된다. 6~7월의 기온이 높고 강수량이 적은 해는 그후 과실 발육이 양호하다.

일반적으로 5, 6월의 일조시간이 많은 해는 과실이 크고, 적은 해는 과실이 적다. 고온건조에 의하여 토양수분이 급격히 감소하면 뿌리의 흡수 능력이 떨어져 잎의 동화 능력도 나쁘게

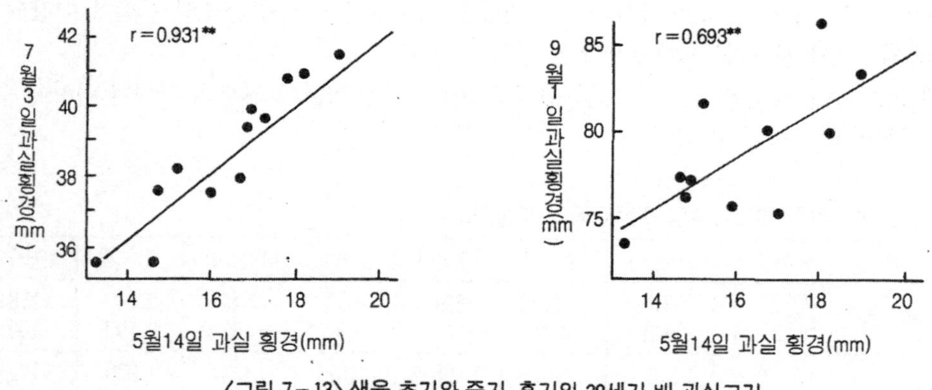

〈그림 7-13〉 생육 초기와 중기, 후기의 20세기 배 과실크기

되고 과실비대도 영향을 주게 된다. 특히 비대율이 큰 7월에 건조하면 그 영향은 크다.

일조량의 다소도 과실의 크기에 많은 영향을 준다. 전년에 광선량이 60% 이하가 되는 단과지 과실은 충분히 광선을 받은 과실에 비하여 현저히 비대가 떨어지고 변형과 발생률도 높다.

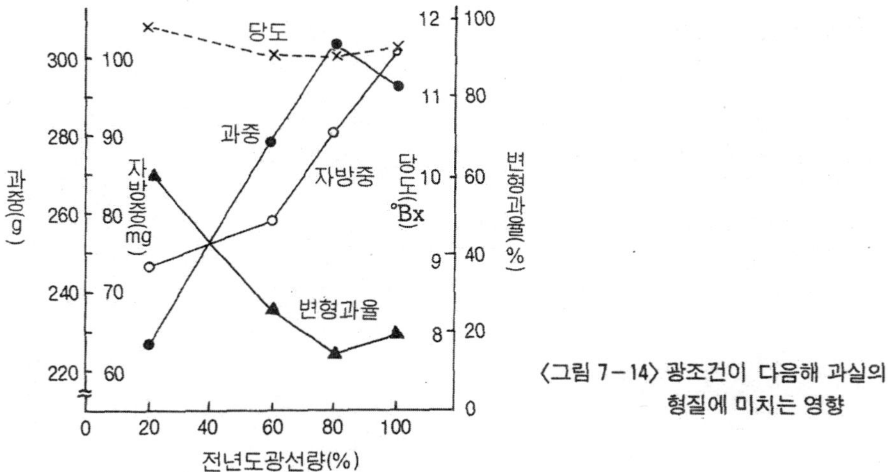

〈그림 7-14〉 광조건이 다음해 과실의 형질에 미치는 영향

4) 생장조절 물질

배 과실비대에 깊게 관여하는 물질은 GA이다. GA를 인위적으로 과실에 처리하여 과실을 크게 만드는 방법이 실용화되고 있다.

2. 품질향상 기술

과실의 품질은 과실크기, 과색, 형상, 과면의 미려함 등의 외관적인 면과, 육질, 맛, 향기의 식미적인 면 그리고 비타민, 무기질 등의 영양적인 면의 요소가 총합하여 구성된다.

그러나 고품질, 고상품의 조건은 소비자의 요구도가 고급화됨에 따라 변화하나 일반적으로 품종 고유의 형상과 크기를 가지며 과색이 아름답고, 고당도로서 식미가 좋은 것이라고 말 할 수 있다. 따라서 이들 품질에 관여하는 요소를 충족시킬 수 있는 재배적 조처를 강구하지 않으면 안된다.

〔표 7-17〕 이십세기 배의 당도에 관계하는 요인

항 목	평 균 치	표준편차	상관계수	비 고
당 도	9.88	0.374		9월 9일채취, 10과×3주 평균
과 실 중 량 (g)	306.47	20.363	−0.156	20과×3주평균
착 과 수 (개)	16,350	2,730	−0.458**	1/1000a 망목으로 측정
적정결과밀도 (%)	60.90	6,700	−0.171	1~3만 착과수 분포
장대발육지율 (%)	37.76	8,956	−0.363*	80cm 이상 발육지 비율
엽 형 지 수	0.72	0.030	0.239	종경/횡경, 50주 평균
엽 면 적 지 수	95.71	4,977	−0.198	종경/횡경, 50주 평균
엽중 N 6월 (%)	2.793	0.130	−0.073	6월 2일 채엽
8월 (%)	2.764	0.122	0.412*	8월 12일 채엽
엽중 P 6월 (%)	0.167	0.014	−0.143	6월 2일 채엽
8월 (%)	0.146	0.017	0.002	8월 12일 채엽
엽중 K 6월 (%)	1.630	0.489	0.166	6월 2일 채엽
8월 (%)	1.185	0.183	0.282	8월 12일 채엽

가. 당도 증진 방안

과실의 맛이 결정되는 시기는 과실비대가 급격히 이루어지는 7월부터 수확기까지로 당도에 영향을 주는 중요한 외적요소는 일조, 토양수분, 질소 등이다.

[표 7-18] 장십랑 배의 당도에 관계한 요인

항 목		평 균 치	상 관 계 수
당 도 (°Bx)		11.75	–
경 도 (kg/cm)		1.53	0.476**
1 과 평균중		277.9	−0.044
10a당 착과수		18,361	−0.508**
수 령		19.6	0.007
발육지의 신장정지율 (%)		69.3	0.407**
단 과 지 엽	횡 경 (cm)	11.3	−0.152
	종 경 (cm)	8.2	−0.046
엽 내 성 분 (8월 상순, %)	N	2.27	0.149
	P	0.134	0.030
	K	1.70	−0.206
	Ca	2.75	−0.236
	Mg	0.279	−0.133

주) * 5%, ** 1% 유의성, n=33

당도에 관계하는 요인을 조사하기 위하여 과실의 크기, 착과수, 적정결과 밀도, 장대 발육지율, 엽형지수, 엽면적지수, 발육지의 신장 정지율, 엽내성분 등을 수치화하여 상관계수로 나타낸 결과를 [표 7-17]과 [표 7-18]에서 볼 수 있다.

당도와 가장 관계가 깊은 항목은 이십세기에서는 착과량, 장대 발육지율, 8월중 엽중 질소 등이고, 장십랑은 착과량과 발육지의 신장 정지율이다.

1) 광선

5월 상순의 양분전환기 이후 과실의 발육에 필요한 탄수화물을 공급하는 것은 주로 과총엽이다.

과총엽에 비치는 광선의 다소는 과실의 품질에 크게 영향을 준다. 과총엽에 비친 광선량이 50% 이하에서는 전당 함량이 비교적 완만하게 떨어지나 자당량은 광선량이 60% 이하에서 현저히 떨어진다. 자당은 과실 발육 후기에 증가하기 시작하며, 그 함량의 다소가 과실의 감미를 강하게 작용한다.

이와같이 광선의 부족은 자당 함량을 감소시키므로 맛이 없는 배가 된다. 착과 부위에 비치는 광선을 저하시키는 재배적 원인은 재식거리, 정지전정, 시비 등이다.

밀식재배의 경우 불과 몇년 안에 인접한 나무의 주지, 부주지 선단이 서로 겹쳐 고품질의 과실을 생산해야 할 단과지가 햇빛을 받지 못하여 당도와 상품과율이 떨어진다. 이때 강전정이나 주지, 부주지, 연장지의 선단을 자르면 도장지가 발생되므로 간벌에 의하여 광환경을 개선해야 한다.

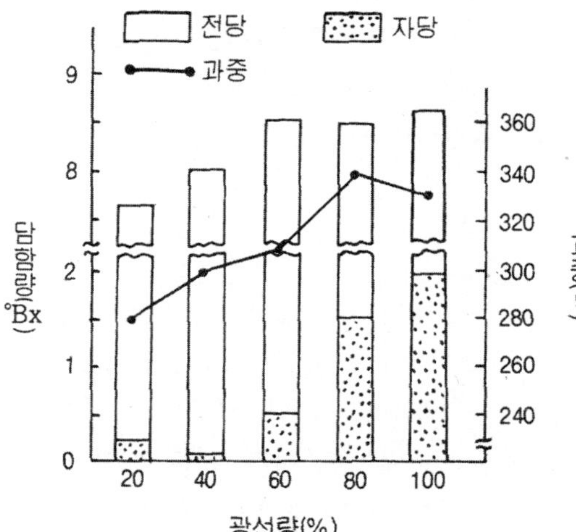

〈그림 7－15〉 과총엽에 비친 광선량과 과실 발육 및 당도 (1980)

정지전정시에 조기다수를 목적으로 부주지를 많이 남겨 간격이 너무 좁거나, 측지본수를 많이 두었을 경우 재식후 7～8년후에는 인접한 나무 선단이 겹치게 되어 광선투과가 나쁘게 된다. 이 상태에서는 부주지를 솎음 절단하여 수광태세를 개선해야 한다.

토양개량으로 시용한 유기물중 질소함량을 고려치 않고 질소질 비료를 많이 사용하였을 경우 토양 환경개선에 의한 뿌리 활력이 상승적으로 작용하여 도장지 발생이 많게 되므로 광 투과가 나빠진다. 이런 경우에는 하기전정과 유인방법에 의하여 광환경을 개선해야 한다.

2) 착과량

안정된 수체와 고품질의 과실을 생산하기 위해서는 신초를 신장시켜 필요한 잎수를 확보하고 잎의 동화기능을 효율적으로 높이는 재배관리가 필요하다.

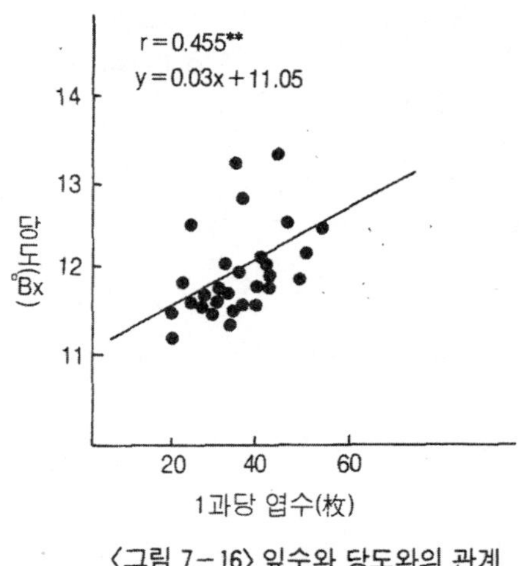

〈그림 7－16〉 잎수와 당도와의 관계

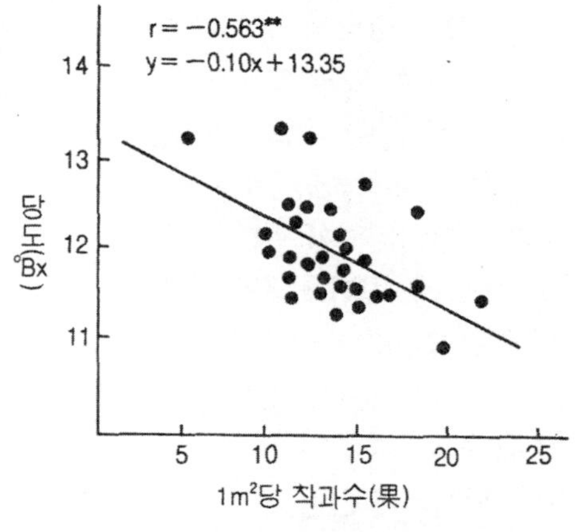

〈그림 7－17〉 착과수와 당도와의 관계

배 1과 생산에 필요한 잎수는 35잎 정도로서, 1과당 잎수가 30~40매 이상의 착과 조건일때 고당도의 과실이 생산된다. 따라서 일정면적당 착과량을 제한하므로서 고당도의 과실을 생산할 수 있다. 〈그림 7-16〉의 $Y = -0.10X + 13.35$ 회귀식에서 당도 12도의 과실생산을 위한 m^2당 적정 착과수는 13.9과로 계산된다.

3) 깊이갈이 및 유기물 시용

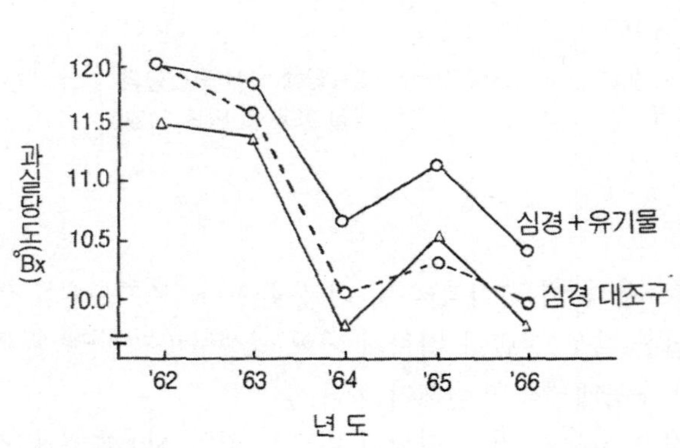

〈그림 7-18〉 토양개량이 배당도에 미치는 영향

수체의 생장은 근군의 신장이 원활하여야 한다. 근군 신장에 필요한 토양의 요건은 경토가 깊고 부드러우며 공기량이 많아야 하며, 이를 위한 대책은 토양 물리성의 개량으로 깊이갈이 후 유기물 시용이 대표적이다.

깊이갈이는 과실의 당도를 향상시킨다. 그러나 지나친 깊이갈이는 과실의 숙기를 지연시키고 미숙과율이 많게 되므로 깊이갈이는 50cm 정도가 적당하다.

또 깊이갈이 후에는 토양개량제를 시용하여 효과를 높여 주도록 한다.

4) 시비

질소는 과실의 숙기와 품질에 미치는 영향이 크다. 과실비대기에 질소가 부족하면 수체생장이 나빠져 과실비대가 불량하다. 과실은 완전한 크기에 도달하기 전에 성숙단계에 들어가 외관적으로 약간 미숙상태로 보여 성숙기 품질이 저하된다.

또 질소가 많으면 단백질이 생산되어 세포비대가 장기간 계속되므로 당의 축적이 적은 과실이 되며, 잎의 생장도 무성하여 광환경을 나쁘게 한다.

칼슘이 부족하면 유부과, 돌배의 발생원인이 된다. 또 웃거름으로 칼리를 과용하게 되면 칼슘흡수를 억제하게 되므로 생리장해과의 발생이 많게 된다.

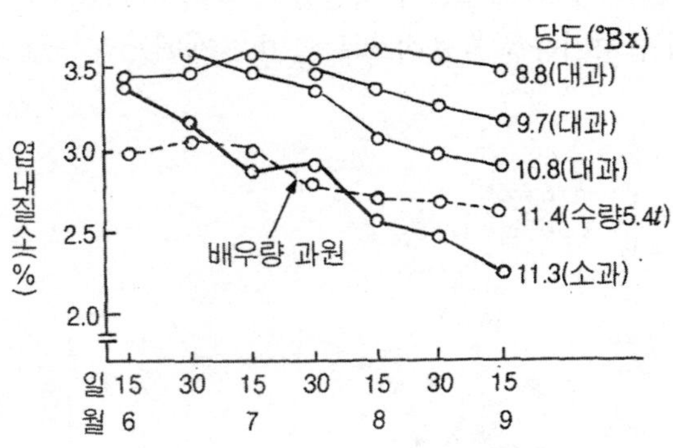

〈그림 7-19〉 엽중질소의 변화와 과실 당도

5) 수확시기와 방법

과실은 성숙기에 들어서면서부터 비대와 당의 증가가 현저히 달라지므로 숙기에 맞추어 과실을 수확해야 한다. 덜 익은 과실을 수확하면 과실이 작을 뿐아니라 과색이 나빠 상품가치가

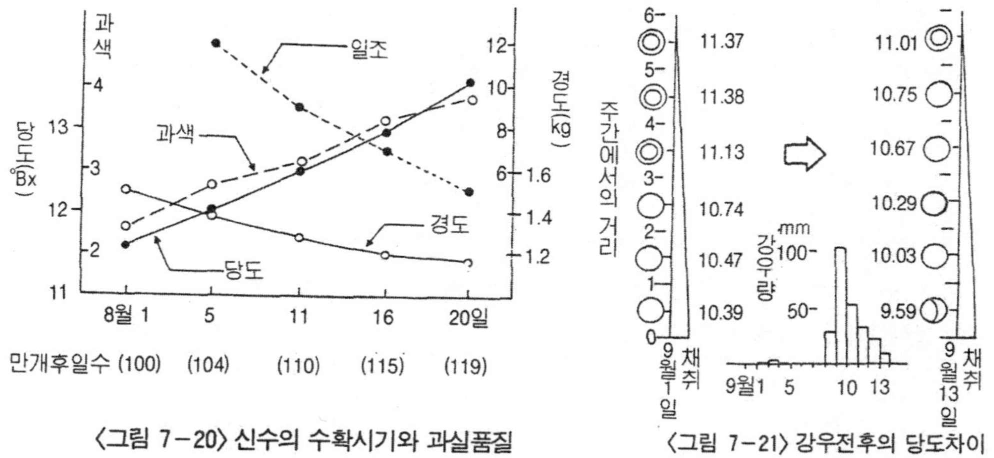

〈그림 7－20〉 신수의 수확시기와 과실품질

〈그림 7－21〉 강우전후의 당도차이

떨어지며 당도도 낮아진다.

또 수확중에 비가 많이 오는 경우 토양 수분이 많아 수체 질소 흡수량이 증가하고 일조도 부족하여 당도는 현저히 떨어진다.

따라서 수확중에 비가 계속 오는 경우는 수관의 외부 먼곳이 수관 내부 아래보다 당도가 현저히 높으므로 수관외부 먼곳부터 수확하여야 한다.

나. 과피 미려도 향상을 위한 봉지씌우기

1) 봉지재배와 품질

과실에 봉지를 씌우는 것은 병해충 방제 및 과실의 색택을 좋게하여 품질을 향상시키고 농약 등으로 오염되는 것을 방지하기 위해 실시되고 있다. 특히 최근에는 과실수출시 검역상 문제가 되는 병해충의 방제를 위해 봉지를 씌워 재배하고 있는 실정이다.

2) 봉지씌우기와 과실의 형질

봉지를 씌우지 않고 재배를 하면 과피가 거칠고 색택이 아름답지 못하여 오래 전부터 과피의 외관을 좋게 하기 위하여 봉지를 씌워오고 있다. 청배 품종에서 봉지 씌우기를 하면 자연 광선을 차광하므로써 녹색의 과피색이 황백색으로 변하고 동녹을 방지하여 외관을 아름답게 한다.

과실의 품질과 맛은 과육의 경도와 당도로 결정되는데 과피의 착색이 빠를수록 육질이 연하여지는 것이 빠르다. 봉지를 씌운 과실은 씌우지 않은 과실에 비하여 과즙이 많고 과육이 연한 느낌이나 당도는 0.5 정도 낮아져 단맛이 적게 느껴진다.

지질, 종이의 종류 또는 방수처리법 등이 다른 봉지는 각각 과실 주변의 미기상을 변화시켜 과실의 크기, 과피색의 형질에 변화를 준다.

2중 봉지의 내지로 파라핀지를 넣거나 겹쳐 만든 것은 과실 주변의 미기상을 저온 다습하게

〔표 7－19〕 봉지속의 온습도 조건과 과실형질

과실	고온·건조한 조건	저온·다습한 조건
크기	작다	크다
육질	단단하다	연하다
과즙	적다	많다
당분	많다	적다
과피	두껍고 단단하다	얇고 연하다
콜크화	많다	적다
광택	적다	많다

〔표 7－20〕 봉지내의 온습도를 좌우하는 요인

구분		고온건조화	저온다습화
지질	두께	얇다	두껍다
	흡수능력	작다	크다
	통기상태	크다	작다
	색채	유색	유백색
2중 봉지	내지와외지 조합방법	외지 : 파라핀지 내지 : 비파라핀지	외지 : 비파라핀지 내지 : 파라핀지
방수처리	파라핀	순파라핀	점성물혼합
	방수제	비파라핀계 물질	파라핀
	도유제	건성유	불건성유
제대법		재봉틀로박음	풀로붙임

하고, 비파라핀지는 고온건조하게 한다. 봉지속이 지나치게 고온 건조한 조건은 과실 조직의 경화, 수분 함량의 감소, 과실의 소형화 및 당분 함량의 상대적 증가를 나타낸다.

봉지를 씌우면 투광량이 30～40%로 감소되고 과실주변의 온습도 등 미세한 기상조건도 변한다. 일반적으로 낮에는 외기에 비하여 봉지속이 고온 저습하고, 밤에는 기온은 비슷하나 습도는 높다.

봉지종류에 따라서 과실에 미치는 영향이 다른데 〔표 7－19〕에서 보는 바와 같이 과실 조직의 경화, 수분함량의 저하, 과실의 소형화, 당분함량 등 여러가지 형질이 다르게 나타난다.

3) 동녹

배 과실의 과피표면은 큐티클이나 콜크로 덮혀 있다. 청배인 황금배, 팔운, 신세기, 이십세기 등은 큐티클로, 갈색배인 신수, 풍수, 장십랑, 신고 등은 콜크로 덮여 있으며, 갈색배 중에서 행수, 수진조생과 같은 품종은 재배조건에 따라서 콜크 발달이 불량하게 되면 청배에 가까운 중간색의 얼룩반점이 생기는 품종이 있다.

청배의 큐티클층은 아주 엷어 바람, 서리, 강우, 비료 과다시용, 지나친 건조 등에 의하여 과피에 상처를 받으면 재생되지 않아 동녹이 되어 과피 외관을 불량하게 한다. 갈색배는 개화 후 큐티클로 덮혀 있어 청배상태이나 6월 중순 이후부터 콜크 형성이 발달하여 갈색배로 된다 〔표 7－21〕.

[표 7-21] 시기별 청배와 갈색배의 콜크 발달과정

조사시기	청 배(이십세기)	갈 색 배(장십랑)	중 간 색 종(적수)
5월 1일	콜크화 안됨	콜크화 안됨	콜크화 안됨
5월 10일	콜크화 안됨	과점의 많은수 콜크화	과점의 소수 콜크화
5월 23일	과점이 약간 콜크화	90~100% 과점 콜크화	30% 과점 콜크화
6월 2일	10~30%과점 콜크화	과점간 콜크화 발달	50~90% 과점 콜크화
6월 17일	대부분의 과점 콜크화	과점간 콜크화 80% 발달	과점간 콜크화 약간 발달
6월 27일	대부분의 과점 콜크화	과점간 콜크 전면발달	과점간 콜크화 50% 발달

과실의 비대 발육시기까지의 작은 상처는 콜크가 재생되어 발달하므로 청배와 같이 과피 외관이 나빠지지 않아 동녹에 의한 문제는 되지 않는다.

동녹의 발생은 과실비대 중기 이후에 질소가 많이 흡수되어 과실에 단백질이나 아미노산이 많이 공급되면 과육세포가 급격히 비대하게 된다. 그러나 이때 표피세포나 큐티클층은 급격한 과실비대를 따르지 못하여 균열된다.

이것이 큐티클층의 균열이라고 하며 수확기 가까이에 발생하면 과피에 윤기가 없는 상태를 나타낸다. 수확기보다 훨씬 이전에 균열이 발생하면, 균열에 의한 상구(傷口)를 메우기 위해 콜크가 형성된다. 이 콜크가 발달하여 크게 된 것이 동녹이다.

심경하여 뿌리가 많이 절단된 곳에 생유기물이나 분해가 늦은 유기물을 매몰한 결과 수세가 약하여 6월하순~7월하순에 추비를 많이 준 경우 등 질소의 효과가 늦게 나타나도록 시비를 하면 이러한 동녹이 많이 발생한다.

과실 봉지중의 다습(과습)에 의한 동녹은 다습으로부터 과실을 보호하기 위하여 큐티클에 대신하여 다습에 강한 콜크가 형성되는 것에 의한다. 본래 큐티클은 건조에 대하여 저항성을 강하게 하고, 콜크는 다습에 대하여 저항성을 강하게 한다.

따라서 청배인 이십세기 등의 과실이 습한 봉지중에 장시간 있게되면 과실을 보호하기 위해 큐티클층 대신 콜크층이 형성된다. 여름에 비가 많은 해에 이십세기 품종 등에서 동녹이 낀 과실이 많은 것은 이러한 이유에 의한다.

수관하의 풀을 예초하고 밀집된 가지를 정리하므로서 통풍을 좋게하여 봉지가 잘 마르도록 하는 것이 동녹 발생을 방지하기 위한 중요한 작업이다. 과피가 아름다운 고품질의 과실을 생산하기 위해서는 습도가 높지 않고 잘 건조되는 봉지를 사용하여야 한다.

한편 신수, 행수, 풍수나 장십랑, 신고, 만삼길 등의 갈색배는 유과기에는 청배와 같으나 6월하순~7월상순의 장마기에 과실 전면의 큐티클이 퇴화하고, 그 대신에 콜크층이 형성되어 갈색배로 변신한다. 장마가 없는 해에 행수의 표피가 얼룩지는 것은 다습 대책의 필요성이 없어 콜크층의 형성이 진전되지 않았기 때문이다.

4) 봉지씌우는 시기와 방법

가) 시기

봉지를 씌우는 시기는 대체로 생리적 낙과가 끝나고 최종적과를 마친 다음 실시한다. 그러나 청배 계통은 외관을 좋게 하기 위하여 봉지를 씌우기 때문에 꽃이 진후 10~20일경까지 작은 봉지를 씌워야 동녹을 방지할 수 있다.

이십세기 품종의 과실을 5월 1일부터 25일까지 5일간격으로 봉지를 씌운 경우에서의 외관을 최상급으로 하여 무결점의 과실비율을 조사한 결과 62, 46, 18, 6, 10%로 봉지 씌우는 시기가 늦어짐에 따라서 현저히 낮아졌다.

이것은 과실의 표피에 기공이 5월중순경에 붕괴되어 과점 콜크가 형성되며, 이 부분에 강우나 약제를 살포할 때 약제가 묻어 콜크의 발달을 조장한다. 따라서 과피 외관을 보호하기 위해서는 만개후 30일까지가 봉지씌우는 적기의 한계라고 할 수 있다.

나) 방 법

과수에 따라 봉지씌우는 방법은 다소 차이가 있으며 배,사과 등과 같이 열매자루가 긴것은 봉지를 직접 열매자루에 겹쳐 지침으로 고정시키면 된다.

이때 너무 느슨하게 해주면 병원균이 빗물과 함께 흘러 들어 과일을 썩게 하고 또는 가루깍지벌레, 황분충 등이 들어가 피해를 주므로 단단히 결속해야 한다. 최근에는 방충, 방균 처리된 봉지도 생산 판매되고 있다.

5) 봉지의 종류

우리나라에서는 과거에 신문지 2중봉지만을 사용하여 왔으나 찢어지기 쉽고 신문에서의 얼룩 등으로 오염되어 과피가 깨끗하지 못하다. 그후 과실 수출을 위하여 일본으로부터 로루지 2중대를 들여 왔으나, 1988년부터 우리나라에서도 배 전용봉지를 대량생산하며 농가에서 보급되고 있다. 봉지는 우선 첫째 지질이 좋아 찢어지지 않아야 하고 둘째 방균, 방충 작용을 할 수 있는 봉지이어야 하며, 셋째 과실 표면이 오염되지 않는 것이어야 한다.

6) 수확

배의 수확기 판정은 주로 과실의 빛깔에 의하여 결정하고, 배는 성숙기에 달하면 청배는 담황록색이 되고, 황갈색배는 과면에 녹색이 없어지고 붉은 빛을 띠며 빛깔이 짙어진다.

그러나 배는 봉지를 씌워 재배하므로 빛깔만으로는 결정하기가 곤란할 때가 많다. 투광량이 많은 봉지를 씌운 과실은 성숙기에 달해도 투광량이 적은 봉지를 씌운 것보다 녹색을 띠는 양이 많아지므로 빛깔 뿐만 아니라 광택, 과점의 상태, 과경의 분리정도 및 통상적인 수확기를 고려하여 숙기를 결정해야 한다.

수체내의 과실 성숙은 일반적으로 주지, 부주지상의 단과지, 부아가 신장한 단과지, 측지상의 단과지, 중과지, 장과지 순으로 진행되므로 선단부의 일광이 좋은 곳부터 수확한다.

수확할 때 가장 주의할 점은 온도이다. 봉지를 씌운 과실의 온도는 오전중에는 5℃, 오후가 되면 10℃ 정도 더 높다. 과실의 온도가 높을 때 수확하면 당분 소모가 많고 과실의 빛깔이 나빠지며 저장력이 떨어지게 된다. 따라서 아침 이슬이 마른후부터 시작하여 오전 10시경에 끝내는 것이 좋다.

비가 오는 중이나 비온 직후 과실이나 봉지가 젖은 상태에서 수확하여 상자에 넣어 두면 금촌추와 같은 품종은 과피흑변 현상이 나타나기 쉽고, 이십세기 등은 흑반병이 발병되기 쉽다.

금촌추, 추황배 등의 과피흑변 현상을 막아주기 위해서는 수확 2주전 쯤에 봉지를 벗겨 햇빛에 쬐도록 한다. 만일 젖은 과실을 수확할 경우에는 펴 널어 건조시킨 다음 상자에 담아야 한다.

다. 종자수와 품질

종자는 호르몬을 생성하고 과실의 생장을 조정할 뿐 아니라 외부로부터 과실내로 탄수화물, 무기성분과 식물호르몬 등 과실의 비대 성숙에 관여하는 물질을 많이 끌어 들이는 역할을 한다. 따라서 종자는 과실 발육에 직접으로 관여하는 주요 인자이다.

조기에 수정된 과실은 종자수가 적게 되어 변형과로 되기 쉽고 종자수가 적게 되면 과실의 발육이 나쁘게 되므로 방화곤충의 활동이 저조할 때에는 인공수분을 개화 당일부터 개화후 3일까지 수정능력이 높은 시기에 실시하여 종자수가 많도록 해준다.

라. 각종 재해 및 생리장해와 품질

배 과실의 외관적 품질에 직접적으로 영향을 주거나 피해를 주는 요인은 만상이나 우박 등에 의한 기상재해, 병해충, 그리고 각종 생리장해에 의한 과실 피해 등을 들 수 있다.

따라서 이러한 요인을 회피할 수 있는 재배적 대책을 강구하여야 과실 품질을 향상을 시킬 수 있다(제10장 비료의 역할과 생리장해 및 제 15장 재해대책 참조).

제 8 장　배나무의 정지 전정

1. 가지 종류와 결과습성

가. 가지 종류

배나무 가지는 크게 발육지(發育枝)와 결과지(結果枝)로 나누어진다. 발육지는 꽃눈이 형성되어 있지 않은 가지를 말하고 결과지는 꽃눈이 형성되어 있는 가지를 말한다.

발육지는 숨은눈(潛芽)에서 발생된 가지와 잎눈(葉芽)에서 발생된 가지가 있으며 잎눈에서 발생된 가지를 유인하면 액화아(腋花芽)가 잘 형성되어 결과지로 이용하기도 한다.

결과지는 길이에 따라 장과지(長果枝), 중과지(中果枝), 단과지(短果枝)로 나눈다. 30cm 이상 되는 결과지를 장과지라 하고 15~20cm 되는 결과지를 중과지라 하며 2~3cm 정도 되는 짧은 결과지를 단과지라 한다.

일반적으로 유목기는 단과지가 주 결과지가 되며 성과기의 나무는 단과지와 장과지를 적당한 비율로 이용하는 것이 수세 안정에 효과적이다.

나. 결과습성(結果習性)

가지상에 꽃눈이 형성되는 위치와 그 꽃눈이 발달하여 개화, 결실되는 것을 결과습성이라 한다.

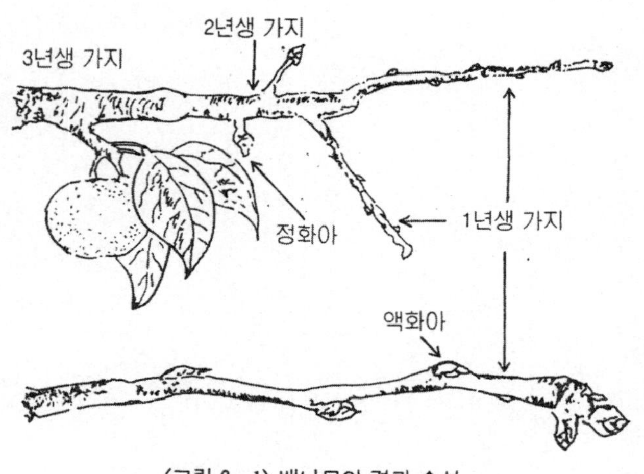

〈그림 8－1〉 배나무의 결과 습성

배나무의 결과습성은 지난해 자란 2년생 가지에서 꽃눈이 형성되어 다음해 3년생 가지에서 개화 결실되는 것이 일반적이나, 금년에 자란 1년생 가지에서도 꽃눈이 형성되어 다음해 2년생 가지에서 개화 결실되기도 한다. 전자를 정화아(頂花芽)라 하고 후자를 액화아(腋花芽)라 한다〈그림 8－1〉. 정화아가 형성된 짧은 결과지를 단과지, 액화아가 형성된 결과지를 중과지 및 장과지라 한다. 또한 단과지가 오래되어 한곳에 많이 모여 있는 것을 단과지군(短果枝群, 생강 아)이라 한다.

과실은 단과지의 정화아에서 결실된 과실이 액화아에서 결실된 과실보다 크고 숙기가 빠르며 당도도 높으나, 묵은 단과지군에서 결실된 과실은 액화아에서 결실된 과실보다 품질이 나쁜 경우도 있다.

품종에 따라서는 액화아를 많이 이용하는데 행수품종은 단과지 형성이 나빠 단과지군이 잘 형성되지 않으므로 액화아를 이용하여 결실시키며, 액화아에서도 좋은 품질의 과실이 생산된다.

장십랑 품종도 노목이 되면 단과지 형성이 나빠져 액화아를 많이 이용하나 신수품종은 액화아에 결실시키면 과실품질이 좋지 않고 단과지 형성을 나쁘게 하므로 액화아에 결실시키지 않는 것이 좋다.

단과지군은 많은 단과지가 형성되어 있어 충실도가 나쁘고 저장양분의 소모가 많아 과실 품질이 나빠지므로 전정시는 단과지군을 정리해야 품질이 향상된다.

〈그림 8-2〉 단과지군의 전정법

2. 배나무의 특성과 전정반응

가. 배나무의 특성

1) 꽃눈형성 및 유지가 용이하여 격년 결과성이 적다

배나무는 꽃눈형성이 좋고 배나무 특유의 단과지군이 잘 형성, 유지되어 격년결과(隔年結果)가 되지 않는다. 또한 전정방법이나 정도에 따라 꽃눈형성 정도가 사과처럼 민감하지 않아 대체로 전정상 큰 문제가 없어 표준 생산량을 유지하기 쉽다.

그러나 품질이 좋은 과실을 많이 생산하기 위해서는 가지의 골격 형성, 결과지의 확보 및 배치, 묵은 결과지의 갱신 등 전정기술이 필요하다.

2) 도장지(徒長枝) 발생이 많다

배 재배시 도장지가 많이 발생되면 수관내 광환경이 나빠져 꽃눈형성 및 과실 품질에 나쁜 영향을 미치게 된다.

도장지의 발생 원인은 토심이 깊어 뿌리가 수직으로 깊게 뻗을 경우, 토양내 질소 성분과 수분이 과다할 경우, 밀식에 의한 강전정의 경우 또는 수형 구성시 주지를 급격하게 구부러지게 유인할 경우에 도장지 발생이 많아진다.

이와 같은 도장지 발생을 억제하기 위해서는 나무의 주요 골격이 되는 주지와 부주지를 곧게 키우고, 주지 부주지의 상부와 하부의 굵기 차이가 나지 않도록 하여 양수분의 흐름을 좋게 한다. 또한 주지 부주지의 연장지 세력을 강하게 유지시키고 지나친 강전정을 피하며 예비지 전정을 실시하면 도장지 발생을 억제할 수 있다.

3) 가지가 직립성이다

배나무의 새가지는 직립하여 강하게 자라는 특성을 가지고 있다.

가지가 직립하면 성장이 강해지고 늦게까지 생장을 계속하게 되므로 가지가 자라는데 동화양분이 많이 이용되어 과실 생장과 꽃눈형성 및 발달에 나쁜 영향을 주게 된다.

또한 직립성이 강한 가지는 좋은 결과지가 되기 어려우므로 결과지로 이용할 경우에는 여름철에 유인해 주어야 한다.

신수와 같은 조생종 품종은 과실이 성숙할 수 있는 기간이 짧아 직립성의 가지를 그대로 두면 과실과 가지생장간의 양분경합에 의해 과실 생장이 저해되므로 품질이 좋은 과실을 생산하기 위해서는 가지를 유인해 주어 지나친 생장을 억제해야 한다.

4) 가지 생장의 연속성(連續性)이 없다

배 묘목을 1m 정도 높이에서 절단한 후 무전정상태로 두면 첫해는 묘목선단에서 2~3개의 새가지가 직립하여 강하게 자란다. 2년차에는 각 가지의 선단부 눈에서 1~3개의 새가지가 자라게 되고 아래는 중, 단과지도 다소 생기나 많은 눈이 잠아상태가 된다. 3년차 이후도 2년차와 같은 형태로 자라게 되지만 선단에서 자라는 새가지의 길이는 매년 짧아지게 되고 어느 시기에 가서는 선단의 신초 자람이 멈추고 단과지만 형성된다.

이때 선단부의 자람이 멈추게 되면 주간이나 1년차에 자란 가지의 기부 잠아나 중간아에서 강한 웃자란 가지가 발생되어 가지가 복잡해지고 처음 자란 가지 위의 단과지는 고사되어 엽수와 엽의 크기도 작아지는데 이러한 경향은 햇빛을 잘 받지 못하는 가지에서 더 심해진다.

이와 같은 배나무의 생장특성은 1년차 및 2년차 신초가 잘 자라는 정부우세성이 보이지만, 연속적인 방임하에서는 생장이 멈추게 되어 가지 생장의 연속성이 없어지고, 동시에 기부 잠아 부근에서 강한 도장성의 가지가 발생한다.

이러한 생장특성은 배나무에서 나타나는 특이한 생장반응으로 이 특성에 의해 배나무는 수세가 강하거나 약할 때에도 도장지의 발생이 많아지게 된다.

따라서 배 재배시 도장지의 발생을 방지하고 결과지상에 가지가 난립하지 않도록 하기 위해서는 가지생장의 연속성이 유지되도록 가지선단부를 절단하여 정부우세성을 유지시키는 것이 배전정의 기본이 된다.

5) 품종에 따라 나무 특성에 차이가 있다

배나무는 품종에 따라 정부우세성, 단과지 형성 및 유지성, 가지발생량, 액화아 형성정도, 수세 등에 차이가 있으므로 이들 특성을 고려하여 전정 및 재배법을 달리 해야 한다.

정부우세성(頂部優勢性)은 신수 품종은 강하고 풍수, 황금배, 장십랑 품종은 약하며 추황배는 다소 강한 편에 속한다. 따라서 가지 절단시는 정부우세성 정도에 따라 가감해야 하며 정부우세성이 약한 품종은 수형 구성시 수관 확대가 늦어지기 쉽다.

단과지 형성 및 유지성 정도는 품종에 따라 차이가 크며 신고, 풍수, 황금배, 추황배 품종은 단과지 형성과 유지가 잘 되나 신수와 행수품종은 잘 되지 않는다.

따라서 단과지 형성과 유지가 잘 되는 품종은 전정에 어려움이 없으나 신수와 행수품종과 같이 단과지 형성과 유지성이 나쁜 품종은 꽃눈 형성을 위해 가지유인, 예비지 전정, 빈번한 측지의 갱신 등이 이루어져야 하므로 덕식재배를 해야 수량과 품질을 증대시킬 수 있다.

또한 장십랑, 풍수, 추황배 품종은 가지발생량이 많고 신수 품종은 극히 적으며 신고, 영산배 등은 적은 편에 속한다. 가지발생량이 많은 품종은 여름철 수관내부 광환경이 나빠지기 쉬우므로 여름전정에 의해 광환경을 좋게 해야 하며 가지발생량이 적은 품종은 가지를 유인하여 결과지를 확보해야 한다.

나. 전정과 배나무의 생육반응

1) 전정의 강약과 생육반응

가지를 잘라내는 양에 따라 약전정(弱剪定)과 강전정(強剪定)으로 구분하는데 전정량이 많다는 것은 남기는 눈의 수가 감소되는 것을 뜻한다. 따라서 강전정을 하게 되면 새가지의 발생수는 적어지지만 가지 하나하나의 생장은 강해진다.

즉 강전정에 의해 눈수는 감소되나 뿌리량은 변하지 않아 뿌리에서 흡수되는 양수분이나 생장호르몬이 남은 눈에 다량 집중되므로써 강전정에 의한 나무의 생장반응은 영양생장(營養生長)이 왕성하게 된다. 반대로 약전정은 각 가지의 자람이 약해져 생식생장(生殖生長)이 강해지게 된다.

꽃눈형성은 강전정에 의해 적어지고 약전정에서는 많아지는 경향이 있다.

이와 같이 전정의 강약에 따라 나무의 생육반응이 다르므로 생장이 왕성한 유목기(幼木期) 또는 수세(樹勢)가 강한 나무는 약전정으로 가지수를 많이 두어도 개개의 가지는 충분히 자라고 꽃눈이 증가하는 이점이 있다.

반면 신초(新梢)의 자람이 약한 노목기(老木期)의 수세가 약한 나무는 강전정을 해주어 신초의 자람을 좋게 해야 한다.

2) 솎음전정과 생육반응

가지의 기부에서 제거하는 것을 솎음전정이라 한다. 이 경우 나무 전체의 전정량이 많아도 남은 개개의 가지 신장량은 많지 않고 단과지(短果枝) 및 액화아의 형성도 많아지며 도장지 발생도 적어진다.

솎음전정은 나무의 반응이 심하지 않아 나무 생육에 미치는 영향이 적으나, 극단적인 강한 솎음전정을 하거나 굵은 가지를 제거하여 눈수가 지나치게 적어진 경우에는 숨은 눈(潛芽)에서 가지의 발생도 많아지고 도장지(徒長枝)도 많이 발생된다.

3) 절단전정과 생육반응

절단전정은 솎음전정에 비하여 생식생장(生殖生長)은 불량해지나 영양생장(營養生長)은 촉진된다. 1년생 가지의 절단시 강한 절단은 남은 눈의 수가 적어져 새로 자라는 가지수는 적지만 가지 자람은 강해진다.

배나무의 절단전정에 의한 반응은 품종에 따라 차이가 있다. 신수(新水)와 같이 정부우세성(頂部優勢性)이 강한 품종은 강한 절단으로 선단의 신초(新梢) 하나만 강하게 자라고 다른 눈은 숨은눈(潛芽)이 되는 경우가 많다.

풍수(豊水), 장십랑(長十郞), 황금배와 같이 정부우세성(頂部優勢性)이 약한 품종을 강하게 절단하면 가지 끝부분에 연달아 2개의 가지가 같은 세력의 크기로 자라는 것이 많고, 절단이 약한 경우에는 끝부분의 가지자람이 약해지며, 대부분의 눈은 단과지(短果枝)가 되지만 풍수 품종을 약전정할 경우 가지중간에서 강하게 자라는 눈이 많다.

행수(幸水)는 강하게 자르면 끝부분의 신초(新梢)가 강하게 자라는 점은 신수와 유사하나 숨은눈(潛芽)이 되는 것이 적고, 절단이 약하면 풍수 품종과 같은 경향을 나타낸다.

2년생 가지를 절단하는 경우에는 신수 품종의 경우 강하게 절단하지 않는 한 측지(側枝)에서 단과지(短果枝)의 덧눈(副芽)이 적으며, 풍수(豊水)나 장십랑(長十郞)에서는 절단이 강하면 단과지의 덧눈 신장이 많아진다.

행수는 신수와 풍수의 중간 정도에 속한다.

일반적으로 배나무 1년생 가지 전정시는 끝을 절단해 주는 것이 가지 중간에서 도장성의 가지가 난립되는 것을 방지할 수 있으며, 품종이나 가지 크기에 따라 절단 정도를 가감한다.

3. 정지 전정시 유의할 사항

가. 햇빛을 잘 받는 나무가 되도록 한다.

배나무의 내음성은 낙엽 과수 중에서 중간정도에 속하지만 생육기 수관내부(樹冠內部)에 햇빛이 잘 들어가지 않으면 과실비대가 나빠지고 맛없는 과실이 생산되므로 좋은 품질과 수량을 높이기 위해서는 모든 잎이 햇볕을 잘 받을 수 있도록 해야 한다.

전정의 가장 중요한 목적은 나무가 효율좋은 수광상태를 유지하게 하는 것이므로 주지, 부주지를 알맞게 배치하고 측지도 고루 배치하여 조기에 많은 엽면적을 확보하는 동시에 잎이 햇볕을 충분히 받을 수 있도록 해야 한다.

나. 작업이 편리한 나무로 만들어야 한다.

전정이 잘 되었는지의 여부는 전정의 작업능률에 크게 영향을 준다. 유목시는 문제가 되지 않지만 골격이 완성된 성목시에는 주지, 부주지, 측지의 굵기 차이가 분명하지 않고 부주지 사이의 간격이 좁은 나무는 측지의 배치와 갱신이 어렵다. 뿐만 아니라 세력이 균일하지 않아 나무의 균형 유지가 어렵고 생산성이 높은 측지의 유지와 관리가 어렵다.

따라서 수형에 구애되어 무리하게 전정하는 것은 나무의 생리상 좋지 않으므로 주지, 부주지, 측지 사이의 굵기 차이를 분명하게 하고, 측지 갱신이나 배치를 잘하여 작업능률과 생산성을 높여야 한다.

다. 주간의 높이는 토양조건, 품종의 수세, 재식거리 등에 따라 알맞게 조절한다.

지상부에서 주간이 높은 경우는 측지유인이 쉬운 이점도 있으나 주지의 구부러짐이 급격해져 주지 기부에서 도장지의 발생이 많아지고 지상부의 가지생장은 주간이 낮은 경우에 비하여 약해지는 경향이 있다.

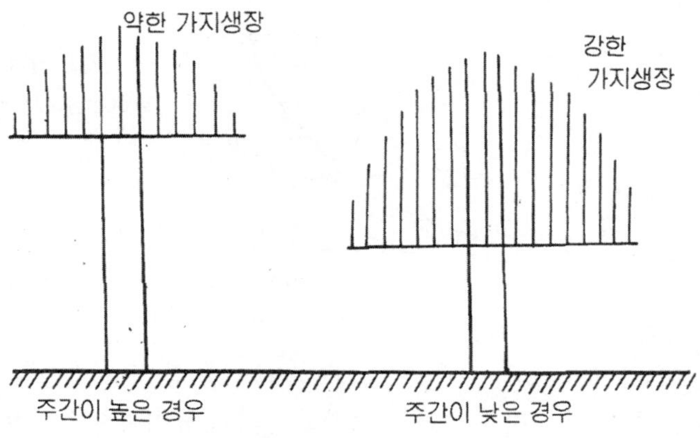

〈그림 8-3〉 주간의 길이에 따른 지상부의 생장정도

반대로 주간의 길이가 짧으면 지상부 가지생장이 강해지고 토양관리 등의 작업이 불편해진다. 따라서 주간의 길이는 토양비옥도, 품종, 대형농기계 이용여부 등에 따라 길이를 조절해야 한다.

라. 주지, 부주지는 곧고 바르게 키운다.

배나무 생장의 주요 특성은 도장지의 발생이고, 이 도장지의 발생억제가 배 재배의 중요한 기술이다.

도장지의 발생 원인에는 여러가지 재배상의 원인이 있으나 주지, 부주지의 골격 굵기 차이가 기부와 상단부에서 현저히 크거나, 활처럼 구부러지게 유인했을 경우〈그림 8-4〉, 굵기 차이가 나는 부위와 구부러진 부위에서 도장지가 많이 발생하게 된다.

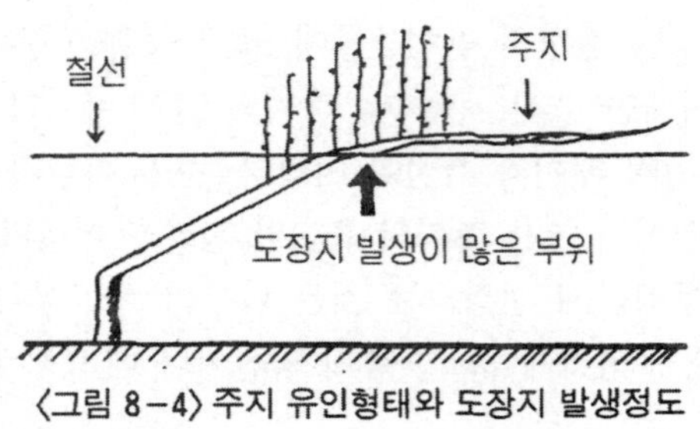

〈그림 8-4〉 주지 유인형태와 도장지 발생정도

그러므로 수형의 기본 골격이 되는 주지와 부주지는 가능한 기부와 상단부의 굵기 차이가 적고, 곧고 바르게 키우며, 유인시에도 가지 중간에서 급격히 구부러지지 않도록 해야 한다.

마. 주지, 부주지의 선단가지(연장지)는 항상 적당한 세력으로 유지시킨다.

가지 생장이 왕성한 부위는 세포분열이 왕성하여 호르몬생성과 증산량이 많아 뿌리에서 흡수된 양수분을 끌어올리는 힘이 강해진다.

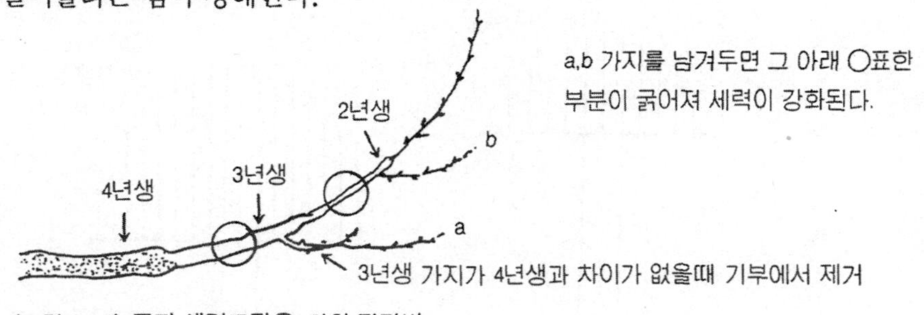

〈그림 8-5〉 주지 세력조절을 위한 전정법

따라서 배 전정시 주지, 부주지의 선단부 세력을 강하게 유지시켜야 도장지의 발생이 적어지므로 선단부의 세력이 약해지지 않도록 결실량을 제한하거나 아래로 처지지 않도록 함과 동시에 새가지의 자람이 잘 유지되도록 한다.

또한 주지 선단부는 기부에 비해 가늘기 때문에 세력유지가 어려워지므로 선단부 가지를 굵게 하기 위해서는 각 지령(枝齡)별 예비가지를 두어 그 아랫부분의 가지 비대를 좋게해야 세력유지가 쉽다.

바. 여름전정은 적기에 적정량을 한다.

여름전정(夏期剪定)은 생육기 엽의 기능이 왕성할 때 행해지므로 나무에 미치는 영향이 커서 적기에 전정량을 조절해야 한다. 일반적으로 여름전정(도장지와 발육지의 기부제거)은 눈따기 이후 불충분한 부분을 보완하는 수준에서 도장성의 복잡한 가지를 6~7월경에 제거하는 것이 좋다. 여름전정 시기가 늦어지거나 전정량이 많아지면 엽면적이 감소되어 과실 비대를 나쁘게 한다.

사. 최적 엽면적지수가 유지되도록 전정량을 조절한다.

엽면적지수(Leaf area index;LAI)란 전엽면적을 땅면적으로 나눈값을 말하며, 엽면적지수를 기초로 하여 총생산량, 총호흡량 및 순생산량에 영향을 미친다〈그림 8-6〉.

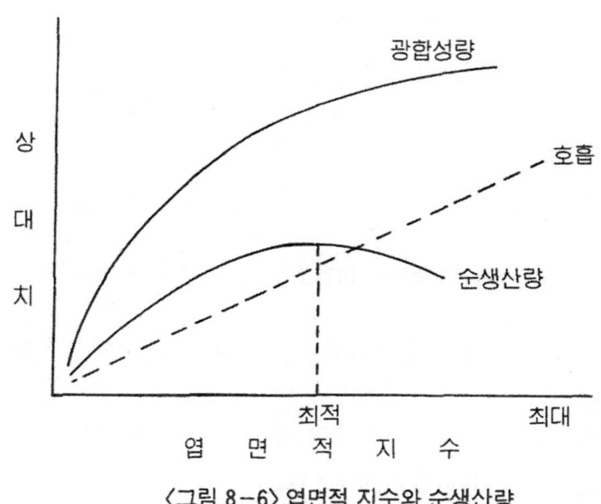

〈그림 8-6〉 엽면적 지수와 순생산량

즉, 엽면적지수가 증가함에 따라 총생산량과 순생산량이 증가되나 어느단계 이후가 되면 오히려 적어지며 순생산량이 최대치가 되는 엽면적지수를 최적 엽면적지수라 한다.

배 재배에 있어서 최적 엽면적 상태가 유지되도록 하는 것이 이상적이다. 일반적으로 유목기는 최적 엽면적 이하가 되나, 성과기에 접어들어 나무의 수령이 많아지고 가지 밀도가 증가되어 복잡해지면 수관내 광환경이 나빠지고, 무효용적(無效容積)이 증가되어 생산성과 과실 품질이 떨어진다.

따라서 전정을 하게 되면 전정한 나무의 엽면적은 전정을 하지 않은 나무보다 감소되므로 유목기에는 가능한 엽량이 증가하도록 약전정을 해야 하나, 최적 엽면적 상태를 넘는 나무에서는 가지 밀도를 줄여 엽면적을 감소시켜야 한다.

엽면적지수는 재식밀도가 높고 수관점유 면적률이 높을수록 증가하며 가지밀도가 높고 가지 생장량이 많을수록 높아진다.

과수의 최적 엽면적지수는 나무의 내음성 정도에 따라 차이가 있는 것으로 밀감의 경우는 엽면적 지수가 7부근에서 최대수량에 이르며, 경제재배원의 경우 4~5정도가 적당하다.

배는 Y자 밀식재배의 경우 4~5 이상이 되면 수량이 감소되며 품질이 높은 과실을 생산하기 위해서는 3정도가 알맞다.

농가에서 엽면적지수를 계산하여 최적 엽면적 상태로 유지하는 것은 실제로 불가능하나 실용적으로 정오쯤 밝은 날 해가 머리위에 왔을 때 나무아래 지표면에 햇볕이 15~20% 정도 고르게 떨어지면 최적 엽면적지수에 가깝다.

아. 엽/재(葉/材)비를 높여 과실 품질을 향상시킨다.

단일 수종으로 구성되어 있는 산림에서 순생산량의 추이가 최대치가 되기까지 순생산량의 증가는 엽량에 의한 것이고, 최대치에 달한 이후의 수령 증가에 따른 순생산량의 감소는 전 호흡량의 증가에 따른 현상이라 할 수 있다〈그림 8-7〉.

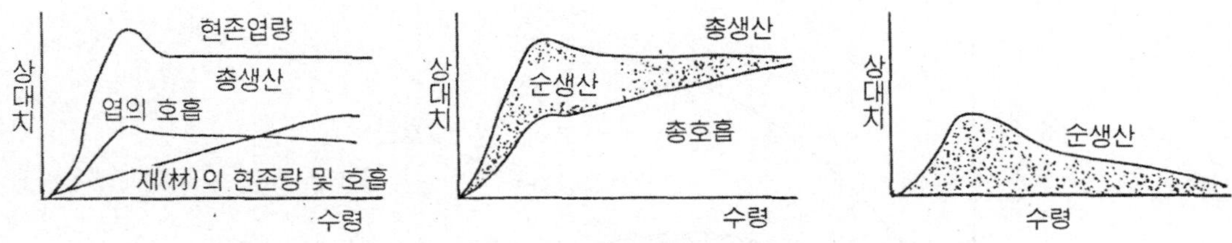

〈그림 8-7〉 수령에 따른 총생산, 총호흡 및 순생산량의 변화(임목)

이와같은 순생산량은 과수에서도 같은 경향이라 할 수 있으므로 수령(樹齡)에 따른 전정은 유목단계에서는 착엽수의 증가와 유지에 노력하는 것이 중요하다. 최대 생산량에 달한 이후의 수령에 있어서는 전 호흡량의 증대 원인이 되는 식물체, 특히 광합성과 직접 관계가 없는 비동화부분(非同化部分)의 양을 감소시키는 것이 중요하다.

비동화부분은 주간, 주지, 부주지, 측지와 같은 가지의 체적(體積)이 주가 되며, 이들 체적이 증가하면 나무는 엽/재비가 낮아져 생산성과 과실품질이 나빠지게 된다.

따라서 실제 전정에서 엽/재비를 높이기 위한 수단으로 갱신전정이 이루어지며 갱신의 주체가 되는 부분은 측지가 일반적이고 경우에 따라서는 부주지도 갱신 대상이 되며 측지는 5년생 이상의 묵은 가지가 되지 않도록 갱신하여 엽/재비를 높여 주어야 한다.

4. 수형구성과 전정방법

가. Y자 수형

1) Y자 수형의 효과

배의 Y자 수형은 1984년 당시 과수재배과장(현 과수연구소장) 김정호 박사가 영국 이스트몰

〔표 8－1〕 배나무 수형 및 재식밀도 에 따른 년차별 수량

수형 및 재식주수	수량 (kg /10a)							
	4년차	5년차	6년차	7년차	8년차	9년차	10년차	11년차
Y자형(330주 /10a)	1,766	2,142	2,363	3,366	5,181	4,257	5,214	5,298
Y자형(165주 /10a)	1,030	1,341	1,889	2,030	4,615	3,047	5,241	4,604
배상형(41주 /10a)	155	247	578	988	2,608	1,986	2,220	3,394

〔표 8－2〕 Y자 수형에 의한 노력절감 효과

(단위 : 시간)

수　　형	적 과(75천개 적과시)	봉지씌우기(6천개)	수 확(3톤 수확시)
Y자형	55.4	42.1	12.7
배상형	71.5	56.9	20.4

링 시험장의 사과 Y자 수형을 보고 착안하여 개발한 수형이다.

Y자 수형의 밀식재배는 수관(樹冠)의 조기 확대에 의해 초기수량이 증가되고, 수형특성상 작업능률을 높일 수 있다.

과수연구소 시험결과에 의하면〔표 8－1〕 재식 초기 4~6년차 수량은 Y자 수형의 밀식재배(密植栽培)가 배상형의 소식재배(疏植栽培)에 비해 약 5~10배 정도 증수(增收)되었으며 재식 7~8년차에 10a당 3~5톤이 생산되어 성과기(盛果期) 수량에 도달되었다.

수형별 노력절감 효과에 있어서도 Y자수형은 배상형에 비해 적과, 봉지씌우기, 수확 등의 노력을 절감할 수 있었다〔표 8－2〕.

따라서 Y자수형은 조기증수(早期增收) 및 성과기 단축에 의해 투자자본의 회수기간을 단축시킬 수 있고 작업노력을 줄여 생산비를 절감할 수 있는 효과가 있었다.

2) Y자 밀식 재배의 품종별 적응성

Y자 수형에 의한 밀식재배시는 밀식적응성(密植適應性)이 높은 품종을 선택하여 재배해야 한다. 밀식적응성은 단과지 형성과 유지 및 가지 생장상태에 따라 결정된다. 단과지 형성이 잘 되고 단과지 유지가 잘 되어 단과지군이 잘 형성되는 품종과 가지각도가 비스듬히 자라는 가지, 중과지 발생이 많은 품종일수록 밀식적응성이 높다.

따라서 신고, 장십랑, 풍수, 황금배, 추황배 등은 밀식적응성이 높은 품종에 속하고 신수, 행수, 단배 등은 낮은 품종에 속한다.

밀식적응성이 높은 품종은 고밀식재배(高密植栽培)가 가능하나 밀식적응성이 낮은 품종은 측지를 형성시켜 자주 갱신해주는 전정을 해야 하므로 Y자수형에 의한 밀식재배에 부적당하다.

그러나 적응성이 낮은 품종이라도 측지형성이 가능하도록 주간(株間)의 간격을 넓혀주면 재배가 가능하므로 밀식 적응성이 낮은 품종을 Y자 수형으로 재배할 경우는 6.0m×2.5m로 재식하는 것이 좋다.

3) Y자수형의 구성요령과 전정방법

가) 재식후 전정방법

재식후 묘목은 지상 60~90cm 높이에서 절단한다. 묘목의 절단높이는 지상부 생장과 관계되므로 토양이 비옥하고 밀식할 수록 많이 남기고 절단한다.

묘목절단시 최선단 1~2개의 눈에서 발생되는 새가지는 분지 각도가 좁으나 그 아래 발생되는 가지는 분지 각도가 넓으므로 주지발생 위치를 정하고, 그 위에 1~2개 여분의 눈을 남기고 절단하면 분지 각도가 넓은 주지를 형성할 수 있다.

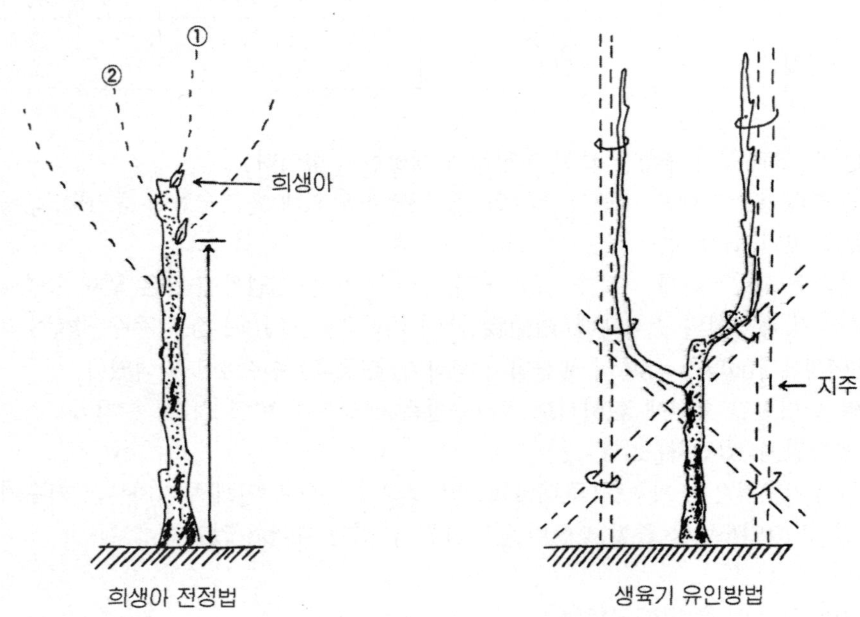

〈그림 8-8〉 희생아 전정법과 유인방법(①, ②는 생육기 제거)

주지 형성후 위에 남겨둔 눈에서 발생된 분지 각도가 좁은 가지는 주지생장을 좋게 하기 위해 여름철 생육기에 제거하는데 이를 희생아(犧牲芽) 전정이라 한다.

2개의 주지외에 다른 가지는 제거하고 주지는 수직이 되게 유인한다.

나) 2~3년차 전정방법

주지를 형성시키는 시기로 주지는 곧고 강하게 자라도록 하여 조기에 수관(樹冠)을 확대시켜야 하므로 3년차까지는 유인하지 않고 수직으로 키운다.

주지 연장지는 매년 1/3 정도 끝을 절단해 주어 주지 연장지의 세력이 약화되지 않도록 하고 생육기는 주지연장지와 경쟁되는 가지에 적심하여 생장을 억제시키거나 기부에서 제거한다.

또한 주지에서 발생되는 모든 가지도 강한 것은 적심, 염지 등에 의해 생장을 억제시켜 주지 세력에 영향이 미치지 않도록 한다.

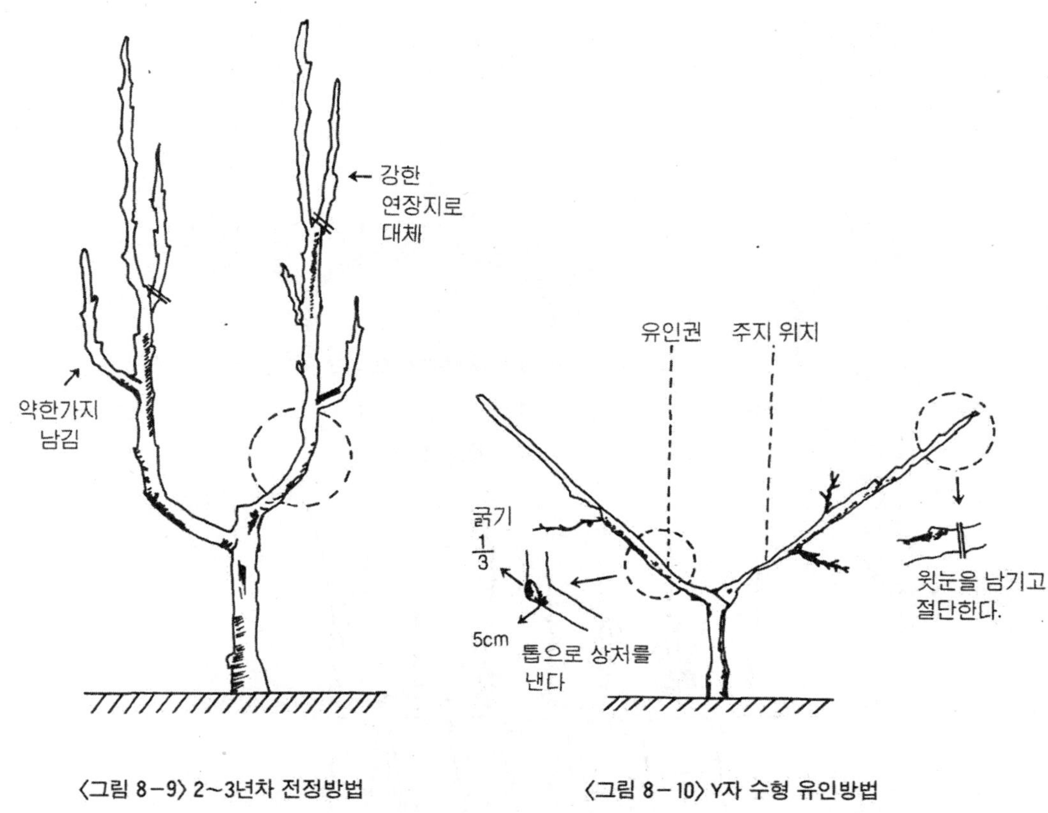

〈그림 8-9〉 2~3년차 전정방법

〈그림 8-10〉 Y자 수형 유인방법

특히 〈그림 8-9〉의 점선부분은 유인시 많이 유인되는 곳으로 이 부위에 가지를 절단한 큰 상처(切口)가 있으면 유인이 어렵다. 그러므로 주지기부에서 발생되는 가지는 조기에 제거한다.

다) 4~5년차 전정방법

4년차가 되면 수직으로 키웠던 주지를 유인해 주는데 유인은 4년차 봄에 수액의 유동이 활발한 3월경이 좋다.

주지 유인시 분지 각도가 넓은 것은 큰 문제가 없으나 분지 각도가 좁은 것은 기부가 찢어지기 쉽고 주지 중간이 활처럼 굽어진다.

그러므로 주지 분지점에 끈으로 8자 모양으로 묶어 두고 유인하려는 방향의 주지 기부에 톱으로 그 가지굵기 1/3 정도 5cm 간격으로 목질부를 4~10군데 상처를 낸다. 그후 대나무를 쪼개어 아래위로 대고 묶은 다음 톱 자리에 공간이 가지 않게 유인한다. 유인후에는 주지 연장지 생장이 약화되기 쉬우므로 상부배면의 눈을 남기고 절단하면 강하게 생장된다〈그림 8-10 점선부분〉.

생육기의 신초 관리는 2~3년차와 같이 강한 가지가 여름전정, 적심, 염지 등에 의해 생육하는 것을 억제하여 주지상에 단과지와 중과지를 형성시킨다.

라) 5년차 이후의 전정방법

5년차 이후가 되면 수형이 완성되는데 수형형태는 크게 선단 강세형, 선단 빈약형, 도장지 다발형으로 구분할 수 있다.

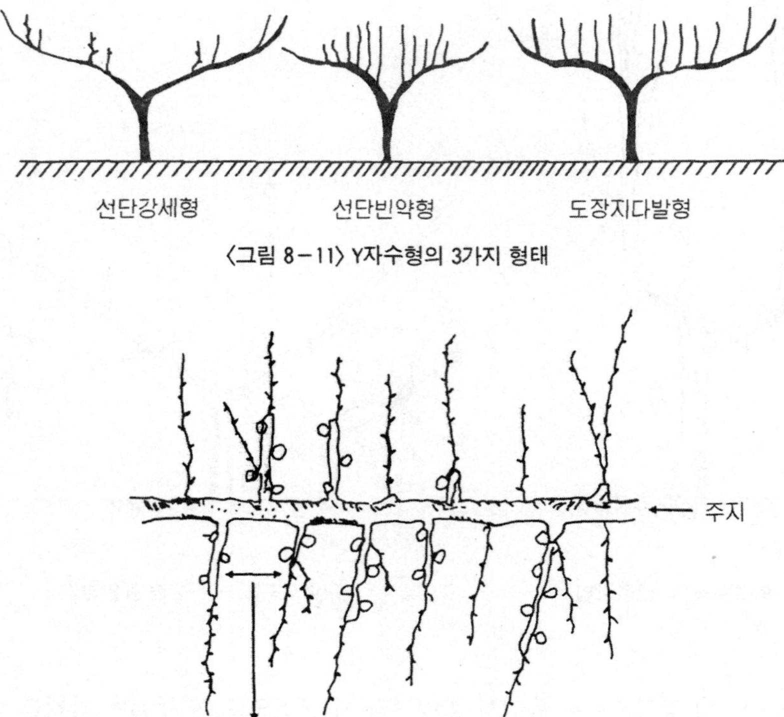

〈그림 8－11〉 Y자수형의 3가지 형태

〈그림 8－12〉 간벌후의 측지 배치방법(1~5년생 측지가 잘 혼재되도록 한다.)

선단 강세형(先端 強勢型)은 주지가 곧고 바르며 주지 선단의 가지생장이 왕성한 형태로 도장지 발생이 적고 단과지 형성도 잘되어 이상형이라 할 수 있다. 선단 빈약형(先端 貧弱型)은 주지의 선단 가지생장이 약해 주지기부에 도장지 발생이 많아지는 형으로 선단가지가 아래로 처지거나 선단의 과다결실 등이 원인이 되며 특히 정부우세성이 약한 풍수, 황금배, 장십랑 품종은 선단 빈약형이 되기 쉽다. 도장지 다발형(徒長枝 多發型)은 주지의 기부와 상부 굵기 차이가 크거나 주지 중간이 활처럼 구부러졌을 때, 또는 재배적으로 질소과다 시용, 배수불량 등도 도장지 다발형이 된다.

따라서 수형이 완성된 후에는 주지 선단의 가지 세력이 약해지지 않도록하고 단과지, 중과지 위주로 결실시키되 발생 각도가 넓은 결과지를 이용한다. 수령이 점점 증가하면 재식거리를 유지하기 위해 강전정이 되어 도장지 발생이 많아지고 수관내부 광환경도 나빠져 밀식장해(密植障害)가 발생하게 된다. 밀식장해가 발생되면 나무를 모두 베어내고 다시 재식하거나 간벌해야 하며 간벌할 경우는 측지를 주지와 직각이되게 형성시켜 세력을 분산시켜 주어야 한다.

나. 배상형(盃狀形)수형

1) 배상형 수형의 특성

배상형은 주간에서 3~4개의 주지를 형성하고 초기에는 주지, 부주지상에 단과지나 중과지 위주로 결실시키다가 성과기가 되면 단과지와 부주지상의 측지를 이용하여 결실시키는 수형으로 평덕을 가설하여 철선에 주지끝을 매어 재배하는 수형이다.

이와같은 평덕을 이용하여 재배하는 배상형은 덕 가설비가 많이 들고 초기 수량이 적은 단점이 있으나 성과기가 되면 평면점유율(樹冠占有率)이 높고, 무효용적이 적어 수량이 많으며, 측지의 갱신과 유인이 용이하여 노목에서도 품질이 좋은 과실을 생산할 수 있다.

현재 남부지역에서 이용되고 있는 수형은 평덕에 의한 배상형 수형과 유사한 방법으로 재배되고 있으나 주지 및 부주지 수가 많고 주지, 부주지의 세력이 뚜렷하게 구분되어 있지 않으며, 단과지 위주로 결실시키고 있는 것이 특징이다.

2) 배상형 수형 구성요령과 전정방법

가) 재식후 전정방법

묘목 재식후 지상 50~90cm의 위치에 눈이 3~4개 연이어 있는 부위를 골라 절단한다. 절단시는 주지의 분지각도를 넓히기 위해 Y자 수형과 같은 방법으로 희생아 전정을 한다. 주지로 결정된 3~4개의 가지는 비스듬히 자라게 되면 생육이 약해지므로 지주를 이용하여 수직이 되게 유인하여 주지가 강하게 자랄수 있도록 한다(Y자 수형 구성요령 참고).

나) 2~4년차 전정법

주지의 골격을 형성하는 시기로 주지는 가능한 한 곧고 기부와 상단부의 굵기 차이가 나지 않도록 키워야 한다. 따라서 재식 초기 기부각도를 충분히 확보한 후 3년차까지는 수직으로 곧게 키우는 것이 수관확대가 빠르다. 또한 이 시기는 주지 기부의 비대를 방지하는 것이 중요하므로 부주지와 같은 골격지나 세력이 강한 발육지의 발생을 억제하고 단과지 또는 중과지의 발생을 유도한다.

유목기에 부주지와 같은 골격지를 주지상에 형성시키면 주지와 부주지의 굵기 차이가 확실해지지 않아 주지-부주지 간의 세력균형을 잃기 쉽다. 또한 주지세력이 약해져 수관확대가 늦어지며 발생된 부주지를 경계로 하여 주지 상부와 하부와의 굵기 차이가 커져 후일 도장지의 발생을 많게 하는 원인이 되므로 부주지는 물론 엽면적이 많은 강한 발육지의 발생도 억제하는 것이 좋다.

주지상의 도장지는 조기에 제거하고 강하게 자라는 발육지는 눈따기, 적심 등에 의해 생장을 억제시켜야 하며 주지 기부 40~50cm 이내에 발생되는 가지도 조기에 제거하여 큰 가지의 발생을 억제한다.

4년차 봄에 곧게 자란 주지는 알맞은 각도로 유인하고 유인후 주지상단부는 강하게 자랄 수 있도록 가지의 윗쪽 눈을 남기고 절단하거나 지주를 세워 자라는 신초가 수직이 되도록하여 수

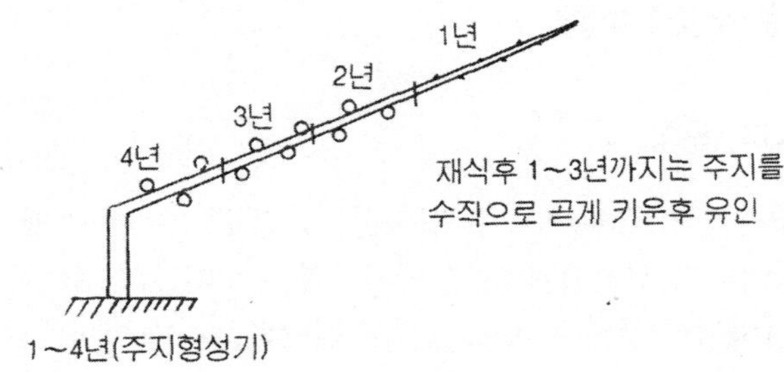

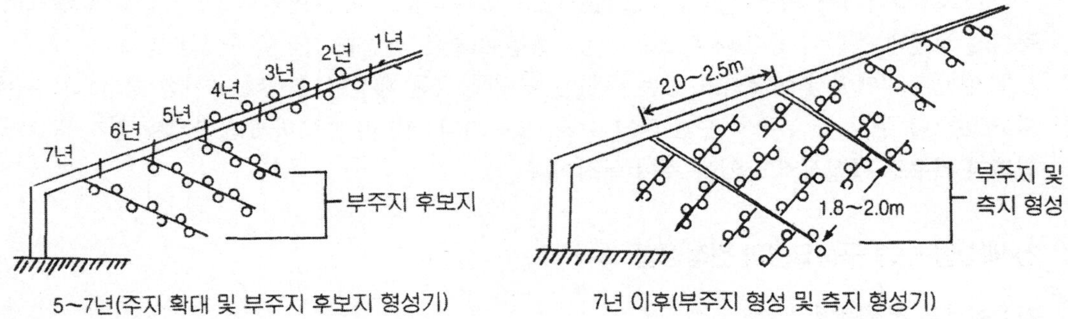

〈그림 8－13〉 배상형 수형의 년차별 구성 요령

관을 조기에 확대시킨다.

다) 5~7년차 전정법

이 시기는 나무의 생장이 왕성하고 수관확대도 빨라 수량도 급격하게 증가되는 시기이다. 따라서 생장과 결실의 균형을 유지할 수 있도록 주지에다 부주지 후보지를 형성시켜 세력을 분산시키는 동시에 많은 발육지를 결실로 유도하고, 가능한 강한 절단 전정을 피한다.

부주지 수는 주지당 2~3개를 최종 목표로 하지만 이 시기는 5~6개 정도 형성시키되 부주지 상에는 유목기 주지 형성시와 같이 강한 발육지의 발생을 억제시킨다.

부주지는 주지 측면 또는 다소 아래부위에서 발생된 가지를 이용해야 세력조절이 쉽고 좋은 측지를 형성할 수 있다.

라) 7년차 이후의 전정

7년차 이후는 부주지의 선정과 부주지상에 측지를 형성시키는 시기로 4~6년차에 형성된 좁은 부주지 후보지를 솎아주어 부주지 간격을 1.8~2.0m되게 넓히고 측지를 배치하여 최종적으로 〈그림 8－14〉와 같이 주지, 부주지 및 측지를 배치한다.

수형이 완성된 후에는 측지의 관리가 전정상 중요하며, 오래된 측지는 갱신하고, 좋은 측지를 만들기 위해서는 예비지(豫備枝) 전정을 한다. 성과기 나무에서의 측지 갱신 방법과 예비지 전정방법은 다음과 같다.

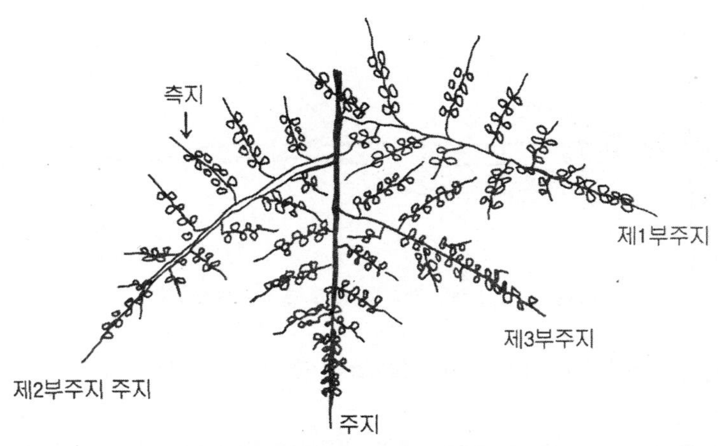

〈그림 8-14〉 배상형의 골격지 및 측지 배치방법

(1) 측지의 갱신 전정

묵은 측지는 꽃눈이 충실하지 못하고 엽/가지의 비율이 낮아져 과실의 발육과 품질이 나빠지므로 매년 일정수 새로운 가지로 갱신해 주어야 한다. 갱신대상이 되는 측지는 오래된 측지, 기부가 비대하여 꽃눈이 적은 측지, 측지기부에 꽃눈이 없고 선단부에만 꽃눈이 있는 측지 등이다.

측지는 기부와 선단부의 굵기가 큰 차이가 없고 단과지가 형성되어 있는 것은 5~6년 정도 사용해도 좋으나 기부에서 도장지가 발생되는 측지는 3년생 가지라도 갱신하는 것이 좋으며, 좋은 측지는 선단부가 강하게 자라야 한다.

측지 갱신은 품종에 따라 차이가 있는 것으로 신고와 같이 단과지 형성과 유지가 용이한 품종은 좋은 측지일 경우 6년이상 사용이 가능하나, 행수와 같이 단과지 유지가 어려운 품종은 갱신시기가 빨라야 한다.

측지의 갱신이 순조롭게 이루어지기 위해서는 다음과 같은 점에 유의하여 측지관리에 힘써야 한다.

첫째, 측지는 부주지와 직각이 되게 배치한다.

측지의 각도는 좁으면 생장이 강해져 꽃눈형성이 나쁘고 갱신시기도 빨라지며 각도가 90° 이상되면 쉽게 노쇠되어 품질이 떨어지므로 부주지와 직각이 되게 유인하고, 1~5년생 측지가 잘 혼재되어 있도록 한다.

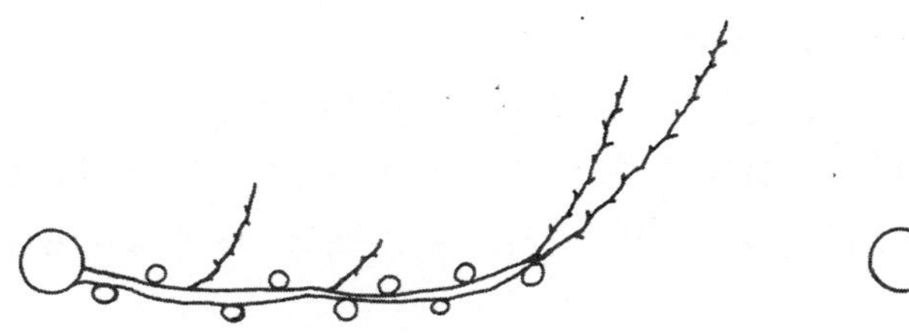

좋은 측지(선단이 강하게 자란다)

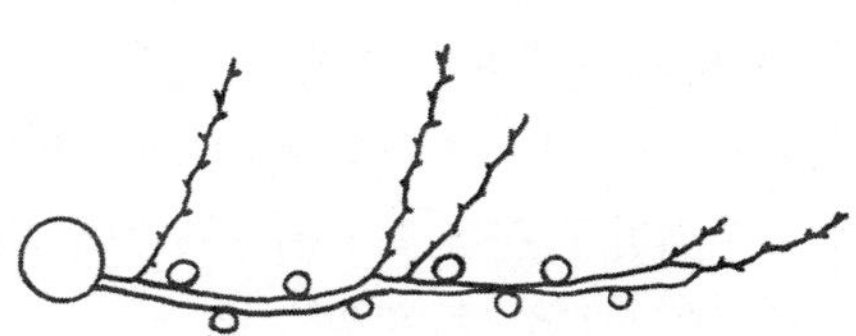

나쁜 측지(선단자람이 약하고 기부 및 중간에 도장지 발생)

〈그림 8-15〉 측지의 자람 상태

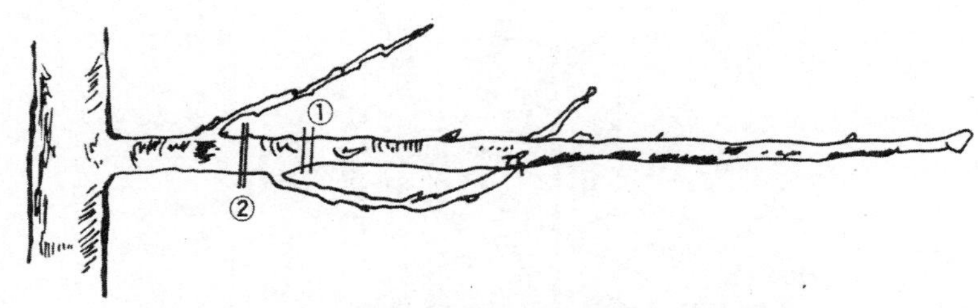

〈그림 8-16〉 측지 갱신법(① 또는 ②에서 절단)

둘째, 묵은 측지는 갱신시 측지기부 10~30cm정도 남기고 절단하거나 충실한 1년생가지를 남기고 절단한다.

측지 갱신시 그루터기를 남길 경우에는 측지기부 아래쪽에 숨은 눈이 남도록 경사지게 절단하여 아래 부분에서 신초가 발생되게 한다.

셋째, 장과지, 측지기부의 잎눈은 웃자라게 되어 기부를 굵어지게 하므로 조기에 눈따기를 하여 측지 갱신이 빨라지지 않도록 기부관리를 철저히 한다.

넷째, 부주지상에 측지가 없는 경우는 복접이나 목상처리(目傷處理)를 하여 가지가 발생되게 한다.

(2) 예비지 전정

배 재배시 도장지나 발육지를 짧게 남기고 절단하면 선단에서 발생된 신초는 꽃눈이 잘 형성되는 성질을 가지고 있다.

이 성질을 이용하여 도장지나 발육지를 다소 짧게 남기고 절단하여 두는 가지를 예비지라하며 예비지 전정에 의해 얻어지는 가지는 기부까지 액화아가 형성되는 경우가 많고 좋은 결과지가 된다.

예비지는 부주지의 측면 또는 측지의 기부에서 발생된 도장성의 가지나 발육지를 7~8월에 40°전후로 유인해야 하는데 유인이 빠르면 기부가 꺽어지는 경우가 많고 늦으면 구부러지기 쉽다.

예비지의 절단정도는 토양, 기상, 가지의 굵기에 따라 차이가 있으나 일반적으로 예비지의 기부 직경이 8mm이하인 약한 신초는 강하게, 10~12mm 굵기는 다소 약하게 절단한다.

(3) 예비지 이용법의 일례

첫째, 예비지 선단에서 2개의 장과지가 발생했을 경우 그중 하나는 선단을 약하게 절단하여 측지로 이용하고 다른 하나는 짧게 절단하여 다시 예비지로 만든다〈그림 8-17 : 방법 Ⅰ〉.

둘째, 예비지 선단에서 발생한 장과지 하나는 1/2 이내 강하게 절단하여 측지로 이용하고, 다른 하나는 기부에서 제거한다. 이때 절단이 강하여 측지상에 도장지나 발육지가 다소 강하게 발생되나 이러한 가지는 예비지 후보지로 이용이 가능하며, 측지상의 단과지는 큰 과실의 생산이 가능하다〈그림 8-17 : 방법 Ⅱ〉.

셋째, 장과지의 절단을 약하게 하여 측지로 이용하는 방법으로 이 경우 측지의 선단까지 과실을 결실시켜면 선단부 생장이 약해지고 중간부위에서 도장지 발생이 많아진다〈그림 8-17 : 방법 Ⅲ〉.

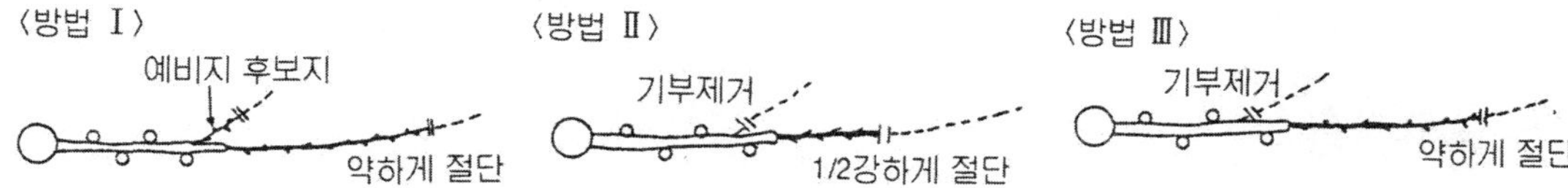

〈그림 8－17〉 예비지 전정방법

다. 방사상형(放射狀形) 수형

중부 내륙지방에서 덕 가설없이 이용되고 있는 수형으로 주간 높이 40～50cm 부위에서 5～7개의 주지, 주지당 1～2개의 부주지를 형성하여 주지, 부주지상에 직접 단과지 또는 단과지군을 만들어 결실시키는 수형이다.

방사상형 수형은 주지의 유인이 급격하지 않아 양주잔과 같은 나무꼴이 되며 가지수가 많고 재식주수가 많아(10a당 50～60주 재식) 조기수량이 많은 장점이 있으나 주간에 많은 주지를 붙이므로 세력분산에 의해 주지가 쇠약해지기 쉽다.

그리고 주지 부주지 사이의 공간이 적어 단과지 위주의 전정이 되므로 나무세력이 강한 유목기에는 큰 문제가 없으나, 성목이 될수록 강전정이 되고, 단과지 위주의 전정으로 수세가 쇠약해져 과실 품질이 나빠진다.

또한 주지와 부주지의 수가 많고 단과지 전정에 의한 도장지의 발생이 많아 나무내부에 햇볕이 잘 들지 않으므로 유효 수관용적이 적다.

방사상형은 단과지 형성과 유지가 용이한 신고 같은 품종에서는 재배가 가능하지만 발육지를 유인하여 결과지로 이용해야 하는 행수와 신수 품종에서는 수량이 감소된다.

방사상형 수형은 수령이 많아지면 간벌을 하거나 주지수를 줄이고 유인하여 나무 내부 광환경을 개선하고 측지를 이용하는 전정을 해야 단과지 전정에서 야기되는 수세 쇠약을 방지할 수 있고 좋은 품질의 과실 생산이 가능하다.

라. 변칙주간형 수형

변칙주간형은 풍해가 적은 중부내륙 지방의 일부에서 이용되는 수형으로 주간을 높혀 주지를 4～6개 형성하고 주지에다 측지를 형성하거나 짧은 부주지를 2～3개 형성하여 부주지상에 측지(결과지)나 단과지를 이용하여 결실시키는 자연형에 가까운 수형이다.

유목기는 나무생리에 알맞아 도장지의 발생이 적으나 성목이 되면 주지가 겹치고 가지가 복잡해지고 효용가치가 적어 품질이 떨어지기 쉽다. 또한 이 수형은 과실 크기가 균일하지 못해 바람 피해를 받으면 낙과가 많고 나무당 용적에 비해 효용적이지 못하고 평면이용도가 다른 수형에 비해 낮아 수량이 낮고 각종 관리작업이 어려워 재배상의 문제점이 많다.

5. 여름전정

배나무의 여름전정(夏期剪定)은 겨울전정(冬期剪定)의 보조수단으로 남은 가지가 충실하게 자랄수 있도록 하기위해 실시되며, 눈따기 · 도장지 제거 및 신초유인 등이 포함된다.

여름전정은 겨울전정에 비해 가지내 양분이 축적되는 시기에 이루어지므로 나무에 미치는 영향이 커서 여름전정의 정도가 심할 경우에는 수세가 약해지고 과실 품질이 나빠진다.

가. 여름전정 효과

여름전정의 효과를 요약하면

첫째, 과질을 좋게 한다. 복잡한 도장지나 발육지를 제거하여 수관내 광환경을 개선하면 품질좋은 과실생산이 가능하다. 한편 조생 품종인 신수는 신초자람이 늦게까지 계속되어 과실과 신초간에 양분경합이 심해 과실 비대를 나쁘게 하므로 가지를 유인하여 생장을 억제시키는 것이 좋다.

둘째, 꽃눈형성을 좋게하고 발육지의 질을 좋게 한다.

행수 품종은 신초가 무질서하게 나오는 경향이 있으므로 눈따기나 도장지 제거에 의해 신초기부까지 햇빛쪼임을 좋게해주면 액화아의 형성이 좋아져 충실한 장과지 확보가 용이하며 대부분의 품종도 유인해주면 액화아 형성이 좋아진다.

또한 장십랑과 풍수 품종과 같이 신초의 발생이 많은 품종은 수관내부가 어두어져 가지 발육이 나쁘고 꽃눈의 충실도도 나빠지기 쉬우나 눈따기나 복잡한 가지를 여름에 전정하면 생장이 조장되어 발육지와 꽃눈을 충실하게 한다.

셋째, 좋은 결과지와 측지 형성이 용이하다.

풍수는 가지선단의 자라는 힘이 약하고 가지 기부에 강한 도장성의 가지가 발생되면 결과지가 빈약해지기 쉽고 결과지의 기부비대도 빨라져 좋은 결과지가 되지 못하므로 결과지나 측지 기부에서 발생되는 신초를 여름전정 해주면 기부비대가 억제되어 측지의 사용연한을 연장할 수 있다.

넷째, 충실한 단과지 유지가 용이하다.

가지가 많이 발생되어 수관내부가 어두우면 충실한 단과지 형성이 어렵고, 극단적인 경우는 가지가 약해지거나 단과지가 고사하는 경우가 있다. 이와같은 경향은 행수와 풍수 품종에서 심하며, 노목인 장십랑에서도 발생되므로 여름전정에 의해 수관내부 햇볕을 잘 들게하면 충실한 단과지군을 형성할 수 있다.

나. 여름전정 시기와 방법

눈따기는 개화기부터 신초신장 초기인 5월중에 2~3회 실시하며 주지나 부주지 배면의 숨은

눈에서 발생된 신초나 지난해 가지를 제거한 상처(折口)부위에서 발생된 신초의 대부분이 도장지가 되기 쉬우므로 초기에 손으로 눈을 딴다.

도장지나 발육지를 제거하는 여름전정은 절단후 재생장이 되지 않는 시기, 또는 발육지의 액화아 형성이 촉진되는 6월말~7월 중순사이에 눈따기로 불충분한 부분을 보완하는 수준에서, 도장성의 복잡한 가지나 결과지와 측지 기부에 발생된 가지는 기부에서 제거한다.

행수와 같이 액화아를 형성시키기 위해서는 발육지 끝을 절단하고 유인해 준다.

신초유인은 신수와 같은 조생종 품종의 경우 과실비대를 촉진하기 위해서는 신초가 왕성하게 자라고 과실비대기인 6월 하순경이 유인 적기이다. 또한 발육지의 성질을 좋게 하기 위해서는 6월 중순~7월 상순경 사이에 눈따기나 여름전정을 하고 남은 발육지를 유인하면 액화아의 착생과 다음해 단과지 형성도 좋아져 좋은 결과지를 확보할 수 있다.

가지를 유인할 때는 평덕을 기준하여 40도 정도로 유인하는 것이 좋으나 수세가 강한 품종은 수평에 가까워질수록 꽃눈 형성이 좋아진다.

일반적으로 행수, 풍수, 장십랑, 추황배 등과 같이 가지발생이 많은 품종은 도장지나 발육지를 제거해주는 것이 여름전정의 주가 되며, 신수 품종은 신초유인이 여름전정의 주가 된다.

이상과 같이 여름전정은 대개 수관내부 광환경을 좋게하는 효과가 있으나 지나칠 경우는 엽면적이 부족하여 과실비대에 나쁜 영향을 미치며 남은 가지의 생장을 더욱 조장하여 가지 충실도를 오히려 나쁘게하므로 여름전정 정도를 잘 조절해야 한다.

가지의 지나친 유인도 수관내부 광환경을 나쁘게 하며, 여름전정 시기가 늦어지면 단과지의 충실도와 과총엽의 발달도 좋아지지 않고, 발육지나 도장지를 제거한 주위의 과실비대가 나빠지게 되므로 복잡한 가지는 6~7월중에 여름전정을 끝내야 한다.

〔표 8-3〕 신수와 행수품종의 유인각도별 꽃눈형성율 (단위 : %)

품 종	유 인 각 도			
	0도	20도	40도	방치(무처리)
신 수	18.9	9.6	6.4	1.0
행 수	13.2	40.8	41.8	16.6

※ 유인시기 : 6월하순

6. 주요 품종의 생육특성과 전정방법

가. 주요 품종별 전정방법

1) 신고(新高)

가지의 자람은 직립성이고 다소 강한 편에 속하며 가지의 발생도 적은 편에 속한다. 단과지의 형성이 잘되고 유지도 쉬워 꽃눈형성을 위한 전정상 어려움은 없으나 성목이 되면 주지 기부에서 강한 발육지가 발생하게 되어 꽃눈형성이 나빠지기 쉬우므로 가능한 약전정을 한다.

유목기는 단과지 위주의 전정에 의해 결실시키고 성과기가 되면 단과지와 장과지를 일정비율로 조절하여 결실시키도록 한다.

신고 품종은 배상형 수형에 측지를 이용한 전정법을 이용하면 10a당 4~5톤의 수량을 생산해도 품질에는 큰 문제없이 다수확이 가능하며 Y자 수형의 밀식재배에도 잘 적응한다.

2) 신수(新水)

정부우세성이 강한 특성을 가지고 있어 가지의 발생이 적고 액화아의 형성도 극히 나쁘므로 신초를 유인하여 세력을 억제해야 한다. 또한 신수 품종은 과실 수확후 신초가 다시 강하게 자라는 성질이 있으므로 방치하면 발생된 신초의 대부분이 도장지가 되므로 철저히 유인한다.

세력이 안정된 좋은 결과지나 측지를 형성시키기 위해서는 신초를 유인하여 액화아를 형성시키고 가능한 한 비대를 억제시키며 발육지는 절단을 약하게 하여 단과지 형성을 유도한다.

신수 품종은 액화아 및 단과지 형성도 불량하지만 액화아는 과실이 작고 단과지의 형성과 충실도를 나쁘게 하므로 액화아에는 결실시키지 않는 것이 좋다. 또한 수세가 강하고 가지 발생이 적어 수량이 적은 결점이 있으므로 배상형 수형으로 재배하는 것이 좋으며, 측지는 자주 갱신해주어야 품질이 좋은 과실을 생산할 수 있다.

3) 행수(幸水)

액화아나 단과지에 과실을 결실시켜도 품질에는 큰 차이가 없으므로 그해의 꽃눈 형성을 보아 액화아 착생이 좋은 해는 측지의 갱신을 적극적으로 하여 예비지 전정에 의해 장과지를 많이 형성시킨다. 한편 기상조건이 나쁘고 액화아 착생이 불량한 해는 가능한 발육지를 유인하여 꽃눈을 확보해야 한다.

특히 행수는 단과지 유지가 어려운 품종이므로 예비지 전정에 의해 좋은 장과지를 확보하여 액화아를 많이 이용하는 전정법을 사용해야 하므로 Y자 수형에 의한 고밀식재배가 어렵고 가지유인이 용이한 배상형 수형의 평덕식 재배가 유리하다.

가지 발생량은 많으므로 여름전정에 의해 수관내부가 어둡지 않도록해야 꽃눈형성이 좋아지며 측지도 자주 갱신해야 좋은 품질의 과실을 생산할 수 있다.

4) 풍수(豊水)

정부우세성이 약하고 가지발생도 많은 편이다. 특히 6월 이후에 자라는 가지는 선단부가 구부러지는 특성이 있으므로 유목기 수관확대를 위해서는 구부러진 바로 아래를 절단해주면 다음해 강한 가지를 발생시킬 수 있다.

액화아와 단과지도 잘 형성되므로 꽃눈 부족이 문제되는 경우는 없으며 유목기에는 액화아 이용이 결실의 주체가 되지만 성목이 되면 단과지 착생이 많아 단과지 이용비율을 높일 수 있다.

단과지 전정시는 위로 향하거나 아래로 향한 것보다 45도 정도 비스듬한 단과지를 남기는 것이 좋다.

가지발생이 많아 수관내부가 어두워지기 쉬우므로 여름전정을 해주고, Y자수형 · 배상형 모두 가능하며, 배상형 재배시 재식거리가 너무 넓으면 수관확대가 어렵고, Y자수형 구성시는 선단 빈약형이 되기 쉬우므로 주지상부를 수직으로 유인하여 세력이 약해지지 않도록 해야 한다.

5) 황금배

나무세력은 다소 약한 편에 속하고 개장성이며 가지가 늘어지는 성질이 있다. 정부우세성이 약하여 가지 발생은 많으나 수형구성시 주지연장지의 세력이 약해져 수관확대가 느리므로 지주를 이용하여 수직으로 자라게하여 연장지 세력이 약해지지 않도록 해야한다. 결과지의 전정시는 강하게 절단하면 중간에 가지가 난립하기 쉬우므로 약하게 절단한다.

액화아와 단과지 형성이 잘되고 비스듬히 자라는 좋은 각도의 가지발생이 많아 Y자수형에도 잘 적응되나 선단빈약형이 되기쉬워 주지 분지점 근처에 강한 도장지가 발생되므로 눈따기를 해주거나 적심, 여름전정 등에 의해 생장을 억제시켜 주지선단의 가지 생장을 좋게해야 한다.

6) 추황배

정부우세성이 강한 편에 속하며, 2년생 가지에서는 신초 발생이 적으나 단과지 및 중과지 발생은 많고, 3년생 이상의 가지에서는 신초 발생량도 많아지며, 각도가 넓은 가지의 발생이 많아 결과지 확보와 측지형성이 쉽다.

주지와 부주지 배면에서 발생되는 도장지는 굵고 강하게 자라며, 7월경이 되면 가지끝이 고사되고 1년생 선단 엽아에서 1~2개의 가지가 자라는 특성이 있다.

액화아 형성과 단과지 유지가 잘되고 중과지 및 각도가 좋은 가지 발생량이 많아 Y자수형에 의한 밀식재배 적응성이 높아 고밀식재배가 가능하며, 3년생 이상의 주지에서는 가지발생이 많으므로 여름전정에 의해 수관내부 광환경이 좋아지도록 해야한다.

특히, 나무의 생육 특성상 선단강세형이 되기쉬워 Y자수형 구성이 쉽다.

7) 영산배

수세는 강한편에 속하고 가지발생량은 적다.

액화아와 단과지 형성은 잘되나 단과지 유지성은 황금배와 추황배에 비해 낮고 중과지의 발생이 적으므로 유목기는 단과지 위주로 결실시키나 성목이 되면 가지를 유인하여 결과지를 많이 배치해야 한다.

8) 장십랑(長十郎)

액화아와 단과지도 잘 형성되고 꽃눈형성도 매년 잘 되므로 전정상 어려움이 없는 품종이다. 다만 정부우세성이 약하여 가지의 발생이 많은 특성을 가지고 있다. 여름철 가지가 복잡해져 수관내 광 투과가 나빠질 우려가 있으므로 절단전정은 강하게 하지 않는 것이 좋으며 복잡할 경우는 여름전정에 의해 밀생된 가지를 솎아주어야 한다.

도장성이 강한 장과지는 숙기도 늦어지고 측지도 크고, 굵게 되기 때문에 적갈색의 충실한 장과지를 이용한다. 전정시 단과지는 상부로 향한 것을 남기고 측지는 4~5년마다 갱신할 것이며, 수령이 많아지면 단과지 형성이 다소 불량해지므로 장과지의 액화아를 이용하는 전정을 행한다. 단과지와 액화아의 이용 비율은 대개 50% 정도가 알맞다.

9) 만삼길(晩三吉)

수세와 가지의 자람이 강하며 가지수가 적고 직립성이 강하다.

단과지 착생도 쉽고 유지도 잘 되나 1년생 발육지가 강하게 자라 액화아의 형성이 적다. 따라서 선단을 절단하지 않거나 약하게 절단하여 40°전후로 유인하여 두면 다음해 단과지 형성이 많아진다.

특히 만삼길은 과실이 오랫동안 달려 있어 과실을 결실시킨 부위는 중간아가 되기 쉬우며 중간아는 다음해 단과지가 된다.

나. 생육특성과 전정방법

1) 가지생육 차이와 전정

가지자람은 정부우세성과 관계가 있고 이 성질은 어느 품종에서도 가지고 있으나 그 강약은 품종에 따라 차이가 있다.

삼수(신수, 행수, 풍수) 품종중 신수가 가장 정부우세성이 강하고, 풍수가 약하며, 행수는 중간 정도이고, 장십랑과 황금배는 약한쪽에 속한다. 따라서 정부우세성이 약한 풍수, 장십랑, 황금배 등을 강하게 절단하면 선단의 가지 뿐만 아니라 기부와 중간에서도 가지가 발생하여 강하게 자란다.

실제 재배상 정부우세성이 강한 품종은 단과지가 형성되기 어렵고, 중간눈이 되기 쉬우며 가지의 발생도 적어 결과지 확보가 어려워진다. 반대로 정부우세성이 약한 품종은 가지가 난립하기 쉽고 주지,부주지와 같은 골격지가 곧게 자라기 어렵다.

중간정도의 정부우세성을 가진 품종은 가지 끝부분의 자람도 좋고 기부눈은 단과지가 되기 쉬우므로 전정상의 어려움도 적다.

숨은눈에서 발생하는 가지수도 품종간 차이가 있는 것으로 풍수는 많은편이고, 행수는 중간 정도이며, 장십랑은 적다. 신수품종도 유목기는 적으나 수령이 많아져 수세가 강해지면 많이 발생되는데 이것은 수세에 의한 영향이 크다.

풍수는 신초가 기부쪽은 굵고 선단부쪽은 가늘어지기 쉬우며 상단이 구부러져 부초가 자라기 쉬운 성질이 있다. 일반적으로 6月 이후에 자라는 것은 구부러지며 강한 가지로 키우고자 할 때에는 구부러진 바로 아래에서 절단해야 다음해 강한 신초가 발생된다.

2) 액화아 형성의 품종별 차이와 전정

나무의 나이가 많아지면 대부분의 품종은 액화아가 잘 형성되지만 품종에 따라 차이가 있다. 또한 유목기는 액화아 형성이 많은 품종이 있는 반면 거의 형성되지 않는 품종도 있다. 액화아의 형성이 잘되는 품종은 장십랑,신세기,풍수, 황금배, 추황배 등이고, 적은 품종은 신수, 신흥 등이 있다. 행수는 다소 많고 만삼길은 적은 품종에 속한다.

장십랑이나 풍수 품종은 정아에서 발생한 가지 뿐만 아니라 숨은눈에서 발생한 가지에서도 액화아가 잘 형성된다. 행수는 정아에서 발생한 가지는 액화아가 형성되지만 숨은 눈에서 발생한 가지에서는 액화아 형성이 극히 적다.

따라서 풍수와 장십랑과 같은 품종에서는 액화아를 형성하기 위한 전정법을 하지 않아도 액화아의 확보가 충분하지만 행수 품종은 숨은눈에서 자란 가지를 유인하여 절단해 두어야 다음해 자란 가지에 액화아가 형성된다.

이와같이 장과지를 육성하기 위해 절단하여 둔 가지를 예비지 전정이라 한다.

3) 단과지 유지성의 품종간 차와 전정

배의 꽃눈은 꽃을 피게하는 화총부분과 가지를 자라게 하여 잎이 달리는 엽총부분을 포함한 혼합아이다. 이 엽총부분을 부아(副芽)라 부르고 엽아인 것인 보통이다.

부아는 하나의 화아중에 1－2개 포함되어 있으며, 그 중에는 부아가 없는 꽃도 있고 부아가 3개인 화아도 있다. 이와같이 부아가 복잡하게 변하므로 배꽃을 쌍자화, 무착엽화총(無着葉花叢) 등으로 불리워진다.

무착엽화총이라는 것은 보통 부아가 없이 화총 한개만의 꽃눈과 부아가 있어도 전부 화총만으로 엽아가 없는 꽃눈을 가리킨다. 이러한 무착엽화총은 다음해 정아가 없는 맹아(盲芽)가 되는 율이 높다.

따라서 무착엽화총이 되기 쉬운 품종은 단과지의 유지가 나빠지게 되는데(즉 생장아가 형성되지 않음) 행수 품종은 이러한 성질을 가진 대표적 품종으로 높은 비율의 장과지를 이용해야 한다.

단과지의 유지가 용이한 품종은 신고,추황배,황금배,신흥,이십세기 등으로 이들의 유목기는 단과지를 주체로, 성목 및 노목기는 일정률의 비율로 장과지 이용도 겸해야 한다.

풍수 품종은 무착엽화총이 적은 쪽이지만 부아의 엽아가 단과지가 되지않고 자라기 쉬운 성질이 있으며, 이러한 현상은 유목이나 수세가 강한 경우에 더 심하므로 부아의 자람을 억제하기 위해 측지를 강하게 절단하지 말고 약하게 절단하여 측지상에 단과지를 많게 한다.

신수 품종은 부아가 간신히 자라 겉보기로는 단과지처럼 보이지만 정아가 꽃눈이 되지 않고 중간아가 되는 것이 많으며, 이들 중간아는 다음해 대부분 단과지가 된다.

7. 배나무의 수세와 정지전정

가. 배나무의 수세진단법

1) 신초의 생육상태와 수세

낙엽이후 가지의 상태를 보아 수세를 판단하는 방법으로 가지길이, 굵기, 절간의 길이, 가지의 색과 경도, 눈의 상태 등에 의해 판단하며 충실형은 발육지의 길이가 60~70cm정도로 굵기는 중정도, 절간이 길지않고 굴곡이 지며 엽아가 다소 돌출되어 있다.

2) 도장지 발생정도와 수세

배나무의 발육지와 도장지는 직립으로 자라므로 육안으로 발육지인지 도장지인지 구별하기 어렵다.

단지 엽아에서 자란 신초는 발육지,숨은눈에서 발생된 신초를 도장지라 구분하는데 판단방법은 산형(山型)과 같은 형태를 도장지 발생이 많은 나무라 할 수 있으며〈그림 8-18〉 도장지 발생밀도, 굵기, 길이 등에 의해 수세를 판단한다.

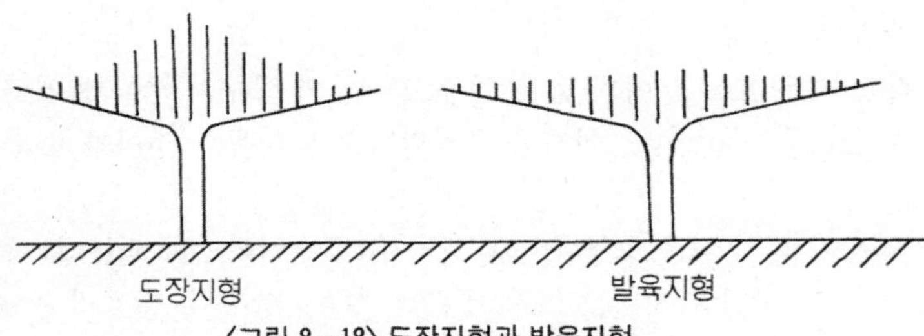

〈그림 8-18〉 도장지형과 발육지형

3) 엽색 및 엽의 형태와 수세

엽색은 농가의 영양진단 기준으로 이용되고 있으나 수치화(數値化)가 곤란하여 육안으로 판단하고 있는데 판단자에 따라 다른 결점이 있다.

일반적으로 질소가 많은 엽은 엽색이 짙고, 반대로 질소가 적은 엽은 옅은 녹색을 띄게되며 엽의 형태에 있어서도 질소가 많은 엽은 엽장이 길며, 질소보다 상대적으로 탄수화물이 많은 엽은 엽장에 비해 엽폭이 넓다.

4) 꽃눈의 형태와 수세

단과지의 상태나 액화아의 발생정도도 나무의 수세와 밀접한 관계가 있다. 〈그림 8-19〉와

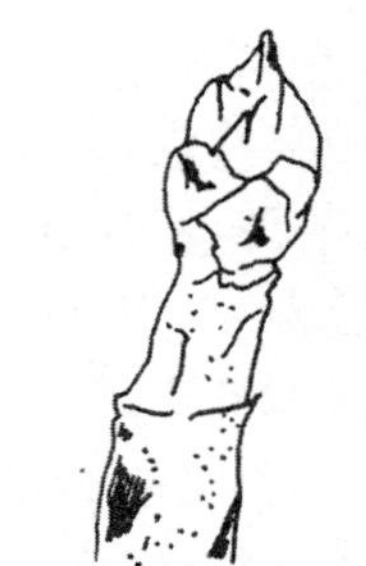

〈그림 8－19〉 꽃눈형태와 충실도

같이 2차과지가 많으면 수세가 강한 것으로 판단한다. 2차과지의 발생은 가지의 강절단, 결실불량, 질소과다 등이 원인이 된다.

또한 1년생 가지상의 액화아 형성정도도 판단기준이 되는데 불충실한 가지에서는 액화아 형성이 적으나 충실한 가지에서는 액화아가 많다. 다만 액화아의 형성이 지나치게 많은 경우는 수세가 떨어지고 있다는 적신호로 생각할 수 있다.

5) 낙엽상태와 수세

일반적으로 질소가 많아 수세가 강한 나무는 낙엽기간이 길고 낙엽이 늦은 반면 수세가 약한 나무는 일시에 낙엽이 되고 낙엽시기가 빠르다.

충실한 나무에서는 11월경에 단풍이 들고 11월 중하순경에 일시에 낙엽이 된다. 지나치게 낙엽이 빠른 경우는 뿌리에 이상이 있는 경우가 많다.

반대로 질소비료가 많거나 토양이 과습한 경우 또는 계분 등의 지효성 비료를 늦은 봄에 시용한 과원에서는 가지의 생장이 늦게까지 계속되어 낙엽기 이후에도 상단부 가지에는 오랫동안 잎이 달린채 남아 있는 경우가 많다.

이상에서 언급한 바와 같이 수세판단은 진단기준에 따라 다르므로 알맞은 시기에 정확히 진단하여 전정뿐만 아니라 결실조절, 시비, 토양관리 등의 종합적인 방법으로 수세를 조절해야 한다.

나. 수세에 따른 정지전정

나무가 성목이 되어 결실이 많아지면 적절한 영양생장과 생식생장의 균형을 유지하는 것이 중요하다. 영양생장과 생식생장의 정도는 결실과 과실품질에 미치는 영향이 크므로 이들 생장의 균형을 유지하기 위해 전정과 동시에 시비, 결실관리 등을 알맞게 해야한다.

일반적으로 수세가 강한 나무는 가능한 약전정을 하여 눈수를 많이 남김으로써 저장 양분과 뿌리에서 흡수된 양수분을 많은 눈에 분산시켜 강한 신초가 발생되지 않도록 해야한다.

반대로 수세가 약한 나무는 약한가지, 꽃눈, 결과모지를 많이 솎아주어 저장양분의 소모를 줄이는 동시에 뿌리에서 흡수된 양분과 수분을 남은 눈에 집중시킴으로써 신초의 생육을 좋게 해야 한다. 그러나 전정을 독립된 기술로 생각하여 이러한 문제들을 전정만으로 해결하려 하면 효과적인 결과를 얻을 수 없다.

전정은 과실생산에 적합한 수형과 가지생장, 결실을 가져오도록 하는 것이지만 반대로 나무의 생리생태에 의하여 전정의 반응은 다르게 나타나는 경우가 많다. 이러한 이유에서 나무의 생리생태에 영향을 주는 토양조건, 시비, 결실 등과 같은 재배관리조건과 일치하지 않으면 수세를 조절하기 위한 전정의 효과는 나타나지 않으며, 전정 그 자체도 어려워진다.

예를들면 토양조건과 전정과의 관계에서 유효토심이 깊은 비옥한 토양에서는 영양 생장이 왕성하여 나무가 어느 일정한 크기에 달한 후부터 충실한 꽃눈이 잘 형성되므로 가능한 재식거리를 넓혀주어야 수세조절이 용이하며, 전정의 효과도 잘 나타난다.

그러나 비옥한 토양에서 나무를 배게 심거나 강전정을 할 경우에는 꽃눈형성이나 충실도가 나빠지고 가지생장도 강해져서 전정은 더 어려워지게 된다.

반대로 척박한 토양에서는 영양생장이 약하고, 생식생장이 강해지므로 측지가 쉽게 쇠약해지며, 이러한 측지는 보다 빈번히 갱신전정이 이루어져야 한다.

시비와 전정과의 관계에서도 전정은 신초생장을 강하게 하는면에서 질소비료의 시용과 유사한 효과가 있으나, 전정에 의해 시비를 대체하는 것은 불가능하다. 그러나 계속 비료를 주지 않거나 다른 조건에 의해 수세가 약할때는 강전정에 의해 수세를 회복하는 것이 가능하지만 가지를 강하게 제거하는 것은 수관이 축소되어 수량이 감소된다.

나무수세가 강하여 가지가 번무하고 꽃눈 충실도가 나쁘며 과실색택이 나쁠 때는 전정만으로 효과적인 개선이 어려우므로 질소의 시용량을 줄이거나 일시적으로 시비를 중단하여 수세를 약화시키면 전정도 쉬워지고 전정에 의한 수세조절 효과도 빠르다.

이상에서와 같이 수세는 재배조건에 따라 많은 영향을 받으므로 수세조절을 위한 전정은 종합적인 기술로 생각하고 토양조건, 시비, 결실, 토양수분 등과 함께 대처해야 한다.

제 9 장 토양 관리

토양은 식물의 생장에 필요한 무기양분과 수분을 공급해주고, 뿌리를 고정시켜 식물체를 지탱해주므로 양분과 수분이 풍부하고 이화학적 성질이 양호해야만 건전한 나무를 만들 수 있으며 좋은 품질의 과실을 많이 생산할 수 있다.

따라서 과수의 생장과 결실을 양호하게 하기 위해서는 뿌리가 잘 발달하고 그 기능을 원활히 할 수 있는 토양조건이 항상 유지되며 토양의 특성을 제대로 파악하여 개선될 수 있도록 하는 표토관리, 토양보전, 토양개량이 필요하다.

1. 토양 생산력 요인

토양의 생산력은 재배작물의 생육상태와 수량에 따라 평가되며 과실은 품질을 중요하게 여긴다. 배재배에서도 우선 수량이 많아야겠으나 품질향상에 더욱 역점을 두지 않으면 안된다.

토양관리에서 수량과 품질에 관계되는 요인은 매우 다양하고 서로 연관이 되어 있으므로 실제로 수량과 품질을 일치시켜 토양관리를 하는 것은 쉬운 일이 아니다.

가. 배나무의 토양 적응성

배나무는 토양에 양분과 수분이 풍부하고 이화학적 성질이 양호해야만 나무의 생육이 적당하고 좋은 품질의 과실을 많이 생산할 수 있다.

〔표 9-1〕 배나무의 토양 적응성

습 윤	건 조	물리성	토 심	토양조건	토양반응	비료감응성
중	약하다	수분 요구도가 크다	깊어야함 (60cm)	유기물이 풍부한 양토~사양토	미산성 pH 6.0	다비성

배나무는 〔표 9-1〕에서 보는 바와 같이 건조에 약하고 수분요구도가 다른 과수보다 많으며, 유기물이 많은 양토 또는 사양토에 적합하고 다비성이다.

나. 토양 물리성

토양의 물리성은 토성, 토양구조, 전용적 밀도, 경도(굳기), 통기 및 투수성, 토양 온도를 포함하는 토양의 기본 성질이라 말할 수 있다.

1) 삼상비(三相比)와 배나무 생육

토양의 액상과 기상은 입자사이의 공극을 채우는 것이기 때문에 이 두가지 상의 용적은 공극과 직접관계가 있다. 또 공극은 고상과도 관계가 있다. 즉, 고상의 용적이 크면 공극량이 적어지고 공극량이 적어지면 액상과 기상 중 하나 또는 둘의 용적이 적어진다. 이와같이 토양삼상은 서로 동적 평형상태에 있는 것이다.

작물은 액상에서 영양분과 물을 흡수하고 기상의 산소를 호흡하며 생육한다. 고상은 식물의 영양분을 저장해두는 저장고가 되지만 그 저장부위는 액상과 접해있는 입자의 표면으로 토양의 총 중량으로 보았을 때 극히 일부에 불과하다. 그리고 고상의 다른 중요한 일의 하나는 식물이 쓰러지지 않게 잡아주는 것이다.

작물의 영양면과 뿌리의 환경면에서 보았을 때 토양의 액상과 기상은 작물의 생육에 매우 중요한 부분이 된다. 토양은 기상률이 충분히 있고 산소의 확산이 원활할 때 식물의 뿌리는 제 기능을 다할 수 있고 토양 용액에는 식물 영양분이 골고루 적당히 있어야 한다.

토양의 삼상비와 작물의 생육간의 관계는 표토에서 뿐만 아니라 심토에서도 마찬가지이다. 특히 배나무는 뿌리를 땅속 깊이 뻗어 그 속에서 호흡을 하며 물과 양분 등을 흡수하고 있다. 뿌리가 심토까지 뻗어 내려가지 않더라도 심토의 삼상비가 표토의 액상 및 기상의 성질과 배나무 생육에 영향을 주는 일이 많다.

일반토양의 삼상(고상 : 액상:기상)비는 45～60% : 15～35% : 10～35% 범위에 있다.

우리나라의 우량과원의 삼상비는 일반 토양 삼상비와 같으며 토심에 따라 급격한 변화가 없이 심토까지 적정범위내에 있다. 불량 과원은 고상률 60% 이상, 액상 38% 이상 또는 15%이하, 기상 10%이하로서 근계부근의 토양의 고상이 많아 공극률이 40% 이하로서 수분이 과다하거나 부족하였고, 기상은 작기 때문에 통기성이 불량하다.

〔표 9-2〕 지하수위가 배(장십랑) 생산력에 미치는 영향

구 분	수령 (년)	수 량 (kg /10a)	뿌 리 분 포	지 하 수 위	깊이별 기상비율(%)		
					15cm	60cm	120cm
우량과원	20	3,750～7,500	직근 깊이까지 신장	1.2m 이상	18.1	7.1	1.2
불량과원	15	1,500～3,750	60cm부근에 많이 분포	1.2m정도에서 물이나옴	8.1	1.9	1.1

2) 토성과 배나무 생육

점토 함량이 많은 식토는 보수 및 보비력이 크지만 통기성이 불량하다. 모래 함량이 많은 사토는 그와 반대로 보수 및 보비력은 매우 작지만 통기성은 양호하다. 이와같은 양 극단적인 토

성에서는 과수 생장이나 유용 미생물의 활동이 억제된다.

토양의 생산력은 사토로부터 양토에 이르기까지는 점토 함량의 양이 증가함에 따라 커지지만, 이 선을 넘어 식토가 되면 반대로 줄어드는 경향이 있다. 또한 토양생산력은 그 입자의 조직에만 관계되는 것이 아니고 토양 구조, 부식함량 및 성질, 점토의 성질, 토양의 동적성질 등을 지배하는 모든 것에 영향을 끼친다.

그러므로 비록 입자조성이 고른 토양이라 하더라도 그 생산력에는 큰 차이를 가져올 수 있다.

토양 경도는 뿌리의 신장과도 밀접한 관계가 있어 18~20mm 전후일 때는 가는뿌리의 발달이 용이하고 24~25mm일 때는 심한 저해를 받으며 29mm 이상일 때는 뿌리가 전혀 자라지 못한다. 일반적으로 모래 함량과 점토 함량이 적당한 비율로 혼합되어 있고, 이에 어느정도 유기물이 섞여있는 양토나 사양토가 배나무 생육에 가장 알맞다고 할 수 있다 〔표 9-3〕.

〔표 9-3〕 토성별 과수의 생장

토양의 종류	토성(%)			신초신장량(cm)		
	점토함량	수분함량	비모세공극량	배	포도	복숭아
식양토	43	25~34	0.07	128(79)	325(41)	311(87)
양토	34	20~30	1.50	205(126)	576(73)	353(99)
사양토	17	15~33	8.19	162(100)	788(100)	358(100)
사토	12	10~30	9.71	143(88)	637(81)	352(98)

※ (   )내 숫자는 사양토 생장량을 100으로 한 지수임

3) 토양 통기성과 배나무 생육

토양속에 있는 뿌리도 잎과 줄기와 같이 호흡하면서 살아간다. 더욱이 뿌리는 지상부가 쓰러지지 않도록 지탱하는 역할뿐만 아니라 양·수분을 흡수할 수 있는 배지역할을 하고 있다.

양분흡수라 하면 얼핏 토양에 들어 있는 양분을 직접 골라내어 흡수하는 것처럼 보이지만 모든 양분은 토양속의 물에 용해된 상태에서 흡수된다.

뿌리가 양분과 수분을 흡수하기 위해서는 그만한 에너지가 소모되어야 하기 때문에 호흡작용을 통하여 그 에너지를 얻게 되며 뿌리의 호흡작용을 위하여 많은 양의 산소가 요구된다.

사과나무의 묘목을 이용해서 조사한 결과는 뿌리가 생명을 유지하기 위해서 토양내 산소 농도가 2%(대기중의 산소는 21%)정도로 되지만 좋은 생장을 하기 위해서는 10%이상이 필요하고, 새뿌리가 발생하기 위해서는 15% 이상의 산소가 필요하다.

토양중의 산소농도가 낮아져서 뿌리의 호흡이 억제되면 양분과 수분의 흡수도 방해되는데, 이때에는 질소의 흡수에 비하여 칼슘(Ca), 칼리(K), 마그네슘(Mg) 등 과실의 품질에 관계되는 성분의 흡수가 현저하게 떨어지며, 그중에서도 특히 칼륨 성분은 흡수가 억제된다고 한다 〔표 9-4〕

〔표 9-4〕 복숭아나무(대구보)에 있어서 토양중의 산소농도가 잎내의 5요소 함량에 미치는 영향

가스농도(%)		새가지 신장량 (cm)	질 소(%)	인 산(%)	칼 륨(%)	칼 슘(%)	마그네슘(%)
산소	이산화탄소						
16.6	3.0	216(100)	2.80(100)	0.12(100)	1.84(100)	3.39(100)	0.44(100)
9.1	5.9	205(95)	2.32(83)	0.11(92)	1.43(78)	2.59(76)	0.29(66)
6.8	4.2	137(63)	2.77(99)	0.11(92)	1.74(95)	2.71(80)	0.20(45)
0.9	1.8	58(27)	2.58(92)	0.11(92)	1.09(59)	1.89(56)	0.21(48)

※ ( )=비율

다. 토양 화학성

토양 화학성은 토양의 알갱이 및 표면과 토양용액에서 화학적 내지 물리 화학적으로 일어나는 변화 및 반응현상, 토양 화학성분의 함유량 및 조성 등을 나타내는 말이다.

화학적인 변화와 반응으로 화학성분이 전기를 띤 양(+)이온 또는 음(−)이온으로 변화하여 토양에 붙어 있거나 떨어지는 현상, 수소(H)이온과 수산(OH)이온의 농도를 나타내는 토양산도, 산화 환원 전위차, 용액의 평형 등의 문제가 포함되며 화학적 조성으로는 토양의 여러 가지 화학성분 함량과 결합형태 등을 들 수 있다.

1) 토양 pH와 배나무 생육

토양을 전기적으로 보면, 토양을 구성하는 점토나 부식은 주로 (−)의 전기를 띠고 있으며, 이들이 (+)의 전기를 가진 수소, 칼슘, 마그네슘 및 칼륨 등을 흡착한다.

토양이 산성, 알칼리성 혹은 중성인가를 나타내는 척도로서 pH가 쓰이며 토양에 흡착하는 H^+의 양을 바탕으로 하여 나타내며 pH가 7이면 중성이고 7을 기준으로 낮으면 산성, 높으면 알칼리성으로 구분할 수 있다. 즉, 토양이 H^+를 많이 흡착하면 그만큼 산성이 강해진다. 한편 H^+에 알칼리성 금속인 칼리, 마그네슘 및 칼슘의 흡착량이 많아짐에 따라 OH가 증가하게 되어 산성이 약해지고 중성 또는 알칼리성으로 된다. pH값과 토양반응 세기를 보면 〈표 9-5〉와 같다.

토양반응은 그 자체가 배나무 생육에 영향을 미치기도 하지만 배나무의 생육에 필요한 여러 가지 무기성분이 들어있는 토양의 유효성분과 녹는 정도에도 간접적으로 크게 영향을 미친다.

〔표 9-5〕 pH 값과 토양반응 세기

구 분	강산성	중산성	약산성	미산성	중성	미알칼리성	약알칼리성	중알칼리성	강알칼리성
pH	5.5	6.0	6.5	7.0		7.5	8.0	8.5	

대부분의 토양 양분은 pH 6.5~7.0부근에서 유효도가 높기 때문에 토양 pH는 6.5 부근으로 교정하여 주고 있다. 토양의 pH에 따른 양분의 유효도는 〈그림 9-1〉과 같다. 그림에서 넓은 부분이 유효도가 큰것을 나타낸다.

2) 보비력(保肥力)

토양 보비력의 많고 적음은 보통의 시비조건하에서는 나무의 생장에 대하여 직접적인 영향은 적지만 간접적인 영향으로서 농도장해 발생, 질소비료 효과의 빠름과 늦음, 비료분유실 등의 문제점이 발생한다.

대체로 보비력이 적은 토양은 모래함량이 많고 유기물과 점토함량이 적은 토양이며, 많은 토양은 점토함량, 특히 유기물함량이 많은 토양이다.

양분의 많고 적음에 대해서는 뿌리가 양분을 흡수하는 위치와 관계가 깊지만 가는 뿌리가 분포하는 깊이는 겉흙으로부터 30~60cm정도로 시비를 포함한 토양관리에 의해 인위적으로 조절이 가능하다. 따라서 질소, 인산, 칼리 등의 주성분은 거의 문제가 없지만 칼슘, 마그네슘, 붕소등의 양적균형이 문제가 된다.

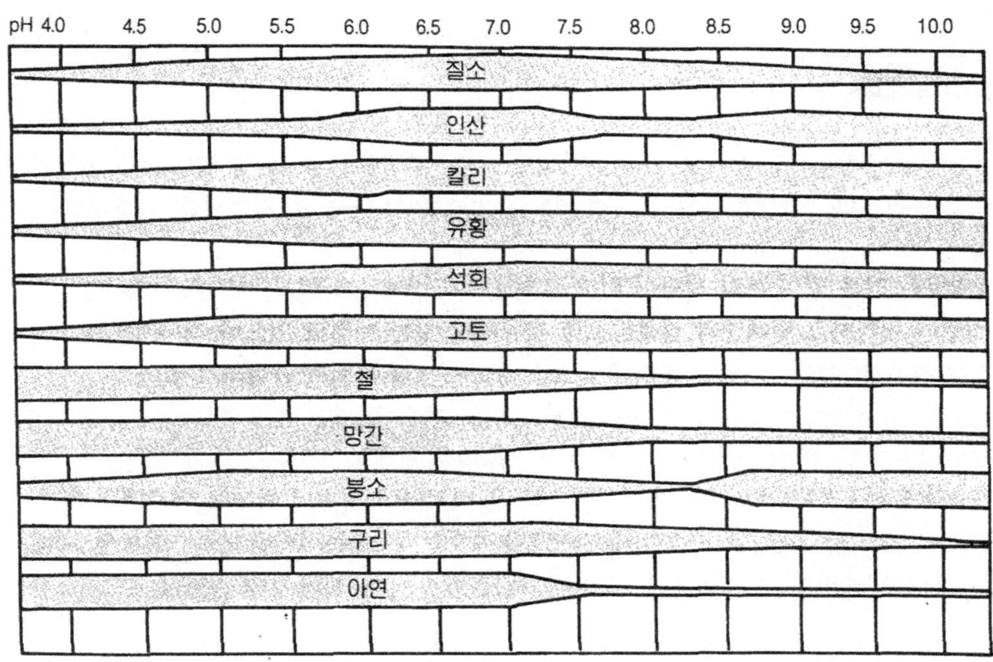

〈그림·9-1〉 토양 pH와 작물 영양분의 유효도

3) 산화환원 전위차와 생산력

공기의 유통이 불량한 토양 내에서는 뿌리의 호흡에 필요한 산소의 공급이 끊어지고, 여러가지 환원물질이 생겨 배나무의 생장을 해롭게 한다. 산소가 결핍되면 토양 미생물들은 그 생활을 유지하기 위하여 산소를 뺏지 않으면 안되기 때문에 토양중의 물질, 즉 철은 아산화철의 형태로 쉽게 환원되고 황산이온은 황화수소가 되며, 이산화탄소는 메탄이 된다.

토양내에 산화형과 환원형의 물질이 공존하면 산화환원전위가 나타나게 된다. 토양 조건이 동일하다면 산화환원전위는 토양통기의 양부(良否)를 표시하게 되며, 이것은 과수와의 사이에 밀접한 관계를 지니게 되는데, 대체적으로 산화환원전위가 높으면 수량도 많고 수세도 왕성하다.

사과원에서는 그 토양의 산화환원전위가 500mV이하가 되면 그 생산력이 심히 저하된다. 더구나 하층토에 대한 산화환원전위의 고저는 우량 과원과 불량 과원을 명백히 구분할 수 있게 하는 하나의 지표가 될 수 있다.

2. 표토관리

표토관리에는 청경법, 초생법, 멀칭법 등이 있는데, 관리방법마다 장단점이 있어 수령, 위치, 토성에 따라 한가지 또는 몇가지를 절충하여 재배 관리하는 것이 합리적인 관리방법이 될 것이다.

가. 청경재배

청경재배란 과수나무에 과수 이외의 식물은 모두 제거하여 과수원을 잡초없이 깨끗하게 관리하는 방법이다. 잡초를 없애는 방법에는 중경제초하는 방법과 제초제를 이용하는 방법이 있다.

청경법은 양분 및 수분의 쟁탈이 없고 토양표면에 장해물이 없기 때문에 약제살포, 적과 등의 작업이 편리하고 병해충의 잠복장소를 제공하지 않는 이점도 있으나 경사지에서는 토양의 침식이 심하여 경토와 그 속에 함유되어 있는 양분이 빗물과 함께 유실되기 쉽다.

또한 토양의 입단이 파괴되며, 빗방울에 의하여 겉흙이 굳고, 지온의 교차가 심하여 여름의 고온기에는 지표 가까이의 토양온도가 높아져 뿌리에 장해를 끼치는 경우가 많다.

과수원에 사용하는 제초제는 지표면에 피막을 형성하여 잡초의 발아를 억제하는 것과 지상부를 죽이는 약제로 구분할 수 있는데 지상부를 죽이는 것에는 비선택성과 선택성 제초제가 있다(제5장 과수원 제초작업의 생력화, 제17장 생력화 재배기술 참조).

나. 초생재배

초생재배는 과수원에 일년생이나 다년생 풀을, 또는 작물을 재배하거나 자연적으로 발생한 잡초를 키우는 것이다.

초생재배에 적당한 풀은 과수와 양분 및 수분의 경합을 일으키지 않으며 병해충을 옮기지 않는 풀과 목초 등이 있으나 현재 목초는 거의 재배되지 않고 있다. 잡초인 경우 억새, 쑥, 메꽃과 같은 심근성이며 영년생인 것은 피하고 덩굴성인 실새삼, 칡 등도 피해야 한다.

다. 멀칭재배

멀칭재배는 볏짚, 풀, 왕겨, 톱밥 등을 지표면에 덮어주는 방법을 말한다. 이와 같은 멀칭법은 토양 침식을 방지하고, 토양수분을 보존하며 토양을 입단화시키고, 비료분을 공급하는 효과도 있다.

또한 지온이 대체로 20~30℃를 유지하므로 여름에 지온이 너무 높아지는 것을 억제하는 기능도 한다. 짚멀칭에 의한 잡초방지에는 10a(300평)당 1,000kg의 볏짚 등이 필요하다.

라. 절충재배

절충재배란 위에서 언급된 2~3가지 방법을 혼합하여 재배하는 방법을 말하는데, 예를들면 나무와 나무 사이는 초생재배를 하고 나무밑은 청경 또는 멀칭하는 부분초생재배법이 있다.

이 방법은 어린나무에서 잡초와의 경합을 피하고, 수분을 유지하기 위하여 이상적이다. 성목평지 과수원에서는 나무밑만을 청경하는 부분초생재배를 하고 경사지의 과수원에서는 나무사이를 초생재배하고 나무밑은 멀칭하는 등 절충식으로 하는 것이 좋다.

장단점을 비교하면 〔표 9－6〕과 같다.

〔표 9－6〕 표토관리법의 장단점 비교

관리방법	장　　점	단　　점
청 경 법	ㅇ 초생과 양분 · 수분 경합이 없다 ㅇ 병해충의 잠복장소가 없어진다	ㅇ 토양이 유실되고 양분이 씻겨 내려가기 쉽다 ㅇ 토양 유기물의 분해가 빠르다 ㅇ 주 · 야간 지온교차가 심하다 ㅇ 토양 구조가 불량하기 쉽다
초 생 법	ㅇ 유기물의 적당한 환원으로 지력이 유지된다 ㅇ 침식이 억제되며 토양구조가 개선된다 ㅇ 지온의 변화가 적다.	ㅇ 초생식물과 양 · 수분의 경합이 있다 ㅇ 유목기에 양분부족이 되기 쉽다 ㅇ 병해충의 잠복장소를 제공하기 쉽다 ㅇ 저온기 지온상승이 어렵다
부 초 법	ㅇ 멀칭재료로 토양침식이 방지되고 양분이 공급된다 ㅇ 잡초발생, 수분증발이 억제된다 ㅇ 토양 유기물이 증가되고 토양 물리성이 개선된다	ㅇ 이른 봄 지온상승이 늦고, 늦서리의 피해를 입기 쉽다 ㅇ 겨울동안 쥐 피해가 많다 ㅇ 근군이 표층으로 발달하기 쉽고 건조기에 화재 우려가 있다

마. 토양 침식 방지 재배

토양의 자연적인 균형은 인간이 토지를 경작하면서부터 파괴되어졌다고 해도 과언이 아니다. 토양 침식은 토양의 비옥도를 떨어지게 하므로써 문제가 된다.

특히 우리나라는 여름에 비가 집중적으로 내리고, 과원들의 대부분이 경사지를 이루며, 전반적으로 유기물도 낮고, 토양을 형성하는 암석이 침식을 받기 쉬운 화강암 및 화강편마암으로 되어 있다.

일반적으로 토양이 1cm 만들어지는데 소요되는 기간은 200년 정도 걸리나 유실되는데는 2~3년 정도면 가능하다. 따라서 토양 침식방지에 대한 재배관리가 필요하다.

1) 심경과 유기물 시용

심경을 하고 유기물을 시용하면 토양공극량이 많아지고 침투속도가 빨라져 표토에서 흐르는 물의 양이 적어진다. 이러한 방법은 침식대책의 보조수단으로 이용된다 [표 9-7].

[표 9-7] 배과원의 토양 침식방지 효과

처 리	유 거 수(ℓ)	토 양 유 실 량(g)
볏 짚 멀 칭	108	25
초 생 구	163	317
심 경	240	781
무 처 리	4,123	17,992

※ 북면경사 5~8度, 시험구 16×2.7m

2) 초생재배 및 부초

초생재배와 부초는 토양표면을 덮어줌으로써 빗방울이 직접 토양에 닿지 않게하여 토양입자의 분산을 막아 투수량을 많게하므로써 흐르는 물량을 줄여 토양의 유실을 막는다.

3) 집수구와 배수구 설치

경사가 심하고 경사면의 길이가 긴 곳에서는 흐르는 물량이 많기 때문에 등고선을 따라 집수구를 만들고 상하로 배수로를 만든다. 집수구의 설치는 경사면의 길이를 짧게하여 토양유실을 줄일 수 있으며 배수로는 많은 물이 흐르도록 설치할 필요가 있다.

3. 토양 개량

과수원은 뿌리가 원활히 신장할 수 있는 유효토심이 60cm 이상이고 배수가 좋아야 되지만 일반적으로 우리나라의 밭토양은 토양 물리성이 불량하여 개선처리가 필요하다. 과수원에서 토층 개량방법으로는 폭기식 심토파쇄와 소형굴토기를 이용한 심경후 혼층구 설치가 매우 효과적이다.

가. 토양 개량 목표

배과수원에 있어서 토양 개량은 관· 배수대책, 토층의 개량, 유기물 시용, 석회시용 등 [표 9-8]과 같이 설정하였다.

〔표 9-8〕 배 과수원의 토양 개량 목표

항 목		목 표 치
물리성	유효토심	60cm 이상
	기 상 률	15% 정도
	조 공 극	10~15 %
	경도(산중식)	20 mm
	투수속도	4 mm/hr 이상
	지하수위	1m 이상
화학성	pH	6.0
	유효인산 함량	100ppm
	칼리함량	0.4~0.8me/100g
	칼슘함량	10 me/100g
	마그네슘 함량	2.5 me/100g
	붕소함량	0.5 ppm
	염기 포화도	60~80%
	석회 포화도	50% 이상
	C.E.C.	20me/100 이상
	마그네슘/칼리함량	당량비로서 2 이상

나. 심경에 의한 방법

1) 심경(깊이갈이)방식

심경방식은 수령, 토질 등에 따라 달라져야 하지만 다음과 같은 방법이 많이 이용된다.

가) 윤구식

나무의 둘레를 원형모양으로 심경하는 것을 말하며 주로 나무가 어릴때 연차적으로 심경하는 부위를 넓혀나가는 방법이다. 이 방법은 불투수층이 있거나 심경부위에 배수가 불량할 경우는 습해를 받을 염려가 있으므로 주의를 해야 한다.

나) 도랑식

도랑식은 나무와 나무사이를 깊게 고랑형태로 파주는 것으로 성목 및 어린나무 모두 적합하나 주로 성목에서 이용이 되며 배수불량지에서 특히 좋은 방법으로 생각되나 배수처리와 함께 하는 것이 효과적이다.

다) 구덩이식

구덩이식 심경은 나무 주위 몇몇 곳에 넓이와 깊이가 각각 40~80cm 정도되는 구덩이를 파고 유기물을 넣는 방식으로 성목원에서 많이 이용되고 있다. 그러나 배수불량한 토양에서는 적합하지 않다.

2) 심경의 시기와 깊이

재식후에 하는 심경은 나무 뿌리가 끊기는 피해를 최소한으로 줄여야 하므로 나무의 생육이 정지되는 월동기에 하는 것이 적합하여 낙엽이 지면서부터 흙이 얼기전까지와 해빙후 곧바로 실시해야 한다.

심경의 깊이는 60cm정도까지는 필요하며 폭은 40~50cm 정도면 무난하다 [표 9-9].

[표 9-9] 심경정도가 배(이십세기)나무의 수량 및 품질에 미치는 영향

심경정도(cm)	수 량			과 피 색	유 부 과 율(%)
	개 수(개)	중 량(kg/주)	평균과중(g)		
90	227	70.8	311	녹 황	4.8
60	321	106.1	328	녹 황	6.7
30	188	51.8	275	황 록	26.0
15	225	68.6	305	황 록 백	30.0

3) 심경효과

배과수원에서 깊이 갈고 유기물을 투입하면 토양의 굳기, 물빠짐이 좋아지고 기상(氣相) 부분이 증가되며, 보수력이 증대되어 유효 수분함량이 높아지므로 가는 뿌리의 발생을 좋게 한다 [표 9-10].

[표 9-10] 심경 후 유기물 시용이 뿌리발달에 미치는 영향(신수)

처 리	가 는 뿌 리 수(50cm 폭)				
	0~20cm	20~40cm	40~60cm	60~80cm	계
심경, 유기물시용	22	127	35	13	197
무 처 리	19	29	16	18	82

이렇게 가는 뿌리가 많이 발생되면 양수분의 흡수가 증대되어 수량 및 평균과중이 증대되고 [표9-11] 수세가 안정되어 품질이 향상된다.

[표 9-11] 토양개량이 신수품종의 과실품질 및 꽃눈착생에 미치는 영향

처 리	수량(kg/주)	과중(g)	당도(°BX)	신초장(cm)	단 과 지	
					꽃 눈	중 간 눈
심경, 유기물시용	29.1	253	11.9	75	308	291
무 처 리	26.9	225	12.1	73	224	336

4) 심경상의 주의점

① 기존 과수원의 심경은 근군이 확대됨에 따라 점차 외곽으로 넓혀나가야 한다.

② 중간에 단단한 층이 남아서 뿌리의 발달을 막는 일이 없게하기 위해서는 이미 깊이 간 부분과 새로 깊이 갈 자리는 반드시 연속되어야 한다.

③ 지하수위가 높은 곳에서는 먼저 배수시설을 하여 지하수위를 낮추어 놓은 다음 깊이갈이

를 한다.

④ 하층에 점토층 등의 불투수층이 있을 때도 마찬가지며, 구덩이식의 심경이 아니라 도랑식 심경을 하고 낮은 쪽으로 물이 빠지도록 장치를 해야 한다.

다. 폭기식에 의한 방법

1) 처리방법

처리방법은 기종에 따라 파쇄반경을 고려해 실시하는데 토양 관리기에 부착된 공기 압력 9.5kg/cm², 1회 공기 주입량이 30ℓ인 파쇄기 끝을 40~60cm 깊이로 일시에 압축공기를 보낸다.

처리간격은 배나무 열사이를 1.5m 간격으로 처리하면 토성에 따라 파쇄반경 200~250cm 정도의 균열을 얻을 수 있다.

2) 처리시기

폭기식에 의한 심토 파쇄작업은 나무뿌리 손상이 적으므로 생육이 왕성한 시기를 제외하고 계절에 관계없이 실시할 수 있으나, 봄에는 토양이 해토한 시기부터 꽃이 필때까지, 여름에는 장마후기에 배수를 고려하여, 가을에는 과실이 익을 때부터 토양이 얼기전까지가 좋은 시기라고 할 수 있다.

3) 인력 절감효과

토양 관리기 부착용은 1회 작업시간이 30초 이내이며 1일 50a를 개량할 수 있어 100명의 인력을 절감할 수 있고 트랙 타 부착용은 1ha를 개량함으로서 200여명의 인력대체 효과가 있다.

4) 물리성 개량효과

처리별로 물리성 개량효과〔표 9－12〕를 보면, 기상이 현저히 증가하고 단위부피당 뿌리의 밀도가 많아진 것을 볼 수 있으며 통기성에 있어서도 혼층구, 혼층구＋배수관 처리보다 좋아진

〔표 9－12〕 처리별 심토의 토양 물리성 개량효과

구 분	무 처 리	혼 층 구	혼층구＋배수관	폭기식 파쇄
경 도 (mm)	26.0	25.4	23.4	24.6
가 비 중 (g/cc)	1.41	1.34	1.32	1.28
통 기 성 (cm/sec)	1.14	2.09	2.66	1.32
고 상 (%)	53.21	50.53	49.99	48.45
액 상 (%)	28.21	23.17	25.26	22.66
기 상 (%)	18.58	26.30	24.75	28.89
뿌리밀도 (mg/350cm³)	70	150	530	570

※ 농토배양기술, 1992. 농촌진흥청

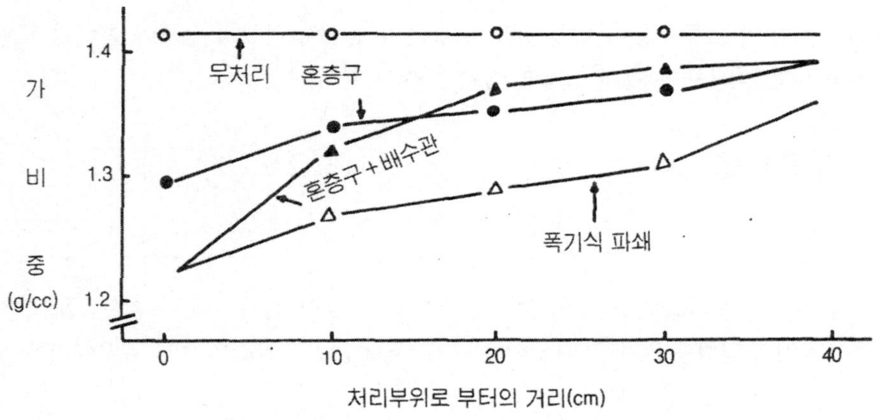

〈그림 9-2〉 처리 부위별 가비중 변화

〔표 9-13〕 토양개량 처리별 배의 신초생장과 수량비교

구 분	조사시기	무 처 리		혼 층 구		혼층구+배수관		폭기식 파쇄	
	(월. 일)	신 고	만삼길	신 고	만삼길	신 고	만삼길	신 고	만삼길
신초길이(cm)	6.4	66.2	66.0	62.7	68.2	65.2	54.6	67.6	59.4
	7.10	112.7	108.8	120.3	114.2	124.0	110.1	118.3	124.1
	9.30	140.6	128.2	146.8	132.8	142.5	130.3	152.1	135.4
줄기지름(cm)	9.30	55.4	60.0	61.5	57.0	64.0	60.4	64.0	
수량 (kg /주)	'91	98	52	113	57	107	61	111	59
	'90	107	49	130	51	108	64	107	58
평 균 수 량		103	51	122	54	108	63	109	59
(지수)		(100)	(100)	(118)	(106)	(105)	(124)	(106)	(116)

※ 1992. 농토배양기술, 농촌진흥청

것을 알 수 있다. 〈그림 9-2〉는 폭기식 처리부위로부터의 거리에 따라 전용적 밀도를 비교한 것인데 폭기식 심토파쇄에 의한 방법이 30cm 부위까지 월등히 낮은 것을 볼 수 있다.

수체생육 및 수량비교〔표 9-13〕은 처리 1년차부터 좋아진 것을 볼 수 있으며 2년차 평균 수량지수는 신고 품종에서 118%, 만삼길 품종에서 106%를 나타내었고 줄기 비대량도 증가되었다.

라. 화학성 개량

1) 석회시용 방법

① 석회는 표면시용구에 비해 깊이 파서 석회를 전층 시용할수록 칼슘의 흡수가 용이하다 〈그림 9-3〉.

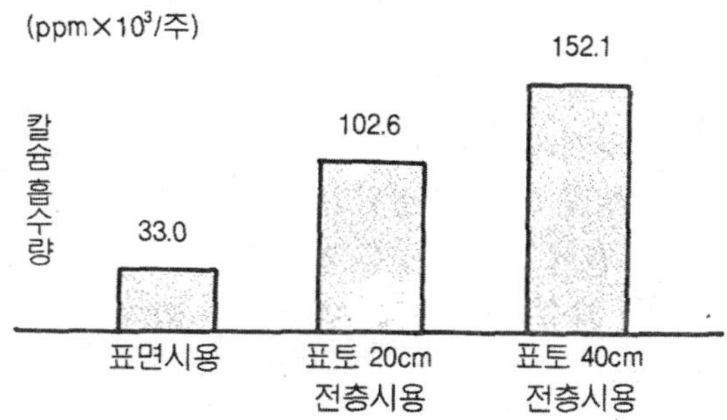

〈그림 9－3〉 석회비료의 시용방법과 과수의 칼슘 흡수
임열재 등, 1979, 농시연보 21(원예,농공)

② 과수원 토양의 석회시용은 개원할 때 재식구덩이에 충분히 시용하고 그후 매년 밑거름 시용시 또는 도랑식으로 차근차근 심경하면서 석회와 유기물을 시용한다.

③ 석회살포시 과용하거나 골고루 섞지 않을 경우에는 부분적으로 토양 pH가 높아져 미량요소의 부족을 가져오는 경우가 있다.

④ 이 피해는 유기물과 석회를 섞어 시용함으로써 완화할 수 있다[표 9－14].

[표 9－14] 석회와 유기물의 병용효과

처 리*	대두수량(kg/10a)	수 량(지수)
무 처 리	128	100
석 회 단 용	162	127
퇴 비 단 용	138	108
석회퇴비병용	180	141

※ 화학비료는 별도로 각 구에 같은 양을 시용했음. 농진청, 농기연, 1976

⑤ 석회시용후 pH가 일시적으로 높아져 작물의 생육에 장해를 주고 토양성분의 유효도에 변화를 줄 염려가 크기 때문에 11월 중· 하순에 시용하면 2월중・하순에 뿌리가 활동을 시작할 때까지 충분한 간격을 가질 수 있으므로서 이런 피해를 방지할 수 있다.

⑥ 석회를 시용할 때 석회 분말입자에 따라서 산성토양의 중화력이 달라진다. 그러므로 석회 시용시 가능한 한 분말의 입자가 고운 것을 선택하는 것이 유리하다. 또한 배 재배를 하는 경우에는 품질의 향상을 위하여 마그네슘 성분이 필요하므로 2~3년 나다 석회대신 고토석회를 시용하는 것이 좋다.

4. 수분관리

가. 습해 및 배수

① 배는 내습성이 중정도이고 심근성 작물이므로 지하수위가 높아 습하거나 배수가 불량하

여 토양내 산소가 부족해지면 환원물질이 생성 집적되어 새뿌리가 상하기 쉽고 토양환원으로 인한 칼륨, 마그네슘의 흡수가 억제된다.

② 배수방법에는 명거배수와 암거배수가 있다. 전자는 후자에 비하여 시설이 간편하고 비용도 덜든다. 그러나 근군이 뻗을 수 있는 범위가 좁아지는 결점이 있다.

③ 암거배수는 시설에 드는 비용이 크지만 땅을 깊게 파고 시설을 한 다음 다시 메워서 지표면을 평평하게 하기 때문에 과수원 작업에는 별 지장이 없다.

④ 명거배수는 배수량이 많을 때, 배수면적이 넓을 때, 지표면에 물이 고일 때 비교적 쉽게 배수할 수 있을 뿐만 아니라 작업이 용이한 이점이 있다.

⑤ 암거배수는 배수에 소요되는 시간이 더 걸리기 때문에 지선과 간선시설을 명거배수보다 좁은 간격으로 더 많이 만들어야 한다.

⑥ 암거 깊이는 토성이나 지하수위에 따라 다르며 일반적으로 사토에서 1.2m, 양토에서 1.3m, 식토에서 1.4~1.6m, 이탄토에서 1.7m로 하고, 암거 바닥폭은 지선에서 약 25cm, 간선에서 30~40cm로 하고 거구(渠口) 윗부분의 너비는 45~75cm 정도로 한다.

⑦ 암거의 간격은 깊이 뿐만 아니라 토성과도 밀접한 관계가 있어서 식토에서는 깊이의 8배, 양토에서는 12배, 사토에서는 18배 정도로 하나, 지형에 따라 변형을 하여 실시하는 것이 바람직하다.

⑧ 암거배수의 처리단면은 〈그림 9-4〉와 같다.

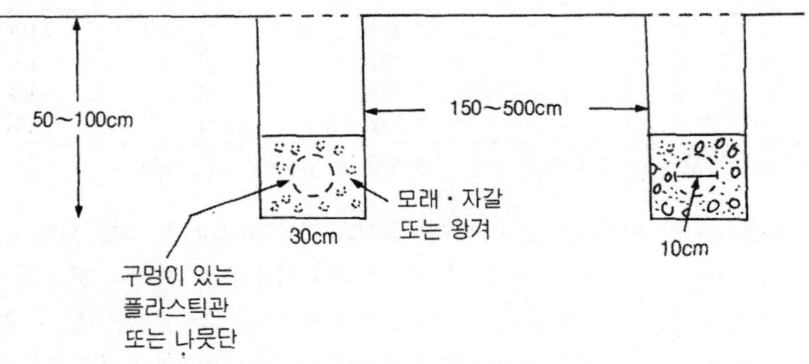

〈그림 9-4〉 암거배수 처리시설 단면

⑨ 신수 품종의 배수효과 〔표 9-15〕는 수체생육이 좋아지고 당도와 과중이 높아져 품질이 향상되었음을 볼 수 있고 화아형성률도 무처리보다 월등히 높았다.

〔표 9-15〕 신수 품종의 배수 효과

처 리	과 중(g)	당 도(°Bx)	줄기둘레비대량(mm)	결과지 눈의 비율(%)		
				화 아	엽 아	맹 아
배 수	240	12.39	99.4	52.1	36.2	11.7
무 처 리	224	12.50	37.4	37.4	25.1	37.4

나. 관 수

우리나라의 연간 강수량은 1,000~1,300mm로 온대 과수재배에 충분한 양이지만 그 대부분이 6월하순에서 8월 중순으로 편중되어 있어 5월과 9~10월에는 잠재 증발량보다 75%가 비올 확률이 낮아 지나치게 건조할 때도 있다. 특히, 하천부지와 경사지에 재식된 과수가 피해를 받는 일이 많게 된다.

1) 배나무의 수분부족 현상

수분부족 때문에 일어나는 생리적 변화에는 여러가지가 있다. 먼저 조직에서는 줄기와 잎의 생육이 멈추게 되고 동시에 세포벽과 단백질합성 등 특히 분열 조직이 필요로 하는 물질의 감소가 현저하게 일어난다.

따라서 세포분열도 쇠퇴하고 이어서 기공이 닫혀져 증산작용과 광합성작용도 약해진다. 식물이 이런 상태가 되면 호흡작용과 광합성산물의 수송도 감소된다.

2) 관수효과

관수효과를 보면 〔표 9-16〕과 같이 주당 과실수도 많고 과중도 무거워져서 품질 향상 및 수량의 증대를 가져와 경제적인 재배법임을 알 수 있다.

〔표 9-16〕 관수가 수량 및 평균과중에 미치는 영향

품　종	처　리	과실수(개/주)	과중(g/개)	수　량(kg)	
				주당수량	10a당 수량
장 십 랑	관　수	211.4	403	85.2	2.812
	자연강우	203.1	323	65.6	2.615
신　고	관　수	46.9	493	23.1	763
	자연강우	42.9	443	19.0	627

또한 관수를 하면 토양내의 무기양분 유효도가 증대되어 무기양분의 흡수가 증가 한다〔표 9-17〕. 특히 칼슘, 붕소 성분은 가뭄이 오래 계속되면 흡수가 저해되어 생리장해를 유발한다.

〔표 9-17〕 관수가 사과(후지/ M26) 엽내 무기성분에 미친 영향

(단위 : %)

처　리	질 소	인 산	칼 리	칼 슘	마그네슘
자연 강우	2.87	0.181	1.43	0.69	0.25
관　수	2.95	0.191	1.51	0.81	0.24

※ 4월 8일부터 관수, 6월 27일 조사, 원시연보, 1988.

3) 관수시기 및 양

① 우리나라 과수재배에서는 5월 중· 하순부터 6월 중순까지가 1차 한발기이고 9월 한달이 2차 한발기이다.
② 낙엽과수에서는 1차 한발기는 생육이 왕성한 시기이고, 2차 한발기는 성숙(착색)이 되는 시기이다. 일반적으로 1차 한발기의 한발 피해가 2차 한발의 피해보다 크다.
③ 관수시기는 10~15일간 20~30mm의 강우가 없으면 관수를 시작하는 것으로 〔표 9-18〕과 같이 관수할 수 있다.

〔표 9-18〕 과수원 1회 관수량 및 관수 간격

토 양	관 수 량(mm)	관 수 간 격(일)
사 질 토	20	4
양 토	30	7
점 질 토	35	9

④ 정확한 관수량 산정방법은 토양 수분곡선을 이용하여 관수 중지점의 수분용량 함량에서 관수점의 수분용량 함량을 빼면 그 수치는 관수해야 할 토양용적에 대한 비율이 된다.
⑤ 예를 들어 어떤 품종을 1,000m^2(300평)면적에 재배하면서 토심 30cm까지 관수하고자 할 때 관수 시작점은 0. 5기압이고 관수 중지점은 0.1기압이었을 때 토양수분 특성 곡선상에서 수분용량 함량은 각각 10%(0.5기압)와 20%(0.1기압)였다고 하면 1회 관수량은 다음과 같이 계산할 수 있다.

$$관수량(m^3) = 관수면적(m^2) \times 관수토심(m) \times (20-10)/100$$
$$= 1,000 \times 0.3 \times 0.1 = 30m^3(톤)$$

이때 관수하고자 하는 토심은 과수의 뿌리 뻗음의 깊고 얕음에 따라 결정된다.

4) 관수 방법별 장 · 단점

관수방법에는 표면관수, 살수관수, 점적관수 등으로 구분되며, 방법별 장 · 단점은 〔표 9-19〕와 같다.

이들 장 · 단점은 자기가 재배하는 과종에 따라 노동력, 설치비용, 관수효율 등을 고려하여야 함은 물론 지형, 토성, 영농규모, 기술수준 등 환경조건도 고려하여 선택해야 할 것이다.

〔표 9－19〕 관수 방법별 장.단점

방 법	장 점	단 점
표면관수	○ 시설비 저렴 ○ 관수기술 간편	○ 관개효율이 낮음(50～60%) ○ 정밀한 정지 작업 ○ 토양침식 심함
	※ 지형은 평탄지, 토성은 양질～식양질, 수원(水源)은 풍부하며 조방에서 기술이 간편할 때.	
살수관수	○ 관수효율이 높음(60～85%) ○ 정지작업 간편 ○ 균일한 수분분포(사질토에 유리)	○ 고가의 시설비 ○ 병해 발생 조장 ○ 토양 유실
	※ 지형은 평탄지 및 완경사, 사질～양질, 수원(水源)은 보통, 대규모 면적에 기술이 필요.	
점적관수	○ 관수효율이 극히높음(90～95%) ○ 관수노력이 불필요 ○ 복합관수 용이 ○ 토양 물리성 악변 방지 ○ 병해발생 억제	○ 고가의 시설비 ○ 고장 점검 곤란 ○ 수질에 따라 관개수 여과
	※ 모든 지형에 가능하며 토성은 모든토성(사토는 주의), 수원(水源)은 소량, 소규모 면적에 고도의 기술이 요구됨.	

제 10 장 비료의 역할과 생리장해

나무가 정상적으로 자라는 데는 16종류의 원소가 필요하고 이들 각각의 원소는 적정농도의 범위에 있어야 한다. 각각 원소들이 적정한계 이하가 되면 원소의 결핍 현상이 오고, 반대로 농도한계 이상이 되면 과잉현상이 일어나 나무와 과실에 여러가지 생육 및 생리장해를 일으킨다.

16원소란 공기와 물에서 흡수하는 탄소(C),수소(H) 및 산소(O)가 있고 토양에서 흡수하는 질소(N), 인(P), 칼륨(K), 칼슘(Ca), 마그네슘(Mg),황(S), 철(Fe), 붕소(B), 구리(Cu), 망간(Mn), 아연(Zn), 몰리브덴(Mo) 및 염소(Cl) 등이 포함된다.

이 중 배나무가 가장 많이 필요로 하는 질소, 인산, 칼리를 비료의 3 요소라 하고 여기에 칼슘과 마그네슘을 합하여 비료의 5요소라 한다.

또한 비료의 5요소에 탄소, 수소, 산소 및 황을 포함시켜서 다량요소라 한다. 이에 대하여 철, 붕소, 구리, 망간, 아연, 몰리브덴 및 염소 등은 배나무에 필수적이기는 하나 극히 미량만을 필요로 하므로 미량 원소라고 한다.

1. 비료성분의 종류와 생리적 역할

가. 질소(N)

1) 질소의 역할

단백질을 구성하는 주성분 중의 하나인 질소는 광합성에 관여하는 엽록소의 구성원소이며, 배나무와 과실의 생장 및 발육과정에 관여하는 효소, 호르몬, 비타민류 등의 구성성분이기도 하다.

배나무에 함유되어 있는 전체 질소의 85%가 단백질 중에 들어 있으며 10%의 질소는 핵산, 그리고 5%의 질소는 유리 아미노산이나 아미드와 같은 작은 분자로 되어 있다.

질소는 생육초기의 전엽수를 증가시키고 엽면적을 확대시킴으로서 활발한 광합성 작용에 의한 탄수화물의 합성을 원활하게 한다.

2) 질소의 흡수와 이동

배과원에 요소를 시용하면 토양 미생물이 분해하는 효소(urease)에 의하여 탄산 암모늄으로 변화되고, 다시 탄산 암모늄이 암모늄과 탄산으로 해리된다. 또한 토양중에 시용된 유기물은 분해되어 단백질 → 아미노산 → 암모니아 형태로 변화된다.

암모니아태 질소는 토양중의 세균(질산 화성균)에 의하여 질산태 질소로 전환된 후 배나무 뿌리에 흡수된다. 뿌리에서 흡수된 질산태 질소는 곧바로 암모니아로 환원되고 이어서 탄수화물과 결합하여 아미노산이 만들어진 후 가지, 잎 및 과실로 이동되므로서 생장과 발육에 이용되고 최종적으로 단백질의 형태로 배나무와 과실 조직에 저장된다.

가을철 낙엽기에는 잎에 저장된 단백질의 약 30%가 다시 아미노산으로 가수분해되어 가지에 축적됨으로써 이듬해 봄 개화, 전엽 및 신초생장에 재활용된다.

3) 질소성분과 과실의 맛

배나무가 충분량의 질소를 공급해야 신초와 잎의 생장이 양호하고 이로 인하여 광합성량이 많아짐으로써 크고 맛좋은 과실을 생산할 수 있다(그림 10-1 참조).

질소질 비료가 지나치게 많이 시용되면 가지가 너무 번무되고 수관내 햇빛쪼임이 나빠져서 오히려 과실 발육이 억제되고 맛없는 과실이 생산된다[표 10-1 참조].

질소과다 과원에서는 과실로의 칼슘 축적이 적어져서 여러가지 생리장해가 발생되고 저장력이 떨어진다.

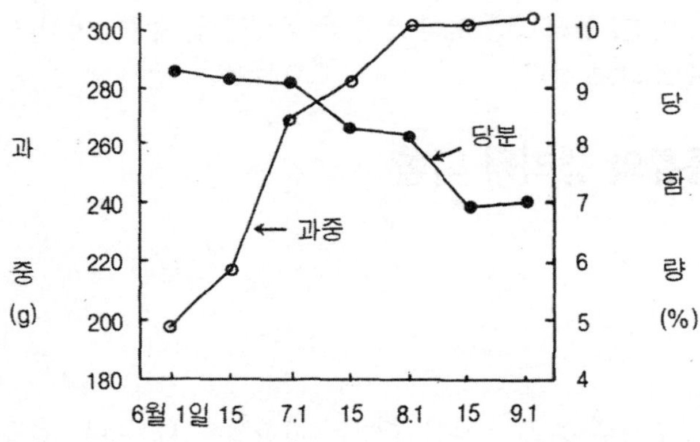

〈그림 10-1〉 사경재배조건에서 여름철의 질소공급 중단과 과실비대 및 당함량과의 관계(품종 : 이십세기)

[표 10-1] 일조(日照)와 비료수준이 배 이십세기의 당함량에 미치는 영향

구 분	질소 과다 시용 칼리 적게 시용	질소 적량 시용 칼리 적량 시용
충분한 일조량	10.7%	13.7%
적은 일조량	7.1	9.6

4) 질소의 과부족에 의한 생리장해

가) 질소 결핍

질소가 부족하면 생장속도가 매우 빈약하고 개화가 되더라도 결실률이 낮으며 과실의 발육

도 불량하여 수량이 적고 품질도 좋지 못하다.

한편 잎의 결핍증상은 엽록체의 발달이 정상으로 되지 않아 대개 황화현상을 나타내며 하부엽부터 시작하여 잎전체에 나타난다.

나) 질소 과다

질소의 과다 증상은 질소질 비료를 많이 시용하는 우리나라 과수원에서 흔히 볼 수 있는 현상이다. 전형적인 증상은 새가지의 신장이 과도하게 촉진되고 잎이 비정상적인 암록색을 띤다.

수체의 세포가 연약하게 커지며 세포내 내용물의 농도가 낮아져서 동해를 받기 쉽다. 질소가 과다하면 많은 탄수화물이 단백질 합성에 소모되므로 꽃눈 형성이 불량해지고 과실에 공급될 탄수화물이 부족하여 과실이 작아진다.

다) 방지대책

질소는 수체내의 흡수와 이동이 매우 잘 되므로 부족될 우려가 있을 경우에는 질소질 비료를 시용함으로서 쉽게 회복시킬 수 있다.

토양의 여건상 뿌리가 질소질 비료를 제대로 흡수할 수 없거나 결핍증상이 심해지면 토양시용과 더불어 요소를 엽면시비(0.5%)하는 것이 효과적이다. 질소가 과다한 경우에는 당분간 질소질 비료를 주지 말고 유기물만을 공급하며 나무의 상태를 보면서 서서히 질소비료 시용량을 늘려간다.

나. 인산(P)

1) 인산의 역할

인산은 새가지와 잔뿌리 등 생리작용이 왕성한 어린 조직중에 많이 함유되어 가지와 잎의 생장을 충실하게 하고 탄수화물의 대사에 중요한 역할을 한다〈그림 10－2〉.

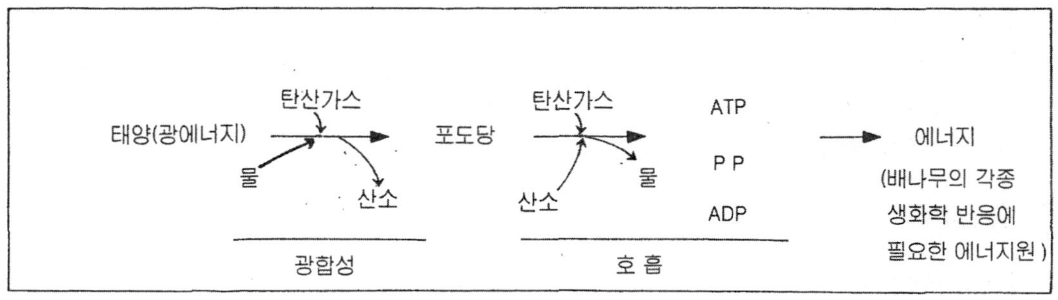

〈그림 10－2〉 배나무 에너지 대사에 대한 인(P)의 역할

또한 단백질의 합성에 중요한 성분으로서 수량을 증가시키고 당함량을 많게 하는 반면 신맛을 적게 하여 과실 품질을 양호하게 하며 성숙을 촉진시키고 저장력을 증가시킨다.

2) 인산의 흡수와 이동

배나무 뿌리는 인산 흡수력이 매우 강하여 토양중 인산의 농도가 낮아도 비교적 많은 인산을 흡수할 수 있다. 또한 인산은 pH 6.0 정도에서 뿌리에 흡수가 잘 되며 마그네슘이 신초나 열매로 이동할 때 함께 이동할 수 있어 서로 도와준다.

배나무에 흡수된 인산은 10분 이내에 흡수된 인산염의 80%가 여러 유기화합물에 합류된다. 식물체 안에서 인산은 매우 이동성이 커서 상하좌우로 전류되는데 도관부를 통하여 상향 이동이 되고 체관부를 통하여 뿌리쪽으로 하향 이동된다.

3) 인산의 과다, 부족에 의하여 나타나는 생리장해

가) 인산의 결핍

① 인산의 결핍증상은 일반 과수원 포장에서는 발견하기가 매우 힘드나, 결핍되면 잔뿌리 생장이 억제되며 가지의 생육이 불량해지고 어린 잎이 기형화되어 암록색을 나타낸다.

② 잎은 광택이 없어지고, 잎과 줄기와의 각도가 좁아진다. 증상이 진전됨에 따라 잎의 선단과 잎 가장자리에 엽소현상이 나타나고 심하면 낙엽된다.

③ 결핍증상의 발현은 영양생장이 왕성한 시기에 나타나기 때문에 영양생장이 완료되는 늦여름에는 증상이 덜 뚜렷하다.

④ 곁눈도 휴면상태로 있거나 죽어서 곁가지의 발생이 적어진다.

⑤ 개화와 결실량이 감소되고 봄에 발아가 지연되는 수도 있다.

나) 인산 과다

인산은 토양중에서 많은 양이 불용성으로 고정되고 토양내에서의 이동이 극히 제한되어 있기 때문에 배나무나 과실에서의 인산과다 증상은 발견하기 어렵다. 하지만 인산을 지나치게 많이 시용하면 토양의 염류 농도를 높여서 농업용수 및 식수의 오염원이 된다.

다) 방지대책

인산결핍은 토양 중 불용성 인산화에 기인되는 경우가 많으므로 유효태 인산으로 유지해야 한다. 토양 산도를 pH 6.0 정도로 교정하고 퇴비 등 유기물과 인산을 함께 시용함으로써 비효를 높일 수 있다.

인산이 결핍된 나무에서는 인산의 비효가 빨리 나타나게 하기 위해서 제1인산칼륨 1% 용액을 생석회 0.5% 용액과 혼합하여 살포해 준다.

다. 칼리(K)

1) 칼리의 역할

칼리는 생장이 왕성한 부분인 생장점, 형성층 및 곁뿌리가 발생하는 조직과 과실 등에 많이 함유되어 있다. ATP의 생성을 촉진하여 동화산물의 이동을 촉진시키고 과실의 발육을 양호하게하며 과실의 당도를 높인다. 또한 과실의 저장성을 높이며 부족하면 과실의 발육이 불량하여 수량이 적어진다.

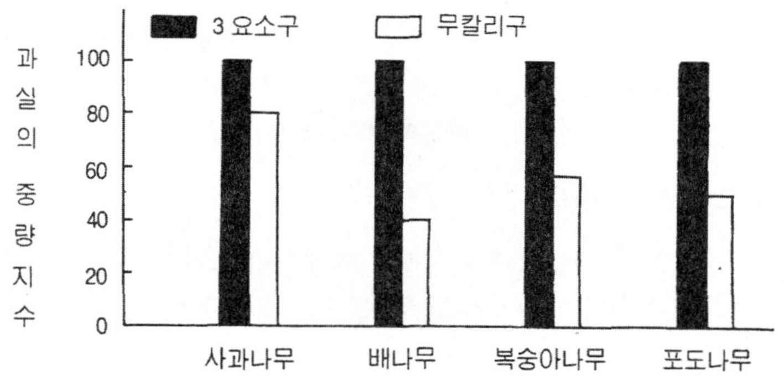

〈그림 10-3〉 주요과수에 대한 칼리의 시용이 과실의 무게에 미치는 영향

2) 칼리의 길항 작용

배과원 토양에서 칼리를 과다 시용하면 〈그림 10-4〉에서 보는 바와 같이 마그네슘과 칼슘 흡수를 억제시키는데 이와 같은 현상을 길항작용이라 한다. 같은 원인으로 석회나 고토를 과다 시용하면 배나무 뿌리에서 칼리의 흡수량이 상대적으로 격감되어 결핍증이 나타난다.

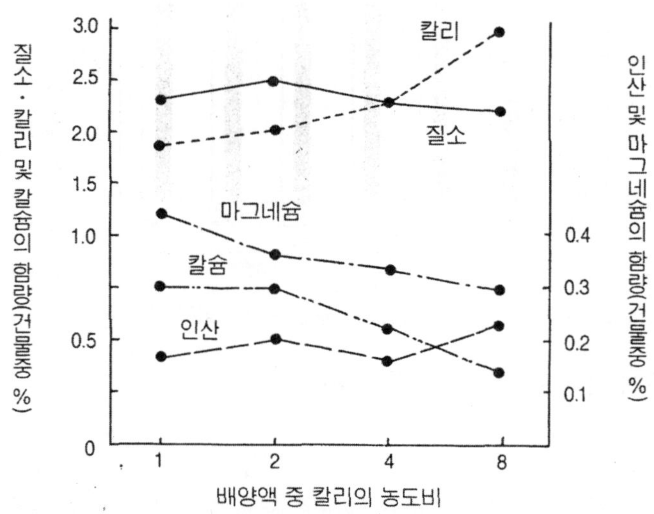

〈그림 10-4〉 칼리의 농도 증가가 잎의 질소, 인산, 칼슘, 마그네슘 등의 함량에 미치는 영향

배나무에 칼리비료를 지나치게 많이 시용하면 유부과의 발생률이 많아지는데 이 유부과에는 칼슘함량이 매우 적다. 따라서 이와 같은 길항작용을 최소화하기 위해서는 균형된 시비가 필요하다.

3) 칼리의 흡수와 이동

① 칼리는 배나무 뿌리에서 능동적으로 흡수되기 때문에 흡수율이 높으며 식물체내에서 이동이 원활하여 노화된 조직에서 어린조직으로 재이동된다.

② 식물체내의 칼리는 대부분 영양생장기에 흡수되며 과실이 자람에 따라 과실내에 많이 이동된다.

③ 흡수된 칼리는 세포질에 50% 이상이 유리상태로 있다.

4) 칼리에 의한 배 수량 및 품질의 영향

배의 발육중에 칼리가 부족되면 과실비대가 심하게 억제되어 소과가 생산되는 것으로 보아 칼리는 과실 크기와 다수확을 위하여 매우 중요한 비료이다. 특히 6월중에 칼리가 부족하면 과실비대가 극히 불량해진다〈그림 10-5〉.

칼리와 과실의 맛과의 관계는 칼리부족에 의하여 당함량이 다소 감소되지만 그 감소의 범위는 1% 안팎에 불과하다.

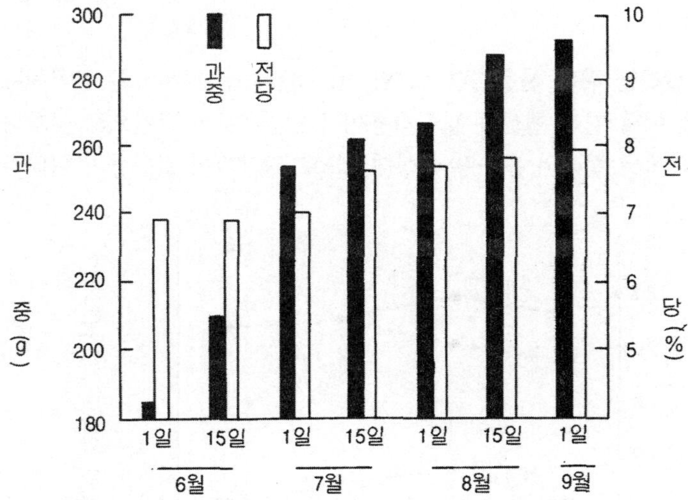

〈그림 10-5〉 사경재배 조건하에서 여름철의 칼리공급 중단과 과실 비대 및 당함량과의 관계(품종 : 이십세기)

5) 칼리의 과·부족에 의하여 나타나는 생리장해

① 칼리의 결핍

칼리의 결핍 증상은 생장초기에 나타나는 일은 드물고 발육이 상당히 진행된 후 성엽(成葉)의 가장자리에 엽소현상이 나타난다. 어린 잎은 정상수에서 보다 크기가 작아지지만 증상은 덜 심하며 대개 과다결실된 나무에서 결핍증상이 더 현저하다.

② 칼리의 과다

배나무에서 칼리의 과다 증상은 발견하기가 매우 어려우나 토양에 칼리가 많이 함유되어 있으면 칼슘, 고토 등 양이온의 흡수를 억제하여 이들 원소의 결핍을 유발할 수 있다.

6) 방지 대책

칼리는 뿌리의 흡수가 용이하므로 부족될 염려가 있으면 토양에 시용하면 되고 사질토양에서는 보비력이 약하므로 몇차례로 나누어 분시를 하는 것이 효과적이다.

엽면시비의 경우는 인산과 마찬가지로 제1인산 칼리 1% 용액에 생석회 0.5% 용액을 혼합하여 살포한다.

칼리를 과다 시용할 경우에는 길항작용에 의해 흡수가 부족될 것이 예상되는 원소들을 엽면 살포함과 동시에 당분간 칼리질 비료를 줄여 시용한다.

라. 칼슘(Ca)

1) 칼슘의 역할

① 칼슘은 비료로서의 역할보다는 토양 중화제로서의 역할이 더 큰 비중을 차지한다.
② 토양에서 칼슘은 산성토양에서 생기기 쉬운 망간의 활성화, 마그네슘, 인산 등의 불용화를 방지한다.
③ 칼슘은 유익한 토양 미생물의 활동을 촉진시켜 토양의 입단 구조를 양호하게 하는 등 토양의 이화학적 성질을 개량하는 효과도 매우 크다.
④ 식물체에서는 각종 효소의 활성을 향상시키고 단백질의 합성에 관여하며, 세포막에서 다른 이온의 선택적 흡수를 조절한다.
⑤ 세포막에서 펙틴 화합물과 결합하여 세포벽의 견고성을 유지하는 역할을 한다.
⑥ 에틸렌의 발생을 적게 하고 과실의 저장중 호흡을 억제시켜 저장력을 향상시킨다.

2) 칼슘의 흡수와 이동

식물체의 칼슘 흡수량은 토양용액 중 칼슘의 절대적 농도보다 다른 양이온성 무기 염류의 농도에 의하여 좌우될 때가 많다. 즉, 암모늄 이온은 칼슘 흡수를 가장 저해하고 칼리, 마그네슘, 나트륨 이온의 순으로 칼슘 흡수를 억제한다. 한편, 질산, 인산과 같은 음이온은 칼슘의 흡수를 촉진시킨다.

칼슘은 다른 무기성분과는 달리 수동적 흡수에 의존하므로 잎의 증산 작용이 활발할 때에 흡수 속도가 빠르며, 또한 뿌리의 표피가 갈변된 이후에는 칼슘흡수가 거의 불가능하므로 주로 새뿌리에서 칼슘이 많이 흡수된다. 한편 토양중에 충분한 칼슘이 분포되어 있더라도 토양이 너무 건조하면 뿌리가 흡수하지 못하므로 적당한 토양수분이 공급되어야 한다. 뿌리로부터 흡수된 칼슘이 목질부와 도관까지 이동되면 원줄기와 연결된 도관을 통하여 가지, 잎, 과실로 이동하는데 식물체내에서 이동성이 매우 적어 식물체 각 기관에의 분포가 균일하지 않다.

일반적으로 칼슘은 성엽(成葉)에 많이 축적되고 과실내의 집적은 매우 적으며, 수체의 상단부로 갈수록 함량이 낮다.

3) 칼슘의 과부족에 의하여 나타나는 생리장해

가) 칼슘의 결핍

전형적인 칼슘 결핍 증상은 잎의 선단이 황백화되고 신초생장이 정지되며 차차 갈변되면서 고사한다. 그리고 칼슘은 세포벽의 구성 물질이므로 부족하면 세포벽이 쉽게 붕괴되어 분질화되고 저장력이 저하된다.

나) 칼슘의 과다

석회질 비료를 일시에 과다 시용하면 토양 pH 상승으로 다른 비료요소의 불용화에 따른 결핍증상이 나타난다. 특히 칼리와의 길항작용으로 칼리 결핍을 초래할 염려가 있다.

다) 방지 대책

① 결실수에서 석회질 비료는 생육초기에 토양에 시용해야 하고, 이 시기에 적당한 토양조건 및 기상조건이 과실의 칼슘함량에 중요한 영향을 끼친다.
② 과도한 영양생장은 과실의 칼슘 함량을 감소시킨다.
③ 가뭄은 토양의 칼슘 이동을 더욱 제한시키고 뿌리의 흡수를 억제하므로 관수를 하여 적당한 토양수분을 유지해 준다.
④ 칼슘의 흡수부족과 이동의 불균형으로 과실에 생리장해가 우려되면 염화칼슘 0.3~0.4% 용액을 결핍증상이 나타나는 부위를 중심으로 살포한다.

마. 마그네슘(苦土, Mg)

1) 마그네슘의 역할

마그네슘은 엽록소를 구성하는 필수원소이며 칼슘과 더불어 세포벽 중층의 결합염기에 중요한 역할을 한다(그림 10-6).

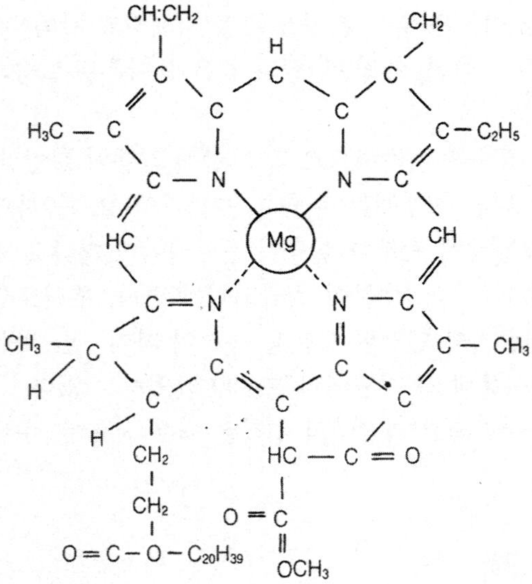

〈그림 10-6〉 배나무 엽록소(a)의 구조
마그네슘(Mg)은 핵을 이룬다.

인산 대사나 탄수화물 대사에 관계하는 효소의 활성도를 높여 주고 토양중에서는 칼슘과 함께 토양산성의 교정능력이 있다.

2) 마그네슘의 흡수와 이동

① 마그네슘은 석회암 토양에서는 대부분 가급태의 상태로 충분히 존재하나, 강한 산성 토양에서는 결핍되기 쉽다.
② 흡수된 마그네슘은 칼슘과 마찬가지로 도관부 증산류를 타고 위쪽으로 이동하며 체관부에서도 어느 정도 이동이 가능하다.
③ 적당량의 칼리는 마그네슘이 과실과 저장조직으로 이동하는 것을 돕는다.

3) 마그네슘의 결핍에 의하여 나타나는 생리장해

가) 결 핍

마그네슘은 생장이 왕성한 유목이나 뿌리환경이 불량하여 흡수가 저해될 때 특히 과실비대가 왕성한 7월 이후에 나타나기 쉽다. 착과부위 잎이나 발육지 기부의 잎에서 많이 발생한다. 심하게 나타날 때는 칼리의 결핍증같이 잎 가장자리가 타는 현상이 나타날 수도 있지만 보통 엽맥 사이의 엽록소가 파괴되어 황백화한다.

과실에 미치는 영향으로써 증상이 경미할 때는 피해가 없으나 심하면 조기 낙엽으로 인하여 과실비대가 부진하고 단맛이 감소하여 품질이 떨어진다.

식물체가 이용하는 치환성 마그네슘의 함량은 주로 산성화됨에 따라 용탈되어 감소되고, 또한 칼리질 비료의 시용이 지나치게 많을 경우에는 길항작용에 의하여 마그네슘이 결핍된다.

나) 방지 대책

① 마그네슘의 결핍을 방지하기 위해서는 토양의 산성화를 방지하고 칼리질 비료의 과다시용을 피한다.
② 고토석회, 황산마그네슘, 농용석회 등을 토양에 시용하며 토양물리성을 개량하여 주고 유기물을 충분히 넣어 준다.
③ 응급조치로 황산마그네슘 2%용액을 수관 전면에 살포한다.

바. 붕소(B)

1) 붕소의 역할

① 붕소는 미량요소이지만 적정함량의 범위에서 조금이라도 부족하거나 과다하게 시비되면 예민하게 각종 생리장해를 유발하여 이상 증상을 나타낸다.
② 붕소는 원형질의 무기성분 함량에 영향을 주어 양이온의 흡수를 촉진하고 음이온 흡수를 억제한다.
③ 붕소는 개화 수정할 때, 꽃가루의 발아와 화분관의 신장을 촉진시켜 결실율을 증가시킨다.
④ 붕소는 뿌리와 신초의 생장점, 형성층, 세포분열기의 어린과실에 필수적이며 붕소가 부족하면 이들 분열조직이 괴사된다.

⑤ 붕소는 배잎의 광합성 산물인 당분이 과실, 가지 및 뿌리로 전류되는 것을 돕는다.

2) 붕소의 흡수와 이동

붕소는 광물질 양분원소 중 가장 가벼운 비금속 원소로 토양 및 식물체에 3가 형태의 화합물로 존재한다.

식물에 대한 붕소의 유효도는 토양 pH, 토성, 토양수분, 식물체 중의 칼슘함량 등에 의해서 영향을 받는다. 〈그림 10-7〉에서와 같이 식물의 붕소 흡수는 pH의 증가와 더불어 감소되는데 수용성 붕소 함량이 동일할지라도 pH가 높아지면 식물의 붕소 흡수량은 감소된다.

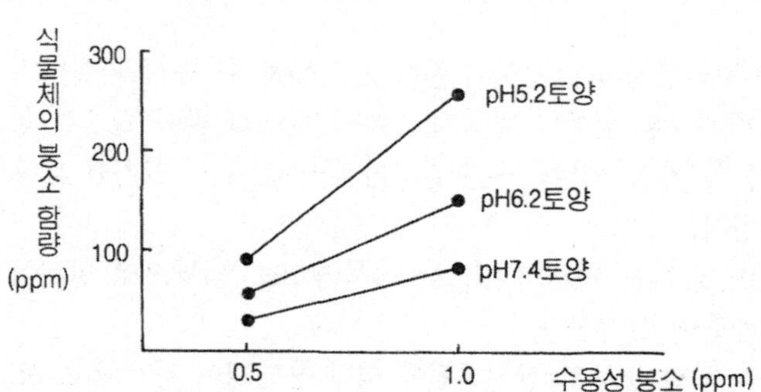

〈그림 10-7〉 식물체의 붕소흡수에 미치는 토양 pH의 영향

비가 오지 않고 건조한 기간이 지속되면 토양중 세균의 활성이 저하되어 유기물의 분해가 늦어지고 붕소의 방출량이 적어질 뿐 아니라 붕소 고정량이 증가하고 토양중 붕소의 이동이 제한되어 부족현상을 초래하기 쉽다.

3) 붕소의 결핍과 과다

가) 붕소의 과부족에 의하여 나타나는 생리장해

붕소의 결핍증상은 과수 신초, 잎과 같은 영양생장 부위보다 과실에서 먼저 나타나는데 과육에 콜크 증상이 나타나거나 과육이 갈변되기도 한다. 영양생장 부위에 나타나는 전형적인 붕소 결핍 증상은 정단분열 조직의 발육이 중지되고 새가지의 선단이 고사하며 그 밑에 약한 가지가 총생한다. 또 심하면 흑변하여 말라 죽는다.

붕소는 알칼리성 토양이나 석회질 비료의 시용이 과다할 때, 사질토양에 유실이 많을 때, 건조에 의해 흡수가 불가능하거나 강우에 의해 유실이 많을 때 부족되기 쉽다(그림 10-8).

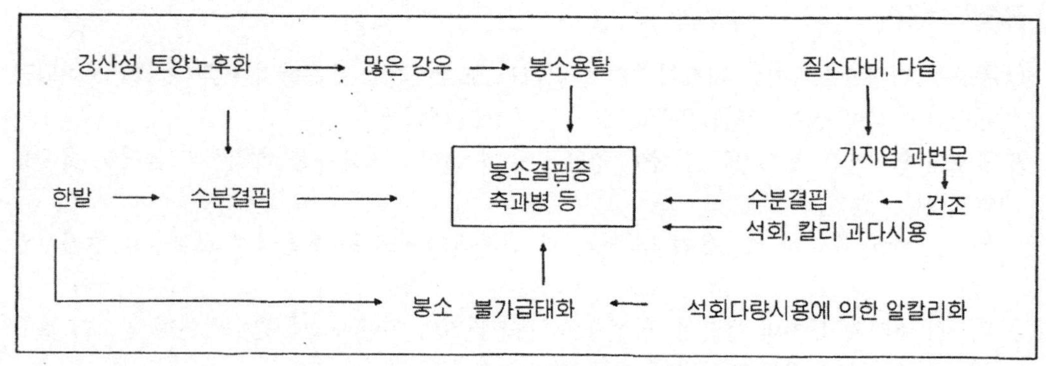

〈그림 10-8〉 붕소의 결핍이 발생하는 조건

나) 붕소의 과다

붕소의 과다 증상은 7월 중순경부터 나타나며 신초 중앙부위의 잎이 아래쪽으로 만곡되고, 잎의 주맥을 따라 부근 조직이 황화되며 잎 전체가 기형으로 뒤틀리는 모양이 된다.

시일이 경과함에 따라 이 증상은 새가지의 선단쪽으로 이행하며 증상이 진전되면 1~2년생 가지도 고사한다. 〔표 10-2〕는 과다 과원의 잎과 정상과원의 잎을 비교한 것이다.

일반적으로 우리나라 토양에서는 붕소 함량이 낮은 편이나 최근에 붕사의 시용량이 많아지면서 점차 토양에 누적되어 과다증상이 나타나곤 한다. 또한 빈번한 붕소의 엽면살포시 과다증상이 유발될 경우도 있다.

〔표 10-2〕 정상과원과 붕소과다 피해과원의 배 신고품종 엽내 무기성분 함량

구 분	질 소	인 산	칼 리	칼 슘	마그네슘	붕 소
정상과원	1.82 %	0.13 %	1.25 %	0.95 %	0.11 %	39 ppm
과다과원	2.00	0.13	1.07	1.29	0.16	120

다) 방지 대책

붕소의 결핍을 방지하기 위해서는 충분한 유기물을 시용하여 토양의 완충능을 높이고 5~6월 한발기에는 한발 피해를 받지 않도록 주의하며 2~3년에 1회 정도 붕사를 10a당 2~3kg을 시용한다. 결핍증상이 나타날 우려가 있을 경우에는 0.2~0.3%의 붕사 용액을 2~3회 엽면 살포한다.

붕소 과다증상이 발생할 경우에는 붕소의 시용을 중단하고 농용석회를 과원 전면에 살포하여 붕소를 불용화시킴으로써 뿌리에서의 흡수를 억제한다.

사. 철(Fe)

1) 철의 역할

철은 배나무 수체내의 여러가지 효소 구성성분으로서, 이들 효소 가운데 특히 엽록소의 생성에 필수적인 철이 부족하면 효소의 불활성화에 의하여 잎이 황화 또는 황백화된다.

또한 철은 배나무의 광합성작용과 호흡작용 또는 뿌리에의 음이온 흡수 등에도 직접, 간접적으로 관여한다.

2) 철의 흡수와 이동

철은 우리나라 토양중에 충분히 함유되어 있고 산성토양에서는 그 용해도가 높아서 배나무에 용이하게 흡수된다. 그리고 붕소나 석회와 마찬가지로 수체내에서 이동이 잘 되지 않아서 신초의 생장점에 가까운 어린 잎에서 철 결핍증이 발생한다.

3) 철의 결핍에 의하여 나타나는 생리장해

① 철의 결핍은 과수원이 석회암 지대에 있거나 석회를 일시에 지나치게 많이 시용한 경우에

발생된다.

② 구리, 망간, 니켈 및 코발트 등 중금속 원소가 토양중에 과다할 때 길항작용에 의하여 철의 흡수가 억제된다.

③ 철 결핍증상으로는 발육지의 생장이 왕성한 5월경 신초 선단부 잎의 엽맥 부분이 황백화하여 잎 전체가 그물처럼 보인다. 이 증상은 신초에 가까울수록 심하며, 잎에 다수의 갈색 반점이 생기고, 신초의 생장이 중지되며 시간이 경과하면 낙엽이 되거나 가지가 말라 죽는다.

④ 석회과용으로 인한 철분결핍은 유기철(Fe－EDTA 또는 구연산철) 1kg을 물 10ℓ에 녹여 수관 하부에 뿌린다.

⑤ 배수 불량지나 지하수위가 높은 곳은 배수시설을 한다.

⑥ 응급조치로는 황산철 0.1～0.3% 용액을 엽면시비한다.

2. 생리장해와 방지대책

과수의 잎, 가지, 과실에 병해충이나 물리적 피해를 받지 않은 상태에서 외부형태나 구조에 이상이 생기거나 생리적 기능이 정상이 아닌 상태를 생리장해라 한다.

이러한 생리장해 요인은 크게 양분의 과부족, 생육 온도, 광, 수분 등 환경이 불량한 경우, 저장중에 저장조건이 적합하지 않을 때, 기타 병해충의 직접적인 영향이나 약제에 의한 것으로 나눌 수가 있다.

가. 환경요인에 의하여 발생하는 생리장해

1) 엽소현상

가) 증상

주로 과총엽의 선단부 또는 잎의 한쪽이 흑갈색으로 괴사하거나 심해지면 잎자루만 남고 잎 조직이 흑색으로 말라 죽으면서 결국 조기에 낙엽되고 만다. 서양배에서 비교적 발생이 심하지만 동양배인 행수 품종에서도 빈번히 발생하며 신수와 풍수에서도 간혹 이와 같은 증상이 나타난다.

나) 발생원인

8월의 고온 건조 조건하에서 기공의 개폐기능이 저하된 잎이 과도한 증산작용으로 수분이 부족할 때, 뿌리에서 충분한 수분을 공급하지 못하여 엽소현상이 나타나게 된다. 어린잎보다는 잎의 기능이 떨어진 노엽에서 많이 발생한다.

다) 방지대책

① 토양 개량과 유기물을 투입하여 뿌리의 기능을 원활하게 함으로써 뿌리의 수분흡수를 용

이하도록 한다.

② 장마철에 배수가 잘 되지 않는 곳에서 뿌리의 기능이 저하되어 수분흡수에 지장을 받게 되므로 장마철에 배수관리를 철저히 해야 한다.

③ 가지와 잎이 과번무하지 않도록 균형시비하고 수분관리를 철저히 한다.

2) 돌배현상

가) 증상

돌배현상은 장십랑 품종에서 자주 발생되는 반면 신수, 행수, 풍수 및 신고 품종에서는 거의 발생되지 않는다. 과정부의 과육이 딱딱하게 경화되는 현상으로 물기가 적어 심한 것은 먹을 수가 없다.

육안으로 식별되는 시기는 7월 상순부터이며 8월 상순경에 가장 심하게 발생된다.

외관적 특징은 유부과처럼 과실표면이 다소 울퉁불퉁하지만 수확기에 이르러서도 과정부의 과피에 녹색부위가 남아 있는 점이 유부과와 다르다. 경우에 따라서는 과실이 크지도 않고 소과로 되며 배꼽부분이 암갈색으로 변한다. 과형은 정상과인 원형에 비하여 편원형에 가깝다.

나) 발생원인

돌배현상은 토양과 수체의 여러가지 요인이 복합적으로 관여할 때 발생되며 토양적인 원인으로서 중점토양에서 생육기중 배수가 불량하거나 토양 물리성이 불량하여 건조 및 과습의 변화가 심한 과수원, 또는 칼리질 비료의 시용량이 지나치게 많은 과원에서 발생이 많다.

나무조건으로는 수체내 칼슘 함량이 적은 반면 칼리 함량이 상대적으로 많을 때와 유목기 지상부의 생육이 지나치게 왕성할 경우 또는 강전정으로 나무의 지상부 대 지하부의 균형이 깨어졌을 때 등의 요인이 복합적으로 관여한다.

다) 방지대책

① 근본적인 방지대책은 뿌리의 기능을 활성화시켜 주는 것으로 토양개량과 충분한 양의 유기물 시용이 필요하다.

② 칼리 비료를 과다 시용하지 않아야 하며, 생육기중 염화칼슘 0.5%액을 2~3회 엽면 살포한다.

③ 적뢰 및 적과를 적기에 실시하고 도장지 발생을 억제한다.

④ 봄철의 심경에 의한 단근은 뿌리의 정상적인 생육을 억제하므로 휴면기에 심경한다.

3) 유부과 현상

가) 증 상

유부과는 과실표면이 매끈하지 않고 마치 유자 껍질처럼 울퉁불퉁하게 되는 현상으로 이십세기, 신흥 및 장십랑 품종에서 자주 발생하며 증상이 심해질 경우 과정부의 경화로 인하여 상품성이 떨어지기도 한다.

나) 발생원인

정확한 발생 원인은 아직 밝혀진 바 없으나 과실 비대기의 수분 부족 또는 석회와 붕소결핍 등 여러가지 요인이 관여하고 있는 것으로 알려지고 있다.

〔표 10-3〕에서 보는 바와 같이 이십세기 품종의 경우 6월과 7월에 토양이 건조하게 되면 유부과 발생이 심해지고 칼리질 비료를 과다하게 시용해도 유부과 발생이 비례적으로 증가된다.

유부과는 건전한 토양에서 뿌리의 활력이 저하되어 수분흡수량보다 증산량이 현저히 많을 경우에 발생하며 돌배나무를 대목으로 사용한 나무에서 발생이 심해지는 경향을 보이기도 한다.

〔표 10-3〕 배 품종별 유부과 발생 비교

품 종	건 전 과	유부과증상구분		
		경	중	심
이 십 세 기	0%	23.0%	38.5%	38.5%
장 십 랑	0	0	55.8	44.2
신 홍	0	35.3	23.0	41.5
신 수	76.2	14.3	9.5	0
행 수	47.8	38.6	13.6	0
풍 수	100.0	0	0	0

다) 방지대책

① 토양개량을 실시하여 뿌리가 깊고 넓게 발달되도록 하며 통기성과 보수성을 좋게 한다.

② 대목으로 내건성이 높은 만주콩배, 실생공대에 접목한 묘목을 재식한다.

③ 토양관리시 건조와 과습이 번갈아 오지 않도록 관수 및 배수를 적절히 한다.

④ 전정시에는 도장지의 발생이 적게 나오도록 측지의 세력을 조절한다.

⑤ 매년 유부과의 발생이 심한 과원에서는 봉지를 씌우지 않는다.

4) 밀 병(蜜病)

가) 증 상

수확기에 잘 익은 배를 쪼개보면 과육부에 꿀과 같은 반투명한 액체가 함유된 수침상의 조직이 관찰되는 경우가 있는데 이와 같은 증상을 밀병이라고 한다.

일반적으로 수확기가 지연되면 과숙된 과실에서 많이 발생하지만 풍수품종에서는 미숙과에서도 발생되는 경우가 있다.

나) 발생원인

밀병증상의 원인은 명확하게 밝혀지지 않았으나 품종에 따라 차이가 있으며 현재 일본에서는 130품종 중 약 50% 품종에서 발생되고 있다고 한다.

풍수 품종에서는 여름철 저온이 원인이라는 보고도 있는데 일반적으로 유목보다는 노목에서 많이 발생되며, 과다 착과되어 발육지가 자라지 않거나 수세가 약한 나무에서 많이 발생한다.

다) 방지대책

① 고온 건조한 해에 수세가 약한 나무에서 많이 발생하므로 토양개량을 하여 뿌리의 발달을 촉진하고 착과량을 조절한다.
② 과숙되지 않도록 적숙기에 수확한다.
③ 일조량 부족시 밀병이 많이 발생하므로 가지유인 및 여름전정을 하여 햇볕이 수관내부에 잘 투입되도록 하고 수세가 강건하도록 시비관리를 잘 해야 한다.
④ 붕소를 과다 시용하지 말고 적정량을 시용한다.

5) 열 과

가) 증 상

수확기 무렵에 과피가 갈라지는 현상으로서 과피가 얇고 육질이 유연한 품종에서 발생한다.

나) 발생원인

과실비대기에 고온 건조하거나 또는 수확기에 가물었다가 일시에 많은 비가 내리면 심하게 발생한다. 이는 과실내에 흡수된 다량의 수분으로 과육이 팽창함에 따라 과피조직이 팽압을 견디지 못하여 갈라지는 현상이다. 특히 봉지를 씌우지 않은 과실에서 햇빛을 많이 받는 면은 과피의 두께가 얇고 신축성이 약하므로 열과가 심하다.

점질토양보다는 사질토양이, 심근성 나무보다는 천근성 나무에서 수분변화가 심하여 열과율이 높다. 토양에 칼슘이 부족할 때 펙틴물질의 합성이 억제되어 과피의 신축성 저하로 열과가 조장된다.

다) 방지대책

① 매년 열과가 심한 과원에서는 봉지를 씌워서 재배를 하되 신문봉지보다는 배 전용 종이로 만든 봉지를 씌우는 것이 좋다.
② 사질토양에서는 한발피해를 받지 않도록 관수를 하거나 피복을 하여 토양 수분을 유지해준다.
③ 석회가 부족한 토양에서는 10a당 200~300kg의 농용석회를 심경시 퇴비와 함께 시용한다.

나. 저장중 발생하는 생리장해

1) 과피 흑변 (黑變) 현상

가) 증상

저장중인 과실의 표피에 흑갈색의 반점이 나타나는 현상으로서 초기에는 몇개의 작은 반점이 발생한 후 점차 크게 확대되는데 심한 경우에는 80~90%의 과피면이 흑변된다.

과피 흑변현상은 과피 피층조직에 얇게 분포되어 내부의 과육에는 이상이 없으므로 과실 껍질을 깎아서 식용할 경우 정상과와 차이가 없으나 과실 외관상 상품성이 떨어진다. 발생이 심한 품종은 금촌추, 추황배, 신고 등이다.

나) 발생원인 및 방지대책

(1) 발생기작

과피에 함유되어 있는 폴리페놀(Polyphenol) 화합물이 산화효소인 폴리페놀 옥시다제(Polyphenol oxydase)의 작용를 받아 변색된다.

(2) 패대와의 관계

과피 흑변현상은 봉지를 씌운 과실에서 발생되고 봉지의 종류에 따라 흑색봉지에서 가장 발생이 심하다. 다음으로 2중봉지, 신문봉지의 순이다.

[표 10-4] 신고 품종의 패대 및 봉지 종류가 과피흑변에 미치는 영향

구 분	무 패 대	황 색 봉 지	흑 색 봉 지	신 문 봉 지
과 피 흑 변 발 생 율(%)	0	22.0	26.1	9.1

※1992. 시험연구보고서, 과수연구소

(3) 무기성분과의 관계

칼리비료를 증시하면 과피의 폴리페놀 함량이 감소되어 과피흑변이 억제된다.

염화칼리의 시용이 과피흑변 발생억제에 효과적이다.

[표 10-5] 칼리비료의 시비량의 배신고 품종 과피의 폴리페놀 함량과의 관계

칼 리 시 비 량 (g/주)	과 피 중 폴 리 페 놀 함 량 (mg/100g)			토 양 중 칼 리 함량(ppm)
	10월 1일	10월 15일	10월 30일	
175	31.5	28.8	24.9	215
350	23.9	24.6	21.1	250
525	18.9	18.3	15.3	295
700	16.4	17.1	14.2	478

[표 10-6] 칼리비료의 종류와 신고 품종의 괴피흑변과의 관계

구 분	과 피 흑 변 과 율 (%)
황 산 칼 리	14.8
염 화 칼 리	10.0
무 처 리	24.8

※ 1992. 시험연구보고서, 과수연구소

(4) 수확시기와의 관계

수확시기가 늦어질수록 과피흑변 발생률이 높아지고 흑변부위가 크게 확대된다.

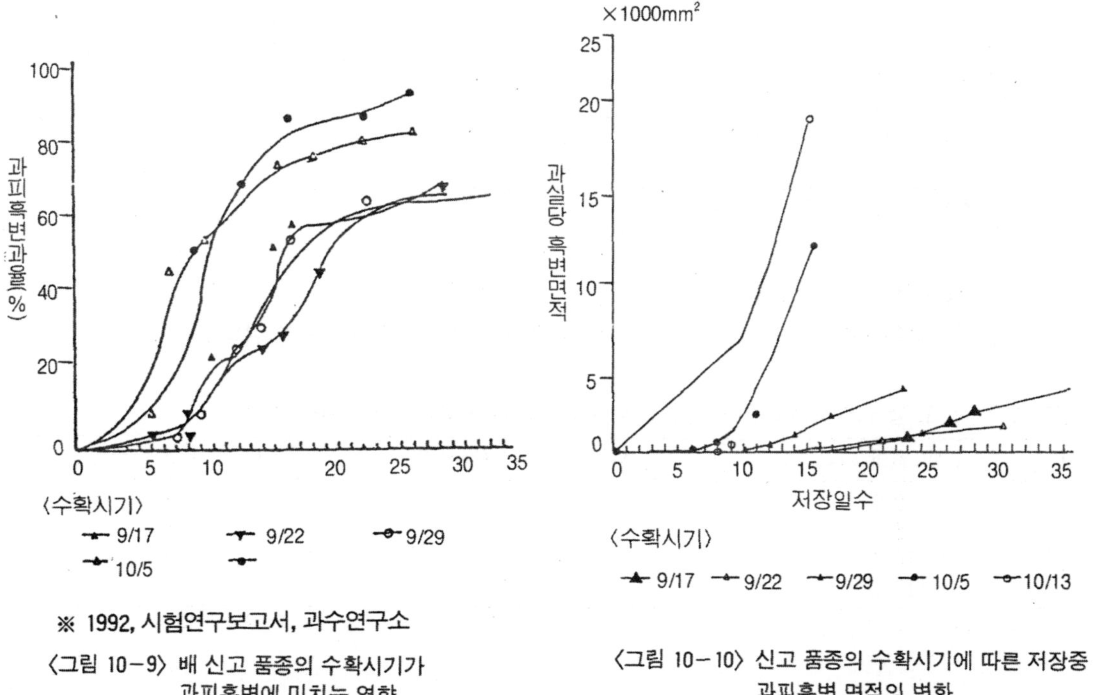

※ 1992, 시험연구보고서, 과수연구소

〈그림 10－9〉 배 신고 품종의 수확시기가 과피흑변에 미치는 영향

〈그림 10－10〉 신고 품종의 수확시기에 따른 저장중 과피흑변 면적의 변화

(5) 저장온도 및 습도와의 관계

일반저장고에서는 과피 흑변발생이 매우 적고 저온저장고에서는 발생이 심하다. 저장고의 습도가 높을수록 과피 흑변발생이 심하다.

〔표 10－7〕 신고 품종의 저장온도 및 습도가 과피흑변에 미치는 영향

구　　분	저 장 온 도		저 장 습 도	
	상 온 저 장	저온저장(3~5℃)	70~80%	포 화 습 도
과피흑변 발생율(%)	0	38.6	14.0	26.0

※ 1992. 시험연구보고서, 과수연구소

(6) 저장고 공기조성의 영향

저장고내의 산소 농도를 낮게 하면 과피흑변이 감소한다.

저장고내의 에틸렌 함량을 높여도 과피흑변이 감소하지만 고농도의 에틸렌은 과실의 호흡을 증가시켜서 저장력이 떨어지므로 실용성이 없다.

〔표 10-8〕 저장고내의 공기조성이 신고 품종의 과피흑변에 미치는 영향

처리	저장일수별 과피흑변율(%)				
	5 일	10 일	15 일	20 일	30 일
무처리	2	8	10	12	14
고농도 CO_2(3~5%)	2	12	24	24	26
저농도 CO_2(3~5%)	4	10	22	24	26
에틸렌(1~10ppm)	2	2	4	6	6
고농도 CO_2+저농도 O_2+에틸렌	2	2	8	10	10
고농도 CO_2+저농도 O_2	0	0	4	6	6

※ 1992. 시험연구보고서, 과수연구소

(7) 수확과의 저장전 과피순화 효과

수확과를 상온·통풍조건에서 10일 이상 과피순화시키면 과피흑변이 감소한다.

〔표 10-9〕 신고 품종의 상온.통풍에 의한 과피순화 처리가 괴피흑변에 미치는 영향

순화 처리 기간	흑변과 발생율(%)	과실당 흑변 면적(mm^2)
0 일	56	24,455
5 일	6	124
10 일	0	0
15 일	0	0

※ 1992. 시험연구보고서, 과수연구소

(8) 수확과의 열처리 효과

과실을 수확하여 열처리함으로써 흑변발생을 억제할 수 있다. 열처리는 38℃에서 2일, 또는 48℃에서 2시간 동안 처리하는 것이 효과적이다.

〔표 10-10〕 신고 품종의 수확후 과실 열처리가 과피흑변에 미치는 영향

구분	처리						무처리
	38℃			48℃			
	1 일	2 일	4 일	1시간	2시간	4시간	
흑변과율 (%)	12	0	0	32	0	0	56
과실당 흑변면적(mm^2)	292	0	0	942	0	0	24,455

※ 1992. 시험연구보고서, 과수연구소

2) 바람들이 현상

가) 증상

① 바람들이 현상은 신고와 단배 품종에서 주로 발생된다.

② 수확후 또는 저장중에 과실을 잘라보면 마치 무우에서 나타나는 바람들이와 같이 과육의 일부가 스폰지처럼 변해 있다.

③ 과실의 비대 및 외관은 정상 과실과 같으나, 바람들이 과실은 비중이 1.0 이하로 가벼워서 물에 뜨며, 숙달된 사람은 무게에 대한 감각으로 정상 과실과의 구분이 가능하다.

나) 발생원인

바람들이 현상의 원인은 구체적으로 밝혀져 있지는 않으나 대체적으로 과실의 재배중에 지하부의 요인으로서, ① 토양중 칼슘이 부족하거나 토양이 건조하여 칼슘 흡수가 저해될 경우 ② 배수가 불량한 경우 ③ 토양이 단단하여 토양 공극률이 적은 경우 등에 바람들이 현상이 많이 발생될 수 있다.

재배중의 지상부 요인으로서 ① 유목기에 가지의 생장이 지나치게 왕성할 때 ② 밀식된 성목원에서 강전정을 한 경우 ③ 개화 및 결실이 과다한 경우 등에도 발생될 수 있다.

동일한 과원에 신고와 장십랑을 함께 심은 경우 신고에서는 바람들이 현상이 나타나는 반면 장십랑에서는 돌배 현상이 발생되어 이 두 생리장해는 유사한 원인에 의해 발생되는 것으로 보인다.

다) 방지대책

①바람들이는 수체의 영양 생장이 왕성한 나무에서 많이 발생하므로 수세안정을 도모할 필요가 있다. 즉, 밀식 상태의 성목원에서는 매년 강전정되어 영양 생장이 왕성하게 되므로 이를 피하기 위해서는 간벌하는 것이 좋다.

②간벌한 과원에서 주지 선단이 높이 올라가는 현상을 막기 위해 주지 선단부 아랫쪽에서 발생한 적당한 발육지를 선택하여 연장지를 대체하는 돌림 전정을 실시하며 발육지 상태에 따라서 그대로 두거나 약하게 자름 전정을 한다.

③ 토양 관리에 있어서는 충분한 양의 퇴비를 시용하여 토양내 부식 함량을 증가시키는 토양 개량에 중점을 두며, 수체 생장이 왕성한 과원의 금비 사용시에는 질소 성분의 시비를 줄이고 뿌리의 생장을 촉진하는 인산과 칼리질 비료를 증시한다.

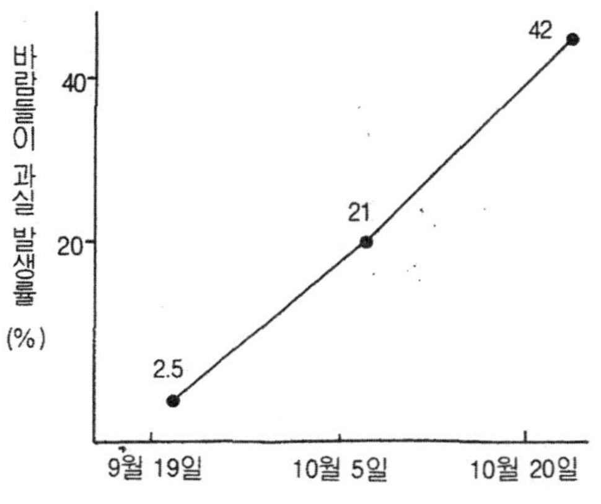

〈그림 10-11〉 신고 품종의 수확시기에 따른 바람들이 현상의 발생영향

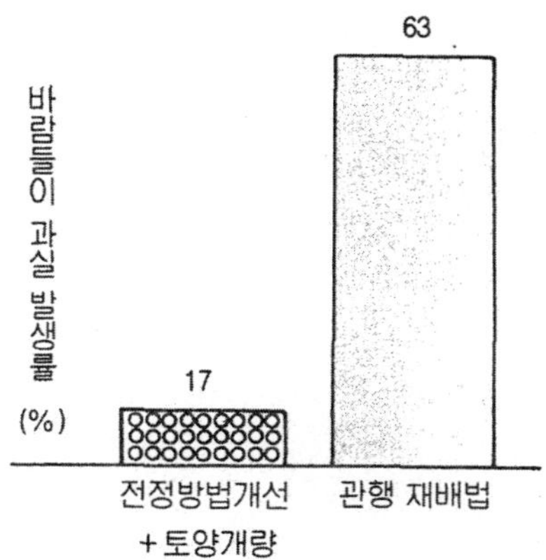

〈그림 10-12〉 신고 품종의 전정법 개선 및 토양 개량에 의한 바람들이 현상 방지효과

[표 10-11] 신고 품종의 바람들이 과실 과피 중 각종 성분 함량(%)

구 분	질 소	인 산	칼 리	칼 슘	마그네슘
정 상 과 실	0.44	0.54	0.83	0.12	0.08
바람들이 과실	0.73	0.11	1.28	0.03	0.07

바람들이 현상은 과실내 칼슘함량과 밀접한 관련이 있으므로, 퇴비 시용과 더불어 소석회나 고토 석회(10a당 200~300kg)를 매년 심경과 동시에 시용한다. 한편 배수가 불량할 경우 뿌리의 발달이 불량하여 칼슘 흡수가 저해되므로 배수 관리를 철저히 한다.

3) 심부현상(心腐現象, Core Breakdown)

가) 증상

장기 저장과에서 발생하는데 초기에는 과심부(果心部)가 갈색을 띠면서 과즙이 유출되고, 증상이 심해지면 과실 전체가 붕괴되면서 썩는다.

나) 발생원인

① 과실의 노화현상으로서 저장 한계기간을 초과하여 저장할 경우 발생될 수 있다.

② 고농도의 CO_2 또는 저농도의 산소 조건에서 심부 현상이 발생된다.

③ 부적절한 조건에서의 CA 저장시 과심 내부에 충분한 산소가 공급되지 않아 무기 호흡이 이루어짐으로써 유해 물질이 집적되어 조직의 갈변과 부패를 일으키게 된다.

다) 방지대책

① 배의 저온 저장시에는 저장 한계기간을 초과하여 저장하지 않도록 한다.

② 밀폐된 저장고의 경우 환기에 유의하고 유해 가스의 축적을 피해야 한다.

③ CA 저장의 경우에는 CO_2 장해 및 저산소 장해를 피하기 위하여 CO_2 농도는 1% 이하, O_2 농도는 3% 이상을 유지한다.

제 11 장 배나무의 시비설계

1. 배과원 시비에 고려되어야 할 사항

배나무 시비는 나무의 생장이나 수량 및 과실품질에 관여되므로 매우 중요하다.

배나무의 비료 요구량은 품종, 재식 밀도, 전정의 강도, 토양비옥도, 토성 및 기후 조건에 따라 크게 달라지므로 획일적인 시비기준을 정하여 시비해서는 곤란하다. 따라서 토양분석 결과와 재배조건을 결부시켜 합리적인 시비기준을 세우고 수세와 수량을 조절해야 한다.

질소의 경우 적량의 상한선에 시비기준을 두는 경우가 많으나 과실의 품질을 고려할 때 부족하지 않은 범위에서 시비량과 시비시기를 결정해야 한다〈그림 11－1〉.

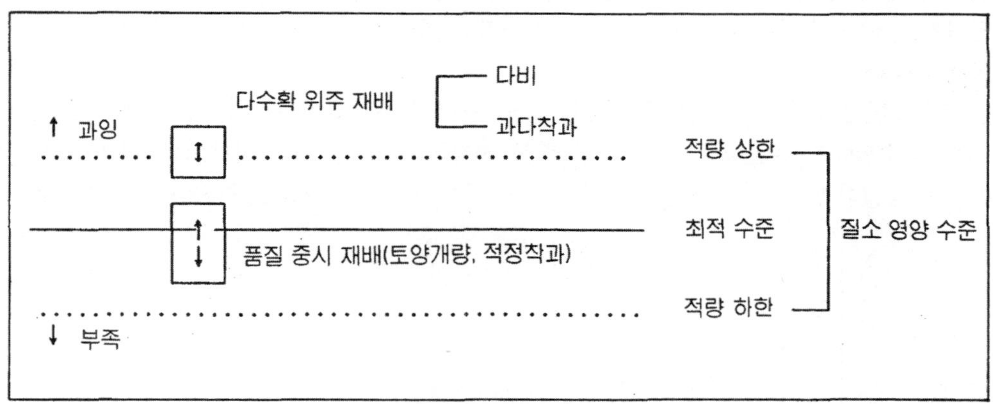

〈그림 11－1〉 배과원 경영목표에 따른 질소비료 시용 수준
－ 다수확 재배 : 최상한선의 질소시비 범위
－ 고품질 재배 : 최하한선~최적 수준의 질소시용 범위

- 배과원의 시비에 고려할 사항은 다음과 같다.
  - 토성 : 점토질 함량 및 유기물이 많은 식질 토양일수록 비옥도가 높고 완충효과가 커 다비재배가 가능하나 유기물이 적고 모래가 많은 토양은 양분의 보유능력이 작아 비료에 의한 과다와 결핍이 반복될 수 있다.
  - 토양 화학성 : 토양산도, 유기물함량, 유효인산, 양이온함량 등을 사전에 분석하여 최적 시비기준으로 삼아야 한다.
  - 기상환경 : 한발과 다습조건이 빈번하면 양분흡수가 억제되므로 관수 및 배수시설을 고려하여 시비량을 결정한다.

– 수세관리 : 강전정 및 착과를 적게하였을 경우 질소질 비료를 줄여서 수세의 안정을 도모한다.

2. 시비량의 결정

토양중 양분의 유효도는 여러가지 요인들의 복합효과인데, 이 요인들은 토양이나 식물체와 관련되어 있다. 따라서 토양분석과 함께 엽분석을 실시하여 무기양분의 과다 또는 결핍정도를 파악한 후 시비계획을 세워야 한다.

가. 엽 분석에 의한 시비량 결정

1) 엽 분석의 필요성

엽 분석은 배 잎의 무기성분을 분석하므로서 배나무의 영양상태를 진단할 수 있고, 그 결과를 바탕으로 적정 시비량을 추정할 수 있다.

잎의 영양수준은 부족, 정상, 과다 등으로 구분할 수 있으나 전 생육기를 통하여 그 적정수준이 달라지며 한 과수원에서도 나무에 따라 차이가 심하고 같은 나무더라도 잎의 채취부위에 따라 변화가 많다.

엽시료 채취는 <그림 11-2>에서 보는 바와 같이 신초생장이 안정된 시기(7월 상순~8월 상순)에 과수원에서 대표적인 나무 5~10주를 선정하여 식물체의 적정부위(수관 외부에 도장성이 없고 과실이 달리지 않은 신초의 중간부위)의 엽 50~100매를 채취하여 사용하면 된다.

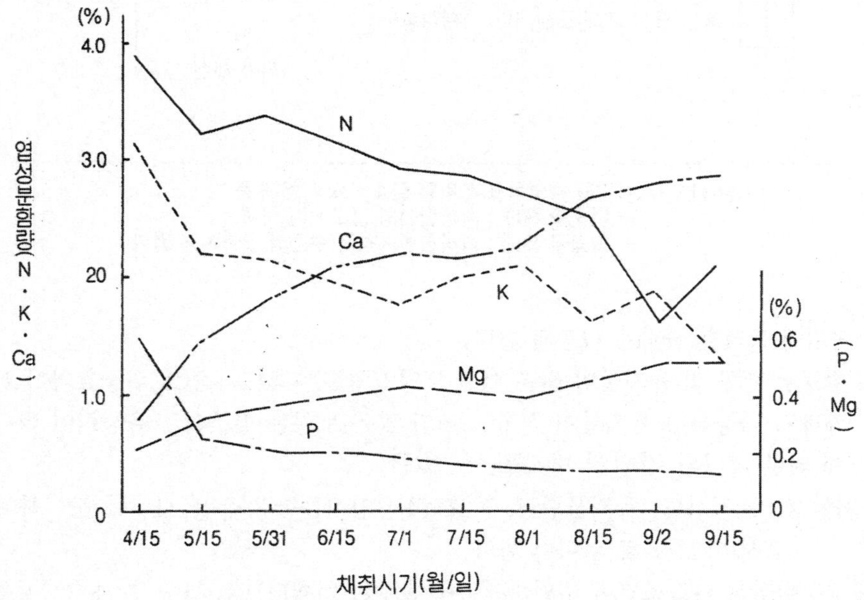

<그림 11-2> 배(이십세기) 엽성분 함량의 계절적 변화

2) 엽 성분함량에 영향을 미치는 요인

잎의 무기성분 함량에 영향을 미치는 주요 요인은 토양환경, 품종, 시비량, 시료의 채취시기 등이다. 식물의 양분흡수는 식물의 생리적 특성외에 토성, 토양 수분함량, 토양 비옥도 등의 토양환경에 영향을 받는다.

비옥도가 높고 양분흡수가 용이한 토양조건하에서는 더 많은 양분이 흡수된다. 같은 비옥도의 토양이라면 점질토보다 사질토에서 양분을 흡수하기가 용이하여 일시적으로는 더 많은 양분을 흡수하지만 그 지속성을 유지하기가 곤란하여 시비 직후에는 과다현상이 발생하고 시일이 경과함에 따라 결핍상태가 되기 쉽다.

점질토양에서는 영양분이 계속적으로 꾸준히 공급되므로 비효는 다소 늦어지지만 결핍상태는 적은 편이다.

3) 엽 분석에 의한 배나무의 영양진단

〔표 11－1〕은 배 신고 품종의 엽분석에 의한 무기성분별 표준치 및 예상 임계점을 나타낸 것으로서 이 표의 무기성분 함량기준에 따라 전국 배 신고 품종 재배농가 170개 과원의 엽분석 결과를 각 무기성분별로 정상과원과 비정상과원으로 구분한 비율은 〔표 11－2〕와 같다.

〔표 11－1〕 배 신고 품종의 엽내 무기성분별 표준치 및 예상 임계점

원 소	표준치	예 상 임 계 점				
		부 족	약간부족	정 상	약간과다	과 다
N (%)	2.478	〈 1,288	1.288~1.883	1.883~2.478	2.478~3.077	〉3.077
P (%)	0.138	〈 0.038	0.038~0.109	0.109~0.167	0.167~0.225	〉0.225
K (%)	1.910	〈 0.852	0.852~1.557	1.557~2.262	2.262~2.967	〉2.967
Ca (%)	1.426	〈 0.668	0.668~1.180	1.180~1.668	1.668~2.178	〉2.178
Mg (%)	0.294	〈 0.127	0.127~0.257	0.257~0.327	0.327~0.457	〉0.457
Fe(ppm)	96.71	〈 48.04	48.04~72.37	72.37~121.04	121.04~145.38	〉145.4
Mn(ppm)	197.7	〈 67.85	67.85~109.19	109.19~286.24	286.24~463.28	〉463.2
B (%)	35.06	〈 7.97	7.97~27.70	23.70~46.43	46.43~62.16	〉62.16

가) 질 소

전국적으로 69%의 배 과원이 정상적인 질소의 범위에 속하고 13%의 과원은 질소 결핍이 우려되며 17%의 과원은 질소과다가 예상된다.

재배지역에 따라 천안지역은 정상 과원률이 84%로서 매우 높고 남양주는 45%로 낮다. 특히 남양주의 질소과다 과원비율은 31.8%로서 다른 재배지역보다 월등히 질소를 과용하고 있는 것으로 나타났다.

나) 인산

인산의 적정 과원비율은 전국 평균 86%로서 매우 높은 편이며 지역별로도 고른 분포를 보이고 있다.

〔표 11-2〕배 신고 품종의 엽내 무기성분 함량별 농가 분포비율(전국 및 지역)

(단위 : %)

원 소	전 국			나 주			천 안		
	정상 하한이하 과원률	정상 과원률	정상 상한이상 과원률	정상 하한이하 과원률	정상 과원률	정상 상한이상 과원률	정상 하한이하 과원률	정상 과원률	정상 상한이상 과원률
N	13.7	69.1	17.2	9.5	66.7	23.8	6.3	84.4	9.4
P	6.4	86.3	9.4	0	85.7	14.3	3.1	87.5	9.4
K	16.9	68.6	16.6	0	76.2	23.8	12.5	84.4	3.1
Ca	69.1	27.4	3.4	81.0	19.0	0	65.6	34.4	0
Mg	73.7	20.0	6.3	73.8	19.1	7.1	53.1	40.6	6.3
Fe	1.7	3.4	94.9	0	2.4	97.6	0	0	100
Mn	2.3	39.4	58.3	0	21.4	78.6	0	37.5	62.5
B	5.7	42.3	52.0	19.0	57.1	23.8	3.1	34.4	62.5

원 소	평 택			안 성			남 양 주		
	정상 하한이하 과원률	정상 과원률	정상 상한이상 과원률	정상 하한이하 과원률	정상 과원률	정상 상한이상 과원률	정상 하한이하 과원률	정상 과원률	정상 상한이상 과원률
N	17.6	61.8	20.6	15.0	77.5	7.5	22.7	45.5	31.8
P	5.9	91.2	2.9	0	95.0	5.0	0	90.0	9.1
K	11.8	73.5	14.7	35.0	55.0	10.0	4.6	68.2	27.3
Ca	73.5	26.5	0	72.5	27.5	0	72.7	22.7	4.6
Mg	64.7	23.5	11.7	77.5	15.0	7.5	90.9	9.1	0
Fe	0	0	100	0	10.0	90.0	13.6	4.5	81.8
Mn	0	17.6	82.4	0	55.0	45.0	9.0	45.5	45.5
B	0	47.1	52.9	0	32.5	67.5	0	50.0	50.0

※ '92 시험연구보고서, 과수연구소

다) 칼리

천안과 나주의 배 과원은 칼리의 정상과원률이 84~76%로 비교적 높은 편이나, 안성은 55%로서 낮고 특히 35%의 안성배 과원에서 칼리 결핍이 우려된다.

라) 칼슘

칼슘의 정상과원율은 전국적으로 27%로서 매우 낮고 69%의 배 과원에서 부족한 칼슘함량을 나타내고 있다. 나주의 배 과원은 칼슘 부족률이 가장 높다.

마) 마그네슘(고토)

전국의 마그네슘 정상과원률은 20%로서 73%의 배 과원에서 마그네슘의 결핍이 우려되고 있다. 특히 남양주는 약 91%의 배 과원에서 마그네슘 기준치에 미달되고 있어 고토비료의 시용이 시급한 실정이다.

바) 철

우리나라 배 과수원에 철성분이 많고 또한 토양의 산성화로 용해도가 높으므로 과다 흡수되기 쉽다. 전국적으로 약 95%의 배 과원에서 철이 과다 흡수되고 있다.

사) 망간

평택과 나주의 망간과다 비율이 각각 82%, 78%로서 매우 높다.

아) 붕소

붕소함량이 적정한 과원은 전국적으로 42%에 불과하고 52%의 과원은 붕소과다로 생리장해가 우려된다. 평택, 안성, 남양주는 붕소부족 과원이 거의 없는 대신 나주는 19%의 과원에서 붕소결핍이 우려된다.

〔표 11-3〕은 우리나라 배 과원 토양의 분석결과로서 남양주의 과원 토양이 강산성에 속하므로 석회의 증시가 필요하고, 안성의 배 과원은 유기물이 부족하다. 나주 배 과원은 인산비료의 과다 시용이 문제시되고, 남양주와 평택의 과원은 칼리부족이 우려되고 있다. 칼슘과 마그네슘에 있어서도 남양주의 과원에서 심하게 부족하다.

〔표 11-3〕 지역별 배과원 토양내 무기성분

성 분	나 주	천 안	평 택	안 성	남양주
pH (1:2.5)	4.81	5.15	5.26	4.85	4.26
유기물함량 (%)	2.72	2.66	2.00	1.47	1.88
유효인산(ppm)	996	374	678	536	371
K (me/100g)	1.27	1.18	0.77	1.01	0.37
Ca (me/100g)	5.91	4.34	4.48	3.77	1.54
Mg (me/100g)	1.44	1.44	1.26	1.42	0.28
B (ppm)	0.56	0.47	0.71	0.66	0.32

※ '92 시험연구보고서, 과수연구소

나. 토양조건에 따른 시비량 결정

대부분의 배나무는 비옥한 땅에 재식하게 되지만 각각의 토양마다 토성과 토질이 다르고, 특히 토양의 무기성분 조성은 더욱 변이가 심하다.

〔표 11-4〕 토양 검정에 의한 질소, 인산, 칼리 시비량

(단위 : kg/10a)

수 령	질 소 (%)			인 산 (ppm)			칼 리(me/100g)		
(년생)	유기물 1.5이하	1.6~2.5	2.6이상	350이하	351~550	551이상	0.5이하	0.51~0.9	0.91이상
1 ~ 4	2.0	2.0	2.0	1.0	1.0	1.0	1.0	1.0	1.0
5 ~ 9	6.0	4.5	3.0	4.0	3.5	3.0	5.0	4.0	3.0
10 ~ 14	15.0	12.5	10.0	8.0	6.5	5.0	12.0	10.0	8.0
15 ~ 19	20.0	18.5	17.0	13.0	10.0	8.0	20.0	17.5	15.0
20이상	25.0	22.5	20.0	18.0	15.5	13.0	25.0	22.5	20.0

※ '92 농토배양기술, 농촌진흥청

따라서 시비량을 결정하기 위해서는 토양분석을 통해 부족한 성분은 많이 시용하고 과다한 성분은 양을 줄이거나 중단해야 한다.

배과원의 토양분석을 통하여 시비량을 결절하는 경우 질소의 시비는 토양 유기물의 함량을 기준으로, 인산은 토양 유효 인산함량을 기준으로, 칼리 시비는 토양의 치환성 칼리함량을 기준하여, 수령별로 시비량을 가감 조절하면 된다〔표 11-4〕.

다. 잎과 꽃눈의 생장 및 형태에 의한 시비량 결정

현재 우리나라에서는 질소질 비료를 과다 시용하는 경우가 많은데 정확한 판단은 잎과 토양을 분석하여 영양진단을 해야 하나 시간과 노력이 많이 소요되므로 잎과 가지와 눈의 상태를 보고 어느 정도 판단할 수 있다.

신초생장이 6월 하순~7월 상순에 그치고 신초선단이 다소 비대하여 3장의 멈춘 잎이 붙어 있는것이 낙엽전의 이상적인 가지다〈그림 11-3〉. 낙엽시기는 10월 하순경 1~2회정도 서리가 내리면 일제히 낙엽되는 것이 정상이다.

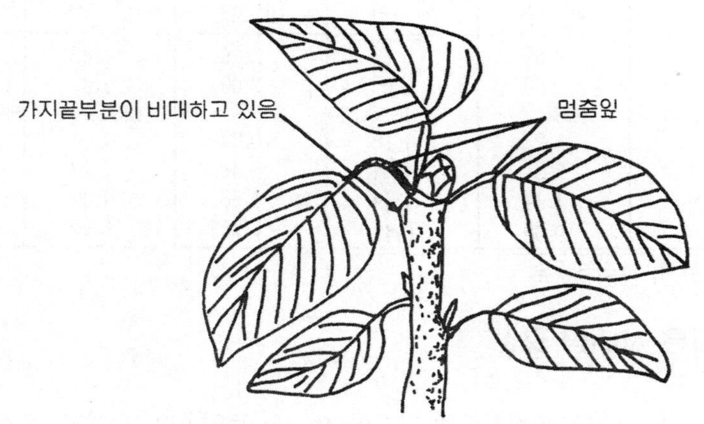

〈그림 11-3〉 적당한 수세의 배나무 신초 끝부분

낙엽시기가 빠른 것은 양·수분의 부족이나 과다결실 등으로 수세가 떨어진 경우이다. 낙엽시기가 늦게까지 지연되면 질소시용이 많았거나 생육후기까지 질소가 너무 많이 흡수된 것이다.

낙엽후의 가지와 눈의 상태를 보아 나무의 영양상태를 진단할 수 있는데 수체내에 질소함량이 많으면 신초가 2차생장을 하거나 가지선단 부분이 녹색을 띠고 연한 털이 있으며 끝눈은 잎눈이 많고 가지는 마디수가 웃자라 22개 이상되는 경우가 많다.

잎눈의 상태를 보면 기부의 눈은 가지에서 태부(台部)가 돌출하여 눈이 착생되거나 눈이 횡으로 서있고 가지 선단부의 눈은 편평하며 눈의 인편은 적색을 띠고 있다. 장십랑과 같이 액화

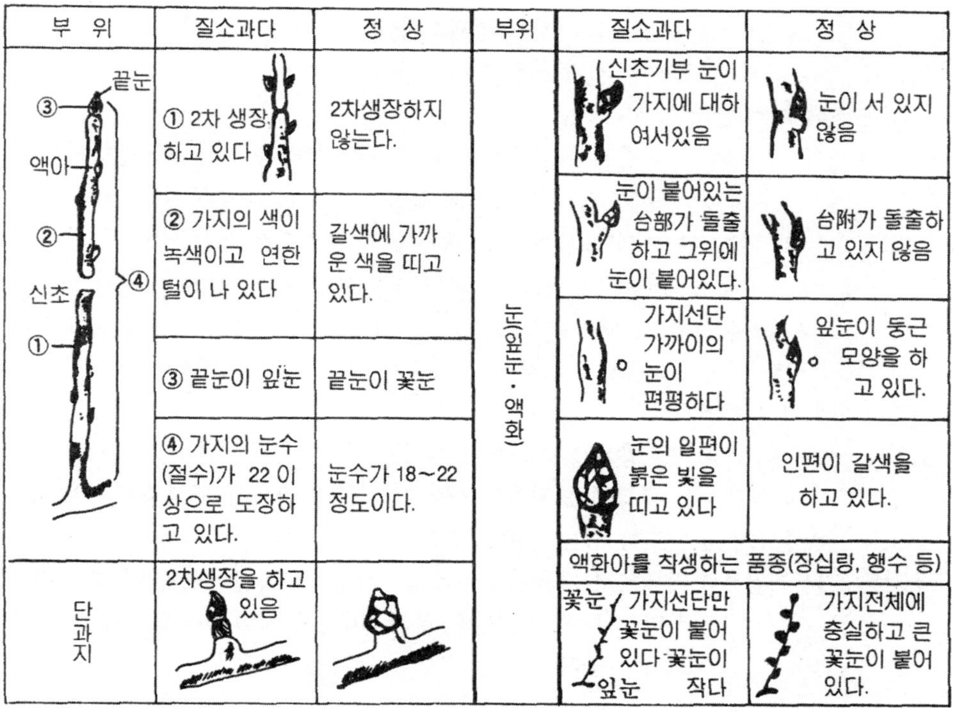

부 위	질소과다	정 상
끝눈, ③, 액아, ②, 신초, ①, ④	① 2차 생장하고 있다	2차생장하지 않는다.
	② 가지의 색이 녹색이고 연한 털이 나 있다	갈색에 가까운 색을 띠고 있다.
	③ 끝눈이 잎눈	끝눈이 꽃눈
	④ 가지의 눈수(절수)가 22 이상으로 도장하고 있다.	눈수가 18~22 정도이다.
단과지	2차생장을 하고 있음	

부위	질소과다	정 상
눈(잎눈・액화)	신초기부 눈이 가지에 대하여서있음	눈이 서 있지 않음
	눈이 붙어있는 台部가 돌출하고 그위에 눈이 붙어있다.	台附가 돌출하고 있지 않음
	가지선단 가까이의 눈이 편평하다	잎눈이 둥근 모양을 하고 있다.
	눈의 일편이 붉은 빛을 띠고 있다	인편이 갈색을 하고 있다.
	액화아를 착생하는 품종(장십랑, 행수 등)	
	꽃눈 가지선단만 꽃눈이 붙어 있다 꽃눈이 작다 잎눈	가지전체에 충실하고 큰 꽃눈이 붙어 있다.

〈그림 11-4〉 가지와 눈의 형태에 의한 영양상태 식별

아가 많이 착생되는 품종은 가지 선단부에만 꽃눈이 착생되고 기부는 잎눈이 붙게 된다.

단과지에서도 질소함량이 정상인 경우에는 가지에 바로 꽃눈이 착생되나 질소 흡수량이 많을 때는 가지가 2차 생장을 하고 그 위에 꽃눈이 착생된다.

이상과 같이 낙엽기의 낙엽상태나 가지 및 눈의 상태를 관찰하고 수체내의 질소 함량을 판단하여 정상상태를 보일 경우에는 금년에 시용한 시비량을 기준하여 시비해도 좋지만 질소의 흡수량이 많거나 적은 경우에는 시용량을 가감하여 시비해야 한다.

3. 시비방법

과수의 수평적 뿌리분포는 수관보다 멀리 분포하며 양분흡수의 주체가 되는 잔뿌리는 수관 바깥 둘레에 많이 분포한다. 그리고 수직 근군의 분포는 지표로부터 60cm 사이에 대부분이 분포하고 있다.

과원의 시비방법에는 윤구시비, 도랑시비, 방사시비, 전원시비법 등이 있으나 수령, 토양조건, 경사도, 시비시기 등에 따라 이들 중 하나 또는 둘을 병용하는 것이 바람직하다.

① 수령에 따른 방법

- 유목기 : 유목기에는 윤구 시비나 방사선구 시비를 하는 것이 좋으나 윤구 시비는 방사선구 시비보다 토양의 심경효과도 크고 비효도 높지만 많은 노력이 소요되므로 재

식후 2~4년째까지 하는 것이 경제적이다.

- 성목기 : 성목원의 경우 전원 시비를 원칙으로 한다.

② 토양 조건에 따른 방법

- 배수 불량과원 : 배수가 불량한 과원에서는 윤구 시비나 방사구 시비를 행하면 물이 괴게 되어 나무의 생육을 오히려 해롭게 하므로 배수시설을 설치하거나 배수가 되는 방향으로 도랑을 파서 물이 잘빠지게 해야한다.
- 산성토양 : 토양산도(pH)를 교정하기 위한 석회시용시 칼슘은 토양내에서 이동성이 매우 낮아 심층 시비를 해야 하고, 인산질 비료도 토양내 이동성이 낮아 심층 시비를 해야 한다.

③ 시비시기에 따른 방법

- 밑거름 : 밑거름의 경우 토양에서 이동하기 어려운 인산, 석회, 고토 및 유기물 등은 지표면에 살포하면 근군에 도달하기 어렵기 때문에 반드시 땅파주기 방법으로 토양에 골고루 섞이도록 하는 것이 필요하다.
- 웃거름, 가을거름 : 웃거름이나 가을거름을 주는 시기는 생육중이므로 이 때에 뿌리를 손상하면 나무에 큰영향을 준다. 따라서 이런 웃거름 지표면에 주고 괭이로 긁어준다.

가. 유기질 비료

유기질 비료에는 많은 종류가 있는데 같은 유기질 비료라도 부숙정도에 따라 성질이 다르고 비효가 다르다.

최근에는 산업폐기물로 나오는 유기물이 유기질 비료에 추가되고 도시 쓰레기가 유기질 비료로 쓰이고 있다. 이와같이 유기질 비료의 분류는 다양하나 현재 농가의 자급 유기질비료는 퇴구비, 녹비, 고간류 및 분뇨 등이 주종을 이루고 있다.

1) 유기물의 효과

① 질소를 비롯한 식물양분의 저장고로서 기능
② 양이온 및 음이온의 흡착력 능력 증대
③ 물을 흡수하는 보수력의 기능이 증대되어 토양유실 및 가뭄피해 경감
④ 토양의 심한 변화을 막는 완성적 성질로 완충기능 증대
⑤ 토양입자를 결합시켜 입단형성으로 토양 물리성 개선
⑥ 토양미생물의 활성을 높여 각종 양분의 가용화를 촉진
⑦ 유효인산의 고정 억제

2) 유기물의 종류와 유효 성분량

유기물의 종류는 퇴비, 구비(우분뇨, 돈분뇨, 계분), 나무껍질, 왕겨, 도시 쓰레기 등 여러가

〔표 11－5〕 유기물 1 톤당 성분량과 유효 성분량

구 분	수분(%)	성 분 량(kg/t)					유효성분량(kg/톤/년)		
		질소	인산	칼리	석회	고토	질소	인산	칼리
퇴 비	75	4	2	4	5	1	1	1	4
구 비 (우분뇨)	66	7	7	7	8	3	2	4	7
(돈분뇨)	53	14	20	11	19	6	10	14	10
(계 분)	39	18	32	16	69	8	12	22	15
목 질 (우분뇨)	65	6	6	6	6	3	2	3	5
혼 합 (돈분뇨)	56	9	15	8	15	5	3	9	7
퇴 비 (계 분)	52	9	19	10	43	5	3	12	9
나 무 껍 질	61	5	3	3	11	2	0	2	2
왕 겨 퇴 비	55	5	6	5	7	1	1	3	4
도시쓰레기퇴비	47	9	15	5	24	3	3	3	4
하수오니퇴적물	58	15	22	1	43	5	13	15	1
식품산업폐기물	63	14	10	4	18	3	10	7	3

※ 1992. 농토배양기술, 농촌진흥청

〔표 11－6〕 각종 유기물의 특성

유기물의 종류	원 재 료	시 용 효 과			시용상 주의
		비료성	화학성	물리성	
퇴 비	볏짚, 보리짚, 야채류	중	소	중	안전하게 사용할 수 있음
구 비 류 (우분류)	우분뇨와 볏짚류	중	중	중	비료효과를 고려하여 시용량을 결정
구 비 류 (돈분류)	돈분뇨와 볏짚류	대	대	소	
구 비 류 (계 분)	계분과 볏짚류	대	대	소	
목 질 류 (우분류)	우분뇨와 톱밥	중	중	대	미숙목질과 충해가 발생하기 쉬움
혼 합 (돈분류)	돈분과 톱밥	중	중	대	
퇴 비 (계 분)	계분과 톱밥	중	중	대	
나무껍질 퇴비류	나무껍질, 톱밥을 주체로 한 퇴비	소	소	대	물리성 개량 효과가 큼

※ 1992. 농토배양기술, 농촌진흥청

지가 있고 이들의 1톤당 성분량과 유효 성분량은 〔표 11－5〕와 같다. 계분과 돈분은 질소함량이 매우 많고 도시쓰레기와 하수 오니 퇴적물은 석회 함량이 많다.

비료로서의 효과가 큰 것은 전질소 함량이 높고 탄질률이 낮은 것으로서 계분퇴비, 돈분퇴비, 하수오니, 식품산업폐기물 등이 해당된다〔표 11－6〕.

화학적 개량효과는 인산, 염기함량 등에 의하여 판정되며 돈분퇴비, 계분 퇴비, 하수오니 등이 크고, 퇴비, 톱밥 및 왕겨퇴비 등의 화학적 개량효과는 낮다.

물리적 개량효과는 투수성, 보수력 등이 중심이 되므로 섬유질이 많은 목질 혼합, 가축분퇴비, 왕겨퇴비 등이 효과가 크고 돈분퇴비, 계분퇴비, 하수오니, 식품산업폐기물은 그 효과가 적다.

3) 유기물의 시용 실태

〔표 11－7〕은 우리나라 배 재배농가의 유기물 시용실태로서 약 84%의 농가에서 유물을 시용하고 있고 유기물의 종류로서는 계분이 34.9%로서 가장 많고 다음으로 돈분, 유박 및 우분의 순이다.

유기물의 시용량에 있어서〔표 11－8〕전체 농가의 51.2%가 10a당 1톤 이하의 유기물을 시용하고 있고, 3톤 이상을 시용하는 농가는 33.3%로 그 비율이 낮은 편이다

〔표 11－7〕배 재배농가의 유기물 종류별 이용현황

구 분	유 박	계 분	돈 분	우 분	무시용
비 율(%)	11.6	34.9	14.0	11.6	16.3

※ '92 시험연보, 과수연구소

〔표 11－8〕배재배농가별 유기물 시용량

(단위 : MT/10a, %)

구 분	1.0이하	1.0～2.0	2.0～3.0	3.0～4.0	4.0～5.0	5.0～6.0	6 이상
비 율	51.2	9.3	7.0	4.7	7.0	4.7	16.9

※ '92 시험연보, 과수연구소

나. 무기질 비료

배나무 뿌리는 2월 중순부터 움직이기 시작하여 4월 하순～5월말까지 왕성하게 신장하고 끝잎(止葉)의 확대가 끝나는 7월 상순부터 8월에 걸쳐서 완만하게 생장하며 과실의 수확이 끝나는 9월에 2차 뿌리신장이 이루어져 11월말까지 계속된다.

배나무의 생장은 4월에 시작하여 5월 중. 하순에 가장 왕성하였다가 6월 하순～7월 상·중순에 끝난다. 따라서 배나무의 비료분의 연간 흡수량은 연구자에 따라 조사수치가 다르나 대체로 질소:인산:칼리의 비가 10:4:10으로 비슷하고 흡수되는 기관은 주로 과실, 잎, 신초 (새 가지)에서 흡수됨을 보여준다.

〔표 11－9〕배나무에서 과실 3,750kg을 생산하기 위한 흡수량

품 종	N	P	K	Ca	Mg
장 십 랑	16.06(100)	6.03(40)	15.39(100)	－	－
이십세기	17.55(100)	8.68(50)	17.78(100)	16.53(90)	5.01(30)

※ ( )안의 수치는 질소의 흡수량을 100으로 하였을 때의 비교 수치

〔표 11－10〕배 장십랑 품종의 10a당 이론적 시비량의 산출예

구 분	질소	인산	칼리	산 출
흡 수 량(kg)	16.06	6.03	15.39	○ 10a당 수량이 3,750kg인 경우
천연공급량(kg)	5.35	3.02	7.70	○ 흡수량의 질소는 1/3, 인산, 칼리는 1/2
필 요 량(kg)	10.71	3.01	7.69	○ 흡수량 － 천연공급량
시 용 량(kg)	21.42	10.03	19.23	○ 이용률은 질소 50%, 인산 30, 칼리 40

다. 시비량

적정 시비량은 토양조건, 품종, 나무세력, 목표하는 수량 등의 요인에 따라 달리 해야 하는데 일반적으로 배나무는 다수확을 목표로 하기 때문에 다른 과수보다는 시비량이 많은 편이다.

1) 연간 비료요소의 흡수량과 이론적 시비량 산출예

10a당 3,750kg을 수확하는 장십랑과 이십세기 성목원의 년간 3요소 흡수량은 〔표 11－9〕와 같다. 장십랑의 연간 흡수량을 기초로 하여 이론적인 시비량을 산출하여 보면 〔표 11－10〕과 같게 되어 질소 21.42kg, 인산 10.03kg, 칼리 19.23kg이 된다.

그러나 이것이 표준시비량이 될 수 없다. 왜냐하면 적정 시비량을 결정하는데 관여하는 요인이 너무 많기 때문에 실제 시비량은 이들 관련요인을 참고하여 결정되어야 한다.

2) 실제 시비량

실제의 시비량은 품종, 수세, 목표수량, 토양조건, 기상조건 등 수많은 요인에 따라 달리해야 하므로 요인에 따른 비료시험이 실시되어야만 결정할 수 있다. 그러나 비료시험은 방대한 면적을 필요로 하고 오랜세월이 걸리므로 비료시험을 통하여 시비량을 결정한다는 것은 불가능한 일이다.

현재까지는 각종 비료시험 결과를 토대로 하여 결정한 시비량을 기준으로 재배자의 체험을 살려 나무 및 결실상태를 살피면서 시비량을 가감한다. 시비량의 실제적인 결정방법은 엽분석에 의한 방법, 토양조건에 따른 시비량 결정, 잎과 꽃눈의 생장 및 형태에 의한 시비량 결정방법을 종합하여 결정하는 것이 최선의 방법일 것이다.

배나무 재배에서는 다수확과 대과 생산에 목표를 두어 비료를 많이 시용하는 경향이 많은데 과다한 시비, 특히 질소의 과용은 과실의 품질을 저하시키는 원인이 된다.

신수, 행수, 풍수의 경우 재배목표를 어디에 두느냐에 따라 시비량을 달리해야 한다. 일본의 경우 신수와 행수 품종은 조숙,대과생산에 목표를 두고 풍수 품종의 경우 당도를 높이는데 목표를 두고 있어 신수와 행수 품종은 질소의 시용량을 이십세기 품종에 비해 20~30% 정도 증시하고 풍수 품종의 경우 이십세기 품종과 같은 양의 질소 시용을 권장하고 있다.

라. 시비시기

〔표 11－11〕 배나무에 대한 분시 비율 및 시기

(단위 : %)

구 분	질 소	인 산	칼 리	석회 및 고토	시 기
밑 거 름	70	100	60	100	수체 휴면기
웃 거 름	10	－	40	－	5월 하순
가 을 거 름	20	－	－	－	조중생종 9월하순, 만생종 10월중순

1) 밑거름

질소의 경우 밑거름은 배나무의 낙엽후부터 휴면기중에 시용하는 비료로 겨울비료라고도 부른다. 연간 시비량의 50~70%를 이 시기에 시비하는데 퇴비 등 유기질 비료는 밑거름으로 시용하는 것이 효과적이다.

밑거름은 단과지엽과 발육지엽의 생장에 가장 깊은 관계가 있는 비료로서 이 비료의 흡수는 4~5월에 중점적으로 이루어지며 발육지의 생장이 완료되는 7월 이후에는 거의 흡수되지 않는다.

밑거름을 시용하였는데도 봄의 생육이 불량한 이유는 저온과 토양조건이 불량하여 근군의 발달이 나쁘기 때문이다. 밑거름 시비전 근본적인 토양개량 대책을 세우도록 하고 가급적이면 봄비료의 시용은 피하는 것이 좋다.

인산의 경우 전량 밑거름으로 주는 것을 원칙으로 하나 질소의 효과가 신초 발육 후기에 과다하게 나타날 경우 인산을 질소의 2배쯤 시용하면 당함량이 다소 높아지는 경향을 볼 수 있다. 석회와 고토는 전량 밑거름으로 가급적 땅속 깊이 골고루 섞이도록 시비한다.

칼리의 경우 시비량의 50~60%를 시용하고 과다 시용은 칼슘과 마그네슘의 결핍을 조장하므로 금해야 한다.

2) 웃거름

질소의 경우 웃거름은 5월 하순부터 수확 초기까지 시용하는 비료로 여름비료라고 하며 밑거름만으로 부족되는 비효를 보충하여 과실비대에 도움을 줄 목적으로 시용한다. 웃거름의 비효가 과도하게 나타나면 과실의 품질을 저하시켜 오히려 역효과가 나타나고 전혀 시용하지 않으면 과실의 비대가 불량해질 수 있다.

과실의 품질을 중시하는 요즈음 토양조건, 기상환경, 과실의 특성, 나무의 상태 비배관리 정도, 과실출하 목표시기 등에 따라서 웃거름의 시용여부를 〔표 11－12〕와 같이 구분하여 과실의 품질이 나빠지는 것을 예방한다.

〔표 11－12〕 웃거름을 가급적 피하여야 할 경우

구분	내용
토 양	○ 토성에 관계없이 토심이 깊고 보수력이 좋은 토양
기 상 환 경	○ 일조량이 적고 기온이 낮은 곳, 여름강우가 많은 해
과 실 상 태	○ 당도가 9~10도 내외로 낮은 때 ○ 과실이 크고 과피가 얇고 매끈매끈하여 육질이 연하고 늦게까지 푸른색을 띨 때
나 무 상 태	○ 유목으로 신초의 신장이 7월 상중순까지 계속될 때 ○ 6월의 엽색이 진하고 잎이 클 때 ○ 도장지의 발생이 많고 매년 가지의 경화가 잘 안될 때 ○ 덕식의 경우 덕식아래가 어둡고 다습, 통기불량할 때
비 배 관 리	○ 계분과 구비를 매년 시용하는 경우 ○ 시비구덩이를 파서 유기물과 비료를 주는 경우 ○ 매년 멀칭재료를 시용하는 경우 ○ 겨울비료가 늦어 3월에 다량 시용하는 경우
출 하 목 표	○ 조기출하를 목표로 하는 경우

웃거름을 시용할 필요가 있는 과원의 경우에는 시용을 5월 하순~6월 상순에 하는 것이 과실비대에 효과적이다. 6월 하순 이후의 시용은 과실비대에는 영향이 없고 과실의 당도가 저하되는 경향이 있으므로 가급적 빨리 시용하는 것이 좋다.

칼리의 경우 40~50%를 분시하는데 질소과다로 새가지가 늦게까지 자라는 경우에는 칼리의 시용이 과실의 비대를 좋게 하고 발육후기에 질소가 과다할 때 칼리를 증시하면 당함량을 높이는 효과가 있으나 과다시용은 금해야 한다.

3) 가을거름

가을거름은 질소의 경우 과실생산에 소모된 양분을 나무에 보충하여 줌으로써 다음해 발육초기에 이용될 저장양분을 많게 하기 위한 목적으로 시용하는 것이다. 좋은 과실을 생산한 나무에 대하여 감사하는 의미로 주는 비료라고 하여 예비(禮肥)라고도 하고 가을에 주는 비료이기 때문에 가을비료라고도 한다.

9월 중·하순부터 시작되는 가을거름은 가을뿌리의 신장에 맞추어 시용하며 이 시기에 흡수된 양분은 다음해 봄에 나무의 초기발육 즉 개화와 전엽에 크게 영향을 미친다. 한랭지에서는 가을거름이 토양 미생물의 증식을 촉진하여 봄에 밑거름의 비효를 빨리 나타나게 하며 유효양분의 양이 많아지므로 나무의 초기생육을 좋게하여 증수의 요인이 된다.

가을에 거름을 너무 일찍 시용하여 수확전에 시용하면 과실의 품질을 나쁘게 할 염려가 있고 동시에 가을에 발아될 위험성이 있으므로 조, 중생종의 경우 9월 하순에 시용하는 것이 좋다. 또 관비를 시용할 경우 흡수가 빨리되므로 토양에 주는 것보다 경우에 따라 1~2주 늦추어 30~40% 줄이는 것이 좋다.

잎의 색깔이 진하거나 신초 발육이 늦게까지 계속되는 과수원에서는 시용시기을 더 늦추고 시용량도 줄이는 것이 좋으며, 너무 많이 시용하면 가지의 충실도가 불량하여 동해와 동고병의 간접적인 원인이 된다.

제 12 장 식물 생장조정제와 이용방법

식물 생장조정제는 농약관리법상으로는 일반농약과 같이 취급하나 식물에 대한 작용이나 사용목적으로서는 오히려 비료에 가깝다.

특히 식물호르몬류는 식물체내에 존재하는 다른 많은 유기물 또는 무기성분과는 달리 극미량으로 존재하면서도 식물의 생장과 발육을 촉진 또는 억제하는 생리적인 작용을 크게 변화시킨다.

일반적으로 식물체 스스로가 합성하는 천연 화합물과 생합성하지 못하는 인공 합성화합물이 있다.

1. 식물 생장조정제의 종류와 이용현황

가. 식물 생장조정제의 특성

식물 생장조정물질인 식물호르몬은 작물체내에 극미량으로 존재하면서도 한가지 이상의 물질이 상호복합적으로 작용하여 식물의 생장과 발육상을 크게 변화시킨다. 인공적으로 합성된 생장조정제도 내생물질인 호르몬과 같이 종류에 따라 생리적 작용이 매우 다양하게 나타난다.

특히 식물체에 처리하는 경우에는 식물체내의 내생호르몬들의 수준(함량)을 복합적으로 변화시키고 외부환경에 따라서도 생리적 양상이 다양하게 나타나므로 잘못 사용할 때는 부작용이 크다. 농약에 비해서는 안전성이 낮은 편이나 그 특성을 충분히 피악하면서 사용하면 농업에 크게 기여할 수 있다.

나. 식물 생장호르몬의 종류

식물체에서 생합성되는 식물호르몬에는 옥신류(Auxin), 지베렐린류(Gibberellic acid:GA), 사이토카이닌류 (Cytokinin:CK), 엡사이식산(Abscisic acid:ABA) 및 에틸렌(Ethylene) 등 5종류인데 최근에는 브라시놀라이드(Bracinolide)가 발견되어 제6의 식물호르몬으로 불리고 있다.

1) 옥신(Auxin)류

옥신(Indole acetic acid)은 인돌(indole)핵을 가진 산성물질로서 다른 호르몬에 비해서 생성 및 대사가 복잡할 뿐만 아니라 생리적 기능도 다양하다. 주로 식물의 줄기끝이나 어린잎 또는 눈의 원기에서 생성되어 위에서 아래로 이동하는 극성이동(polar transport)과 옆으로 이동하는 측면이동(lateral transport)에 의해 식물체의 다른 부위로 이동하며 복잡한 생리적 활성을 나타낸다.

그 중에서도 줄기세포의 신장생장을 유도하고 줄기 유관속의 형성층 세포의 활성을 높여서 비대생장을 촉진한다. 또 옥신은 농도에 따라 뿌리신장을 조절하며 특히 꺾꽂이할 때 삽수 뿌리의 근원기를 형성하는 내초세포의 활성을 높이고 부정근 발생을 촉진시켜서 삽수의 발근촉진제로 이용된다.

줄기의 옆가지 발생과 신장을 억제해서 정아우세(apical dominance)를 유기하고 햇빛이나 중력에 의해 옥신의 극성 또는 측면 이동에 의한 불균형 생장으로 굴성을 나타낸다.

식물의 잎자루 또는 과실 과경부분에 이층형성을 억제하여 잎이나 과실이 떨어지는 것을 방지하고 작물에 따라 꽃이나 과실 및 종자의 발육을 촉진하며, 토마토에 있어서는 자방을 비대시켜 단위결실을 유기시킨다.

특히 농업적으로 합성 옥신인 인돌산(인돌프로피온산, 인돌부칠산), 나프타린산(나프타린초산, 베타나프로식초산), 크로로페녹시산(2,4-D, 2,5,5-T, 2,4-DP, MCPA), 벤조익산(2,4,6-T, 2,3,6-T), 피콜산(피크람) 등으로 구분되는데 이들 5군중에 페녹시산 계열이 생리적 활성이 매우 높아서 제초제 등으로 많이 사용된다.

2) 지베렐린 (Gibberellic acid)류

지베렐린은 벼 키다리병균에서 분리동정된 생장촉진 물질로서 Gibbane 골격을 핵으로 한 Isoprenoid의 종합체로서 지금까지 약 80여종의 유도체가 알려졌으나 농업적으로는 GA_3가 주로 실용화되고 있고 배에서는 GA_4 또는 GA_7도 사용된다.

자연계에서는 이끼류, 균류, 식물 등에서 발견되고 특히 고등식물에서는 줄기 끝부분 또는 미숙종자에서 많이 생성된 후 다른 조직에 전류 분포된다.

지베레린의 작용특성은 주로 줄기의 신장생장을 촉진시키는데 완두의 왜성변이종(mutant)이나 단일조건으로 지베레린 생성이 억제되어 신장이 안된 로젯트(rosette) 식물에서 신장촉진 효과가 현저하다.

한편 뿌리에 대해서는 신장촉진 효과가 없고 오히려 삽목할 때 삽수의 뿌리 원기생성을 억제하여 부정근 발생을 저지한다.

또 휴면중인 종자나 눈에 지베레린 /엡사이식산(ABA)의 함량비를 증대시켜 휴면을 타파시킨다. 화곡류에서는 발아할 때 종실 호분층의 RNA합성을 촉진함에 따라 알파-아밀라제(α-amylase), 프로테아제 (proteinase)의 활성이 높아져서 발아가 촉진된다.

상치처럼 발아할 때에 광을 필요로 하는 종자에서는 광 대치효과가 있고 반대로 암 발아종자에서는 암 대치효과가 있다. 옥신과의 혼용처리로 개화를 촉진하고, 참외, 오이 등 박과식물에서는 과실이나 종자비대를 촉진하며 씨없는 포도 생산에도 효과적이다.

또 엡사이식산(ABA)과는 길항작용을 하여 식물의 노화와 낙엽 및 낙과를 지연 또는 방지하는데도 효과적이고 옥신과 같이 굴성발현에도 관계하는 것으로 알려져 있다.

3) 사이토카이닌(Cytokinin)류

사이토카이닌은 담배 수조직 배양중 처음으로 그 존재가 확인되었는데 생화학적으로는 핵산의 퓨린(purine) 염기인 아데닌(adenine)의 유도체에서 세린(serine)이나 타이로신(tyrosine)과 같은 아미노산의 합성을 위한 전이체인 t-RNA의 구성성분이다.

식물체에서는 미숙한 강낭콩이나 황색종의 두과작물인 루핀 등에 많이 존재하고 또 뿌리 선단에서 주로 합성되는데 체내 이동성은 매우 적다. 사이토카이닌의 생리작용은 조직배양시 callus에서 DNA와 m-RNA의 합성을 증가시켜 세포분열, 잎의 전개 및 생장 등을 촉진하고 뿌리의 신장을 억제하기도 한다.

그리고 옥신에 의한 정아 우세현상을 파괴해서 옆가지 발생을 촉진시키고 상치와 같은 광발아성 휴면종자에서는 광을 대신하는 효과가 있고 감자의 눈 휴면에서도 사이토카이닌/엡사이식산의 함량비를 높여서 휴면을 타파한다.

조직배양시에는 옥신과의 함량비에 따라 뿌리나 줄기의 발생을 유기하고 다른 호르몬처럼 작물에 따라 개화촉진 또는 세포분열을 촉진시켜 과실이나 종자의 비대 및 발육을 유도한다. 이외에도 RNA의 분해를 억제하고 엽록소나 단백질의 합성, 잎의 노화방지, 식물체내 유기물이나 무기물의 이동방향 조절, 등숙 및 과실비대를 촉진하는 효과도 있다.

4) 엡사이식산(Abscisic acid)

엡사이식산은 3개의 isoprenoid 단위로 된 유기화합물로서 처음에는 식물체의 휴면을 유기하는 dormin 으로 명명되었던 것으로 다른 천연 호르몬과는 달리 항상 식물의 생장을 억제하는 작용을 한다. 자연계에서는 이끼나 양치류 또는 모든 고등식물에 존재하며 엽록체에서 합성되어 체관부나 물관부를 통해서 식물체의 전 부위로 이동된다.

주요 생리작용은 식물의 뿌리, 줄기 등 모든 생장을 억제하고 또 종자, 괴경, 눈에서 휴면을 유기한다. 잎, 꽃, 과실의 이층세포에서 펙티나제(pectinase), 셀루라제(cellulase) 등 세포벽 분해효소들의 활성을 증가시켜 낙과 및 낙엽을 조장한다. 또한 단백질의 합성을 저해함으로써 노화가 촉진된다.

한편 엡사이식산은 한발, 침수, 냉해시에는 잎의 기공세포를 닫아서 수분증발을 방지하고 또 체내 생화학적 변화를 유기하여 불량환경에 대한 내성을 증진시킨다. 그리고 옥신, 지베레린, 사이토카이닌과 같은 생장촉진 호르몬의 생성을 억제함으로써 식물의 생리적 반응을 조절한다.

5) 에틸렌 (Ethylene)

에틸렌은 다른 식물호르몬과는 달리 분자구조에 이중결합을 하고 있고 색깔과 냄새가 없는 가벼운 기체로서 자연계에서 모든 고등식물체는 물론 심지어 곰팡이, 세균에까지 존재하며 특히 식물에서는 세포증식이 활발한 분열조직이나 절간조직에서 많이 생성된다.

그리고 산소나 온도, 햇빛과 같은 외부환경에 의해서 에틸렌 생성이 많은 영향을 받고 또 상처나 제초제 등의 약해와 같은 외부 스트레스(stress)에 의해서도 많이 발생되는데 식물체내에서는 세포간극을 통해 필요한 부위로 이동된다.

에틸렌의 생리작용은 화곡류의 종자나 감자의 괴경 또는 구근류의 휴면을 타파하고 쌍자엽식물의 뿌리와 줄기의 신장생장을 억제하는 대신 비대생장을 촉진한다.

그러나 벼, 보리, 밀과 같은 화본과 단자엽식물들이 침수되었을 경우 에틸렌이 줄기신장을 촉진시켜 물 밖으로 나오게 한다. 또 잎 생장을 억제하고 잎이 아래로 처지는 상편생장을 유도하며 RNA와 단백질의 분해를 촉진시켜 노화를 촉진하고 낙엽과 낙과를 조장한다.

이러한 여러가지 생리작용중에서 가장 뚜렷한 기능은 과실의 성숙과 후숙이다. 특히 수확후 호흡이 증가되는 과실인 배, 사과는 과실내 에틸렌 생성이 촉진되고 과실 세포벽의 가수분해 효소들의 활성을 증대시켜 세포벽이 분해되며 이로 인하여 과실의 저장력을 약하게 한다.

이 밖에도 엽록소의 분해를 촉진시키는 대신 토마토의 리코펀(lycopene)이나 포도의 안토시아닌(anthocyanin) 등과 같은 색소형성을 촉진시켜 과실의 착색을 좋게 한다.

다. 식물 생장조정제의 사용현황

1940년대에 옥신 활성을 지닌 2,4-D가 합성되어 농업에 이용되기 시작한 이후 세계 여러나라에서 많은 식물 생장조정제가 합성되어 농작물의 증수, 품질향상, 생력화 및 유전공학분야에 응용되어 왔으며, 1980년대 이후 그 발전속도는 더욱 빨라지게 되었다.

〔표 12-1〕 한국의 식물생장조정제 원제생산 및 출하 현황

년 도	1985	1986	1987	1988	1989	1990	1991
생 산 량(M/T)	124	95	55	46	131	93	165
출 하 량(M/T)	76	87	57	84	113	75	101

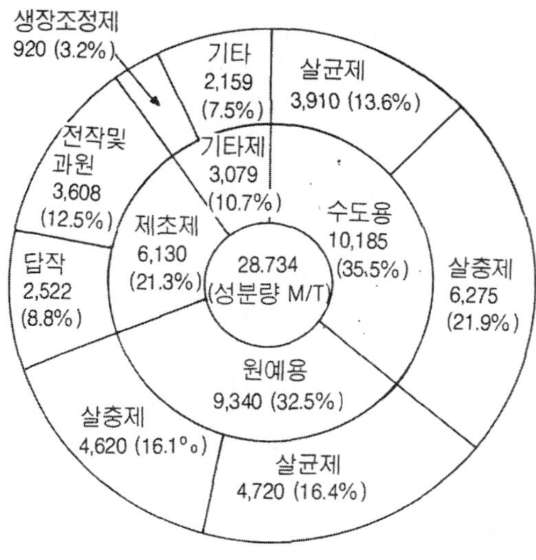

〈그림 12-1〉 약제별 생산량 구성비 ('91, 농약연보)

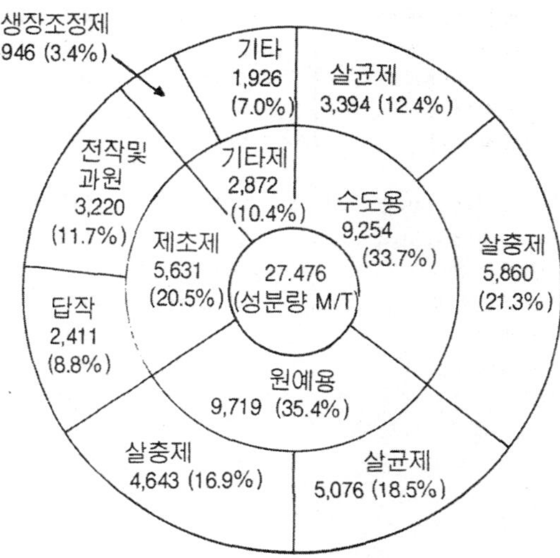

〈그림 12-2〉 약제별 출하량 구성비 ('91, 농약연보)

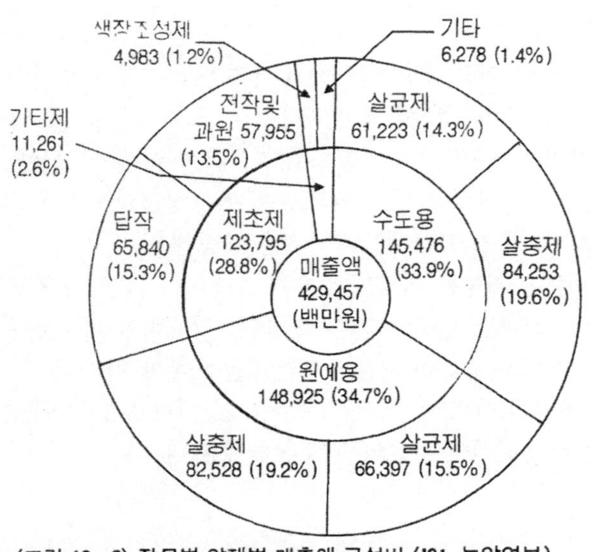

〈그림 12－3〉 작물별 약제별 매출액 구성비 ('91, 농약연보)

우리나라의 식물 생장조정제 원제 출하량을 보면 〔표 12－2〕, 1986년 76 M/T이던 것이 점차 증가하여 1989년 113 M/T 으로 급증하였다가 비나인의 발암성이 전세계적으로 쟁점화 된 후 1990년에 그 사용량이 4년전 수준으로 감소되었다. 그러나 '91년에는 출하량이 늘어나면서 신속히 회복되는 추세를 보이고 있다.

한편 제품화된 약제별 생산량에 있어서 〈그림 12－1〉, 전체 농약생산량 28,734 M/T 가운데 생장조정제는 920 M/T로서 3.2%를 차지하고 있고, 생장조정제의 출하량도 〈그림 12－2〉 946 M/T 으로서 3.4% 이다.

식물 생장조정제의 매출액에 있어서 〈그림 12－3〉, 전체 농약 매출액 4,294억 5천7백만원 가운데 식물 생장조정제는 49억8천3백만원으로 1.2%에 불과하다.

〔표 12－2〕 한국의 식물 생장조정제 이용 현황('93)

품 목 명	상품명 (일반명)	성분함량 (%)	대 상 작 물	용도(작용)
아토닉액제	아토닉 액제	0.3	담배	생육촉진
지베렐린수용제	(지베렐린산)	3.1	포도, 딸기, 토마토, 오이, 감자, 국화	씨없는 포도, 생장촉진, 억제재배, 오이 성숙지연
지베렐린도포제	(지베렐린산)	2.7	배(장십랑)	비대 및 숙기촉진
도마도톤액제	(4－CPA)	0.15	토마토, 가지	생장촉진, 착과 증진
클록시포낙액제	토마토란	9.8	토마토	착과, 과실비대
인돌비액제	도래미	0.3	콩나물	생장촉진(세근발생)
에세폰액제	에스렐	39.0	담배, 포도, 토마토, 배 고추, 사과	착색촉진
아이비에이분제	옥시베론	0.5	국화, 카네이션	발근촉진
아이비에이액제	(IBA)	0.4	하와이무궁화	
루톤분제	(나프틸초산)	0.4	카네이션	발근촉진
말레이액제	액아단(MH)	21.7	담배	액아신장억제
씨엠액제	코링	39.0	담배, 감자, 양파	액아신장억제, 맹아억제
비나인수화제	(다미노자이)	85.0	포인세티아	신장억제
패티알콜유제	앤티싹	74.0	담배	액아신장억제
이나벤화이드입제	세리타드	4.0	벼	도복경감
다이코액제	레그론	20.0	벼, 보리, 감자	경엽건조약
칼가본수화제	크레프논	95.0	감귤(온주)	부피방지
에티클로제이트유제	휘가론	1.0	감귤	적과제
디클로르프로프액제	미성알파	4.5	사과(쓰가루)	후기 낙과 방지
그린나	Greener		과수, 채소, 관상, 식물	수분증산 억제, 냉해방지

※ '93 농약사용 지침서, 농약공업협회

1993년 현재 국내에서 등록되어 농작물의 재배에 이용되고 있는 생장조정제의 종류는 21종이고, 그 대상작물의 수는 36 작목이다.

생장조정제를 종류별로 보면 [표 12-2] 에세폰이 고추, 포도, 담배의 성숙촉진에 가장 많이 사용되고, 지베렐린은 포도, 토마토, 딸기 등의 착과촉진에 사용된다. 마레이 액제가 담배의 액아발생 억제 및 감자, 양파의 저장중 맹아억제용으로 주로 사용되고 있다.

그밖에 아토닉, 도마도톤, 인돌비, 비나인 및 칼카본 수화제가 비교적 많이 사용되고 있다.

2. 식물 생장조정제의 효과 및 이용방법

가. 배의 과실 발육과 내생(內生)호르몬의 함량변화

배는 개화 및 수정을 거치면서 과실의 발육이 시작되는데 개화기부터 40~50일까지 과육의 세포분열이 일어나서 세포수가 결정되고, 그 이후 세포가 비대하여 과실이 커지게 된다〈그림 12-4〉).

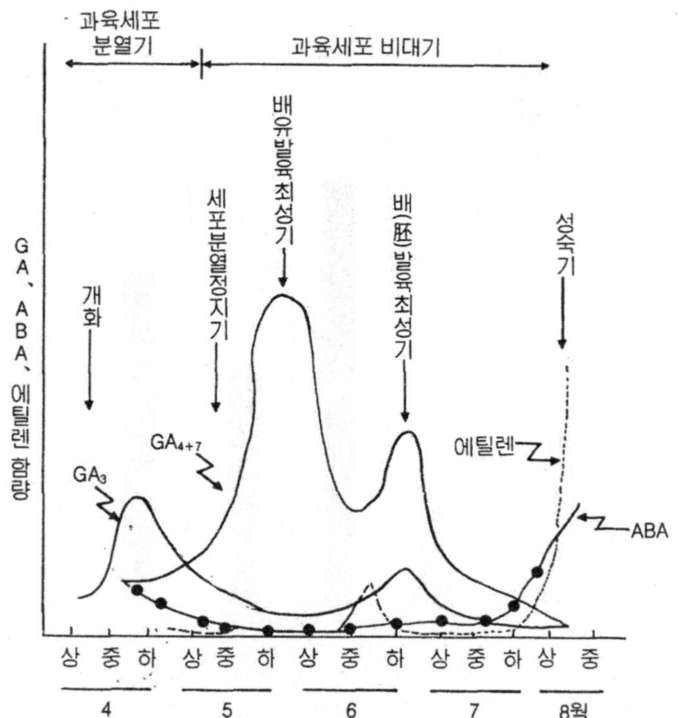

〈그림 12-4〉 신수(新水) 과실 발육에 따른 과육중의 GA, ABA 및 에틸렌 함량 변화(田夔賢二, 1983)

배 과실의 발육단계별 지베렐린의 변화에 있어서, 세포분열기에는 GA_3 활성이 높고, 그 이후 과육 세포 비대기에는 GA_4와 GA_7의 활성이 높다. 그러나 대부분의 과실은 GA_3가 많이 생성되고 GA_4와 GA_7이 극히 적은 양이 생합성된다.

따라서 배의 과실비대를 위해서 충분한 양의 GA_4와 GA_7이 필요하기 때문에 세포 비대 초기에 합성 조제된 GA_4와 GA_7을 과실에 공급해주면 과실이 커지고 생육기간이 단축되어 조기수확할 수 있게 된다.

한편 과실의 착색과 성숙촉진에 깊이 관여하는 엡사이식산(ABA) 및 에틸렌은 과실의 성숙 직전에 급격히 증가하는데, 수확시기가 지나치게 지연될 경우 이들 호르몬의 작용에 의하여 낙과가 많아지고, 저장력도 적어진다.

나. 지베렐린을 이용한 배 비대 및 숙기 촉진

지베렐린은 배의 과실발육에 밀접한 관계가 있다. 지베렐린의 이성체 종류는 지금까지 80여 종이 확인되었으나 농업적으로 이용하는 지베렐린은 GA_3, GA_4, GA_7 등 3종이다. 지베렐린이 과수에 이용되기 시작한 것은 포도 델라웨어 품종에 대하여 개화전에 GA_3를 처리하면 씨가 생기지 않기 때문에 현재까지 널리 이용되고 있다.

배의 경우 〈그림 12－5〉에서와 같이 GA_3는 숙기는 촉진시키나 과실 비대촉진에는 별로 효과가 없다. 그러나 GA_4와 GA_7은 과실비대와 숙기촉진에 탁월한 효과가 있다.

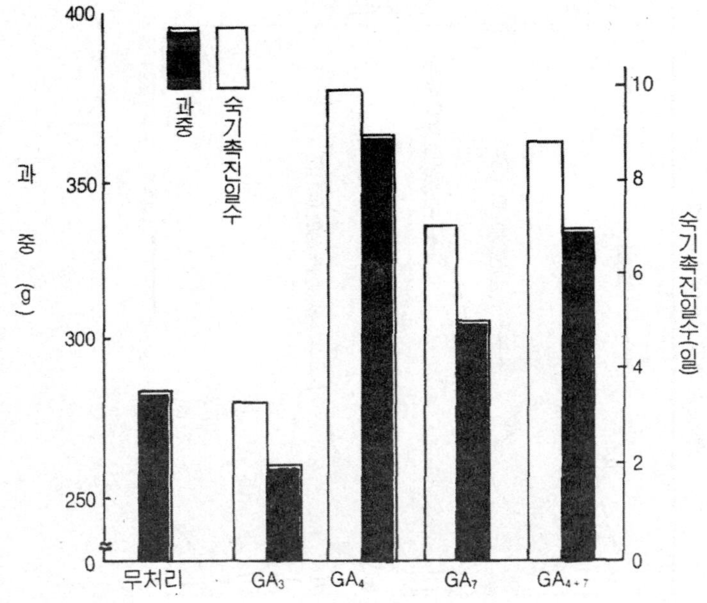

〈그림 12－5〉 GA의 종류가 배 이십세기 품종의 과실비대 및 숙기촉진에 미치는 영향
(GA농도 : 3,000ppm 라노린 도포제)(1978, 平田等)

배는 대과(大果)일수록 육질이 유연하여 상품성이 좋고 특히 조생종 품종을 시설재배하여 단경기 출하를 목표로 할 경우 지베렐린 도포제를 이용하면 과실비대와 숙기단축의 두가지 목표를 동시에 달성할 수 있다. 지베렐린 도포제는 GA_3와 GA_4 및 GA_7이 혼합되어 있는 약제로서 GA_3만 함유되어 있는 지베렐린 수용제와는 그 성분조성이 다르다.

1) 지베렐린 도포제의 처리시기

지베렐린 도포제의 처리시기에 따른 배 품종별 과실비대 효과를 보면 〔표 12-3〕, 행수는 만개 40일후 처리에서 비대효과가 가장 우수하였고, 장십랑은 만개 30~40일후, 신고는 만개 30일후 처리가 가장 효과적이었다.

〔표 12-3〕 지베렐린 도포제의 처리시기에 따른 배 과실비대 및 숙기단축 효과

처 리 시 기	행 수		장 십 랑		신 고	
	과중(g)	숙기단축(일)	과중(g)	숙기단축(일)	과중(g)	숙기단축(일)
만개 20일후	306	5	438	6	687	7
30일후	334	5	469	6	801	7
40일후	392	5	466	6	743	7
50일후	379	5	434	6	720	7
무 처 리	304	0	454	0	670	0

※ '92 시험연구보고서, 과수연구소

지베렐린 도포제의 숙기 촉진효과는 처리시기에 큰 영향을 받지 않았고, 품종에 따라 행수 5일, 장십랑 6일, 신고 7일의 숙기 단축효과가 있었다.

처리시기가 만개후 20일 정도로 너무 빠를 경우 과실 비대는 행수, 장십랑, 신고 등 3품종 모두 무처리에 비하여 차이가 없었고 다만 숙기는 5~7일씩 빨라졌다. 따라서 과실비대와 숙기촉진의 두가지 목적을 위해서는 적기 처리가 매우 중요시된다.

2) 지베렐린 도포제의 처리약량

지베렐린 도포제의 처리약량에 따른 배 품종별 과실비대 효과에 있어서 행수, 장십랑, 신고 등 3품종 모두 과실당 30mg 처리가 가장 우수하였으며, 다음으로 25mg, 20mg, 15mg 의 순으로 약량이 적어질수록 과실 비대효과도 점차 감소하였다〔표 12-4〕.

〔표 12-4〕 지베렐린 도포제의 처리약량에 따른 배 과실비대 및 숙기단축 효과

처 리 약 량	행 수		장 십 랑		신 고	
(1과 기준)	과중(g)	숙기단축(일)	과중(g)	숙기단축(일)	과중(g)	숙기단축(일)
15 mg	331	5	421	6	703	7
20 mg	336	5	447	6	736	7
25 mg	354	5	445	6	745	7
30 mg	364	5	453	6	774	7
무 처 리	311	0	394	0	697	0

※ '92 시험연구보고서, 나주배연구소

한편 숙기촉진에 있어서 처리약량간의 다소에 영향 없이 무처리보다 5~7 일정도 숙기가 단축되었다.

3) 지베렐린 도포제의 처리에 의한 배 품질의 영향

배 과실에 지베렐린 도포제를 처리함으로써 과실비대와 숙기단축 효과가 충분히 입증되었다. 과실의 품질에 있어서 〔표 12-5〕에서와 같이 당도, 산함량 및 과실경도(硬度)는 지베렐린 도포제 처리에 의하여 거의 영향을 받지 않았다.

〔표 12-%〕 지베렐린 도포제의 처리에 따른 과실 품질의 영향

품 종	지베렐린 도포제처리	당 도 (°BX)	산 함 량 (%)	경 도 (kg/5mm)	분질화율 (%)	부패과율 (%)
행 수	처 리	12.1	0.09	1.26	81.7	36.7
	무 처 리	11.9	0.09	1.22	16.7	26.7
장 십 랑	처 리	12.2	0.17	1.75	16.7	54.2
	무 처 리	12.3	0.14	1.93	60.0	25.0
신 고	처 리	13.2	0.16	1.03	-	-
	무 처 리	13.4	0.15	0.87	-	-

※ '92 시험연구보고서, 나주배연구소

그러나 행수에서 생리장해의 일종인 과육 분질화(果肉 粉質化)된 과실이 많았으나 장십랑은 오히려 장해과가 적어졌다. 부패과 발생에 있어서 행수는 다소 증가되었고, 장십랑은 2배정도로 높았다.

따라서 지베렐린 도포제를 처리하여 조기 수확한 과실은 과실 유통 기간이 짧으므로 신속히 소비자에게 공급해야 하고, 과실 포장상자에도 저장력이 약한 점을 명확히 표기해야 한다.

- 처리시기 : 만개후 30일
- 처리약량 : 과실당 25mg
- 조사시기 : 당도, 산함량, 경도 → 수확시
  분질화율, 부패과율 → 상온저장 7일후

다. 에세폰을 이용한 배 숙기촉진

배의 수확기는 재배 농가의 소득과 직결될 경우가 많다. 특히 조생종 배의 비닐하우스를 이용한 촉성 재배시에는 수확기가 빠를수록 판매단가가 높아서 조기 수확을 목표로 하고 있고 중생종 품종은 추석기의 과실 대량 소비기에 적기 출하하므로써 소득증대의 효과를 높일 수 있다.

식물 생장조정제를 이용한 배의 숙기단축은 앞에서 설명한 지베렐린 도포제가 유효하지만, 약제의 특성상 가격이 비싸고, 모든 과실의 과경 부위에 약제를 도포해야 하므로 처리인력과 부대 경비가 많이 소요되는 문제점이 있다.

그러나 배의 숙기촉진 효과가 있는 에세폰은 단위 면적당 약제비용이 현저히 저렴하고, 처리방법시 수관살포가 가능하므로 대면적이라고 해도 문제가 되지 않는 장점이 있다.

1) 에세폰의 처리방법

에세폰을 이용한 배의 숙기촉진 방법에는 전기(前期) 저농도 살포와 후기(後期) 고농도 살포로 구분해서 실시한다. 전기 저농도 살포법은 6월 중하순경 에세폰 12.5~25ppm의 저농도액을 살포하여 서서히 성숙이 촉진되게 한다.

임(林) 등의 연구결과에 의하면 에세폰 25ppm을 6월 하순에 수관 살포한 결과 팔운 5~6일, 신수 7~8일, 풍수 10~12일, 신흥 16~18일, 만삼길 12~14일 숙기촉진의 효과가 있었고, 과중도 무처리에 비하여 7~20% 정도 무거워졌다고 하였다.

우리나라의 배 숙기촉진을 위한 에세폰의 처리대상 품종은 장십랑, 이십세기 및 신세기 등으로 고시되어 있고, 살포시기는 개화후 100일경, 또는 과실 직경이 6cm 정도 일때이며 처리농도는 에세폰 5mℓ를 물 20ℓ에 희석(약 100ppm)하여 사용하도록 권장하고 있다.

에세폰의 후기살포 결과에 의하면 〔표 12-6〕, 에세폰 살포시기는 만삼길(수확전 5~6주간)을 제외한 대부분의 품종이 대개 수확 10~15일 전이고, 살포 농도에 있어서 신고, 팔행은 25ppm, 신흥 및 만삼길은 50ppm, 이십세기, 국수, 장십랑은 50~100ppm을 살포하도록 권장되고 있다.

〔표 12-8〕 배 품종별 에세폰 후기 살포시기 및 살포농도

품 종	살 포 시 기	살포농도(ppm)	비 고
팔운	수확전 2주간	50	과실직경 55mm 이상
조생이십세기	수확전 10 ~ 15일	50	
신세기	수확전 2주간	50	
팔행	수확전 10 ~ 14일	25 ~ 50	조기살포시 열과 발생
신수	수확전 10 ~ 15일	50	
행수	수확전 10 ~ 15일	50	
풍수	수확전 10 ~ 15일	50	
이십세기	수확전 2 ~ 3주간	50 ~ 100	과실직경 60mm 이상
국수	수확전 2 ~ 3주간	50 ~ 100	
장십랑	수확전 2주간	50 ~ 100	
신흥	수확전 2 ~ 3주간	50	
신고	수확전 2주간	25	열과발생 우려
만삼길	수확전 5 ~ 6주간	50	

※ 농업기술대계, 1983

특히 저농도 살포가 요구되는 신고 및 팔행은 에세폰 살포에 의하여 열과가 조장될 위험이 있다.

배에 에세폰을 살포할 때에는 비료 또는 타액제와 혼용하지 않아야 하고 수관전면에 살포하되 과실 위주로 살포한다. 약량을 지나치게 많이 살포하면 약액이 과실의 꼭지 부분에 고여 낙과를 유발시킬 수 있으므로 주의해야 한다.

일단 물에 희석한 에세폰은 당일중으로 모두 살포해야 하며, 살포가 끝난 후 잉여약액이 남았더라도 중복 살포를 해서는 안된다.

특히 에세폰은 살포된 화합물의 상태로 잎과 과실에 흡수되고, 세포내 pH와 그 밖의 화학반응을 통하여 에틸렌 가스가 발생한 후 숙기촉진 작용을 하게 되는데 이 기간중의 기온이 약제의 효과에 큰영향을 준다.

즉 기온이 15℃이하일 때에는 약제의 효과가 현저히 감퇴되며, 반대로 30℃이상의 고온일때에는 낙과 및 조기낙엽과 같은 부작용이 우려되므로 기온이 지나치게 높은 날을 피해서 살포해야 한다.

2) 에세폰의 처리 효과

장십랑 품종에 대하여 에세폰 50ppm을 시기별로 살포한 결과를 보면[표 12-7], 숙기는 에세폰 살포에 의하여 3~4일 정도 빨라졌고, 당도가 약간 증가하는 경향이 있다. 과중은 작아졌는데, 특히 일찍 에세폰을 살포할수록 과실 비대가 억제되었다.

이와 같은 연구결과는 에세폰 살포액 권장 농도 97ppm 보다 약 2배 정도 희석된 50ppm 살포에 의한 것으로서, 살포액의 농도를 규정농도로 높여서 살포할 경우 숙기촉진 효과는 훨씬 증대될 것으로 생각된다.

[표 12-7] 배 장십랑 품종의 에세폰 (50ppm) 처리시기에 따른 숙기촉진 및 과실 특성의 영향

살포시기 (개화 후 일수)	숙기촉진 (일)	과 중 (g)	당 도 (°Bx)	산함량 (%)	경 도 (kg /5mm)
70 일	4	380	12.2	0.15	1.73
80 일	4	373	12.6	0.15	1.66
100 일	3	412	11.9	0.16	1.75
120 일	3	399	11.8	0.13	1.72
130 일	4	421	12.2	0.14	1.50
140 일	4	395	12.2	0.14	1.44
무 처 리	0	422	11.0	0.15	1.75

※ '92 시험연구보고서, 과수연구소

3) 에세폰 처리에 따른 문제점

에세폰은 과실의 숙기를 촉진시키는 성질과 함께 과실의 탈리층 발달을 도모하여 낙과가 조장될 수 있고 과실의 호흡량을 증대시켜서 저장력을 저하시킬 수 있는 부작용도 함께 지니고 있다.

[표 12-8]에서와 같이 에세폰 살포에 의하여 낙과가 다소 증가되었고, 과실 분질화는 후기살포(개화 120~140일후 살포)에 의하여 높아졌으나, 개화후 100일 이전에 살포할 경우에는 별 영향이 없었다.

따라서 에세폰은 조중생과 중생종에 살포하여 조기 출하하고, 저장용 만생종은 에세폰을 살포할 필요가 없다.

〔표 12-8〕 배 장십랑 품종의 에세폰 (50ppm) 처리시기에 따른 낙과와 보구력의 영향

살포시기(개화후 일수)	낙 과 율(%)	분 질 화 율(%)	부 패 과 율(%)
70 일	9.0	38.3	20.8
80 일	16.0	50.0	29.2
100 일	9.3	36.7	12.5
120 일	14.9	63.3	29.2
130 일	13.5	60.0	25.0
140 일	8.0	63.3	37.5
무 처 리	6.5	46.7	26.4

※ '92 시험연구보고서, 과수연구소

제 13 장 병해 및 유사 바이러스 증상

1. 붉은별무늬병(赤星病 : *Gymnosporangium asiaticum* Miyabe et Yamada)

가. 병징

1) 잎

본 병원균에 의해 감염이 되면 약 10일간 잠복기간을 지나 잎의 표면에 작은 등황색의 병반이 나타나며 초기 병반위에는 맑은 물방울 같은 밀상(蜜狀)이 생긴다.

어린 잎이 막 벌어질 때에 감염되어 반점이 생기며 개화하여 낙화기까지에는 화탁(花托)과 꽃자루에 감염되어 반점이 생긴다. 병반이 점점 확대되면서 병반위가 검게되며 병자각(柄子殼)이 나타난다.

병반부위의 엽육(葉肉)은 점차로 두터워지고 5월 하순경에서 6월 상순경이 되면 잎 뒷면에 담황색의 돌기가 나타나기 시작한다. 이것이 7월 상순경이 되면 1~1.5cm 길이의 많은 사상체(絲狀體)가 나오고 그 선단에서는 황색의 수포자(銹胞子)가 비산(飛散)하게 된다.

2) 과실

유과에 본 병원균의 피해를 받게 되면 처음에는 등황색의 반점이 생기고 6월 하순에서 7월 상순에 사상체가 나온다. 이와같이 과실에 병반이 생기면 과실은 기형이 되고 딱딱해지며 과실 비대에 지장을 준다.

3) 가지

가지는 어릴 때 주로 발병되며 처음에는 등황색의 반점이 생기고 6월 하순에서 7월 상순에 사상체인 수자강이 나온다. 병반이 생기면 병반 부위는 딱딱해지며 비바람에 쉽게 부러진다.

나. 전염경로

1) 발생환경

붉은별 무늬병은 여름부터 겨울까지 향나무에서 나고 이른 봄 4월 하순부터 5월에 비가 20~30mm 이상 오면 향나무에 겨울을 지낸 동포자가 배나무로 날아가 유엽(幼葉)과 유과

(幼果)에 피해를 준다.

3월이 되면 중간기주인 향나무의 인엽(鱗葉)및 가는 가지에 길이가 2~3mm 정도의 나무껍질 같이 생긴 적갈색의 동포자층(冬胞子層)이 보인다. 동포자의 발육온도는 15~30℃이고 최적온도는 17~20℃이다.

소생자의 형성 적온은 15℃ 전후이고 10~20℃ 사이에서 소생자의 형성은 양호한 상태가 된다. 수포자의 발아 적온은 27℃ 이며 pH 6.0의 물속에서 가장 생육이 양호하다.

전년도의 기상조건에 따라 발생시기 및 발생정도에 차이가 나며 향나무류에서 월동한 동포자층은 개화기를 맞이하여 4월 중순경에 충분히 성숙되어 비를 맞으면 6~7시간 후에 소생자가 생기며 바람에 의해 비산(飛散)된다.

소생자의 형성은 동포자층에 충분한 수분을 받게 되면 약 10시간 후에는 최고의 발생량을 보이고 20 시간 후가 되면 감소하게 된다. 또한 소생자는 유엽에 붙으면 약 5시간 이내에 조직에 침입되고 잎의 병반은 10일 후에 등황색의 반점으로 나타나게 된다.배나무와 중간 기주식물과의 감염 거리는 직선 500m까지는 병에 걸려 피해가 심하고 2km가 넘으면 피해를 받지 않는다.

2) 전염경로

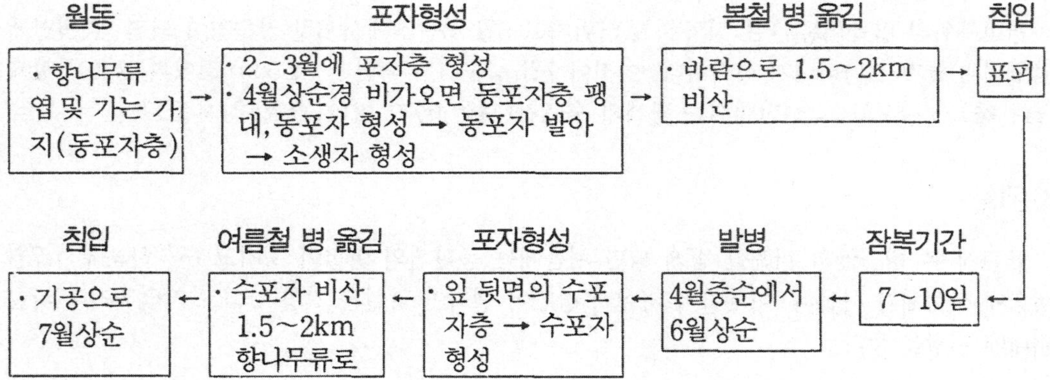

다. 방제

1) 재배적 방제

2km 이내에 배나무와 향나무가 같이 재식되어 있으면 붉은별 무늬병이 발생되므로 제거한다. 채벌이 불가능한 때는 동포자 발아전 향나무류에 살균제 티디폰 수화제 800배를 살포한다.

2) 약제방제

① 병해 방제를 위해서는 개화기 전후 1 개월간은 특히 주의하고 적기에 예방 처리하면 방제

는 간편한 편이다.

② 정확한 살포농도로 줄기, 가지, 잎, 과실에 빈 곳 없이 살포하되 4월 중순부터 6월까지 비가온 후에 2~3회 살균제를 살포한다.

③ 방제약제로는 마이탄 수화제(1,500 배), 비타놀 수화제(2,500 배), 훼나리 수화제 · 유제(3,000 배), 티디폰 수화제(800 배), 트리아디메놀 수화제(1,000 배), 디니코나졸 수화제(2,000 배) 등의 살균제가 있다.

2. 검은별무늬병(黑星病 : *Venturia nashicola* Tanaka et Yamamoto)

가. 병징

1) 잎

잎에는 처음 중맥 또는 지맥을 따라 분생포자가 형성되며 부정형, 타원형, 원형의 흑색병반이 생기는데 이것이 나중에 검은 색의 그을음 모양으로 변한다.

2) 과실

열매에 발생하는 증상은 잎에서와 동일한 증상이나 병반이 생기면 과면이 창가상(瘡痂狀)으로 변한다. 그로 인해 열매의 과면은 움푹 들어가며 거칠고 굳어져 기형과가 되고 피해가 심하면 과면이 터진다. 장십랑은 저항성이 강한 품종이며 행수와 석정조생(石井早生)은 저항성이 약한 품종이다.

3) 가지

가지에는 어릴때 감염되어 부정형, 타원형, 원형의 흑색 병반이 생기며 이것이 나중에도 검은색의 그을음 모양으로 분생포자가 형성된다.

나. 전염경로

1) 발생환경

① 검은별 무늬병은 갈색배나 청색배에 관계 없이 발병되지만 갈색배에서 특히 많이 발견된다.

② 장과지는 제1전염원이 되며 기부쪽 눈에 발병이 많다. 염병에 발병되면 피해잎은 조기낙엽이 되며 엽맥이나 엽육부에 발생되면 낙엽은 되지 않으나 수량이 줄어 들고 품질이 떨어진다.

③ 이른봄에는 낙엽상에서, 늦은 봄에서 가을까지는 주로 잎이나 과실의 병반상에서 포자를 형성한다.

④ 발육 최적온도는 20℃이고 최저온도는 7℃이며 최고온도는 30℃정도이며 저온을 좋아한다. 낙엽된 병반상에서 월동한 병원균은 제1차 전염원이 되며, 전년도 가을 액화아와 인

편에서 월동한 병원균이 봄에 분생포자를 형성하면서 제1차 전염원이 되는 경우도 있다. 1차 전염 후에는 주로 잎 윗쪽에 형성되어 있는 분생 포자가 제2전염원이 된다.

⑤ 초기발생은 4월 하순경에 발생되기 시작하며 점차 증가하다가 여름철의 고온기에 병세가 약화된다. 9월의 서늘한 기온에 습도가 높아지면 다시 병이 발생한다.

⑥ 개화기로부터 약 3주간 강우 일수가 많고 비가 많은 해에 발명이 심하다. 5월에서 6월에도 기온이 낮고 비오는 날이 많은 해에 발병된다.

2) 전염경로

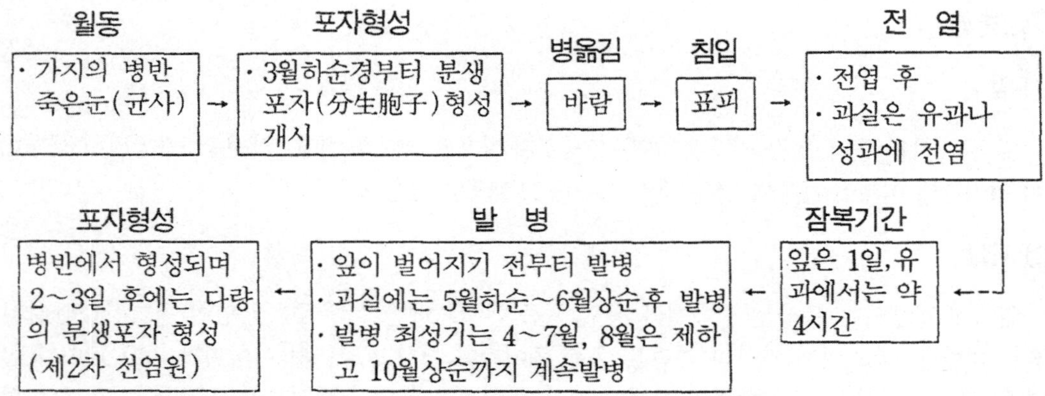

다. 방제

1) 재배적 방제

다비재배를 피하고 가지가 무성하지 않도록 키우며 전정시 피해가지를 제거한다(40cm 깊이에 묻든가 소각처리).

2) 약제방제

① 약제방제시 2가지 중요사항이 있다. 하나는 이른 봄 양분 전환기경 제1차 전염에서 제2차 전염초기에 방제를 하는 것이고, 또 한가지는 가을철에 액화아 인편 감염시기에 방제하는 것이 중요하다.

② 방제약제로는 베노밀 수화제(1,500 배), 비타놀 수화제(2,500 배), 마이탄 수화제(1,500 배), 가벤다 수화제(1,000 배), 지오판 수화제(1,000 배), 훼나리 수화제(3,000 배), 펜코나졸 수화제(1,000 배) 등이 있다.

3. 검은무늬병(黑斑病 : *Alternaria kikuchian* Tanaka)

가. 병징

1) 잎

잎이나 엽병에 병반(病斑)은 흑갈색의 둥근무늬로 생기며 신초에 병반은 타원형이고 약간 움푹하게 들어 간다.

2) 과실

유과에 병반은 5월 중순경에 둥글고 작은 흑점의 병반으로 시작하여 병반 부위(部位)가 움푹 들어가고 굳어진다. 6월 하순경에도 병반이 생긴 유과는 균열이 생기고 균열부분에 병반은 급속하게 확대되어 7~8월이면 낙과가 된다.

그리고 성숙과는 흑색의 병반이 동심 윤문상으로 확대되면서 썩는다.

나. 전염경로

1) 발생환경

① 이십세기 품종이 본 병에 특히 약하며 신수 품종에도 약간 발생이 되나 풍수, 장십랑 품종은 거의 발병되지 않는다.

② 검은 무늬병에 약한 품종재배시에는 무봉지(無袋)재배는 곤란하다. 본 병은 우리나라 전역에 분포하는 병으로 해에 따라서는 발생이 심한 병이다.

③ 5월에서 10월경까지 계속 발생하나 6~7월 기온이 24~28℃에서 다습하면 많이 발생한다.

④ 잎, 과실, 신초(새순)에 나타나는 병으로 이와 같은 기관에 병균의 침입은 부드럽고 어린 조직에 침입하여 발생된다. 그러나 이십세기 품종에 있어서는 유과(幼果)나 성숙된 과실에 똑같이 병이 걸린다.

⑤ 이 병원균은 발육지(發育枝)의 병반에서 균사형태로 겨울을 지낸다.

⑥ 3월 하순 병반상에 포자를 형성하기 시작하며 공기전염을 한다. 병포자 형성은 병반에서 가을까지 계속해서 이루어진다. 또 잎의 병반, 과실의 병반에서도 많은 포자가 계속해서 형성된다.

⑦ 이 병의 발생이 빠른 해에는 개화시 평균기온이 15℃정도에서 2~3일이 되면 화변(花弁)에 병반이 보인다. 발병 최성기는 6월 상순~7월 상순이며 8월에는 다소 약해지나 10월 상순까지 계속 발생한다.

2) 전염경로

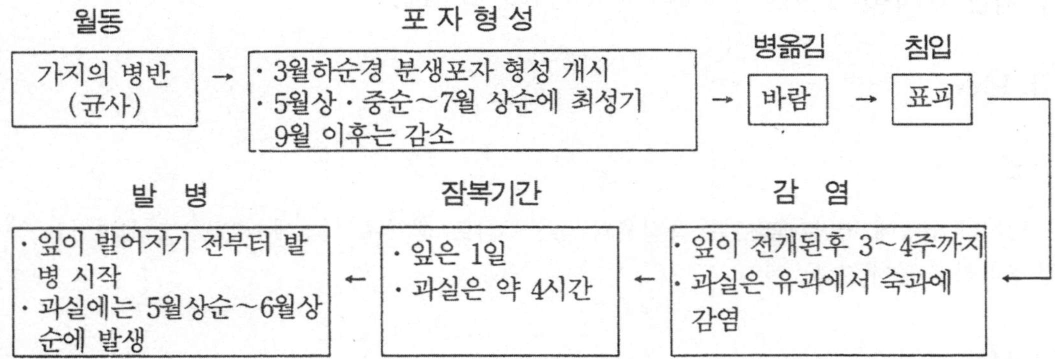

다. 방제

1) 재배적 방제

① 통광 통풍이 양호하고 배수가 잘 되게 관리한다.
② 과비(過肥)를 피하고 수세는 적당히 관리한다.
③ 전정시 병에 걸린 가지는 병 발아 이전에 깊이 매몰하고 소각 처리한다.
④ 병에 걸기기 쉬운 품종은 2회 봉지를 씌워 재배한다.

2) 약제방제

① 동계약제(석회유황합제 5 도액) 살포후 8월까지 약제살포를 철저히 하고 비온 후에도 약제 살포를 한다.
② 방제약제로는 이프로 수화제(1,000 배), 포리동 수화제(1,000 배), 포리옥신 수화제(1,000 배), 디치 수화제(800 배) 등의 약제가 있다.

4. 겹무늬병(輪紋病 : *Physalospora piricola Nase*)

가. 병징

1) 잎

잎에 처음 증상은 회갈색의 소반점(小斑点)이 생기고 점차 병반이 확대되어 직경 2~4cm 정도가 되면 윤문상의 병반이 나온다.

그 병반위에는 흑색의 소립점(小粒点)이 나오는데 다른 반점성 병과는 구분이 잘되어 식별하기 쉽다. 잎의 병반상에는 병자각을 형성하나 과실의 병반에는 병자각은 생기지 않는다.

2) 과실

과실에도 갈색 내지 암갈색 겹무늬상의 병반이 생기며 작은 병반은 직경 5mm 전후이고 큰 병반은 7~8cm 정도의 크기의 병반이 생긴다.

3) 가지

가지는 직접 병반이 생기는 일은 없으나 사마귀 증상이 형성되는 특징이 있다. 사마귀의 크기도 가지의 수령에 따라 차이가 나는데 2~3년생 가지에 사마귀가 생겼을 때 직경 5~10mm 정도에 높이는 2~5mm 정도가 되는 크기의 사마귀가 생긴다.

자낭균병으로 가지에 생긴 사마귀 조직은 표피하(表皮下)에 자낭각 또는 병자각을 다수 형성하며 자낭포자와 병포자가 장기간에 걸쳐 비산(飛散)하게 된다.

나. 전염경로

1) 발생환경

배나무 줄기에 사마귀 같이 혹이 발생되고 그로 인해 조피가 생기며, 과실에 발생하게 되면 부패하게 된다. 특히 장십랑 품종에 발생이 많고 근년에는 행수, 신수 같은 조생종 품종에도 많이 발생된다.

이 병은 재배지역에 따라 발생차이가 생기며 바다가 가까운 구릉지로 강우량이 많은 지역 또는 바람이 센 지역에서 발병이 심하다.

이 병의 주요 전염원은 가지의 사마귀이다. 병원균은 신초의 눈부근에 특이하게 침입하며 사마귀 증상이 나타나는 것은 봄순과 여름 신초에 9월 하순까지 피목(皮目)이나 잎을 통해서 침입하는데 이때 피해상구는 백색 소돌기(小突起)가 생기며 다음해 2월에서 5월쯤 되면 확실한 사마귀 증상이 나타난다.

사마귀가 생긴 가지는 생육중에 사마귀 증상이 비대되면서 균열이 생기고 사마귀 병 주변이 움푹 들어가는 증상을 보인다. 사마귀가 발생하는 가지는 2~3 년생이 가장 많고 수령이 많아질 수록 포자형성량이 적어져 9년생 이상이 되면 사마귀병은 발생되지 않는다.

포자의 비산은 4월 중순부터 9월 하순까지 장기간에 걸쳐 날으며 비산량(飛散量)은 5월 하순에서 8월 상순까지가 최고치를 보이고 있다. 또 병포자의 비산은 기상과 관계되기도 하는데 맑은 날은 적고 비가 오는 날에는 병포자 비산량이 많다.

2) 전염경로

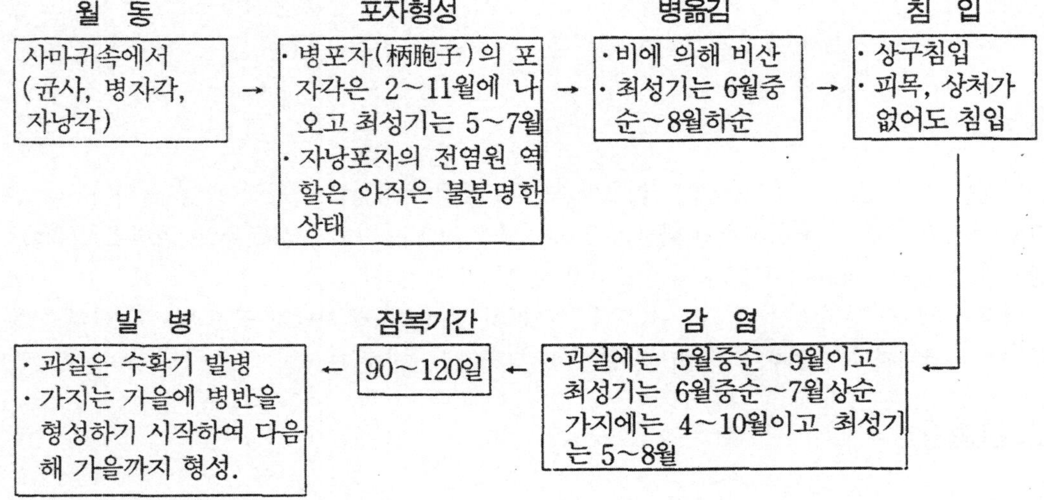

다. 방제

1) 재배적 방제

① 발병이 심한 지역은 재식전 방풍림이나 방풍담(防風垣) 설치가 필요하다.
② 과실은 봉지를 씌우면 방제효과가 높다.
③ 동계전정때 사마귀병의 이병(罹病)가지를 제거, 소각한다.

2) 약제방제

① 동제 약제살포를(석회유황합제 5 도액) 철저히 한다.
② 방제약제로는 지오판 수화제(2,000 배), 디치 수화제(700 배), 베노밀 수화제(2,000 배) 등의 농약이 있다.

5. 흰가루병(白粉病 : *Phyllaction pyri (castagne)* Homma.)

가. 병징

1) 잎

초기발생은 6월 하순경부터 잎 뒷쪽에 흰색의 분가루 같은 흰가루가 나타난다. 이것이 점차 번지면서 잎 전체가 흰 분가루로 덥힌다.

이 시기를 제1차 발생시기라고 한다. 병반의 진전은 7월 중순이후 기온이 상승되면 소강상태로 되다가 8월 하순 이후 기온이 떨어지면 다시 병반이 증가한다. 이 시기를 제2차 발생기라 한다.

9월 하순쯤이 되면 흰가루 병반상에 황색의 자낭각이 생기고 갈색 내지 흑색으로 변하여 가지에 붙어 있거나 땅으로 떨어져 월동을 한다.

2) 과실

유과기에 과실에 분처럼 흰가루가 나타난다. 이것이 점차 번지면서 과실 전체가 흰 분가루로 덥히게 되며, 성숙기 과실에는 동록처럼 과실에 남게 된다.

3) 가지

잎과 마찬가지로 6월 하순경부터 가지에 분가루 같은 흰가루가 나타나며 가지의 선단부가 잎, 과실 등과 함께 마르게 된다. 9월 하순경쯤 되면 황색의 자낭각이 가지에 붙어 있거나 땅으로 떨어져 월동한다.

나. 전염경로

1) 발생환경

예부터 정착된 병으로 매년 발생이 반복되나 건조한 해에 발생률이 많고 조기낙엽을 유발시키며 과실비대에 지장을 준다. 이 병은 4월 하순경 수분을 받으면 자낭각이 터지기 시작하는데 특히 20℃ 부근에서 많이 터진다.

자낭각에서 나온 자낭포자는 약 20℃ 온도조건하에서 약 43~48 일간 잠복기간을 경과한 후에 발병이 된다.

1차 전염원은 발육지, 주간, 주지, 부주지상에 부착하거나 자낭각과 이병엽상에 형성되어 있는 자낭각이다. 병에 걸린 낙엽은 겨울동안 부패하거나 또는 토양속에 묻혀 미생물에 의해 자낭각이 소실된다. 그러나 이 병엽이 토양에 매몰되지 않고 건조한 상태로 겨울을 지나면 병원균은 완전한 월동을 하게 된다.

월동을 한 자낭각은 4월 말부터 휴면에서 깨어나 자낭각이 벌어지면 자낭포자가 나와 잎에 붙어서 제1차 발병을 하게 된다. 제1차 전염에 의하여 병반이 형성되면 병반상에 분생포자가 형성되고 분생포자는 엽뿐만 아니라 발육지, 주간, 주지에 발병이 반복된다. 발병 최성기는 8월말 이후가 된다.

2) 전염경로

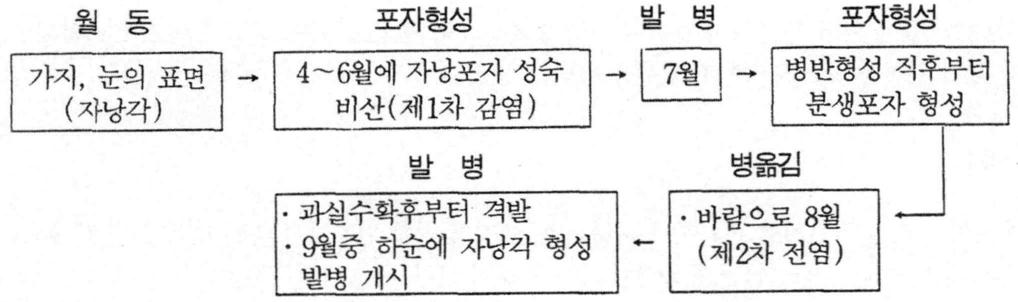

다. 방제

1) 재배적 방제

① 동계전정시 병에 걸린 가지는 매몰 또는 소각 처리한다.
② 생육기에는 병과(病果) 피해부를 매몰 또는 소각 처리한다.

2) 약제방제

① 석회유황합제 5도액의 동계살포를 철저히 한다.
② 제2차 발생초기인 8월 후반부터 중점방제를 한다. 주요 방제약제로는 포리옥신 수화제(1,000 배), 디노 수화제(800 배), 유황 수화제(400 배), 베노밀 수화제(1,500 배) 등의 농약이 있다.

6. 줄기마름병(胴枯病 : *Phomopsis fukushii* Tanaka et Endo)

가. 병징

지면(地面) 가까이 원줄기에서 잘 발생하며 병반은 처음에 수피(樹皮)표면이 흑갈색으로 변하고 움푹 들어가는 작은 반점이 생긴다. 이 병반이 점차 확대되면서 적갈색의 타원형으로 된다.

병반부위는 대개 움푹하게 들어가고 건전부와 경계선은 갈라진다. 병반부의 표피밑은 흑갈색의 자좌(子座)가 표피를 부풀게 하여 우툴투툴하게 된다.

장마기간에 비가 계속오면 병자각에서 유백색의 포자덩이가 터져나오는 것을 볼 수가 있다. 병반은 목질부에 침식을 하며 원줄기에서 병이 발생하게 되면 가는 가지는 자연적으로 고사된다. 굵은가지는 직접 고사는 되지 않으나 목질부가 썩는다. 잎은 붉어지면서 조기 낙엽이 된다.

나. 전염경로

1) 발생환경

이 병은 장십랑이나 이십세기 품종에서는 문제가 되지 않는 병이나 근년에 재배되고 있는 신수, 풍수 품종이 병에 걸리는 율이 높고 특히 행수 품종은 아주 약한 품종으로 알려져 있다.

3월에서 9월에 걸쳐서 병포자를 만들며, 균사의 발육온도는 9~33℃이고 발육적온은 27℃이다. 이 병은 병환부에 병자각을 만들어 월동하며 다음 해 봄에서 가을까지 병포자(柄胞子)를 형성해서 전염한다. 병반은 6월에서 9월에 걸쳐 많이 발생된다. 발병은 10년생 된 가지에 많고 콜크화된 수피표면의 굳은 가지에는 새로운 병반이 생기는 율이 적다.

품종간에 발병차이가 있는데 행수 품종은 약하고 풍수, 신수 품종은 중간정도이며 장십랑과 이십세기 품종은 비교적 강하다. 또한 생육상태에 따라서도 발병에 차이가 있다. 즉, 비료가 부족하고 쇠약한 나무에서 발생률이 높다.

동해를 받은 나무의 피층부(皮層部)나 죽은나무에 많이 발병된다.

2) 전염경로

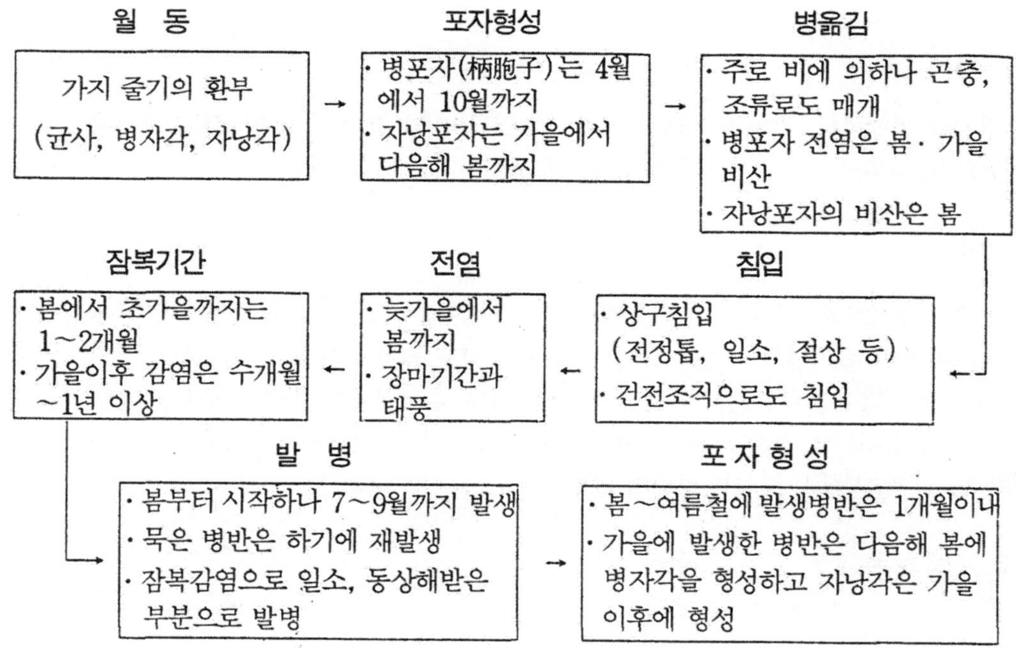

다. 방제

1) 재배적 방제

① 나무에 상처가 생기면 병에 걸리기 쉬우므로 건전하게 기른다.

② 동해받는 지역과 배수 불량한 지역에서 병에 걸리기 쉽다.
③ 내병성 품종을 선택 재식한다.

2) 약제방제

① 동계약제를(석회 유황합제 5도액) 철저히 살포한다.
② 병에 걸린 부분은 완전 삭제후 살균제를 도포한다.

7. 역병(疫病 : *Phytophthora cactorum* (Lebert et cohn) Schroter)

가. 병징

1) 잎

새잎(新葉)에 흑갈색의 부정형 병반이 생긴다. 병반의 확대는 빠른 속도로 번지며 위축(萎縮) 고사되고 부정아 같은 곳에서 발병이 된다.

2) 과실

유과에 발생한다. 병반의 확대는 빠른 속도로 번지며 유과는 위축(萎縮) 고사되어 가지에 매달린다. 낙과전 과실은 늦가을까지 가지에 달려있기도 한다.

3) 가지

신초에 발생한다. 또 이 병은 처음 발생되는 곳에서부터 전년도 가지, 부주지, 주지같이 점점 굵은가지 쪽으로 전염되어 가는 병이다. 부정아 같은 곳에서 발병이 되어 주지,주간으로 침입한 병원균은 형성층 부분까지 퍼져 들어간다. 병에 걸린 부분은 표피가 흑색으로 변한다. 병반의 진전이 정지되면 건전부와의 사이에 균열이 생긴다. 병반부분은 대개가 크다. 그리고 다음해에는 그 병반부에서 재차 발병되지 않는다.

나. 전염경로

1) 발생환경

이 병은 돌발적으로 발생하는 때가 있다. 이 병이 발생한 과수원에서는 가지줄기 부분에서 발병이 되어서 나무는 쇠약해지고 심하면 고사된다. 이 병원균의 발육온도는 5~30℃이고 최적온도는 25~27℃이다.

토양속에 난포자의 형태로 있다가 발아할 수 있는 적합한 환경조건이 되면 유주자낭이 형성하여 유주자가 생기고, 빗방울과 바람에 의해 가지, 잎과 주간부에 부착되어 침입하면 병이 발생된다. 난포자는 주로 지표면 부근에 있는 것들이 제1차 전염원이 된다.

이 병은 강우가 있을 때, 물이 고인 곳, 토양이 과습한 장소에서 많이 발생한다.

2) 전염경로

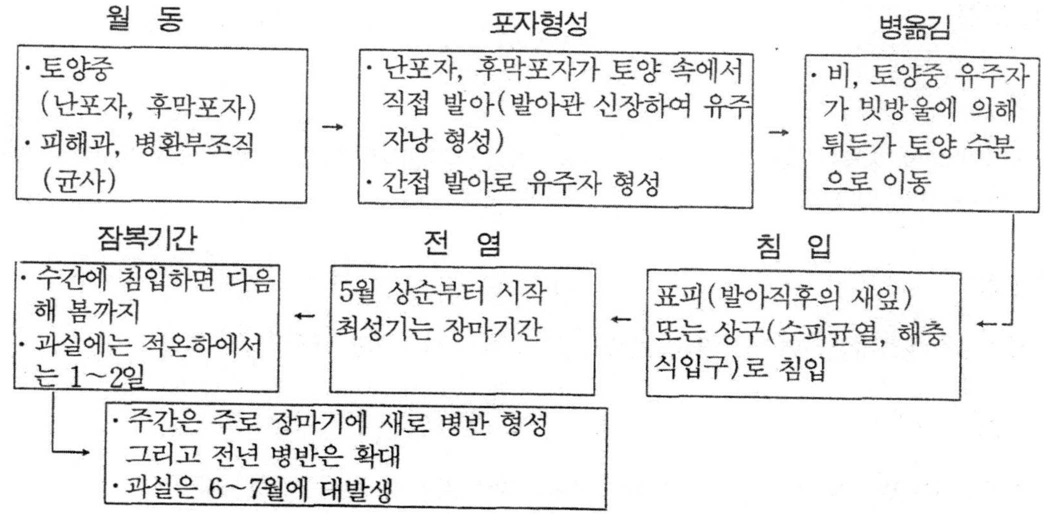

다. 방제

1) 재배적 방제

① 밀식을 피하고 과원에 통광, 통풍을 좋게 한다.
② 배수가 잘 되도록 한다.
③ 초생재배시 감염기에는 부초를 해준다.
④ 피해과실과 피해낙엽을 잘 매몰한다.

2) 약제방제

① 동계약제(석회유황합제 5도액)를 철저히 살포한다.
② 환부 삭제후 도포제를 발라준다.
③ 방제약제로는 3~5 월은 25-50식 보르도액을 환부에 발라주고, 5~7월에는 캡탄 수화제(500 배), 만코지 수화제(500 배) 등의 농약이 있으며 6-6 식 보르도액을 2~3회 살포하면 방제 효과가 높다.

8. 흰날개무늬병(白紋羽病 : *Rosellinia necatrix* Prillieux)

가. 병징

1) 잎

발아가 늦고 생육이 불량해진다. 또한 이상착화(異常着花)에 잎이 제대로 자라지 못하고 황화되며 조기낙엽이 된다.

2) 과실

과실생육이 불량해지며 이상착화(異常着花)로 작고 과다결실되는 경향이 있다.

3) 가지

지상부에는 발아가 늦고 신초의 신장이 불량해지며 잎이 총생되는 경향이다.

4) 뿌리

뿌리의 표면을 보면 백색내지 회백색의 균사속(菌絲束)과 균사가 감겨 있는 것을 볼 수가 있다. 이 병에 걸린 뿌리를 보면 흑갈색으로 변색, 고사하여 썩는다.

흰날개 무늬병의 판정은 병환부의 균사를 현미경으로 관찰해보면 격막부(隔膜部)가 서양배 모양으로 팽대해 있는 것이 특징이다. 이 병에 걸리면 빨리 죽는 나무는 1년내에 고사되고 늦으면 2~3년에 고사된다.

나. 전염경로

1) 발생환경

이 병은 뿌리를 가해하는 병이다. 이 병에 걸리면 수체는 쇠약해지고 심한 경우에는 나무 전체가 고사된다. 그리고 이 병은 결실기에 접어든 성목원에서 많이 발생하기 때문에 손실이 크다.

토양중의 병원균 발육은 13~16℃의 온도가 가장 적합하고 토양수분은 최대용량의 70% 이상이면 발병에 좋은 조건이 된다. 통상 토양중의 유기물(有機物)에 부생(腐生)하는 균사에 의하여 전파되는 것이 많다.

이 병의 발생은 토양 및 수체조건과 깊은 관계를 가지고 있으며 신개간지보다 숙전화된 과수원에서 발생이 많다. 미분해된 조대(粗大) 유기물이 혼재되었을 때 병원균은 빨리 증식이 되고 발병이 증가한다. 밀식, 과다결실, 조기낙엽, 강전정, 단근(斷根)과 하기(夏期)에 가물면 수체의 활성이 떨어져 병에 걸리기 쉽게 된다.

2) 전염경로

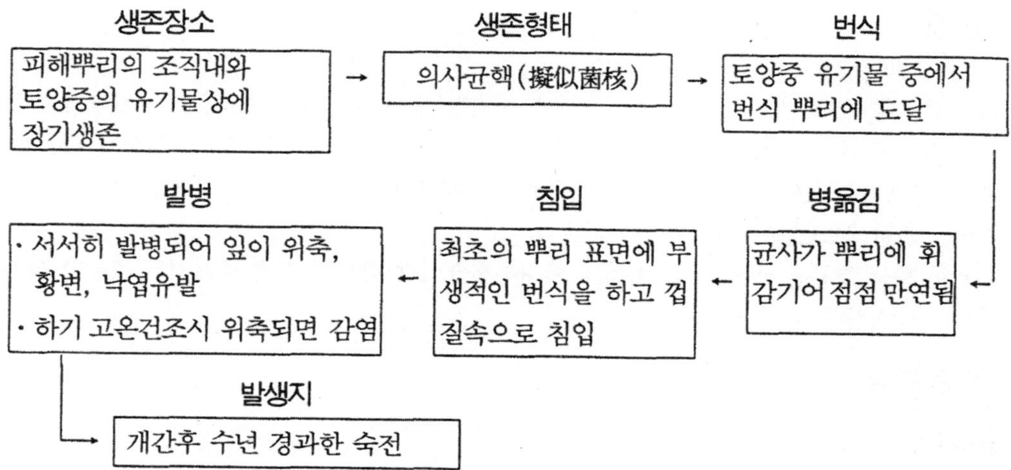

다. 방제

1) 재배적 방제

① 피해수는 조기에 굴취하여 소각처리 한다.
② 굵은 가지를 많이 빼내는 강전지를 피한다.
③ 병에 걸린 나무는 과실을 모두 따 버리고 수세회복을 위한 조치를 한다.
④ 배수가 잘 되게 하고 조대(粗大) 유기물 시용시 주의한다.

2) 약제방제

① 나무심기 전에 지오판 수화제(500 배액)에 10분간 또는 베노밀 수화제(1,000 배액)에 10~30분간을 침지 소독 후 재식한다.
② 죽은 나무를 뽑아내고 다시 심을 때에는 클로르피크린으로 소독을 실시한다. 클로르피크린은 15℃이상 온도에서 사용해야 하며 사용방법은 사방 30cm 간격으로 깊이는 토질에 따라 다르지만 25~40cm 깊이에 구덩이를 뚫고 8~10mℓ의 약액을 관주한다.

9. 근두암종병(根頭癌腫病 : *Agrobacterium tumefacien* 〈SMITH et TOWM SEND〉CONN)

가. 병징

이 병은 지제부를 비롯하여 가지와 줄기에 침입하는 병으로 환부(患部)는 건전부에 비하여 부풀어 오르고 여기저기에 혹이 생긴다. 혹의 크기는 작게는 콩알만한 크기에서부터 작은공 정도 또는 그보다 더 큰 경우도 있다. 혹의 색깔은 진행형일 경우에는 연한 갈색을 나타내나 퇴화 무렵에는 흑갈색으로 변한다.

대부분 병든 부분은 썩으며 그 자리로 목재부후균이 침입하여 쉽게 부러지는 경우가 생기고 수세는 쇠약해진다.

나. 전염경로

1) 발생환경

우리나라에서는 흔한 병은 아니지만 일부지역에서 나타나고 있는 병이다. 사과, 밤, 감, 호두나무 등 여러 과종에 발생되며 특히 땅에 묻는 포도나무의 경우에 피해가 더욱 심하게 나타나고 있다.

토양전염을 주로 하나 묘목을 통하여 많이 전파되므로 묘목구입시에는 특히 근두 암종병의 유무에 주의를 기울여야 한다. 병원균은 호기성균으로 발육온도는 0~37℃이고 발육적온은 25~30℃이다.

병균이 침입하는 곳은 주로 뿌리이고 상처를 통하여 침입하는 것으로 생각되나 줄기에 발생하는 경우는 토양중에 있는 균이 빗물에 튀어서 감염되는 것으로 생각된다.

2) 전염경로

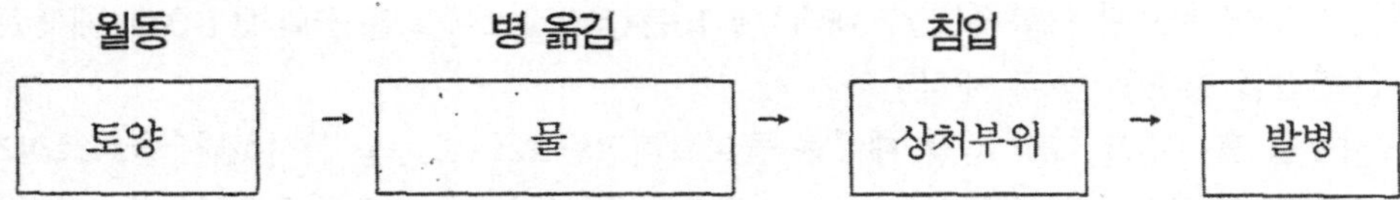

다. 방제

1) 재배적 방제

① 병에 걸리지 않은 건전묘를 재식한다.

② 석회시용량을 줄인다.
③ 유기물질을 충분히 시용하여 수세를 튼튼히 관리한다.

2) 약제방제

① 환부는 삭제하고 석회유황합제 또는 도포제를 발라준다.
② 도포제를 이용하여 전정상구를 잘 보호한다.

10. 화상병(火傷病 : *Erwinia amylovora* 〈Burril〉 Winslow et al)

가. 병징

1) 잎

처음 잎 언저리에 발생하며 그 후 엽맥을 따라 발달하게 된다. 이로 인해 잎은 시들고 변해서 말라죽는데 흡사 불에 타서 죽은 것 같이 보인다.

2) 꽃

처음 암술머리에 발생하여 꽃 전체가 시들고 흑색으로 변한다.

3) 과실

처음 수침상의 반점이 생겨 점차 암색으로 변하며 전체가 시들고 흑색으로 변하게 된다.

4) 가지

보통 선단부에서부터 시작하며 피층의 유조직이 침해되어 아래쪽으로 파급된다. 햇가지가 돌연히 시들고 검게 변하여 말라 죽는다. 줄기에서는 뿌리 가까운 곳에서부터 시작하여 담색의 수침상의 병반이 생기고 나중에 움푹하게 들어가 부스럼같이 된다.

나. 전염경로

1) 발생환경

세계 각지에 발생되는 병해로 배를 비롯하여 사과, 살구, 양벚나무, 오얏 등에도 발생된다. 수출입과 관련하여 문제시되는 병해이며 주로 서양배에 발생이 많고 동양배에서는 거의 찾아보기 어려운 병해로 우리나라에서는 아직 발견된 바 없다. 재배상에 문제시된 적은 없으나 발생이 되는지에 대하여는 주의를 가지고 지켜 볼 필요성이 있다. 병원균의 발육온도는 최저 3℃이며 최적온도는 30℃로 알려져 있다.

2) 전염경로

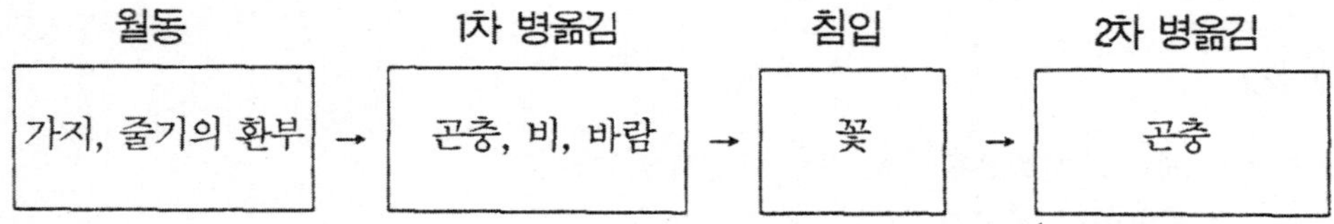

다. 방제

1) 재배적 방제

① 동계전정시 이병지를 매몰 및 소각 처리한다.
② 병을 매개하는 진딧물, 개미, 파리 등을 잡는다.
③ 웃자람 가지는 제거하고 인산, 칼리 비료를 충분히 시비한다.

2) 약제방제

① 발아전에 6-6식 석회보르도액 또는 농용항생제를 살포한다.
② 환부는 삭제하고 보르도액 또는 석회유황합제를 도포한다.

11. 바이러스 및 유사 바이러스 증상

바이러스는 핵산과 단백질에 의하여 구성된 초광학 현미경적이며 동물과 식물에 병을 일으키는 병원체를 말한다. 과수를 포함한 목본류에 발생하는 바이러스병은 바이러스의 불안정성, 식물체의 바이러스 함량의 낮음, 영년생작물, 인공전염의 어려움 등으로 인하여 타작물의 바이러스병 연구보다 뒤떨어져 있다.

국내에서는 사과에서의 고접병에 대한 연구는 이미 되어 있으나 배에 발생하는 바이러스에 관한 연구는 최근 들어 시작되고 있는 실정이다.

외국에서는 배에 대한 연구가 이루어져 서양배에 8종, 동양배에 4종의 바이러스가 감염되는 것으로 보고되어 있으며 일본에서는 6종의 바이러스가 보고된 바 있다.

국내 배포장을 조사하여 보면 배 잎에 노란얼룩무늬와 잎에 기형증상이 나타나는 나무가 관찰되고 있다. 그리고 농가에 따라 정도는 다르나 배에 회갈색의 반점이 생기는 괴저반점병의 발생이 많으며 심한 나무는 약 50%의 감수를 가져오는 경우도 있다.

이 병에 대한 연구는 비교적 많이 실시되어 왔으나 원인을 완전히 규명치 못하고 있으며, 접목전염이 되는 점으로 미루어 바이러스병의 가능성을 예상하고 국내 연구성적과 외국문헌을 근거로 약술한다.

가. 괴저반점병

괴저반점병은 배나무 잎에 발생하는 병해로써 1970년대 후반부터 검은무늬병에 저항성 품종으로 알려진 신홍, 만삼길, 신고 등에 부정형 또는 원형의 병반이 나타난다. 이 병은 현재 전국적으로 발생하여 많은 피해를 일으키고 있으며 배나무 재배에 가장 큰 문제점으로 대두되고 있다.

괴저반점병에 대한 원인 규명을 위하여 많은 연구가 이루어졌으며 원인에 대하여 검은무늬병의 병원성 분화, 세균성 병해, 약해 등으로 보고되기도 하였다. 그러나 이 병이 접목에 의하여 전염되는 것으로 미루어 바이러스 병으로 생각된다. 그러나 포장에서 현재 발생되고 있는 괴저반점병이 전부 바이러스 병해인지는 앞으로 좀더 연구가 진행되어야 명확해지리라 생각된다.

1) 병징

5월 중・하순 경에 과총엽 등 하위 성엽에 처음에는 노란 점무늬 비슷한 반점이 나타나 갈색으로 변하면서 부정형, 원형의 병징을 나타낸다.

크기는 대개 2~3mm이며 어린 잎에는 나타나지 않고 성엽에 나타난다.

병반의 크기는 초기에는 확대되나 어느 정도 크고 나서는 정지되며 색깔은 흑갈색에서부터 회백색인 경우도 있고 병반에는 중심점이 없다. 발병이 심한 잎은 낙엽이 되기도 한다.

병반의 발생은 초기에는 진전되며 7월 중순까지 증가하나 그 이후 고온기에 접어들면 병반의 발생이 진전되지 않는다. 초가을에 들어서서 기온이 저하되면 약간의 새로운 병반이 나타나기도 한다. 배의 잎에 발생하는 검은무늬병(黑斑病)과 병징이 유사해서 혼동하기 쉽다.

괴저반점병은 모양이 비슷하나 병반이 잎 전면에 발생하며 작은 엽맥을 포함하여 큰 엽맥사이에 형성되며 완전히 성숙된 잎에 발생하는 것이 특징이다. 흑반병은 병반이 크며 유엽에도 발생되고 병반에 엽맥이 포함되고 잎이 뒤틀려서 기형이 된다.

2) 전염

대개의 목본 바이러스는 접목 전염을 하며 충매 전염을 하는 바이러스는 몇가지 되지 않는다. 즙액 전염도 몇가지 바이러스만이 나무가 묘목일 때 가능하다. 괴저반점병 바이러스는 접목 전염되며 초본 식물에 즙액전염된다는 보고도 있으나 아직 연구중이다. 종자전염은 하지 않는것 같으며, 토양전염 여부도 앞으로 밝혀져야 할 과제이다.

3) 발생생태

이 병은 고온기에는 병의 진전이 멈추며 비교적 서늘할 때 발생되는 병으로 나주 지역에서는 5월 중・하순부터, 수원지역에서는 5월 하순부터 6월 초순에 걸쳐서 나타난다. 7월 초・중순에 발병 최성기가 되며 날씨가 더워지면 발병을 멈춘다.

일본에서 실험한 결과로서는 23~18°C에서 병징의 발현이 빠르고 병징도 가장 심하다고 한다. 그러나 이 병든 가지를 유산지로 씌워서 내부온도를 높일 때 발병이 되지 않는 점으로 보아 고온에서는 병반이 나타나지 않음을 알 수 있다.

엽위별 발병은 나주지방 신고 품종에서 조사결과 과총엽~8엽까지는 75%, 7~12엽은 59~30%, 15~18엽은 5~6%가 발생되었으며, 19~24잎은 병반이 없었다. 이 병은 성목뿐만 아니라 유목에서도 병징이 발현되고 있다.

품종별 발병은 만삼길, 신고, 신수, 금촌추에 많이 발생하며 장십랑, 풍수, 행수, 이십세기에서 발생은 중정도이다. 나주 배연구소 포장에서 조사한 결과 황금배, 감천배에서는 발병률이 낮으며 영산배에서는 극히 적은 병반을 나타내고 있다.

4) 방제

① 과저반점에 대한 농약에 의한 방제는 연구가 시도된 바 있으나 효과적인 약제는 선발되지 않았다.

② 바이러스병으로 가정할 때 약제 방제는 불가능하며 조직배양 등에 의하여 무병묘 생산을 해야 한다. 현재 병이 발생되고 있지 않은 포장에서 모수를 채취하여 묘목을 생산하는 것도 방제를 위한 방법이다.

[표 13-1] 외국에서 발생되고 있는 배 바이러스

바이러스병	병 징	전 염	입 자	방 제	비 고
Pear Ring Pattern Mosaic Virus	잎, 연록색 원형 또는 선형무늬	접목, 즙액	사상, 680nm	무독묘 육성	서양배 ACLSV 일본발생
Pearvein Yellow Virus	엽맥황화	접목	사상, 막대기형	〃	서양, 동양배 일본발생
Pear Stony Pit	낙화후 10~20일 과일에 짙은녹색 Pit형성	접목	–	〃	서양배
Pear Bark Disease	Bark measles Blister Canker Rough bark	접목	–	〃	서양배 일본발생
Pear Concentric Ring Pattern virus	과일에 짙은갈색의 윤문	접목	–	〃	서양배
Quince Shoty Ring	잎 기형, epinasty 고사 검은반점	접목	–	〃	서양배(사과에 전염)일본발생
Quince Stunt	소엽, 잎에 백색 반점, 위축	접목	–	〃	여러가지 바이러스 복합
Quince Yellow Blotch	초여름 황색 대형 반문	접목	–	〃	ACLSV(?) 서양배
Pear Chlorotic Ring spot virus	황색 윤문	즙액, 접목	구형, 20~30nm	〃	장십랑 일본발생
Apple Stem Grooving Virus	무병징	접목, 즙액	사상	〃	동양배 일본발생

③ 품종별 저항성 정도를 명확히 구명하고 저항성 품종을 육성하여 보급해야 하며 병원체에 대한 심도있는 자세한 연구가 실시되어 병원체의 정체가 명확히 규명되어야 한다.

나. 기타 바이러스병

앞에서 언급했듯이 우리나라에 괴저반점병 이외에는 배에 대한 바이러스 보고는 없으며 외국 문헌을 조사한 결과 10종의 바이러스가 보고되어 있다. 앞으로 배 바이러스의 연구와 방제를 위하여 [표 13-1]로 간략하게 정리하였다.

제 14장 배 해충의 종류와 방제법

1. 콩가루벌레(黃粉蟲 : *Aphanostigma iakusuiense* KISHIDA)

가. 기주

배나무

나. 분포

한국(1910년경에 나주지방에서 발견되었으며, 현재는 전국에 분포되어 있다), 일본, 만주

다. 가해상태

주로 봉지를 씌운 배에 약충과 성충이 가해하고, 봉지를 씌우지 않은 배에는 거의 피해가 없다. 과실을 가해한 부분에 균열이 생기고, 병균이 침입한다. 심할 때에는 신초(新梢)도 가해하며, 발육을 저해하고, 조기 낙엽을 초래하여 낙과하기도 한다. 근래 농약의 남용으로 나주지방을 비롯하여 각지에서 주요 해충으로 되었다.

라. 형태

성충에는 간모(幹母), 보통형(普通型), 산성형(産性型), 유성형(有性型) 등의 4가지 형이 있다. 간모는 길이가 0.8mm 정도이고, 몸 너비는 0.5mm 정도이다. 등황색이고 서양배 모양이며, 이른봄에 월동란에서 부화한다.

보통형은 길이가 0.75mm 정도이고, 몸 너비는 0.45mm 정도로서 담황색이다. 이것은 간모의 알에서 생긴 암컷에 의하여 늦여름에 이르기까지 몇 차례 발생하며 단위생식을 하지만 진딧물과는 달리 난생(卵生)이다.

산성형은 길이가 0.7mm 정도이고, 몸 너비는 0.47mm 정도로서 서양배 모양이고 선황색이다. 8~9월경 보통형에서 발생하는 것으로서 이것은 암·수가 될 알을 낳는다.

유성형은 암컷의 길이가 0.4mm 정도이고, 몸 너비가 0.25mm 정도로서 등황색이고 타원형이며, 체내에 알을 갖고 있다. 수컷의 길이는 0.35mm 정도이고, 몸 너비는 0.19mm 정도로서 등황색이고 타원형으로서 배 끝에 교미기가 있다. 알은 타원형이고 긴 지름이 0.25~0.3mm이며, 담황색 또는 황록색이고 표면이 끈끈하다. 유성형은 크고 작은 두가지 형의 알을 낳는다.

라. 생활사

1년에 6~10회 발생하고, 대개는 알로 수간의 수피 밑이나 또는 틈에서 월동하지만 남부지방에서는 간혹 약충으로 월동하는 것도 있다. 약충, 성충 모두가 가지 또는 줄기의 그늘진 곳에 살고, 결실후(6월 하순~7월 상순) 과경을 거쳐 봉지틈으로 기어들어가 과실의 즙액을 빨아먹는다. 여름에는 번식이 왕성하여 과실의 과경지 부위 또는 꽃자리 부분에 다수 기생하게 되며, 7~8월경에는 5~6일이면 알이 부화한다.

약충은 1주일이면 성충이 되고, 그 수명은 3주일인데, 그동안 계속하여 가해한다. 이때 봉지를 찢어보면 과실의 표면이 마치 콩가루를 뿌린 것과 같다. 또한 가해부로 검은무늬병균(黑班病菌)이 침입하여 흑색의 반문을 형성하고, 과실 표면에 균열이 생기는 것이 특징이다.

콩가루벌레는 햇빛을 싫어하여 봉지속에서 잘 번식하며, 노출부에서는 비가 내릴 때 빗물과 함께 씻겨 내려가므로 피해가 적다. 9월 중순에 이르면 보통형에 섞여 산성형이 나타나기 시작한다. 산성형은 단위생식에 의하여 크고 작은 두가지 알을 낳는데, 큰 알은 암컷이 되고, 작은 알은 수컷이 된다.

암·수 모두 날개가 없고 약충기에는 활동은 물론 주둥이가 퇴화되어 있어 섭식도 하지 않으며, 약 20일이 지나 성충이 된 후에야 활동을 시작한다. 이 시기에는 대개 수피 밑이나 또는 배나무굴나방의 가해로 인하여 들뜬 수피 밑에서 생활한다.

교미후 암컷의 난소(卵巢)안에서는 1개의 알만이 발육하는데, 이것이 거의 배(腹) 전체를 차지하며, 알을 낳은 암컷은 그날로 죽는다. 산란최성기는 10월 중·하순이다.

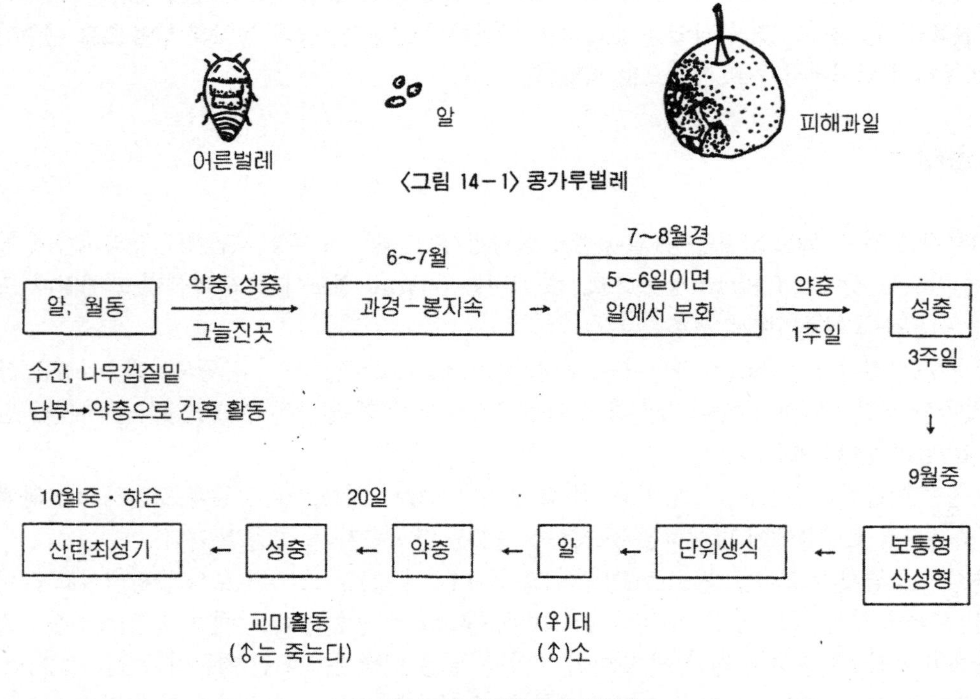

〈그림 14-1〉 콩가루벌레

〈그림 14-2〉 콩가루벌레 생활사

마. 방제법

① 이른봄에 나무줄기의 거친껍질을 불에 태우고 기계유유제(25배)를 살포한다.
② 봉지를 씌울때 유황가루를 묻힌 솜을 과경에 감고 봉지를 씌운다.
③ 생육기에 침투성 살충제 호리마트, 더스반, 구사치온 등 살충제를 살포한다.
④ 여름철 약제살포시 나무줄기에 충분히 살포하여 토양에서 올라오는 성충 및 약충을 구제한다.
⑤ 봉지를 씌우지 않고 재배하면 발생이 적다.
⑥ 천적으로는 가는털떠돌이응애(*Protolaelaps pygmaeus*)와 애남생이무당벌레(*Propylaea japonica*)가 있다.

2. 배나무이(*Psylla pyrisuga* FORSTER)

가. 기주

사과나무, 배나무

나. 분포

한국, 일본, 유럽

다. 가해상태

유충과 성충이 어린 잎, 꽃봉오리, 신초, 과실 등에 모여서 즙액을 빨아 먹으므로 잎이 우글쭈글해지며 말리고 그을음병(煤病)을 유발시킨다.

라. 형 태

① 성충은 길이가 2mm 정도이고, 암갈색으로서 날개는 투명하고 날개맥은 흑색이다.

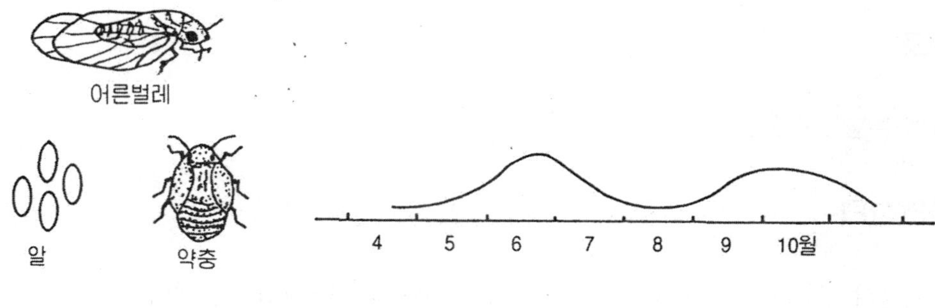

〈그림 14-3〉 배나무 이

〈그림 14-4〉 배나무 이의 발생정도

② 더듬이는 끝이 갈라져 있고, 다리가 발달되어 있어 잘 뛸 수 있다. 암컷은 몸이 통통하고, 수컷은 가늘다.
③ 알은 한쪽이 가는 타원형이고, 처음에는 유백색이었지만 나중에는 황적색으로 변한다. 진딧물의 알과는 달리 세워져 수피에 붙어 생활한다(진딧물의 알은 흑색이고 옆으로 누워 있다).
④ 약충은 납작한 타원형이고 녹색으로서 흑갈색 반문과 홍색 반문이 있다.

마. 생활사

① 1년에 1회 발생하고, 성충으로 과수원 부근의 잡초에서 월동한다. 이른봄 발아기에 성충이 날아와 어린 눈과 꽃봉오리에 군데군데 1개씩 알을 낳는다.
② 성충은 2~4주일 동안 산란활동을 하는데, 그동안 100~1,000개의 알을 낳는다. 약충기는 3~4주일이다. 산에서 가까운 과수원에서 발견된다.

바. 방제법

① 이른봄 과수원에 낙엽을 긁어모아 불태우고 과원근처 풀숲도 불로 태운다.
② 개화전 데시스, 주렁, 스미싸이딘 등 살충제를 살포하고 6월 이후에는 호리마트, 다이메크론, 바이린 등의 약제를 살포한다.
③ 개미와 공서(共棲)하므로 개미집을 없도록 해야 한다(접촉제를 나무줄기의 밑부에 뿌려 둔다).
④ 천적으로는 남생이무당벌레(Aiolocaria hexaspilota)가 있다.

3. 점박이응애(*Tetranychus urticae* KOCH)

가. 기주

배나무, 사과나무, 밤나무, 찔레나무, 아카시아 등 모든 과수.

나. 분포

전국에 분포 (국제종)

다. 가해상태

기주식물의 잎 뒷면의 엽맥주위에서 서식하며 잎의 즙액(엽록소)을 빨아먹으므로 잎의 표면에 백색점이 생기고, 심할 때에는 잎 뒷면이 갈색으로 변색되어 일찍 잎이 떨어진다.

라. 형태

암컷은 길이가 0.39~0.56mm이고, 몸의 너비가 0.25~0.39mm로서 난형이고 황록색 또는 적색이다. 전자에 있어서는 몸의 등면 양쪽에 담흑색의 반점이 있고, 후자에 있어서는 배면 양쪽에 몸의 빛깔보다 진한 부분이 있다. 그러나 월동성충은 모두 등적색이다. 더듬팔의 끝마디는 길이와 너비가 같고 몸의 양쪽에는 1개씩의 완전한 눈과 불완전한 눈이 있으며, 기관의 끝은 U자형으로 되어 있다.

수컷은 길이가 0.28~0.35mm이고, 몸의 너비가 0.18~0.22mm이며, 암컷보다 작고 납작하다. 알은 구형이고 담황색 또는 진주색이다.

마. 생활사

1년에 7~8회 발생하고, 나무밑의 클로버, 기타 잡초, 지피물, 배나무의 거친 껍질밑 또는 과실에서 성충으로 월동한다.

월동한 성충은 처음 잡초에서 번식하지만 5월 중순부터는 배나무로 이동하며, 8월이 가해 최성기이다. 잎의 뒷면에서 서식하며 기생한다. 사과응애와 달라 수십종의 식물, 특히 화초류, 콩과식물 등에 기생하므로 과수원의 하초, 간작물 등에 발생했을 때에는 지체없이 약을 뿌려야 한다.

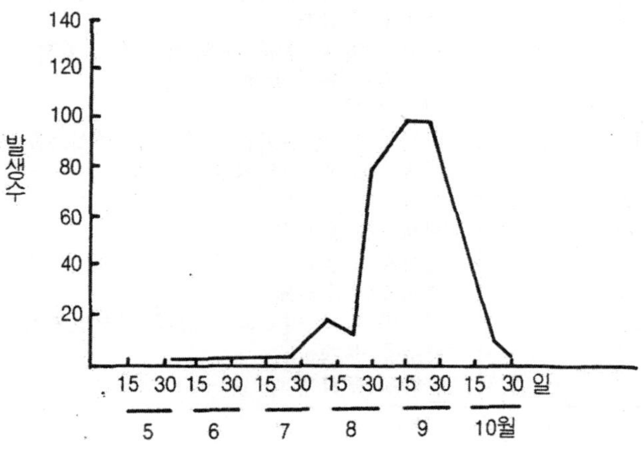

〈그림 14-5〉 점박이응애의 계절별 발생소장

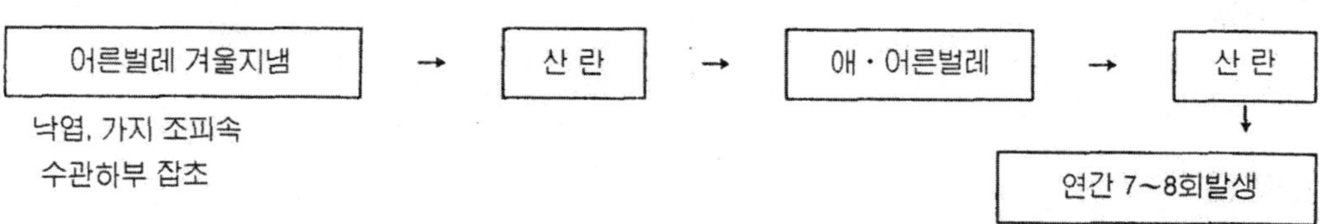

〈그림 14-6〉 점박이응애 생활사

바. 방제법

① 월동장소를 제거하고 기계유유제를 살포한다(25배).
② 5~6월 초기방제에 중점을 두어 과원내 밀도를 낮춘다.
③ 첫번째 제초제 살포시 〔표 14-1〕에서 보는 바와 같이 응애약제를 혼용하여 살포한다.
④ 여름철 방제는 응애의 저항성을 고려하여 성분이 다른 약제를 교호로 살포한다〔표 14-2〕.

〔표 14-1〕 사과원 초생재배 및 관리에 따른 응애밀도(원시 : 1975)

처 리	응 애 밀 도(마리/잎)
청 경	3.9
초생예초+주간끈끈이도포	10.5
초 생+그라목손	10.8
초생예초+프릭트란	2.4
초생예초+기계유유제	3.3
초생예초	9.9

〔표 14-2〕 응애약의 제제별 종류

구 분	상 품 명
유기염소제	켈센 유제, 테디온 유제, 켈센 수화제
유기유황제	살비란 수화제, 오마이트 수화제, 한판
페녹시피라졸제	살비왕 수화제
유기주석제	토큐 수화제, 토큐 유제, 페로팔 수화제
유기브롬제	에이카롤 유제(보배단)
유기주석제+유기염소제	샘나 수화제
합성피레스로이드제	다니톨 유제, 루화스트 수화제, 루화스트 유제
테트라진제	사란 수화제, 사란액상 수화제
유기인제+유기염소제	함성
벤조하이드로시믹산제	씨트라존 유제
아미트라즈제	마이캇트 유제
퀴녹사린제	모레스탄 수화제
헥시티아족스	닛쏘란 유제, 닛쏘란 수화제, 닛쏘란액상 수화제
헥시티아족스+염소제	닛쏘폴 유제
피리다지논	산마루 수화제

4. 사과응애(*Panonychus ulmi* KOCH)

가. 기주

사과나무, 배나무 등

나. 분포

전국에 분포(국제종)

다. 가해상태

잎의 표면과 뒷면에서 즙액을 빨아먹는데, 즙액과 함께 엽록소도 흡수되므로 잎의 표면에 백색점이 생기며, 심하면 변색되고 말라 일찍 떨어진다. 그결과 잎의 동화작용이 저해되어 과실이 작아지고, 당도가 떨어져 품질이 저하된다.

또한 꽃눈형성(花芽形成)에도 영향을 끼쳐 이듬해의 수확량까지도 감소하게 된다. 피해잎을 손으로 만져 보면 말라서 버석버석한다.

라. 형태

① 암컷은 길이가 0.3~0.4mm이고, 몸의 너비가 0.28mm 정도(배에 기생하는 4종의 응애 중에서 가장 작음)이다. 난형으로서 등면이 매우 융기되어 있고 암적색~적갈색이며, 다리와 등면의 육질돌기는 백색이다.

② 더듬팔의 끝마디는 길이보다 너비가 넓으며, 여기에는 길이와 너비가 같은 말단감각털과 가늘고 작은 방추형의 등면감각털 및 5개의 센털이 나 있다.

③ 몸의 등면 양쪽에는 1쌍의 완전한 눈과 불완전한 눈이 있고, 기관은 가늘며 그 끝은 난형이다.

④ 몸의 등면에는 횡선이 많고 등면의 센털은 현저한 육질돌기 위에 나 있는데, 다른 응애의 센털보다 길고 굵다.

⑤ 수컷은 길이가 0.28mm 정도이고, 몸의 너비는 0.16mm 정도이다. 녹갈색으로서 암컷보다 몸이 훨씬 작고 납작하며, 배 끝쪽으로 갈수록 가늘어진다.

마. 생활사

1년에 7~8회 발생하고, 알로 월동한다.

월동란은 4월 하순경부터 부화하여 몇차례 세대를 거듭하다가 8월 하순경부터 월동란을 낳기 시작하며, 9월이 되면 성충의 수효가 격감된다. 월동란은 가지의 분지점(分岐點)에 가장 많지만, 겨울눈의 밑 부근에도 많은 편이다. 또한 수간에도 낳고, 많이 발생했을 경우 멀리서 보더라도 나무가 벌겋게 보일 정도이다.

여름알은 5월 하순경부터 볼 수 있고, 알 기간은 평균 7~10일이지만 기온과 밀접한 관계가 있어 24℃의 기온에서는 5일이면 부화한다. 여름알의 산란 장소는 잎표면의 잎맥 부분 또는 잎이 우묵하게 함입된 부분이다.

부화약충(larva)은 다리가 3쌍이지만 제1회 탈피하여 전약충(protonymph)이 되면 다리가 4쌍이 되고, 다시 제2회 탈피하여 후약충(deutonymph)이 되며, 마지막 제3회 탈피한 후에 성충이 된다. 탈피하기 전에 1~4일간 활동하지 않고 정지하는 시기가 있다. 약충기부터 약간 적색을 띠게 되고, 자람에 따라 그 빛깔이 짙어진다. 암수의 비율은 85(♀) : 15(♂) 정도로서 암컷이 많다.

사과응애는 6월 이후부터 대발생하기 시작하여 8월에 최성기에 이르는데 대발생했을 때에는 실을 토하며 바람에 날려 이동하는 것을 볼 수 있다.

겨 울 알	→	부화약충	→	어른벌레	→	산 란	→	연 7~8회 발생
가지, 조피속		4중~5상		암적색		5하		

〈그림 14-7〉 사과응애 생활사

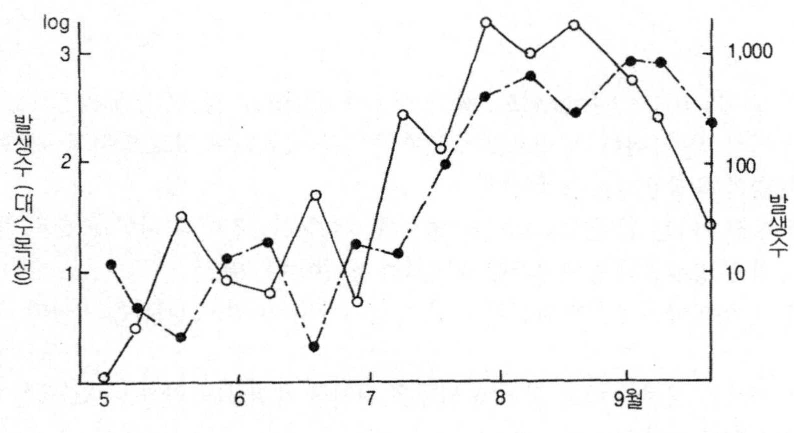

〈그림 14-8〉 약제 살포한 나무의 사과응애 발생상태

바. 방제법

① 부화약충이 가장 많고, 여름알을 낳기전인 5월 상 · 중순 또는 여름(대개는 6월경부터)에 엽당 2~3마리가 발견되면 약제를 살포한다.
② 월동란 및 부화기에(4월 상 · 중순) 기계유유제 25배가 효과적이다.
③ 천적으로는 스타르애기응애(Tydeus starri)가 있다.

5. 가루깍지벌레(*Pseudococcus comstocki* KUWANA)

가. 기주

배나무, 사과나무, 감나무, 귤나무, 복숭아나무, 자두나무, 살구나무, 매실나무, 무화과나무, 포도나무, 밤나무, 호두나무

나. 분포

한국(전국에 분포), 일본, 미국

다. 가해상태

기주식물의 줄기 또는 가지에서 즙액을 빨아먹는데, 과실에서 가해하여 심한 경우 과실이 기형이 되며, 또한 그을음병(煤病)을 유발한다. 전국 어디서나 생기기 쉽고 특히 관리가 소홀한 배 관원에서 피해가 심하다.

라. 형태

① 깍지벌레라고 하지만 전형적인 다른 깍지벌레와 달라 깍지가 없고 부화 약충기 이후에도 자유로이 운동할 수 있는 특징이 있다.
② 성충은 길이가 3~4.5mm이고, 타원형이며 황갈색으로서 백색 가루로 덮여 있다. 몸둘레에는 백납(白蠟)의 돌기(突起)가 17쌍이 있으며 배 끝의 1쌍이 특히 길어 다른 가루깍지벌레와 구별할 수 있다.
③ 수컷에는 1쌍의 투명한 날개가 있으며 날개를 편 길이가 2~3mm이다.
④ 알은 길이가 0.4mm 정도이고, 황색이며 넓은 타원형이다.

마. 생활사

1년에 3회 발생하고 수피밑, 뿌리, 기타 줄기의 틈바구니에서 알로 월동하지만 남쪽지방에서 암컷의 약충 또는 성충으로도 월동한다.

또는 과실의 꽃자리 부분 및 과경지 부위에서도 월동하지만 수확후 원외로 반출되므로 피해과가 이듬해의 발생원이 되는 경우는 없다.

제1회 발생은 6월, 제2회 발생은 8월 상순, 제3회 발생은 9월 상순~10월 상순이며, 부화약충은 동작이 매우 활발하여 나무위를 이동하다가 적당한 곳을 발견하면 그곳에 정지하여 즙액을 빨아먹기도 하고, 새로운 곳을 찾아 이동하는 경우도 있다.

제1회 발생약충은 잎자루(葉柄)나 꽃자루(花梗)의 사이, 가지의 절단구 · 줄기나 가지의 상처부 등에 모여서 가해하고 제2회 발생약충부터는 봉지속에 침입하여 과실 표면에서 즙액을 빨아먹으며 번식한다. 그 배설물에는 당분이 많아 그을음병균(煤病菌)이 번식한다(봉지의 밑이 흑색으로 되는 것은 이것 때문이다).

약충이 자라 성충이 되면 대개 알을 낳을 곳을 찾아 이동하며, 알을 엉성한 덩어리로 낳는데, 기간은 약 5일이다. 월동란은 거친 껍질밑이나 수관의 공동부, 배나무굴나방의 가해로 인하여 들뜬 표피 및 수간 아래쪽의 지면 가까운 부분 등에서 흔히 볼 수 있는데, 측지에 제일 많고, 그 다음에는 부주지, 주지의 순이다. 월동란의 부착장소를 잘 알아두면 끈끈이를 칠하여 부화약충의 이동을 방지하는 경우에 매우 편리하다.

바. 방제법

① 월동란의 제거는 부주지·주지 등의 껍질 밑에 많으므로 거친 껍질을 긁고 알덩어리를 파괴하며 떨어진 거친 껍질을 한데 모아 불태워 버린다. 굵은 가지의 절단구·공동(空洞) 등도 조사하여 처치한다.

② 월동직후 거친 껍질을 제거한 후 기계유유제를 살포한다(20~25배).

③ 알에서 부화하는 시기 또는 약충기 및 성충활동기에 수프라싸이드 등 전문약제를 살포한다.

④ 끈끈이를 나무에 도포하여 방제한다. 월동란은 5월에 부화하며 전부 부화하는 데 약 2주일이 걸린다. 부화약충은 바람에 날려 이동하는 경우도 있지만 대개는 스스로 기어서 이동한다.

따라서 과실의 피해를 방지하기 위해서는 과실이 달려 있는 가지에 벌레가 접근하지 못하게 해야 한다.

- 끈끈이는 가지에 칠하고 한 나무에 열 군데 정도 칠하면 효과적이다. 주간이나 주지에만 칠하면 그 위쪽에 있는 월동란은 차단할 수 없으므로 무의미하다.
- 끈끈이를 칠하는 시기가 이르면 끈끈이의 표면이 굳어지게 되고, 너무 늦으면 부화약충이 이동한 후이므로 효과가 없다.
- 끈끈이는 공기중에서 1주일 동안 그 표면이 마르지 않지만 그 이상 효력을 지속시켜야 하므로 다소 많이 칠하고, 1주일에 한 번씩 대칼(竹刀) 같은 것으로 뒤섞어준다.

⑤ 나무줄기에 밴딩도 효과적이므로 약충이나 성충이 이동하여 숨어버리기전 8월 중순경부터 틈나는 대로 가마니를 감고 그 위를 새끼로 두번 정도 단단히 묶어 준다(엉성하게 묶으면 효과가 적다). 새끼줄로만 감을 때에는 4~5회 감아야 하며, 새끼와 새끼사이가 꼭 닿게 단단히 감아야 한다.

⑥ 6월부터는 제1회 성충이 눈에 띄므로 눈에 띄는 대로 잡아죽인다.

⑦ 천적인 기생벌을 활용한다. 천적으로는 가루깍지먹좀벌 (*Allotropa burrelli*), 남색깡충좀벌 (*Clausenia purpurea*), 가루깍지깡충좀벌 (*Pseudaphycus malinus*) 등이 있다.

6. 복숭아혹진딧물(*Myzus persicae* SULZER)

가. 기주

복숭아나무, 배나무, 사과나무, 살구나무, 자두나무, 벚나무, 귤나무, 기타 과수

나. 분포

한국, 일본, 중국, 유럽, 미국

다. 가해상태

월동란에서 부화한 약충(幹母)이 어린 잎에 몰려와서 즙액을 빨아먹으며, 신초도 가해한다. 그 결과 잎이 세로로 말린다.

5월경부터는 유시충이 생겨 이것이 십자화과채소, 기타의 여름숙주로 날아가 기주전환을 한다. 십자화과채소의 가장 무서운 해충으로서 각종 바이러스병을 매개한다.

날개없는 암컷

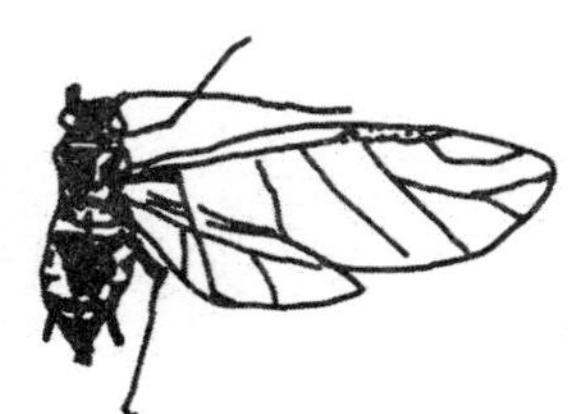

날개있는 수컷

〈그림 14-9〉 복숭아혹진딧물

라. 형태

① 무시충은 난형이고 녹색~적록색으로서 뿔관은 흑색이고, 중앙부가 약간 팽대되어 있다. 유시충은 담적갈색이고, 더듬이의 제3마디에 10~15개(평균 12개)의 원형감각기가 있다.

② 배의 등면에는 각 마디에 흑색의 띠(帶)와 반문이 있고, 뿔관은 중앙부 뒤쪽이 팽대되어 있다.

③ 알은 긴 지름이 0.66mm 정도이고, 흑색이며 긴타원형이다.

마. 생활사

1년에 빠른 세대는 23회, 늦은 세대는 9회 발생하며, 복숭아나무 겨울눈(동아) 부근에서 알로 월동한다. 3월 하순~4월 상순에 부화한 간모는 단위생식을 하는데, 무시충을 태생(胎生)하며 새끼들은 신초 또는 새 잎에 기생하여 잎을 세로로 만다. 5월 상순~5월 중순에 2~3세대 경과후 유시충이 생겨 여름숙주로 이동한다.

여름숙주에서 6~18세대 번식하다가 늦가을이 되면 유시충이 생겨 다시 겨울숙주인 복숭아나무로 날아와 여기에서 산란성 암컷이 되며 수컷과 교미한다. 그후 암컷(產卵性雌蟲)이 다 자라면 11월 상순~11월 중순경에 겨울눈 부근에 알을 낳는다(알이 처음에는 담색이지만 나중에는 흑색이 됨).

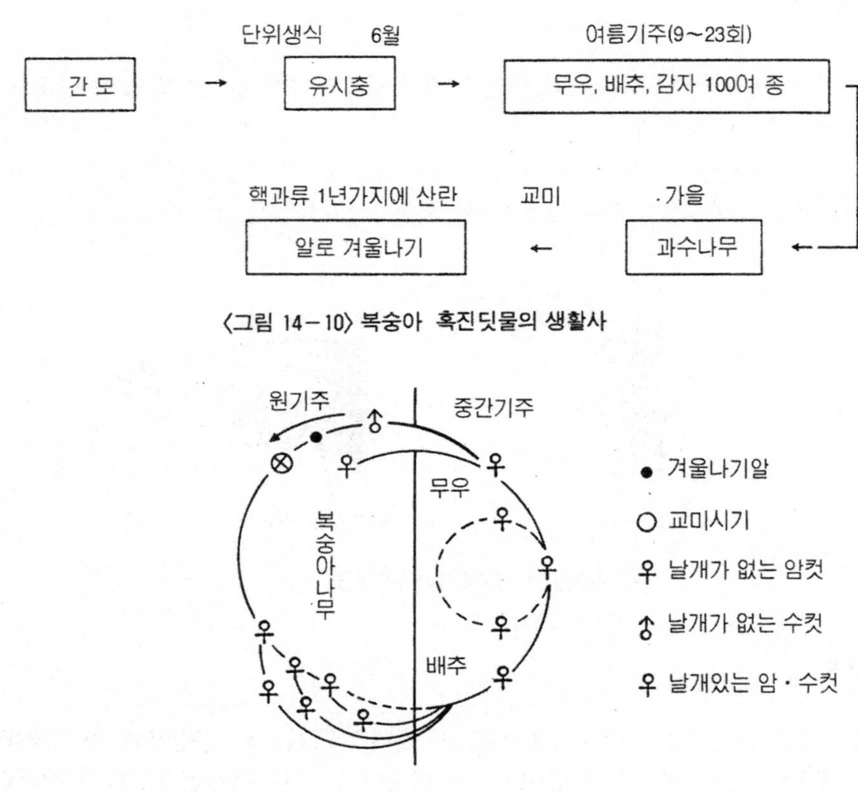

〈그림 14-10〉 복숭아 혹진딧물의 생활사

〈그림14-11〉 복숭아 혹진딧물의 생활사

바. 방제법

① 월동직후 거친 껍질을 긁어모아 태우고 기계유유제를 살포한다.
② 발생기 잎이 말리기 전에 피리모,아씨트, 모노프,제충국제 계통의 약제를 살포한다.
③ 약액이 진딧물 또는 잎에 잘 묻도록 충분히 살포해야 효과적이다.
④ 천적을 이용한 종합방제를 이용한다.
⑤ 주요천적으로 됫박벌레류,꽃등에류,풀잠자리류,기생벌 등 다수가 있으므로 잔효성이 긴 살충제는 피하는 것이 좋다.

기타 천적으로는 목화검정진딧벌(*Ephedrua Japonicus*), 날나리꽃등에(*Epistrophe balteatus*), 코롤라꽃등에 (*Metasyrphus corollae*), 애남생이무당벌레 (*Propylaea Japonica*), 애꽃등에 (*Sphaerophoria sylindrica*) , 좀넓적꽃등에(*Syrphus ribesii*), 검정넓적꽃등에 (*Syrphus serarius*)등이 있다.

7. 조팝나무진딧물(*Aphis spiraecola* PATCH)

가. 기주

배나무, 조팝나무, 사과나무, 귤나무

나. 분포

한국(전국분포), 일본, 북아메리카

다. 가해상태

잎에서 즙액을 흡수하지만 피해부위의 잎이 세로로 말리지 않고 가로로 약간 엉성하게 말린다. 다발하면 배설물에 의해서 과실을 오염시켜 과실의 품질이 떨어지나 봉지를 씌우는 경우 실제 피해는 그리 크지 않다.

라. 형태

무시충은 길이가 1.2~1.7mm이고, 머리가 거무스름하며 배는 황록색이고, 미편(尾片)과 미판(尾板)은 흑색이다. 유시충은 머리와 가슴이 흑색이고 배는 황록색이며, 뿔관(角狀管)의 밑부분과 배의 측면은 거무스름하다.

뒷다리의 종아리 마디에 나 있는 털은 그 마디의 나비보다 약간 길고 밑편에 6~7쌍의 센털이 나 있으며 옆돌기가 있다〈그림 14-12〉.

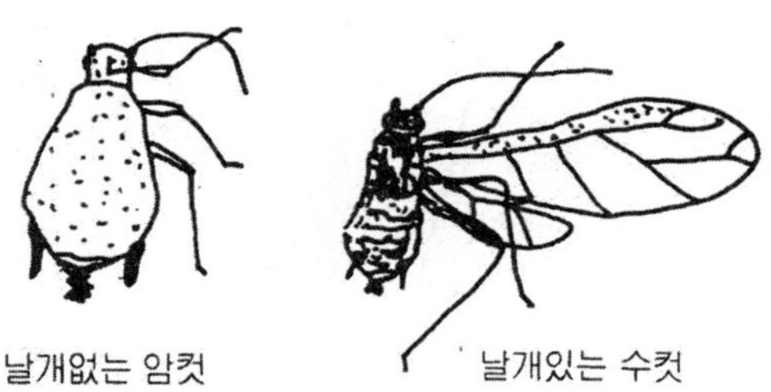

〈그림 14-12〉 조팝나무 진딧물

마. 생활사

일년에 10세대 정도 발생하고, 조팝나무 등의 눈에서 난태로 월동한다.

사과나무에서도 일부 월동하며 4월경 부화하여 발아한 눈에 기생한다. 조팝나무에서 월동한 것은 5월 중순경 유시충으로 되어 사과나무, 배나무 및 귤나무에 비래하여 거기서 태생으로 증식한다. 이후는 주로 무시충이며 밀도가 높게되면 유시충이 나타나서 분산한다. 6~7월에 최고 밀도가 되는데 살충제 무살포원에 비하여 관행원에서 최성기가 늦게되고 발생량도 오히려 많은 경우가 있다.

신초의 발육이 멈추면 자연히 밀도가 낮아져 일부 도장지에서만 생존을 유지하고, 이후에 2차 신초가 나오면 다시 증가한다. 가을에 유시충이 나타나서 교미하여 조팝나무로 이동하거나 사과나무에 월동란을 산란하게 된다.

바. 방제법

① 울타리 근처의 조팝나무를 제거한다.
② 발생기에 제충국제계통 및 유기인제계통의 약제를 진딧물의 몸에 직접 묻도록 살포해야 한다.
③ 천적으로는 목화검정진딧벌 (*Ephedrus plagiater*), 복숭아검정진딧벌(*Ephedrus perdicae*), 칠성무당벌레 (*Coccinella septempunctata Bruckii*) 등이 있다.

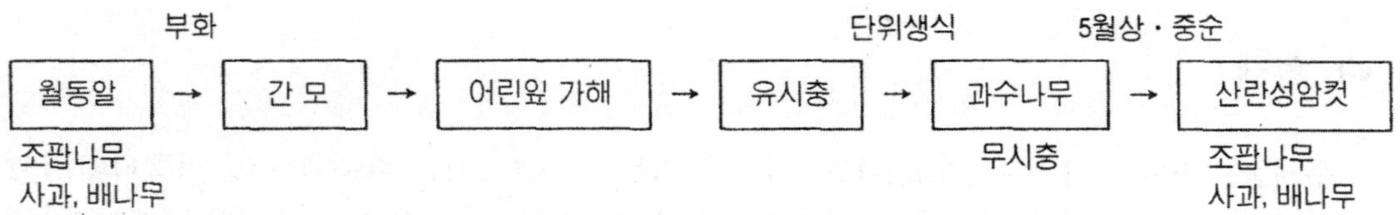

〈그림 14-13〉 조팝나무진딧물 생활사

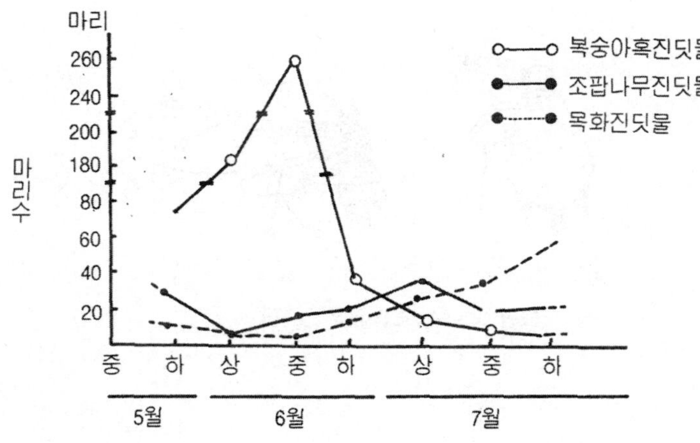

〈그림 14-14〉 황색수반에 의한 비래해충 조사결과

8. 배나무왕진딧물(*Nippolachnus piri* MATSUMURA)

가. 기주식물

배, 사과, 복숭아, 자두, 비파나무

나. 분포

전국에 분포

다. 가해상태

잎의 즙액을 빨아 먹는다. 잎이 말리지는 않고 약간 우글쭈글하게 된다.

라. 형 태

① 무시충 암컷은 방추형이며 흑황색을 띤다.
② 유시충 수컷은 장방형이고 검은 녹갈색이다. 배는 흰색에 가깝고 촉간은 황색이다.

마. 생활사

① 1년에 10여 세대 발생하고 비파나무에서 난(卵)으로 월동한다.
② 5월부터 배나무에 날아와 이곳에 무시태생자충을 낳고 단위생식에 의해 여름내 번식을 계속한다.
③ 10월 말부터 11월에 걸쳐 유시태생자충이 발생하여 비파나무로 옮겨가 교미후 월동란을 낳는다.

바. 방제법

5월경 유시충이 날아오는 시기부터 진딧물 전용약제 살포

9. 배나무털관동글밀진딧물(*Sappophis piricola* Okamoto et Takahashi)

가. 기주식물

배, 사과, 복숭아, 자두

나. 분포

전국에 분포

다. 가해상태

배나무잎말이진딧물이라고도 하며, 잎의 표면에 기생하여 중맥을 중심으로 안쪽을 향해 세로로 말리게 된다. 방제하지 않을 경우 5~6월에 많이 발생하여 신초에 큰 피해를 주므로 과실의 비대에도 영향을 미친다.

라. 생활사

① 일년에 10회 이상 발생을 계속하고 겨울눈의 기부에서 알상태로 월동한다.
② 발아기에 부화한 약충은 눈주위에서 흡즙하고 전엽후는 잎의 표면에서 가해한다.
③ 2~3세대를 경과하면서 날개가 있는 암컷 성충이 나타나 중간숙주인 향부자 (*Cyperus rotundus L.*) 등으로 이동하므로 7월 이후 배나무에서 자취를 감춘다. 9월 중순부터 다시 돌아와 유성생식을 하여 월동알을 낳는다.

마. 방제법

① 동계에 월동알이 많을 때는 기계유유제를 살포한다.
② 가해 초기인 개화직전이나 낙화후에 진딧물 전문약제를 살포해야 한다.

10. 배나무방패벌레(*Stephanitis nashi* ESAKI et TAKEYA)

가. 기주

배나무, 사과나무, 복숭아나무, 자두나무, 살구나무, 매실나무

나. 분포

한국, 일본, 중국

다. 가해상태

성충과 약충이 잎 뒷면에서 즙액을 빨아먹으므로 잎이 회백~갈색으로 변하여 낙엽이 된다.

라. 형태

성충은 길이(날개까지 합한 길이)가 3.5mm 정도이고, 반투명한 앞날개에 그물 모양의 날개맥이 발달되어 있어 언뜻 보아도 다른 곤충과 구별할 수 있다. 날개를 접으면 X자형의 암색무늬가 형성된다. 알은 길이가 0.6mm 정도이고, 유백색으로서 구부러져 있다.

약충은 길이가 1.6mm 정도이며 담황색으로서 날개가 없고, 배의 양쪽에 몇 개의 돌기가 있다.

마. 생활사

1년에 3~4회 발생하고, 성충으로 월동한다. 잎 뒷면 주맥의 밑부조직속에 비스듬히 15~30개의 알을 무더기로 낳고, 그 위를 성충의 배 끝에서 나오는 분비물로 덮는다. 알기간은 4~5일이고, 약충기간은 17일이다. 어린 약충은 군서하지만 자라면 분산한다. 성충은 5~7월 및 8~9월에 나타나며 특히 수명은 10일 이상이고 잘 날아다닌다.

바. 방제법

① 발생기에 진딧물 방제와 겸하여 방제한다.
② 약액이 충체 또는 잎에 잘 묻도록 충분히 살포해야 효과적이다.

11. 배나무굴나방(*Spulerina astaureta* MeyRick)

가. 기주식물

배나무, 사과나무

나. 분포

전국분포

다. 가해상태

유충이 비교적 어린가지의 표피를 불규칙한 선상으로 먹고다니며 점차 식해흔(食害痕)을 넓혀서 갈변하게 된다. 이 부분은 후에 벗겨져 가루깍지벌레나 점박이응애의 월동처로 이용되며, 드물게는 과실표피도 식해한다.

라. 형태

성충은 체장이 3.5~4mm의 작은 나방으로서 앞날개에 담갈색의 횡대가 여러 개 있다. 알은 평평한 타원형이며 유충은 원통형이고 유백색이다. 번데기는 나무껍질밑 고치속에 들어 있다.

마. 생활사

연2회 발생하고 가지의 표피밑에서 2령 유충으로 월동한다. 제1회 성충은 6월 하순~7월에 제2회는 8~9월경에 나타난다.

바. 방제법

① 봄철에 거친 껍질을 제거하고 기계유유제를 살포한다.
② 여름철 심식나방 및 깍지벌레와 동시에 방제하고 나무줄기에 잘 묻도록 살포한다.

12. 사과먹나방(*Illiberis pruni* DYAR)

가. 기주식물

배, 사과, 앵두

나. 분포

전국 분포

다. 가해상태

이른봄 유충이 배나무의 꽃눈을 갉아 먹는다. 잎이 피면 잎을 길이로 접고 갉아먹어 잎면 겉껍질만을 남겨 놓는다.

라. 형 태

성충은 검은색의 나방으로 앞뒤의 날개가 모두 검고 반투명하다. 몸길이는 0.9~1.3cm이고, 황백색으로 머리는 흑갈색을 띠며, 등에 흑점이 줄을 이루고 있다.

〈그림 14－15〉 사과먹나방

마. 생활사

1년에 1회 발생하며 유충이 나무껍질 틈에서 백색의 고치를 짓고 월동한다.

바. 방제법

① 거친 나무껍질을 제거하여 월동충을 잡아주고 기계유유제를 살포한다.
② 발아기에 피레스제 또는 유기인제 계통의 약제를 살포한다.

13. 배나무줄기벌(*Janus piri* OKAMOTO et MATSUMURA)

가. 기주

배나무

나. 분포

한국(처음 대구에서 발견되었지만 현재 전국에 분포되어 있음)

다. 가해상태

10cm 정도되는 신소의 중앙부 조직속에 낳아진 알에서 부화한 유충이 중심부를 먹어 내려가므로 가지끝이 말라죽는다.

라. 형태

성충은 길이가 10mm 정도이고, 날개를 편 길이가 12mm 정도인 광택있는 흑색의 벌로서 더듬이는 실모양이고, 입은 황갈색이다. 앞가슴에 6개의 반문이 있으며 제1배마디의 3각형 반문은 황색이다. 날개는 투명하며 밑부는 약간 황색이다. 또한 날개맥은 갈색이며 다리는 대부분 홍색이다. 암컷은 수컷보다 약간 크고, 긴 산란관(產卵管)이 있다.

알은 길이가 1.2mm 정도이고, 긴 타원형으로서 양쪽 끝이 가늘고 다소 구부러져 있다. 유충은 길이가 8mm 정도이고, 원통형으로서 몸은 유백색이지만 머리는 담갈색이며 입은 농갈색이다. 가슴은 배보다 굵고 가로주름이 많이 있으며 기문(氣門)은 담갈색이고, 배에는 다리가 없다. 번데기는 길이가 9mm 정도이고, 황색을 띤 유백색으로서 머리는 납작한 원형이다. 겹눈은 흑색이며 더듬이는 매우 길다.

마. 생활사

1년에 1회 발생하고, 유충으로 피해부의 신초 내부에서 월동하여 이듬해 4월 중・하순에 번데기가 되고, 4월 하순~5월 상순에 우화한다.

암컷은 10cm 정도 되는 신초의 중간 껍질밑에 1개씩 알을 낳는데, 그 부분이 흑색으로 변하고, 끝부분이 말라죽는다. 산란수는 16~36개이고 알기간은 8~10일이다.

부화유충은 목질부를 먹어내려가다가 6월 하순~7월 상순에 다 자라면 이것이 신초의 밑부 조직속에 얇은 고치를 만들고, 그 속에서 그대로 월동한다.

바. 방제법

산란최성기(5월 상순)에 살충제를 뿌린다.

14. 배명나방(*Ectomyelois pyrivorella* MATSUMURA)

가. 기주

배나무

나. 분포

한국, 일본

다. 가해상태

유충이 배나무의 겨울눈(冬芽)속을 먹어들어가서 월동하며, 이듬해 봄 발아기에 새로 난 눈을 갉아먹어 큰 피해를 끼친다.

제2화기 유충은 과실도 먹어들어가는데, 큰 구멍을 뚫고 과심부에까지 이른다. 번데기가 되기 전에는 낙과를 방지하기 위해 실을 토하여 과경을 나뭇가지에 고착시키는 습성이 있다. 큰 식입공으로 똥을 배출한다.

라. 형태

성충의 길이가 12mm 정도이고, 날개를 편 길이가 23mm 정도이다. 겹눈은 광택이 있는 흑색이다. 앞날개는 회자갈색이고, 2줄로 된 흑갈색의 가는 가로줄무늬가 있으며, 그 사이는 회백색이다. 알의 길이가 1mm 정도이고, 납작한 타원형으로서 황백색~적색이다.

유충은 길이가 18mm 정도이고, 부화 당시에는 담홍색이었지만 다 자라면 암갈색~암록색이 된다. 머리는 흑갈색이고, 몸에는 주름이 있어 각 마디가 2~3개의 작은 마디로 세분되어 있으며, 앞가슴피부판은 흑색이다.

번데기는 길이가 12mm 정도이고 황갈색이다.

마. 생활사

일년에 2회 발생하고, 유충으로 배나무의 눈 속에서 월동하여 이듬해 봄 4월경부터 활동을 개시한다. 꽃과 눈을 갉아먹지만 개화후에는 새로 나온 눈, 신초, 꽃눈을 먹어들어가며 과실이 1cm 이상 커지면 꽃자리부분 또는 과경지 부분의 과실속으로 먹어들어간다.

1마리가 여러 개의 과실을 가해하며, 다 자라면 과실에서 나와 실을 토하여 과경을 가지에 결박한다. 그후 과실속에 얇은 고치를 만들어 그 속에서 번데기가 되는데 기간은 7~12일이다.

제1회 성충은 6월 중·하순에 나타나는데, 낮에는 나무의 그늘진 곳이나 잎의 뒷면에 숨었다가 밤에만 나와 활동하고 교미한 후 알을 낳는다(대개 한 과실에 1~2개씩).

산란 전기간은 4~5일이고, 산란수는 약 30개이며, 알기간은 7~10일이다. 부화유충은 과경지 부분 또는 그 부근에서 먹어들어간다. 번데기 기간은 7~9일이다.

어른벌레

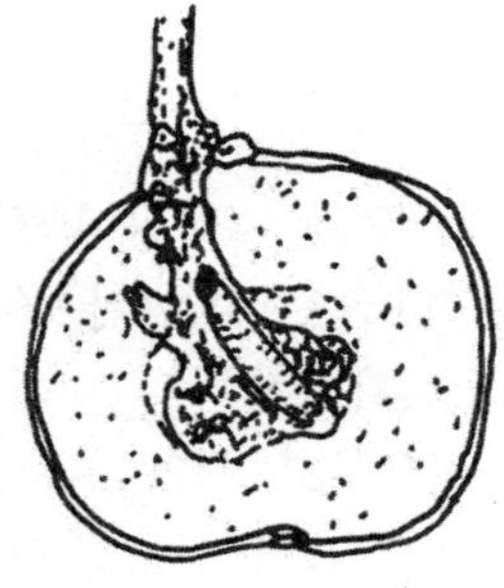
애벌레

번데기

〈그림 14-16〉 배명나방

제2회 성충은 8월 중・하순에 우화하고, 어린 눈의 밑부분에 알을 낳는다. 부화유충은 꽃눈(花芽), 잎눈(葉芽) 등의 측면으로부터 눈속으로 먹어들어가고, 먹어들어간 구멍으로 똥을 배출한다. 또한 목질부를 우묵하게 파고, 그 안에 고치를 만들어 그 속에서 월동한다.

주광성(走光性)은 복숭아순나방보다 강하지만 주화성(走火性)은 약하며 산란수는 300개 정도이다. 피해눈은 인편이 엉성하므로 건전한 눈과 구별할 수 있으며, 피해과에서는 갈색 똥이 배출된다. 숙주가 배나무뿐이므로 방제상 유리하다.

바. 방제법

① 봉지씌우기는 병해충방제 및 품질향상을 위하여 절대로 필요하므로 그 시기는 빠를수록 효과적이다.
② 등화유살(燈火誘殺)을 하는데, 성충은 주광성이 강한 편이므로 발아기인 6월 중・하순과 8월에 가능한 유아등(誘蛾燈)을 밝게 하여 유살한다.
③ 천적으로는 작잠납작맵시벌(*Iseropus hakonensis*)과 안경꼬마자루맵시벌(*Trnthala flauoorbitalis*)이 있다.

15. 복숭아순나방(*Grapholitha molesta* Busck)

가. 기주

사과나무, 배나무, 복숭아나무, 자두나무, 살구나무, 매실나무

나. 분포

한국, 일본, 중국, 북아메리카, 오스트레일리아

다. 가해상태

각종 과수의 신초와 과실을 가해하는데, 과실의 피해는 배나무와 자두나무의 경우가 가장 심하고, 사과나무와 복숭아나무, 살구나무 순이다. 신초의 피해는 복숭아나무가 가장 심하고, 기타 과수 및 야생식물에서는 그다지 심하지 않다.

제1회 발생유충은 주로 신초를 가해하고, 제2회~4회 유충은 과실을 먹어 들어가 피해를 준다. 4~5월에 성충이 우화하여 길이가 10cm 정도인 신초의 잎 뒷면에 알을 낳는다.

부화유충은 잎자루의 부착부로부터 식입하여 신초의 어린조직을 위・아래로 먹어 들어가는데, 약 1주일에 피해 신초가 시들고 황색으로 변하며 진과 똥을 배출하므로 쉽게 발견할 수 있다. 1마리의 유충이 3~6개의 신초를 가해한다.

착색시키기 위하여 봉지를 벗긴 사과나무 또는 배나무 등의 과실에 있어서는 피해과의 식입부로부터 즙액이 흘러나오므로 각종 나방, 파리, 말벌, 꽃등애, 개미 등이 몰려들게 되며, 이들 곤충에 의하여 병균이 전파되어 부패되기 쉽다. 배 또는 사과에 있어서는 만생종에 피해가 심하다.

라. 형태

성충은 수컷의 경우 길이가 6~7mm이고, 날개를 편 길이가 12~13mm인 작은 나방으로서 머리와 배는 암회색이고, 가슴은 암색이다. 더듬이도 암회색이고 채찍모양이며, 겹눈은 크고 흑색이며 그 주변은 회색이다. 앞날개는 암회갈색이고, 13~14개의 회백색 무늬가 있다.

날개의 외연에 따라 7개의 흑색점이 있고 불규칙한 암흑색 또는 암갈색 무늬가 있다. 배 끝에는 털무더기가 있으며 암컷의 경우 길이가 7mm 정도이고, 날개를 편 길이가 13~14mm정도이다. 수컷에 비하여 배가 굵고, 배 끝에 털무더기가 없으며 뾰족하다.

알은 납작한 원형이며, 처음에는 유백색이고 진주광택이 있지만 2일후에는 광택을 잃고 홍색을 띠게 되며, 부화전에는 유충이 비쳐 보인다. 유충은 길이가 10mm 정도이고,황색으로서 머리는 담갈색이며 흑갈색의 반문이 있다. 번데기는 길이가 7~8mm이고, 타원형의 고치속에 들어 있으며 적갈색으로서 배 끝에 7~8개의 센털이 나 있다. 각 몸마디와 봉합선 위와 아래에 갈색의 가시돌기가 병렬한다.

마. 생활사

1년에 3~4회 발생하고, 제1회 성충은 4월 하순~5월 하순, 제2회 성충은 7월 중순~8월 상순, 제3회 성충은 9월 중순~10월 상순에 발생한다. 2년째에는 제1회 발생시기가 4월 하순~5월 하순으로서 전해와 같다. 제2회 발생시기는 7월 하순~8월 상순이 되며, 제4회 발생시기는 9월 중·하순이 된다. 실지 야외에 있어서는 6월 하순부터 9월 말까지 두가지 계통의 각 세대가 같이 발생하므로 이 동안에는 각 충태를 볼 수 있다.

야외에 있어서의 발아최성기는 해에 따라 다르지만 대체로 제1회의 경우 5월 중순, 제2회의 경우 6월 하순, 제3회의 경우 7월 하순~8월 상순이 되며, 제4회 발생의 일부는 9월 하순이다. 다 자란 유충은 수간의 조피밑 고치속에서 월동하며 4월 하순~5월 하순에 우화한다.

성충의 수명은 야외에서 수컷이 7~10일이고, 암컷이 10~14일 정도이며, 낮에는 나무그늘에 숨고 해가 진후에만 나와 활동한다. 다소의 주광성이 있어 해가 진후 30~60분 사이에는 약간 유인되는데, 강한 광선보다 약한 광선에서 잘 유인된다.

흐린날에는 저녁때에도 교미하지만 대개는 밤에 교미한다. 알을 낳는 곳은 발생시기에 따라 다른데, 제1회 성충은 주로 배나무 신초에 달린 잎 뒷면에 1개씩 낳고, 신초 끝에서는 3~5매 하부의 잎에 낳는다. 제2회 성충의 일부와 제3~4회 성충은 과실에 알을 낳는데, 꽃자리 또는 과경부에 1개씩 낳는다.

산란수를 보면 복숭아나무의 신초에는 대개 1개를 낳고, 복숭아나무, 자두나무 등의 과실에는 보통 3개 이상을 낳으며, 사과나무의 과실에는 5~8개를 낳는 것이 보통이다. 알기간은 제1화기의 경우 6~8일, 제2화기의 경우 6~9일, 제3화기의 경우 7~15일 정도이며, 부화시간은 대개 오후 2~5시이다.

부화유충은 신초의 경우 잎자루의 부착부에서 신초속으로 먹어들어 가고, 과실의 경우에는 과구(果溝)나 꽃자리(窪部)로부터 먹어들어 가는 것이 보통이지만, 과실 표면의 어느 부분에서나 먹어들어 갈 수 있다.

번데기 기간은 제1화기의 경우 7일, 제2화기의 경우 5~7일, 제3~4화기의 경우 7~9일 정도이다. 우화 직전에는 번데기가 운동하여 고치 밖으로 나오지만 배 끝만은 갈고리센털이 고치에 걸려 그대로 남아 있다.

월동유충은 수목에 있어서는 피해과에서 탈출하여 수간의 그늘진 곳에서 월동하고, 저장고 상점 등에서는 저장중에 유충이 다 자란다. 낙과의 경우에는 탈출후 수간하부의 틈으로 이동하여 월동하고, 쓰레기통 등에서는 피해과에서 탈출하여 근처의 적당한 틈에 고치를 만들어서 월동한다.

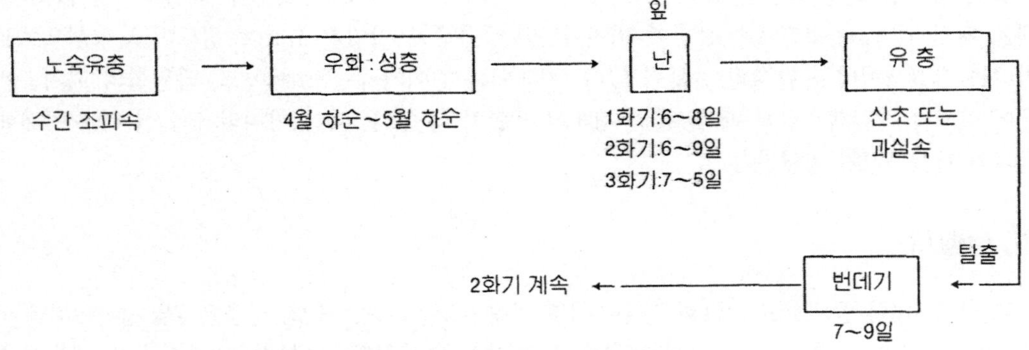

〈그림 14-17〉 복숭아순나방의 생활사

〈그림 14-18〉 복숭아순나방

바. 방제법

① 봄철에 거친 껍질을 제거하여 월동유충을 잡아 불에 태운다.
② 피해과실은 유충이 탈출전에 과실을 따서 물속에 담가 질식시켜 죽인다.
③ 봄철 1화기 유충이 신초끝에 들어가 있을 때 신초를 잘라 불에 태운다.
④ 6월 하순부터 9월까지 산란기에 피레스, 주렁, 데시스, 더스반 등의 약제를 살포한다.
⑤ 과실에 봉지를 씌워 산란과 피해를 방지한다.
⑥ 자외선 등을 달아 등화유살을 한다.
⑦ 당밀액을 유살병에 넣어 10a당 20~30개 정도를 나무에 걸어놓고 5일마다 액을 갈아주어 유인하여 유살한다.

제 15 장 재해대책

1. 기상재해

기상재해는 동상해 (휴면기 동해, 생육초기 서리피해), 우박피해, 풍해(태풍 돌풍), 비 피해, 안개 피해 등이 있다.

가. 동해(凍害)

1) 동해를 일으키는 요인

가) 온도

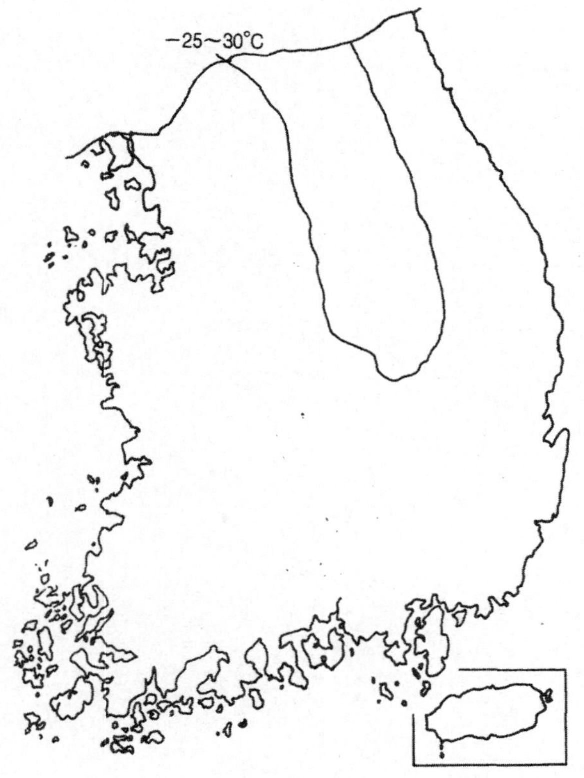

〈그림 15−1〉 배나무 한계등온선

우리나라는 대륙성 기후의 영향을 받고 있기 때문에 휴면기 중 저온에 의한 동해를 자주 받고 있다. 배나무의 동해 한계 위험 온도는 −25~−30℃이므로 그 이하로 내려가지 않은 지역에서는 안전재배가 될 수 있으나〈그림 15−1〉, 국지적으로 동상을 받는 경우가 자주 있으므로 그런 곳은 재배를 피해야 한다.

1981년 1월 5일 극 저온 후 조사 주수에 대하여 30% 이상 동사한 나무의 비율은 양평 25.9%, 이천 19.7%, 수원 12.6% 이었으며, 온양은 동해를 받지 않았다.

〔표 15－1〕지역별 배나무 30% 이상 동사한 나무의 비율(1982, 문종열)

양　　평	이　　천	수　　원	온　　양
25.9% (2,280주)	19.7 (3,993)	12.6 (4,160)	0.0 (1,800)

※ ( ) 조사주수

극저온 : 양평 －32.6℃, 이천 －26.5℃, 수원 －24.8℃, 온양 －21.7℃

나) 지형과 동해

겨울에 눈이 온 다음 바람이 불다가 중지하면 찬공기가 낮은 곳으로 모여 정체하는 시간이 길면 길수록 동상을 심하게 받는다. 주위가 산으로 싸여 있어 찬공기가 흐르지 못하는 곳, 물이 흐르는 강변, 산 기슭의 평지 또는 산기슭 낮은 곳이 동상을 받기 쉽다.

1981년 1월 양평의 기온이 －32.6℃때 배 나무에 동상이 심하게 받은 곳은 팔당 저수지 안쪽 양평군 강산면의 평지, 양평군 용문면의 낮은 곳, 여주 이천의 강변, 화성군 정남면 낮은 곳이었다. 동상을 받아 죽은 나무가 많았으나 같은 지역에서도 경사지 높은 곳에서는 정상적으로 결실되었고, 평지와 이어진 경사지에서는 결실량은 적었으나 나무는 죽지 않았다.

다) 품종과 동해

품종에 따라서 내한성(耐寒性)의 차이가 있는데 금촌추와 만삼길이 내한성이 가장 약하고, 신고는 다음으로 약하며, 단배가 가장 강하였다〔표 15－2〕.

〔표 15－2〕배 품종별 꽃눈 (30%이상) 동사율

만 삼 길	금 촌 추	신　　고	장 십 랑	단　　배	비　　고
36.1% (958.8ha)	45.8 (45.8)	28.6 (1,180.3)	16.9 (1,159.6)	8.2 (13.4)	양평, 여주, 이천, 수원

1981년에 만삼길과 금촌추는 얼어서 죽은 나무가 많았고, 신고는 꽃눈은 얼어 죽었으나 잎눈이 죽지 않은 나무가 많았으며, 장십랑은 약간 결실되었고 단배는 정상적으로 결실되었다. 단배는 장십랑에 우리나라 재래종인 청실리의 혈통이 들어가 내한성인자가 유전되었기 때문이다.

2) 동해증상 및 감별법

배나무 꽃눈은 잎눈보다 동해를 받기 쉬우며, 동해 받은 눈은 꽃이 피지 않으나 동해를 받았는지 받지 않았는지 감별하는 방법은 몇가지가 있다.

① 발아율 확인

꽃눈이 있는 가지를 잘라 물속에 꽂아 20℃ 이상 되는 곳에 2~3주 두어 꽃눈이 나오지 않으면 동해를 받아 죽은 눈이다.

② 절단 확인

물에 꽂지 않고 아는 방법은 추위가 있은 다음 2~3일 후에 꽃눈을 세로로 잘라보면 얼어 죽은 눈은 검은색을 띤 회색으로 변해 있고 활력이 없으나, 살아 있는 눈은 엷은 연두색을 띤 흰색이고 활력이 있어 보인다.

③ TTC염색법

꽃눈을 세로로 잘라 TTC 0.5% 용액(25℃)에 2시간 정도 담그어 두면 얼어 죽은 꽃눈은 회색으로 변하나 살아 있는 꽃눈은 붉은색을 띤다.

꽃눈보다 동해를 더 받기 쉬운 부위는 지면(地面)과 접촉된 부위의 남쪽 또는 동남쪽이며 지면에서 가까운 큰 가지의 분지점에도 동해를 받는데 죽은 부분은 검은색을 띤 회색으로 변하고 약간 오목하게 들어간다.

어떤 때는 죽지는 않고 나무껍질이 세로로 길게 갈라지거나, 목부를 포함해서 갈라지는 경우도 있다.

3) 대책

가) 동해예방 대책

1) 자연환경과 품종 특성에 의한 예방

영하 25~30℃ 이하 되는 지역의 평지에는 배나무 재배를 피하고, 경사지의 경우 추위에 약한 품종은 경사지 위쪽에 심고, 강한 품종은 낮은쪽에 심는다.

2) 재배 방법에 의한 예방

동해 위험 지역에 배를 재식할 경우에는 지면에서 60~90cm 부위에 12월에 보온재(保溫材)로 보호해야 한다.

과다 결실을 시키지 말고 배수가 잘 되게 하며, 병해충 방제를 철저히 하여 잎을 늦게까지 잘 보존한다. 질소 비료를 알맞게 주어 늦어도 7월 중순까지는 생육이 정지되게 하는 등 나무의 저장양분이 많이 축적되게 해야 한다.

나) 동해 받은 다음 대책

꽃눈이 죽어 결실이 되지 않거나 결실량이 적은 때는 질소비료 시용량을 줄여서 웃자람을 예방하고, 다음 해 결실을 위하여 농약을 적기에 살포하여 잎을 보호한다.

지면과 접한 부위나 가지의 분지점에 동상(凍傷)을 받은 경우에는 석회 유황합제나 외벽용 페인트를 발라 동고병 감염을 예방한다. 굵은 가지가 갈라지거나 지면 가까운 곳의 껍질이 벗겨지면 새끼로 감은 다음 그 위에 유황합제 찌꺼기를 바른다.

나. 서리피해

1) 증 상

꽃봉오리가 서로 뭉쳐 있을 때 서리의 피해를 받으면 암술의 길이가 짧아지며, 개화기 전후에 서리의 피해를 심하게 받으면 꽃잎은 죽지 않으나 암술머리와 배주(胚珠)가 얼어 죽어 검은색으로 변하며, 수분과 수정이 되지 않아 결실이 되지 않는다.

어린 과실이 서리피해를 받으면 꽃받침 가까운 부분에 가락지 모양으로 둥글게 얼어죽어 그 곳이 자라지 못하므로 과실이 자람에 따라 기형과(奇形果)가 되어 상품성이 없어진다.

어린잎이 서리의 피해를 받으면 물에 삶은 것 같이 되어 검게 말라 죽는다.

2) 온 도

서리피해는 발육 정도에 따라 차이가 있는데 개화 전까지는 내한성(耐寒性)이 비교적 강하나 개화 직전부터 낙화 후 1주까지 가장 약하고, 낙화 후 10일이 지나 잎이 피면 서리피해를 적게 받는다[표 15-3].

〔표 15-3〕 발육정도별 서리의 피해를 받는 위험 한계온도 (장십랑)

발 육 정 도	위험한계 온도	비 고
꽃봉오리가 화총 안에 있을 때	-3.5℃	30분 이상되면 위험함
꽃봉오리가 끝이 엷은 분홍색일 때	-2.8℃	
꽃봉오리가 백색일 때	-2.2℃	
개화 직전	-1.9℃	
만개기, 낙화기, 낙화 10일 후 유과	-1.7℃	

대체적으로 서리 오기 2~3일 전에는 비가 오고 그후 낮 최고 온도가 18℃ 이하(20℃ 이상일 때는 서리가 오지 않음)일 때 오후 6시의 기온이 7℃, 9시의 기온이 4℃이며, 바람이 불지 않으면 다음날 아침에 서리가 온다.

바람이 불지 않을 때 수체(樹體)의 온도는 기온보다 2℃ 정도 낮아 서리 피해를 받기 쉬우나, 초속 2m로 바람이 불면 기온과 수온(樹溫)이 비슷해지며, 이때는 서리가 오지 않는다.

3) 지 형

시베리아에서 이동성(移動性) 찬 고기압이 발생되어 한반도를 통과하는 봄에는 밤에 지면(地面)에서 복사방열(輻射放熱)이 심하다.

이때 이동성 고기압이 자주 통과하는 길목, 내륙기상(內陸氣象)으로 기온의 일변화(日變化)가 심한 곳, 긴 언덕, 산으로 둘러싸인 곳, 강변, 산기슭 등 낮은 곳으로 찬공기가 흘러들어 오기 쉬운 지형조건 (地形條件)에서 서리피해를 많이 받는다.

4) 품 종

품종별로도 생육에 차이가 있는데 저온의 피해를 가장 심하게 받는 품종은 신고이다. 신고의 개화기는 장십랑, 풍수, 신흥보다는 4일 빠르고 만삼길보다는 6일 빠르며, 이 품종에서 내한성이 가장 약한 시기에 해마다 기온이 떨어져서 서리피해를 받고 있다.

5) 대 책

가) 서리예방

서리피해 예방법으로는 연소법, 송풍법, 관수법 등이 있다.

① 연소법

리턴스타크형 히터의 중유연소법, 석유양철통 1/2 절단한 중유나 폐유 연소법, 직경 30~40cm, 깊이 30cm 땅을 파고 시멘트종이를 펴놓은 중유나 폐유 연소법, 헌타이어를 땅에 묻고 연소하는법, F-히터연소법 등이 있는데 이 방법들은 서리피해 예방에 상당한 효과가 있으나 오랫동안 과수원에 냄새가 남아있는 것이 문제이다.

영하 0.5℃ 때 이들을 사방 5m 간격으로 배치하고, 불을 붙이면 2℃ 정도 높아진다. 왕겨나 톱밥으로 연기를 피우면 지면의 방열을 줄일 수 있고, 연기 속의 수증기 응결로 5~1.0℃ 높아진다.

〔표 15-4〕 연소법의 종류 및 특성

종 류		10a당 연소구수	연 료 소 비	특 성
중유	히 터	20	2.1ℓ/시간/1연소구	온도상승 효과가 크고 관리가 용이하다. 1인이 35~40a 관리가능
	드럼통	25~30	3.2ℓ/시간/1연소구	중유 소비량이 많고 관리가 어렵다. 1인이 25~30a 관리가능
고체연료 (F-Heat)		40~50	2.5kg/4시간	점화가 간단하고 온도상승효과가 높다. 1인이 60~70a 관리가능

〈그림 15-2〉 서리피해 방지를 위한 방상선(防霜扇) 설치 광경
나주배연구소 : 날개 73cm, 높이 8m 설치대 : 1.6대/ 10a

② 송풍법

송풍법의 기본원리는 지상(地上) 1m 보다 지상 10m에 있는 공기는 보통 2~3℃, 때로는 5℃ 높으므로 프로펠라로 찬공기와 더운공기를 섞어 주어 서리피해를 예방하는 방법이다. 8m 높이(逆轉層)에 LNG엔진 80~100Hp에 직경 1~3m 프로펠라를 부착하여 일정온도 이하로 되었을 때 자동 작동시켜 상해(霜害)를 예방한다.

송풍기 가까이는 지상부의 온도를 2℃, 좀 떨어진 곳에서는 1.5℃ 높일 수 있다. 프로펠라 길이가 1m인 경우 10a당 1.6대가 필요하며, 프로펠라가 선 위치에서 32m까지 영향을 미친다.

③ 관수법

스프링클러로 시간당 3mm(3ℓ/시간/m^2) 정도 계속 살수(撒水)하여 배나무의 꽃눈을 얼음으로 씌워 0℃ 이하로 내려가지 않게 하는 방법인데, 살수를 해가 뜨기 전에 중단하면 더 큰 피해를 받는다.

다음날 아침에 서리가 예상되면 땅에 물을 충분히 주어 땅속의 열을 끌어 올려 지면의 냉각을 완화하므로써 1℃ 정도는 높일 수 있다. 이때 지면이 피복되어 있으면 지열이 차단되어 서리의 피해를 더 받으므로 피복물을 제거해야 한다.

6) 서리피해 받은 다음 대책

개화기 전후에 서리피해로 결실이 되지 않았을 때는 질소비료 시용량을 줄이고 다음해 결실을 위해 농약을 적기에 살포하여 잎을 보호한다. 유과(幼果)에 피해를 받았을 때는 피해받은 과실부터 적과해야 하며, 봉지 씌우는 시기를 늦춘다.

다. 우박피해

1) 피해발생

우박은 갑자기 일어나는 기상재해로 짧은 시간안에 큰 피해를 주는데 상승 기후가 심하게 싱기고 공중에는 한냉전선(寒冷前線)이 지나갈 때 강우와 번개를 동반하여 우박이 온다.

번개를 치면서 비가 지나가는 방향으로 폭(幅)은 수(數)km의 가는 긴 띠 모양으로 우박이 오며, 이동속도는 시속 40km이고, 한지점에서 10분 정도 오는 경우가 많다.

우박의 모양은 구형(求刑), 타원형, 원형, 불규칙형이 있으며, 우박 크기는 직경이 보통 0.5cm이나, 3~4cm 되는 것도 있다.

가) 지형(地形)

산 근처, 강변(江邊), 골짜기(谷間), 산맥이 막힌 앞쪽에 우박이 잘 온다.

나) 시기(時期)

4~6월에 광범위한 지역에 우박이 잘 오고, 9~10월에도 국지적으로 가끔 우박이 온다.

2) 우박피해 증상

우박의 피해 정도는 우박이 오는 시기, 크기, 오는 양, 오는 시간에 따라 다르다.

우박의 피해를 받으면 과실이 찢어지거나 멍이 들고, 잎이 찢어지거나 낙엽이 된다. 또한 꽃눈이나 잎눈에 상처를 받고 가지가 찢어지거나 껍질이 벗겨지므로 그해 수량은 물론이고 다음해까지 결실에 영향을 준다.

우박의 피해를 심하게 받아 떨어진 과실은 곧바로 썩지만 나무에 달려 있는 과실은 썩지 않는다.

〈그림 15－3〉 우박피해

3) 대책 (對策)

가) 예방

근본적인 방지 대책은 우박이 오지 않은 곳에 배 과수원을 만들면 되겠으나 그 지방에도 어느때 우박이 올 지 예측할 수 없으므로 안전지대를 찾기는 매우 어렵다.

우박예방을 위해서는 배나무보다 30cm 정도 더 높게 1.25mm 망목의 비닐론 한냉사(F－3,000)로 피복하면 완전방지가 되고, 9mm 망목의 랏셋망을 피복(被覆)하면 과실에는 약간 멍이 드나 수확시에는 회복되어 정상 과실이 된다.

이와 같이 망을 씌우면 우박피해뿐만 아니라 새 및 흡수나방도 예방할 수 있고, 수확기에 태풍으로 인한 낙과도 줄일 수 있다. 차광 정도가 심하면 액화아가 감소되고, 과실 비대가 나빠져 품질이 낮아지는 경향이 있는데, 비닐론 한냉사 (수명 5년)는 20% 정도 차광되므로 실용적으로는 문제가 없다.

〔표 15-5〕 우박직후 과실피해

구 분	조사과수	무	소	중	다	심
망 안 쪽	150 개	0	76	67	7	0
망 밖 쪽	150	0	33	66	51	0

무 : 과실표면 건전. 중 : 과실 표면 1~4개소 타박상. 심 : 과실표면 찢어짐.

소 : 과실표면 긁힘. 다 : 과실표면 5개이상 타박상. ※ : 10mm 망목설치

10mm 망목을 설치하였을 때 우박이 온 다음 망 안쪽과 바깥쪽의 피해 정도별 과실을 조사한 결과 긁힌 상처는 망 안쪽이 바깥쪽보다 2배 많았고, 과실표면에 1~4개소 타박상을 받은 과실은 비슷하였으며, 과실표면에 5개소 이상 타박상을 받은 과실은 망 밖에 있는 과실이 7배 이상 많았다〔표 15-5〕.

망을 씌웠을 때 결점은 빗물이 직접 과실표면이나 잎에 닿지 않아 응애와 진딧물이 일찍부터 많이 발생되므로 방제에 유의해야 한다.

나) 피해를 받은 다음 대책

(1) 우박의 피해정도

우박피해가 격심한 상태는 잎이 30% 이상 낙엽되거나 100% 찢어진 경우이고,심한상태는 잎 10~30% 낙엽되고 70~100% 찢어진 경우이다. 중상태는 잎이 10% 이하 낙엽되고 40~70% 찢어진 경우이며, 경한 상태는 잎이 10% 이하 낙엽되고 40% 이하 찢어진 경우이다.

(2) 적과

우박 피해를 받은 시기와 피해 정도에 따라 적과량을 다르게 해야 한다. 낙화 직후부터 5월 중순까지 우박피해가 격심한 경우 정상과에 비하여 40~50% 적과하고, 심한 때는 20~30%, 중은 10%, 경은 정상결실시킨다.

5월 하순~7월까지 우박의 피해를 심하게 받은 경우 장십랑, 행수에서는 모두 적과하고 심한 경우는 장십랑에서 30%, 행수에서 50% 적과해야 하며, 중은 두 품종 모두 10% 적과하고, 경은 보통 착과시킨다.

(3) 약제살포

우박피해를 받은 직후 석회 보도액을 살포하면 약해를 받기 쉬우므로 3일 정도 지난 후 석회 보도액을 살포해야 하며, 다이센,다코닐,톱신 등 봉지에 든 농약은 피해받은 직후에 살포할 수 있다. 농약은 충분한 양을 빠짐없이 살포하여 상처를 보호해야 다음해 정상 결실이 가능하다.

(4) 신초관리

잎에 심한 피해를 받고 가지에는 상처를 받아 새순이 부러진 경우에는 수세회복과 꽃눈 형성을 위하여 피해받은 바로 아랫부분까지 절단하여 새순이 나오게 하고, 6월하순~7월상순에 새순을 유인한다.

(5) 시비

피해받은 직후 물 20ℓ에 요소 60g을 넣어 농약과 함께 엽면시비하거나, 10a당 질소비료를 성분량으로 1.5~2.0kg 시용한다.

라. 풍해(風害)

1) 풍속과 피해정도

전엽시의 강풍은 어린잎에 상처를 주어 농약살포시 약해 발생의 원인이 되고 개화기의 강풍은 결실을 나쁘게 한다. 결실기의 강풍은 낙과를 유발하며 나무가지가 부러지거나 꺾어지고 때로는 나무가 쓰러지거나 뽑히기도 한다.

최대 풍속이 초속 17m 이상이면 태풍이라 하고, 30m 이상이면 초태풍(超颱風)이라 한다. 국지적으로 돌풍이 발생되어 큰 피해를 주는 경우도 있다.

배는 꼭지가 길어 사과나 복숭아보다 낙과가 잘 되므로 태풍의 영향을 자주 받는 나주, 울산 등지에는 평덕을 만들어 풍해를 최소화하고 있으며, 지금은 중부지방에서도 평덕 시설면적이 늘어나고 있다.

1987년 8월에 최고 풍속이 초속 23.3m인 다이아나 태풍시에 평덕시설을 한 울산에서 장십랑 30.4%, 신고 30.9%, 만삼길이 33% 낙과되었으나, 경주 안강(최고 풍속 초속 23m)에서는 평덕시설을 하지 않았기 때문에 장십랑 60%, 신고 70%, 만삼길 65%로 낙과율이 2배 정도나 높았다[표 15-6].

[표 15-6] 태풍(다이아나) 직후 품종별 낙과

품종 / 지역	장십랑	신고	만삼길	기타	비고
울주	30.4	30.9	33.0	5.7	평덕식
경주	60.0	70.0	65.0	60.0	배상형

※ 순간 최대 풍속 36.8m/sec, 최고풍속 23.3m/sec.

※ 순간 최대 풍속 38.0m/sec, 최고풍속 23.0/sec.

낙과율은 과실의 발육시기에 따라서도 차이가 있지만 풍속에 따라 큰 차이가 있다. 1984년 8월 27일 만삼길에서 최고 풍속이 초속 10m 때는 11.3% 낙과되었으나 초속 30m때는 100% 낙과되었다[표 15-7].

[표 15-7] 최고 풍속과 만삼길 낙과율

풍속(m/초)	10	14	18	24	30
낙과율(%)	11.3	33.8	56.3	90.0	100.0

2) 대책

(1) 방풍

풍해를 방지하는 방법은 과수원 지대에 풍해 방지를 위하여 폭 5~15m인 광폭 방풍림이나, 폭 1~2m인 소폭 방풍림을 설치하는 것이 있다. 그밖에 2~3열(列)을 바람맞이 방향에 심는 방풍 울타리 또는 바람이 불어오는 직각 방향에 방풍망을 설치하는 방법도 있다.

경사지에서는 경사의 정도에 따라 바람을 막아주는 거리의 차이가 있는 것으로 윗쪽으로 바람이 불 때는 방풍 높이의 3~5배 거리까지 바람을 막아주는 효과가 있고, 아랫쪽으로 바람이 불 때는 15~25배 거리까지 바람을 막아 주는 효과가 있으며, 20~30%는 바람이 통과할 수 있도록 바람 막이를 한다.

방풍림으로 쓰는 나무는 남부지방에서는 탱자나무, 삼나무 등이고, 해변에는 해송이 좋으며, 중부지방에서는 화백, 편백, 리기다소나무, 낙엽송 등이 효과적이다. 방풍망을 설치할 때는 과수원쪽으로 불어오는 바람의 방향에 따라 설치 높이(일본 5m)를 조절해야 하며, 망목은 12~15 메쉬 한냉사가 알맞다.

(2) 재배법에 의한 대책

풍해의 위험지대는 나무를 낮게 키우고, 전정할 때 주간, 주지, 부주지, 측지 등 굵기 차이를 두어야 하며, 도복(倒伏)에 강한 대목을 사용하고 뿌리가 깊이 뻗도록 해야 한다.

(3) 피해받은 다음 대책

쓰러진 나무는 빨리 일으켜 세우고 충분히 물을 준 다음 공간이 생기지 않도록 밟아 주어야 하며, 지면에는 피복을 하고 나무가 바람에 흔들리지 않도록 삼각지주를 세운다.

낙엽이 심한 경우에는 주간이나 굵은 가지에 백도제(물 1ℓ에 생석회 200g, 돼지기름 38g)를 발라 햇볕에 데지 않게 하고, 9월까지 질소비료를 액비로 주어 나무의 세력을 회복시켜야 한다.

부러진 가지는 잘라 주고 나무의 세력을 보아 알맞게 적과를 해야 한다. 태풍직후 볼도액과 같은 농약을 살포하면 약해가 나기 쉬우므로 2~3일 후에 살포해야 한다. 바닷물을 뒤집어 썼을 때는 10시간 안으로 10a당 물 3,000ℓ 이상 살수하여 잎에 묻은 소금을 씻어 주어야 한다.

마. 비피해

배 과수원을 오랫동안 경영한 사람들은 장마가 긴 해는 평지의 과실은 작지만 경사지의 과실은 커진다는 사실을 경험을 통하여 알고 있다. 평지의 과실이 커지지 않는 이유는 뿌리가 물속에 오랫동안 잠겨 있어 산소부족으로 호흡을 못하여 심한 스트레스를 받고 있기 때문이다.

배나무 성목에서 배수가 잘 되는 우량 과수원에서는 10a당 3,750~7,500kg이 생산되나 배수가 잘 되지 않는 불량과수원에서는 2,250~3,750kg 밖에 생산되지 않는다. 토양 깊이별 공극량에도 차이가 있어 우량 과수원은 직근이 깊이 뻗으나 불량 과수원에서는 60cm 근처에 뿌리가 많다〔표 15-8〕.

장마가 오랫동안 계속되면 공중습도가 높아 잎으로 증산되는 양이 적어지고 뿌리에서 흡수

〔표 15－8〕 지하 수위의 고저(高低)와 장십랑원의 생산력

구 분	수 령	10a 당 수량(kg)	뿌리분포	지하수위	토양 깊이별 공극량		
					15cm	60cm	120cm
우량원	20년생	3,750～7,500	직근 깊이 신장	1.2m이상	18.08%	7.11	1.16
불량원	15년생	2,250～3,750	60cm부근 뿌리 많음	1.2m이내	8.06	1.89	1.05

※ 1984 森田

되는 압력에 과실이 견디지 못하여 열과가 많이 생긴다. 배 수확기에 비가 오면 맛이 싱겁고 수확한 것은 봉지 상태로 저장하면 과피흑변(果皮黑變)이 나오기 쉽다.

바. 안개피해

안개는 공기보다 온도가 높은 물 (강, 저수지)이 증발되어 생기는 산안개와 방사 냉각(放射冷却)되어 생기는 이류안개(移流霧)가 있다. 근래에 대형 저수지를 만든 다음부터 안개끼는 지역이 많이 생겨 피해 유무를 걱정하는 농가가 많다.

안개의 피해는 첫째 일조시간(日照時間)이 짧아져서 광합성 작용에 방해를 받아 나무가 웃자라거나 꽃눈분화가 나빠진다. 둘째 기온과 지온을 낮게 하여 생육을 나쁘게 하고, 개화기 저온으로 결실을 나쁘게 한다. 셋째 공중습도가 높아 증산량과 호흡량을 감소시켜 생육을 나쁘게 하고, 개화기에 꽃밥이 터지는 것을 방해하여 꽃가루가 잘 나오지 않기 때문에 결실을 나쁘게 한다. 넷째 안개가 나무의 표면 전체에 부착하여 병원균 발아에 필요한 수분을 공급하며, 작물 조직을 연화시켜 병을 많이 발생하게 한다.

2. 공해(公害)

근래와서 과수재배지대에 공업지역이 많이 조성됨에 따라 공해문제가 과수재배자들에게 큰 관심사가 되고 있다.

공해는 물리적인 것과 화학적인 것으로 크게 분류할 수 있는데 물리적인 것은 지반이 내려앉는 현상, 토양수분 및 통기(通氣)의 변화, 온도의 미기상(微氣象)적인 변화, 일조 및 일장의 변화 등이 있으며 화학적인 것은 대기오염, 수질오염, 토양오염, 농약오염 등이 있다.

이중에서도 과수에 직접적인 피해를 주는 것은 대기오염에 의한 화학적인 공해로서 오염물질은 아황산가스, 불화수소, 광화학반응물질(光化學反應物質)인 이산화질소, 오존, 판(Pan) 그리고 염화수소, 에틸렌, 그을음(煤煙), 먼지(粉塵) 등이 있다.

가. 이산화유황(二酸化硫黃, SO_2)

1) 이산화유황가스 발생

동, 아연 등 유황광을 정련, 중금속채취, 유산제조시 가스회수 불완전, 중유보일러 발전소 각종화학공장, 제철공장, 정유공장, 석탄연료 공장, 금속 제련 공장 등에서 다량 발

생된다. 공장이 정상가동 될 때는 가스가 적게 발생되나, 고장 또는 정지후 재가동시 일시적으로 고농도(高濃度)로 배출되어 국지적으로 공기가 정체하는 지점에 피해가 발생된다.

2) 피해증상

잎이 넓은 쌍자엽식물에 피해를 주면 엽맥 사이에 백색 또는 갈색의 반점 무늬가 생긴다. 울산시 매암동과 여천동에서도 수십년 동안 피해를 받아 보상문제로 논란이 계속 되었다.

5월에 하루 2시간씩 SO_2가스 5ppm을 2일 처리한 결과 배 장십랑에서 눈에 보일 정도로 피해가 있었으며, 피해율은 4.8%였고, 개화기에는 0.2ppm에서도 결실률이 낮았다. 과수류에서는 이산화유황에 대하여 복숭아, 포도, 감, 배, 매실, 비파, 밤 순으로 저항성이 강했다〔표 15-9〕.

〔표 15-9〕 과수류의 SO_2 피해정도

종류	품종	눈에 피해정도*	반점 발생 잎율
복숭아	대구보	+++	48.5%
포도	델라웨어	+++	38.7
배	장십랑	±	4.8
감	부유	+	10.9
감귤류	온주밀감	−	0.0
매실	감주최소	−	0.0
비파	무목	−	0.0
밤	은기	++	26.0

* SO_2 5ppm 1일 2시간 2일처리 (5월)

− : 피해무, +++ : 피해격심

이산화유황가스의 피해를 받고 있는 지역에 석회 볼도액을 살포하면 안개가 끼고, 비가 오면 동이 유리(遊離)되어 이산화유황과 화학 반응을 일으켜 배나무 어린잎이 타거나 흑변(黑變)되어 낙엽되며 과실에도 반점이 생긴다.

3) 대책

과수에서 SO_2 한계 농도는 3ppm에서 10분, 0.3ppm 에서 10시간, 0.1ppm에서 1개월인데, 생장주기에 따라 차이가 있다. 그러므로 대기중의 농도를 낮추기 위하여 폐유나 헌 타이어를 과수원에서 태우지 않아야 한다.

균형시비를 하여 나무를 건강하게 하고, 칼리비료를 많이 주어 저항성을 키워야 하며, 석회를 땅에 시용하여 산성화를 교정해 주어야 한다.

나. 불화수소 (HF)

1) 불화수소 가스 발생

불화수소는 알루미늄, 전해공장, 인산비료공장, 도자기공장, 타일공장, 벽돌공장, 제강공장, 등에서 발생된다.

2) 피해증상

불화수소는 잎의 기공으로 들어가 유세포(幼細胞) 간극을 통하는 도관에 이르러 호흡작용을 교란시켜 증산작용, 동화작용, 호흡작용, 대사작용 등에 나쁜 영향을 주어 급성 장해가 일어나 잎 주변이 황화되며, 때로는 엽신(葉身)도 황화된다.

엽맥 사이에 황화하는 경우도 있고 어린잎이 검게 변하여 떨어지는 경우도 많다.

불화수소는 이산화유황보다 독성이 1,000배나 더 강하여 피피비(ppb) 단위로 표시한다. 장해 발생 한계 농도는 내성(耐性)이 가장 약한 살구와 포도에 5ppb 에서 7~9일, 내성이 가장 강한 감귤은 10ppb에서 7~9일간 불화수소 가스에 접촉하면 피해증상이 나타나며, 사과와 복숭아는 이들 과종의 중간이다(그림 15-3).

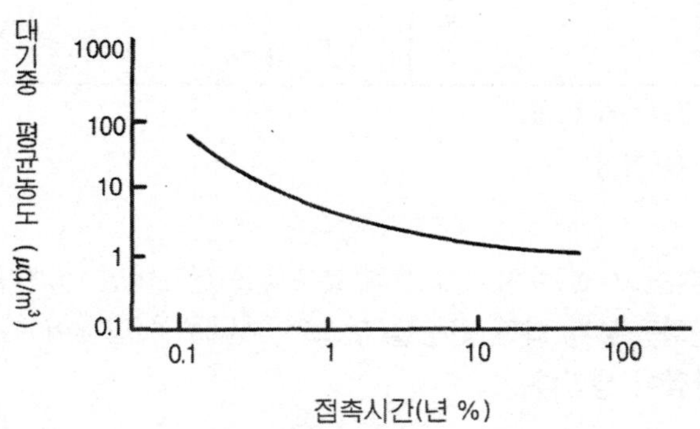

〈그림 15-4〉 과수에 대기중 HF농도 한계치(MC cune)

우리나라에서는 울산에 있는 영남화학 비료공장 주변의 배 과수원, 부평의 제화공장 근처 복숭아원의 편숙(偏熟) 현상이 불화수소의 피해였다.

3) 대책

불화수소 피해 경감을 위하여 소석회 3%에 요소 1.8%와 유산아연 0.6%를 엽면 살포하는데 과수(果樹)의 저항성이 약한 시기에 몇회 살포하여 두면 더욱 피해를 경감시킬 수 있다. 나무를 균형시비하여 건강하게 관리하고, 칼리를 많이 시비하여 저항성을 키워야 하며 토양에 석회를 시용하여 땅속의 불소를 중화시켜야 한다.

다. 옥시던트 (Oxidant)

옥시던트는 질소화합물 PAN(peroxy accethyl nitrate) 등 과산화물의 총칭인데 미국 로스앤젤레스와 같은 건조지역의 옥시던트는 오존이 90%, 질소화물이 9.4%, PAN 동족계가 0.6%로 구성된 스모그(Smog)이고, 영국과 같은 습윤 지역의 옥시던트는 이산화유황이 주류로 되어 있는 스모그이다.

오존의 피해증상은 잎의 황화, 잎의 적색화, 잎표면의 표백화, 모밀껍질모양의 반점, 암갈색의 점상반점(点狀斑點), 불규칙한 커다란 황화현상 등으로 나타난다.

미성숙 잎보다 성숙잎에 피해받기 쉬우며, 잎, 꽃, 유과(幼果)에 만성적 장해를 받으면 떨어지며, 오존피해 한계 농도는 0.05ppm에 1～2시간이다. PAN의 피해증상은 잎 뒷면이 은색～청동색으로 변하고 좀더 진전되면 갈변되며, 더욱 진행되면 완전히 말라죽는다.

미성숙잎에 들어가면 갈색 광택이 있는 띠 모양이 되고, 어린잎은 발육이 중지되어 변형잎이 되는데 0.05ppm에서 8시간 지나면 이런 증상이 생긴다. 이산화질소의 피해를 받으면 갈색반점이 생기고 잎주변이 황화되는데 3ppm에서 4～8시간이 한계점이다.

라. 염화수소

쓰레기 소각로(燒却爐)에서 염화비닐이 탈 때 염화수소가스가 배출되는데 염화비닐 1g당 500～600mg의 염화수소가 포함되어 있으며, 식물에 피해 발현 한계 농도는 10ppm에 수시간이다.

염화수소가스 자체로는 독성이 약한편이나 쓰레기 소각시에 이산화유황 산화질소 유기물의 분해물 등이 복합되어 피해를 준다.

마. 그을음 및 먼지(煤煙, 粉塵)

1) 그을음

그을음은 중유(重油)의 연소시 많이 발생되며 어린과실에 특히 피해가 많다. 주로 천연두(天然痘) 모양의 반점이 발생하며 유과일 때는 이 부분이 콜크화하며 후에 치유될 수 있으나 상품가치가 떨어진다.

성숙과에 발생하면 콜크화되지 않고 이 부분이 부패해버린다. 그을음이 있어도 그을음 단독이 아니고 이것에 흡착된 산성물질이나 중금속이 식물체에 부착한 후 용출하며 해작용을 일으키는 경우가 많다.

피해부위는 과실의 상반부위에 한정되어 있으며, 과실의 하반부에는 발생을 하지 않는다. 피해정도는 오염원의 규모나 거리에 따라 차이가 있다. 즉 그을음의 입자가 작으면 피해면적은 적으나 입자가 클수록 피해면적도 많아진다.

2) 먼지

먼지는 독성이 없는 경우가 많으나 먼지가 많이 끼면 광합성 능력을 저하시키는 기계적인 장해가 온다.

시멘트의 먼지와 같은 알칼리성은 대기중의 수분에 의하여 경화(硬化)되어 피해가 많은데 알칼리성에 의하여 엽면의 큐티클라 (Cuticular)가 경화되어 알칼리용액이 엽내로 침입하여 해를 주거나 또는 먼지가 경화하여 광합성의 저하는 물론이고 증산작용이 억제되며 잎이 과열상태가 되어 피해를 주는 경우도 있다.

양앵두 같은 것은 암술머리(柱頭)가 괴사하여 화분발아가 억제되므로 착과율이 감소되기도 한다.

제 16 장 배의 시설재배

1. 시설재배 현황

우리나라의 과수시설재배는 1960년대 후반에 대전 근교에서 포도의 시설재배가 시작되어 1970년대 후반까지 포도 단일 과종만이 지역 중심적으로 재배되어 왔다.

그후 제주도를 중심으로 한 남부 해안지역에서는 바나나, 파인애플 등 아열대 과수의 시설재배면적이 500ha를 넘은 적이 있으나 농산물 수입 자유화 조치에 따른 국제경쟁력에 뒤진 이들 과종은 감귤류, 금감, 시설포도, 꽃 등의 과종으로 대체되고 있다.

한편 1980년대 후반부터는 배, 복숭아, 단감, 유자, 무화과 등의 새로운 과종에 대한 시험 연구가 시작되었고, 감귤류와 금감 등의 시설재배가 성공을 거두는 등 과수시설 재배기술의 개발과 새로운 인식이 일기 시작하였다.

특히 선진 외국에 비해 상대적으로 취약한 농어촌 생산시설의 구조개선 사업 등의 정책지원이 활발히 추진됨에 따라 1990년대에 들어서면서 재배면적이 급격히 늘고 있어 1993년 현재 12과종, 2,138ha가 재배되어 총 과수 재배면적 137,352ha의 1.6% 에 달하고 있다.

이러한 우리나라의 과수시설재배는 기후조건이 비슷한 일본과 비교했을 때 아직은 재배 과종이 다양하지 못하고 재배면적 비율도 낮을 뿐 아니라, 생산시설의 구조와 재배관리의 생력

〔표 16－1〕 우리나라의 과수시설재배의 작형별 재배면적

(단위 : ha)

과 종	가온재배	무가온 재배	비 가 림	계
포 도	118.5	171.6	1.350	1640.1
감 귤 류	172.2	30.6	－	202.7
금 감	4.2	185.8	－	190.0
단 감	0.8	2.1	－	2.9
유 자	－	11.3	－	11.3
복 숭 아	0.3	0.2	－	0.5
배	－	0.2	－	0.2
참 다 래	－	3.4	－	3.4
파 인 애 플	－	83.0	－	83.0
망 고	－	3.0	－	3.0
대 추	－	0.1	－	1.0
무 화 과	－	0.9	－	0.9
계	295.9	492.1	1.350	2,138.0

※ '93 농촌진흥청

〔표 16-2〕 일본의 과종별 시설재배 면적(1990)

과　　종	시설재배 면적(ha)	총 시설면적에 대한 비율(%)	결실수 면적에 대한 비율(%)
계	9,408	100.0	2.9
포　　도	6,403	68.1	26.0
감　　귤	1,056	11.2	1.3
중 만 감	635	6.7	1.6
양 앵 두	757	8.0	31.3
배	118	1.3	0.6
비　　파	91	1.0	3.8
무 화 과	52	0.6	23.2
복 숭 아	71	0.8	0.6
자　　두	15	0.2	0.0
감	17	0.2	0.0
사　　과	2	0.0	0.0
기　　타	191	2.0	–

※ 1988년 7월부터 1989년 6월

화, 자동화가 뒤떨어져 있는 형편으로 앞으로 개선해야 할 과제이다.

배의 시설재배는 1984년부터 1986년까지 3개년에 걸쳐 과수연구소 나주배연구소에서 신수, 행수 등의 품종을 공시하여 무가온 재배를 실시한 바 있으나 노지재배에 비하여 소득효과가 낮아 농가에 널리 보급되지 않았고, 1992년부터 충남 논산지역의 1개 농가에서 0.2ha의 가온재배를 실시하고 있는 실정이다.

한편 일본의 배 시설재배 면적은 1991년 현재 290ha가 재배되고 있는데 품종은 행수가 재배면적의 70% 이상으로 가장 많고 신수, 풍수, 이십세기 등이 재배되고 있으며, 가온이나 무가온 재배보다는 간이피복재배의 형태인 비가림재배가 246ha로 전체 시설재배면적의 84% 이상을 차지하고 있다.

〔표 16-3〕 일본의 배 시설재배 면적 ('91)

(단위 : ha)

품　종	가　온	무 가 온	비 가 림	계
신　수	0.1	0.8	8.5	9.3
행　수	18.8	12.8	174.9	206.2
풍　수	1.0	0.5	14.0	15.5
이십세기	–	10.6	42.6	53.2
기　타	–	0.1	6.0	6.1
계	19.5	24.8	245.9	290.3

※ '92, 일본원예연합회

2. 시설재배의 입지 조건

배의 시설재배는 포도 등의 다른 과수와 마찬가지로 시설에 많은 자본을 투자해야 하고 환경

관리 등의 고도의 재배기술과 노동력이 많이 들기 때문에 실패할 경우에는 그 만큼의 경제적 부담이 크기 마련이다.

따라서 시설재배를 시작하려는 농가는 재배환경, 경제적 조건과 인적조건 등을 충분히 고려한 후에 실시하는 것이 필요하다. 재배환경 조건으로는 일조량이 많고 온난한 지역이 유리하며, 겨울철에서 이른 봄에 걸쳐 이상저온의 내습이 잦은 지역이나 상습적으로 안개가 끼는 곡간지역은 피해야 한다.

토양 적응성의 범위는 비교적 넓으나 극단적인 모래 땅이나 배수가 불량한 중점토는 피하고, 지하수가 낮고 배수가 양호한 토양이 알맞다.

시설장소는 주거지와 가까워야 관리에 유리하며, 지형은 시설 및 환경 관리면에서 평탄지가 알맞고, 10°이상의 경사지는 피하는 것이 좋다. 또한 관수에 필요한 수원(水源)과 환풍기, 난방기 등을 가동할 수 있는 전력이 확보된 과수원에 시설해야 한다.

경제적, 인적조건에서는 재배관리에 필요한 노동력 등을 감안하여 적정 규모의 재배 면적이 되도록 하고, 경제적 수령에 도달된 과수원에 시설해야 한다. 경제적 수지를 맞출 수 있는 수령은 대개 5~6년생 이상, 수관 점유율은 60% 이상이 되어야 하며, 수량과 수세가 급격히 저하되는 노목은 피하는 것이 좋다.

또한 시설재배를 여러 해 계속하게 되면 수세가 쇠약해져서 경제적 수지를 맞출 수 없으므로 이 시기를 대비해서 예비포장을 확보해 두어야 한다.

배 시설재배를 할 경우 고품질의 과실을 생산하는 기술도 중요하지만 일관된 판매체계를 갖추는 것도 중요하다. 따라서 가능한 한 산간벽지에는 시설재배 단지를 집단화하여 공동출하 및 상호기술이 교환되어야 한다.

3. 시설재배의 환경관리와 생육상의 특징

시설재배란 노지상태에서는 생육에 부적합하거나 불가능한 시기에 시설을 이용하여 인위적으로 과수생육에 적합한 환경을 조성하여 집약적으로 재배하는 형태이다. 따라서 하우스 내의 광, 온도, 습도 등의 환경조건은 노지와 전혀 다르며 그에 따른 생육과 생장반응은 매우 다르다.

배의 시설재배도 다른 과수와 마찬가지로 하우스내의 환경을 이해하고 그에 따라 변화되는 나무의 생육진전 상태에 알맞게 관리해야 한다.

가. 온도와 생육기 변화

하우스 내의 온도는 낮 동안에 투과된 일사량에 비례해서 온도가 상승하고 환기면적에 따른 환기량에 비례해서 낮아지게 되는데 하우스 밖의 외기온도와 관계가 깊다. 시설재배에 의한 나무의 생육은 비닐 피복 후부터 성숙기까지의 하우스내의 온도관리와 밀접한 관계가 있으며, 특히 온도는 개화 촉진으로부터 수확기까지 깊은 관계가 있다.

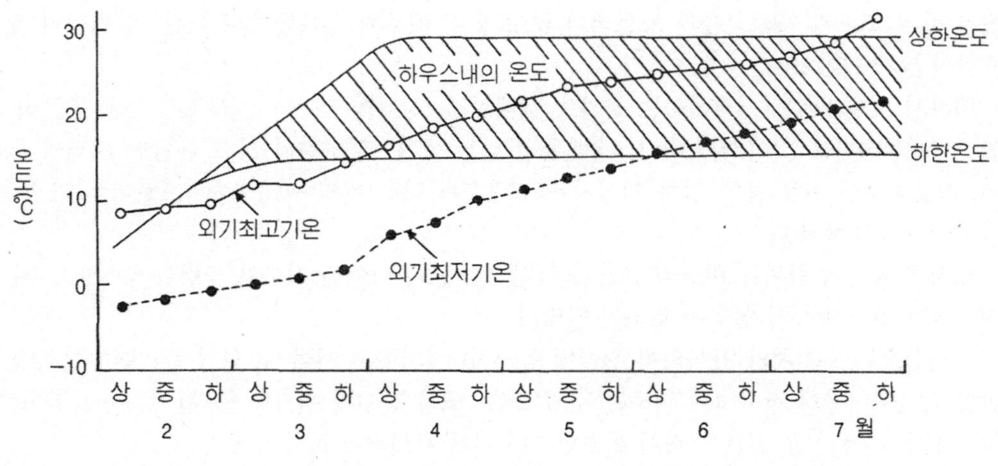

〈그림 16－1〉 외기온도(최고, 최저)의 추이와 하우스 내의 적온 범위

시설재배는 자연상태에 맡길 수밖에 없는 노지재배와는 달리 피복자재에 의해서 어느 정도 온도조절이 가능하기 때문에 작물의 유전 능력을 최대로 발휘할 수 있는 생육 적온관리를 목표로 삼고 있다.

배나무의 생육 단계별 적온에 대해서는 현재까지 깊은 연구가 되어 있지 않지만 일반적으로 배나무의 생육적온은 15～28℃로 알려져 있다. 따라서 배나무의 건전한 생육과 숙기 촉진을 위해서는 생육 시기별 생육적온을 온도 관리의 목표로 삼아야 한다.

한편 우리 나라의 기상 조건은 지역과 해에 따라 차이가 있으나 5월 하순이 지나면 일중 최저기온이 15℃를 넘고 일중 최고기온은 25℃를 넘어서게 되어 시설재배에 의한 온도조절은 이 시기가 되면 냉방장치 등의 적극적인 방법을 쓰지 않고서는 자연환기만으로 배나무의 생육적온 관리가 어렵다.

이 시기는 오히려 비닐 피복 등에 의해서 하우스의 고온 정체 등이 문제가 되어 수체의 호흡량이 증가되고 광합성 능력의 저하로 양분 소요가 심해져 수세 쇠약의 원인이 되기 때문에 강우 등에 의해 과실 품질이 떨어지지 않는 범위 내에서 최대한 비닐 피복 면적을 줄여 수확기까지 관리해야 한다.

그후 수확이 끝나면 비닐 피복을 완전히 제거하여 노지 상태로 환원시킨다.

나. 광 조건과 수체 생육

피복필름을 통하여 투과된 광은 하우스 내의 온도를 높여 주는 에너지원으로서도 중요하지만 물질 생산의 주체인 광합성 작용에도 지대한 영향을 미친다.

시설재배는 노지재배와 달리 피복 후부터 수확기까지 비닐 등의 피복재료에 의해 광이 차단되고 골조 자재 등에 의해 광 투과가 저해되어 노지의 광 환경보다 불리한 조건에서 나무가 생육하게 된다.

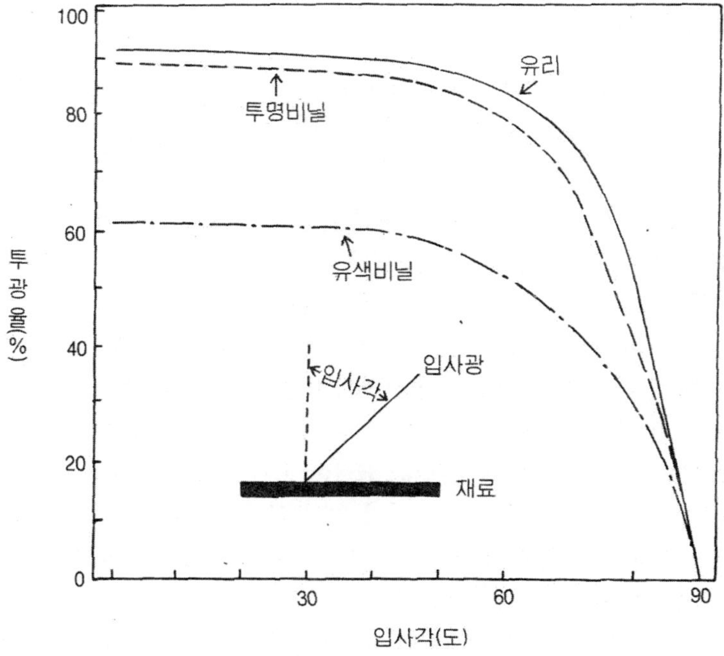

〈그림 16-2〉 입사각에 따른 유리와 염화비닐 필름의 광 투과율

〔표 16-4〕 하우스재배에 따른 신초의 생육

구 분	신초길이(cm)	신초굵기(cm)	절간장(cm)	총눈수(개)	액화아수(개)
하 우 스	94.1	0.86	5.2	18.3	1.1
노 지	78.7	0.86	5.2	15.2	3.1

시설 재배시 피복자재에 의한 자연광의 차광률은 피복자재의 종류나 재질과 두께 등에 따라 다르다. 폴리에틸렌 필름을 1중으로 피복했을 때 20~30% 정도가 차광되기 때문에 보온을 위한 다층 커튼과 먼지 등에 오염이 되었을 때는 광 투과율이 더욱 떨어지게 되어 노지에 비해 현저히 불량한 광 환경 조건이 된다.

배나무의 광합성 속도와 호흡 속도가 같아지는 광보상점은 3,000~4,000룩스 정도이고 광합성 작용이 최대로 이루어지는 광 포화점은 40,000~60,000룩스 정도이다. 그러므로 시설 재배에서 하우스 내의 광 관리 목표는 배나무의 광포화점에 이르는 광도를 유지하는 데 있다.

그러나 실제에 있어서는 자연광만으로 광 포화점에 이르게 하는 광관리는 어렵고 전조등으로는 가능하나 비용이 많이 들어 실용화가 어렵다.

배 시설 재배시 광부족으로 저장양분의 축적이 적어 나무의 세력이 약화되고 가지가 세장될 뿐만 아니라 화아 분화와 화기 약소화가 되어 결실량 확보가 어렵다. 따라서 배 시설재배에 있어서 수관 내부의 수광량을 증가시키기 위해 정지 전정과 결과지 유인 등의 재배 관리를 철저히 해야 한다.

다. 강우차단과 과실품질

시설재배의 이점은 피복필름에 의해 강우를 차단할 수 있어 적정한 토양수분관리에 의하여 당도증진과 열과 방지 등의 과실품질을 향상시킬 수 있고 빗물에 감염되기 쉬운 흑반병, 흑성병 등의 병해를 줄일 수 있는 점이다.

그러나 강우가 차단되는 시설 내의 토양은 지표면 증발이 많아 수분의 이동이 토양의 하층에서 상부층으로 이동됨에 따라 토양 용액 중에 염류나 양분이 상승 이동되어 초산염, 황산염, 황산칼륨 등의 염류가 표층토에 집적되어 여러가지 생리장해를 유발한다.

이와 같은 강우차단에 의한 시설 내의 토양수분 이동현상은 노지와 달라 토양 전면에 골고루 수분공급이 어렵고 생육시기에 알맞는 양을 공급하기 어렵다. 과수의 생육이나 품질은 양수분의 흡수기능이 큰 세근의 분포가 80% 이상 분포하는 토층의 물리성과 화학성에 관계가 깊기 때문에 이 부위의 토양을 알맞게 해 주어야 한다[표 16－6].

따라서 시설재배에 의한 과실품질을 향상시키기 위해서는 토양 완충능을 증가해 주는 유기물을 많이 시용하고, 토양의 통기성과 투수성을 증진하기 위해서 반드시 심경을 해야 하며, 생육시기에 알맞는 수분공급이 필요하다[표 16－5].

한편 강우가 차단된 하우스 내에서는 병발생은 현저히 적은 반면 고온으로 응애류와 진딧물 발생이 심하다.

[표 16－5] 주요과수의 생육시기별 호적토양수분 (단위 : pF)

과 종	생 육 초 기	과 실 비 대 기	성 숙 기
포 도	2.2~2.5	2.2~2.7	3.0이상
배	2.2~2.7	2.2~2.6	2.8이상
감	2.[illegible]~2.5	2.2~2.7	3.0이상
복 숭 아	2.3~2.5	2.3~2.7	2.8이상
밀 감	2.3~2.5	2.2~2.7	3.0이상

※ '85, 鴨田

[표 16－6] 배의 토양 진단 기준

근 역 전 체			근 역 전 체			주 요 근 군 역				
주요근역의 깊이	근역의 깊이	지하수위	치밀도	조공극	투수계수	pH	염기포화도(%)	Ca / K 당량비	Mg /K 당량비	Ca /Mg 당량비
40cm 이상	70cm 이상	100cm 이상	20mm 이하	15% 이상	10~14cm/초 이상	5.5~6.5	40~60	6~7	2	10

4. 시설재배 방법

가. 시설 구조와 설치

하우스 구조와 형태는 재식거리, 수형, 수고 등의 재배조건과 재배지역의 바람, 적설 등의 기

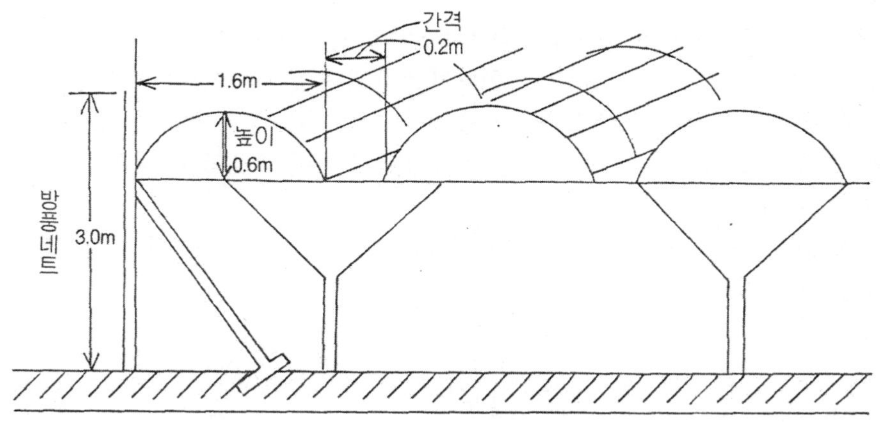

〈그림 16-3〉 배의 간이 피복 재배 시설 구조 개략도

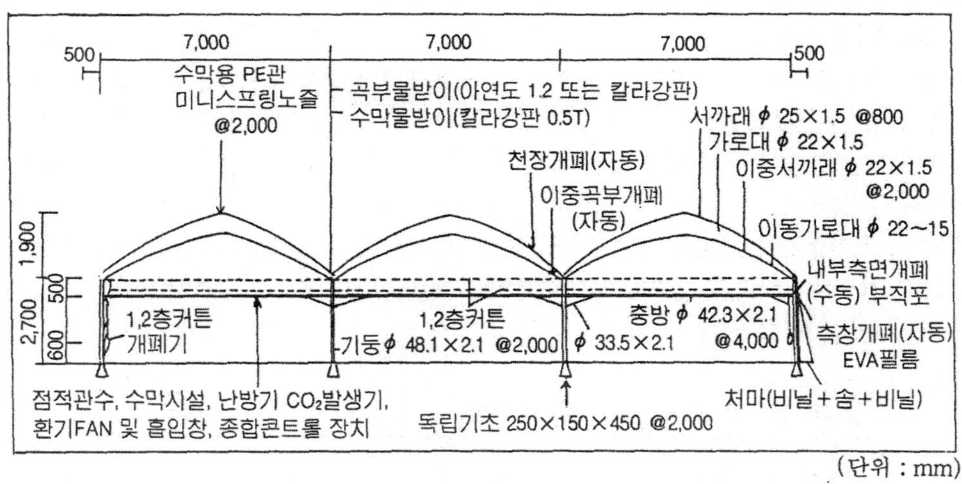

〈그림 16-4〉 1~2W 형의 시설 구조 개략도

상 환경조건을 고려하여 제반작업이 편리하고 내 재해성인 구조를 갖춘 시설형태가 바람직하다.

하우스의 높이는 목표하는 나무의 높이보다 1.0m 이상 높게 하여 수관 상부의 고온장해를 방지하고 하우스 폭도 수관폭보다 넓게 설계하여 작업이 편리하도록 해야 한다.

또한 여름철 고온기에 하우스의 온도관리와 고온 정체에 의한 생육과 결실장해를 방지하기 위하여 하우스의 곡부 또는 천정에 환기장치가 필요한 것으로 강우가 없는 날은 천정비닐을 말아서 하우스 꼭대기 부분에 고정하고 비가 오는 날은 비닐을 펼쳐 강우를 차단하는 형태가 광 차단과 고온정체를 방지하는 데 알맞다.

이미 배나무를 재배하는 곳에 시설을 할 때는 지형이나 재식조건에 적합하도록 시설하는 것이 부득이하나 새롭게 시설재배를 목적으로 재식할 때는 품종의 특성, 수형, 수고, 재식 밀도 등을 계획적으로 구상하여 시설재배의 효율을 최대로 발휘할 수 있도록 해야 한다.

인건비의 상승과 인력수급의 부족으로 많은 인력이 소요되는 재배는 어려우므로 관수, 환기 등의 재배 관리에 생력, 자동화할 수 있도록 시설을 해야 한다. 배 시설 재배의 표준화 하우스의 규격과 형태 등에 대해서는 현재까지 정해진 바가 없으나 시설 채소의 1~2W형의 시설구조와 형태를 받아들여 재배하고 있다.

앞으로 배 시설재배에 알맞는 시설구조와 형태에 대해서는 효율적인 비가림 재배시설 형태 등의 연구와 아울러 보다 많은 연구, 검토가 필요하다.

나. 품종 선택

시설재배는 시설자재비, 노동력 및 난방비 등의 생산비가 많이 들게 되므로 단경기에 고품질의 과실을 생산하여 고가로 판매하지 않으면 경제적 수지를 맞출 수 없다.

따라서 품종선택부터 신중을 기해야 하고 시설재배를 함으로써 그 특성이 충분히 발휘될 수 있는 품종을 선택해야 한다.

노지에서의 품종 분화는 비교적 잘 되어 있어 조생종이 수확되는 8월 중순에서 만생종이 수확되는 11월 상순에 걸쳐 출하된다. 또한 저장력이 좋아 이듬해 5월 하순까지 출하되고 있기 때문에 포도나 복숭아 등에 비해서 상대적으로 조기 가온 재배에 의한 단경기 생산 출하기간이 짧으므로 불리하다.

단경기, 조기출하를 목표로 가온재배시 포도 60~90일, 복숭아 40~60일인 데 반하여, 배는 30~50일 정도로 숙기단축이 가능하므로 품종을 선택할 때 목표하는 출하기에 수확이 가능하도록 해야 한다[표 16-7].

[표 16-7] 시설재배 검토를 요하는 주요 품종의 특성

품 종	만개기(월일)	숙 기	품 종	만개기(월일)	숙 기
장 수	5. 2	8월 상중	황금배	4.29	9월 하
신 수	5. 1	8월 중	풍 수	5. 1	9월 하
수진조생	5. 3	8월 하	영산배	4.30	9월 하
행 수	5. 3	9월 상	신 고	4.29	10월 상

※ 수원 기준

다. 작형

배의 시설재배 작형은 포도 등과 마찬가지로 가온 여부와 피복 방법에 따라 가온재배, 무가온재배, 간이 피복재배 등으로 작형을 구분하고 있다. 이러한 작형을 설정하는 데 있어서는 재배지역의 기상환경조건과 출하시기, 기술수준 및 노동력 수급 등을 사전에 충분히 검토한 후 작형을 설정해야 한다.

1) 작형설정시 유의점

배 시설재배의 작형을 설정하는 데 있어서 유의할 점은 다음과 같다.

배나무도 다른 낙엽과수처럼 자발휴면이 타파되어야 정상적으로 생장하므로 조기가온재배를 할 때는 주의해야 한다. 배나무의 자발휴면에 요구되는 온도는 7.2℃이하에서 1,300~1,500시간 정도 경과 되어야 자발휴면이 타파된다.

우리 나라에서는 품종이나 지역에 따라 다소의 차이는 있으나 이 시기는 1월 중, 하순경이다. 과실단경기 조기 생산을 목표로 재배할 때는 조생종 중심으로 품종을 선택하여 노지의 출하시기와 경합이 되지 않는 시기에 출하할 수 있도록 작형을 설정한다.

한 작형에 치중하여 재배하는 것보다는 산지별로 출하량과 출하시기, 시장성 및 노동력 배분 등을 고려해서 작형을 세분화하는 것이 경영에 유리하다.

배는 저장성이 좋아 조기생산에 의한 단경기 생산이 반드시 유리하다고는 볼 수 없으므로 작부체계의 합리화에 의한 노력분산과 경영규모의 확대면에서 작형을 설정하는 것이 바람직하다.

2) 작형별 시설재배 효과

배의 시설재배는 1970년 후반 일본의 돗토리 현에서 이십세기 품종이 재배되기 시작한 이래 재배면적이 크게 확대되지 못하였으나, 1980년대 이후부터 간이 피복재배의 형태를 중심으로 서서히 발전되어 가고 있는 작목이다.

우리 나라는 1984년 나주배연구소에서 시험연구가 시작된 이래 1992년에 처음으로 1개 농가가 0.2ha를 가온 재배하였는데 환경관리 등 재배기술의 미흡한 점이 많다.

지금까지 얻어진 작형별 배 시설재배의 효과를 간추려 보면 다음과 같다.

가) 생육 및 숙기 촉진효과

시설재배에 의한 작형별 생육 및 숙기 촉진효과는 같은 작형내에서도 피복시기나 온도관리 등의 관리방법 등에 따라 다르기 때문에 일률적으로 말할 수는 없으나 가온재배는 30~50일 정도, 무가온재배는 15~25일 정도, 비가림을 주목적으로 하는 간이피복재배 형태는 10일 정도 숙기가 촉진되었다[표 16-8].

[표 16-8] 가온과 무가온 재배에 의한 행수, 신수 품종의 생육 및 숙기 촉진효과

작형	품종	전정시기 (월.일)	비닐피복 (월.일)	커튼피복 제거 (월.일)	천정비닐 제거 (월.일)	만개기 (월.일)	수확기 (월.일)	개화소 요일수	성숙 일수	노지대비 숙기 촉진일수
가온재배	행수	1.20	1.26	3.14	5.19	2.17	6.25	33	119	48
무가온 재배	행수	1.12	1.26	-	5.19	3.17	7.14	51	120	29
	신수	1.15	-	-	5.19	3.10	7.10	44	123	26
노지	행수	2.15	-	-	-	4.11	8.12	-	124	0
	신수	2.10	-	-	-	4.11	8.6	-	118	0

또한 같은 작형내에서는 조생종인 행수나 신수 품종이 중생종인 이십세기 품종에 비해 3~10일 정도 숙기촉진 효과가 높은 결과를 보여 단경기 조기생산을 목표로 재배할 때는 유리하다[표 16-9].

[표 16-9] 무가온 재배의 피복시기에 의한 신수와 행수 품종의 생육 및 숙기촉진 효과 (단위 : 월.일)

작형	품종	피복시기	전엽기	만개기	숙기	노지대비숙기촉진일수
무가온재배	신수	2.6일	3. 2	3.29	8. 2	19
		3.5일	3.15	4. 5	8. 7	16
		노지	3.26	4.22	8.23	0
	행수	2.6일	3. 2	4. 1	8.12	20
		3.5일	3.15	4. 7	8.17	15
		노지	3.26	4.23	9. 1	0

※ '84~'86 나주배연구소

[표 16-10] 간이 피복재배에 따른 행수품종의 개화 및 수확기 차이 (단위 : 월.일)

구분	개화기		수확기			노지 대비 숙기 촉진 일수
	개화시	개화만	수확시	최성기	수확종기	
간이 피복 재배	4.13	4.20	8. 6	8.16	8.20	10
무처리	4.19	4.24	8.19	8.26	9. 6	0

※ 비닐 피복시기 : 3월 16일
'81.高野 등

나) 과실 품질향상 효과

시설재배에 따른 배의 과실 품질은 작형과 품종에 따라 다소의 차이는 있으나 과중이 증가되고 착색이 좋아진다. 당도는 노지와 비슷한 수준이며 경도는 노지보다 낮은 경향을 보였다.

품종에 따른 과실 품질을 보면 조생종 간에는 신수보다 행수 품종의 과실 품질향상 효과가 높고 중생종인 이십세기도 품질이 향상되었다.

이러한 결과를 보아 앞으로 많은 품종에 대해서 재배에 알맞는 품종 선발이 요망된다.

[표 16-11] 무가온 재배의 피복시기가 신수, 행수 품종의 과실품질에 미치는 영향

품종	피복시기	과중(g)	당도(°Bx)	경도(kg/5mmø)	산함량(%)
신수	2월 6일	244.2	13.2	−	0.19
	3월 5일	231.2	13.0	−	0.20
	노지	239.2	13.7	0.86	0.14
행수	2월 6일	332.6	12.8	0.83	0.09
	3월 5일	288.9	12.5	0.84	0.09
	노지	270.0	12.2	0.87	0.08

※ ('84~'86 나주배연구소)

〔표 16－12〕 가온, 무가온 재배가 조생 이십세기 품종의 과실품종에 미치는 영향

작 형	과 중(g)	당 도(°Bx)	경 도(kg)	착 색 정 도
가 온 재 배	256.9	10.3	2.38	Ⅱ
무 가 온 재 배	260.5	10.0	2.30	Ⅲ
노 지	203.7	10.0	2.68	Ⅱ－Ⅰ

※ 착색 정도 : Ⅳ:황색, Ⅲ:담황녹색, Ⅱ:황록, Ⅰ:녹색

다) 소득효과

'80년대에는 조기출하 과실에 대한 소비자의 인식이 높지 않아 노지보다 소득 효과가 낮았으나, 최근 충남 논산에서 신고 품종을 가온재배한 농가에서는 노지(200～300만원)에 비해 시설재배(640～970만원)쪽이 3배 이상 소득이 높았다.

이러한 소득 효과는 재배면적이 늘어가고 작형이 세분화되었을 때는 다소 차이가 있겠으나 소비자들은 날로 고급화되어 가고 신선한 과실을 요구하는 추세이므로 수요와 공급에 맞게 생산한다면 전망이 밝을 것으로 생각된다.

〔표 16－13〕 무가온 재배에 따른 신수, 행수 품종의 소득 효과

품 종	재배방법	수 량 (kg/10a)	판매가격 (원/kg)	조수익 (천원)	경영비 (천원)	소 득 (천원)	노지대비 지수 (%)
신 수	하우스재배	2,000	825	1,650	1,512	138	114
	노 지	2,000	660	1,320	307	1,013	100
행 수	하우스재배	2,500	779	1,948	1,512	433	133
	노 지	2,500	661	1,623	307	1,316	100

※ 수령 : 11년생, 재식주수 : 25주/10a
'84～'86, 나주배연구소

〔표 16－14〕 가온 재배에 따른 신고 품종의 소득 효과

재 배 년 도	재 배 방 법	과 중 (g)	수 량 (kg/10a)	판매가격 (원/kg)	조수익 (천원)	경영비 (천원)	소 득 (천원)	노지대비 지수 (%)
'92	하우스	580	4,080	3,277	13,370	3,612	9,758	326
	노 지	470	3,045	1,333	4,060	1,065	2,990	100
'93	하우스	550	3,025	3,333	10,050	3,650	6,400	318
	노 지	480	2,690	1,100	2,959	950	2,009	100

※ 수령 － 92년 : 20년생 재식주수 － 92년 : 70주/10a
93년 : 12년생 93년 : 80주/10a
'92～'93, 충청남도 농촌진흥원

5. 재배관리 요령

가. 비닐피복시기

1) 휴면타파시기

낙엽과수는 부적당한 환경에 견디며 생명을 유지하기 위해서 낙엽 전부터 서서히 휴면에 들어가 동계에는 깊은 휴면에 들어간다. 그런 다음 이듬해 봄에 다시 휴면에서 깨어나 서서히 생장 활동에 들어가게 된다.

휴면은 온도, 광 등의 외적 환경조건이 생장활동에 적당하더라도 식물체 자체의 생리적 원인에 의해 생장이 정지되어 있는 상태를 자발휴면이라 하고 환경조건이 부적당하여 생장이 멈추어 있는 상태를 타발휴면이라 한다.

낙엽과수의 시설재배는 자발휴면이 타파되고 타발휴면 상태의 식물체를 비닐 등의 피복재료를 이용하여 외적환경을 생육에 적당한 조건으로 조절하여 숙기를 단축하거나 품질을 향상시키는 재배기술이다. 따라서 자발휴면이 타파되는 시기를 알아서 피복시기를 결정하는 것이 매우 중요하다.

자발휴면타파는 일정 이상의 저온이 경과하여 저온 요구량이 충족되어야 타파되는데 휴면타파 시기는 과종이나 품종에 따라 차이가 있고 재배지역의 기상환경에 따라 달라 같은 품종이라도 연차간에 다소의 차이가 있다.

이러한 휴면타파 시기는 저온 경과 시간이나 저온적산치를 이용하여 추정하는데 낙엽 과수에서는 7. 2℃ 이하 온도의 경과 시간을 적산하여 추정하고 있다.

배는 동양배가 7.2℃ 이하의 온도에서 1,300~1,500시간, 서양배는 1,200~1,500시간이 경과되면 자발휴면이 타파된다. 우리나라에서 배의 자발휴면이 타파되는 시기는 재배지역이나 품종에 따라 차이가 있으나 대개 1월 중・하순경으로 추정되며, 이 시기 이후가 조기 가온재배의 비닐피복 시기 한계로 보여진다.

한편 포도와 같은 과종에서는 조기 가온 재배시 석회질소 20% 상등액 등의 휴면타파 물질을 사용하고 있으나 배에서는 실용화되지 않고 있다.

2) 비닐 피복시기

비닐 피복시기는 배의 생리적인 면과 출하하고자 하는 시기 등을 감안하여 작형을 선정한 후 결정한다.

조기 가온재배의 경우, 비닐피복은 자발휴면이 끝난 다음에 실시하며 비닐피복 전부터 뿌리의 활력을 증진시키기 위해서 충분히 관수를 하고 비닐멀칭 등을 하여 지온을 상승시켜 준 다음 비닐피복을 한다.

자발휴면이 완료되기 전에 피복하여 가온 재배를 하는 경우에는 발아가 불균일하게 되고, 신초 생장이 불량해져 결실률이 낮아지는 원인이 되며, 생장 장해가 나타나기 쉽다. 또한 피복시기와 가온에 따른 숙기촉진 효과도 다른 과종에 비해 크지 않으므로 재배지역의 기상 환경조건을 감안하여 무리한 가온재배는 피하는 것이 좋다.

무가온 재배에서 비닐 피복시기를 결정할 때 비닐 피복시기를 빨리하여 생육이 진행되어 저온 내습으로 동상해를 받을 우려가 있으므로 주의해야 한다. 배의 생육기간에 동해의 위험 온도는 꽃봉오리 때가 −2.2℃이고 개화 결실기는 −1.7℃ 정도이다.

따라서 재배지역의 기상조건을 충분히 검토하여 저온내습에 의한 동해에 안전한 시기에 비닐을 피복하고 위험이 예상될 때는 보조 난방시설을 준비해야 한다.

나. 하우스 내의 온·습도 관리

시설재배에서 온도 관리는 기본적으로 노지의 생육 단계별 기온 추이를 근거로 해서 관리 온도의 기준을 설정하여 관리하고 있는데 시설재배의 주요 관리 요령은 [표 16−14]와 같다. 배 시설 재배에서 생육 진전 상태에 따른 온·습도 관리는 매우 중요하므로 철저를 기해야 한다.

1) 비닐피복~발아기 전후

비닐 피복 직후는 배나무가 서서히 순화되도록 최저 기온을 저온 장해가 발생되지 않는 범위 내의 5℃ 전후로 관리하며, 최고 기온은 나무의 급격한 온도 변화를 피하기 위해 15~20℃ 정도로 유지하여 노지 상태에서 하우스 재배로의 순화 기간을 거치도록 한다. 그 후로는 하우스 내의 온도를 서서히 높여 최저 기온은 15℃, 최고 기온은 25~28℃를 목표로 관리한다.

한편 토양 수분 관리는 토양 조건에 따라 다르나 관수를 충분히 하여 하우스 내의 습도를 높게 해야 발아가 균일하다. 수관 하부에는 백색 PE 필름 등을 멀칭하여 지온 상승을 꾀하여 뿌리의 활력 증진해야 한다.

2) 개화 전후

개화기는 시설 재배기간 동안 온·습도 관리에 가장 주의해야 할 시기이다. 배도 다른 과수와 마찬가지로 수분과 수정에 알맞는 온도의 폭이 좁아 자칫 고온이 되거나 저온기간이 오래 지속되면 수정 시간이 길어지고 결실률이 떨어져 수량 확보에 차질이 오므로 온도 관리에 세심한 주의를 해야 한다.

배는 암꽃 머리에 부착한 꽃가루가 15℃ 전후에서 2시간 이내에 발아하고 3시간 이후에는 화주내로 들어가나 12℃ 이하의 온도에서는 화분의 발아와 신장이 나쁘고 10℃ 이하에서는 거의 정지된다.

따라서 하우스 내의 최저 기온은 15℃ 전후로 관리하고 최고 기온은 25℃ 정도로 발아기보다 다소 낮게 관리한다. 토양수분 관리는 발아기 이후 서서히 관수량을 줄여 약간 건조한 상태로 유지하되 극단적인 건조는 오히려 수분과 수정 작용에 장해를 준다.

3) 과실 비대기

① 과실 비대 초기

수분과 수정이 완료되고 난 직후의 과실 비대 초기는 과실 크기를 결정하는 세포 분열기에 해당되므로 온도관리와 토양수분 관리를 철저히 한다. 고온과 저온의 교차가 크면 과실의 형태가 나쁘고 과실도 작아지므로 적온으로 유지한다.

온도는 최저기온 15℃ 전후, 최고기온은 개화기보다 다소 높은 25~28℃를 목표로 한다. 관수량은 개화기보다 다소 늘려 충분히 관수하되 다습 조건이 되면 수정 후 꽃잎 탈락이 잘되지 않아 잿빛곰팡이 병이 다발하기 쉽다.

② 과실 비대 중기

온도관리와 토양 수분관리의 요령은 과실비대 초기와 다르지 않으나 이 시기가 되면 외기의 기온이 상당히 높아짐에 따라 하우스 내의 기온도 높아지게 되므로 외기의 기온을 보아 가온을 지속할 것인지 등의 여부를 결정하고 보온을 위해 설치한 이중 커튼 등을 제거하여 하우스 내의 투광량을 증가 시킨다.

③ 과실 비대 후기

이 시기가 되면 주간에는 외기온이 높아 하우스 내의 온도가 고온이 되기 쉬우므로 측면 비닐을 완전히 제거하는 등 적극적인 환기를 하여 하우스 내의 온도를 조절한다.

천정 비닐을 개폐할 수 있는 장치가 되어 있으면 천정 비닐을 하우스 꼭대기로 말아올려 하우스 내부의 고온 정체를 줄여 주는 한편 투광량을 좋게 한다. 관수량은 1회에 30~40mm 관수한다.

④ 성숙기~수확기

온도관리는 이전시기와 같으나 특히 토양 수분 관리에 신경을 써야 할 시기이다. 과실 비대 후기부터 수확기까지의 토양수분은 당도 등의 과실품질과 매우 관련이 깊다.

토양 수분이 많은 경우에는 과실 비대에는 좋으나 당도가 낮아 과실의 맛이 떨어진다. 이 시기에는 과실 비대 조건을 보아가면서 가능한 관수량을 줄여서 맛 좋은 과실이 생산되도록 한다.

수확하기 20~30일 전부터 관수를 중단하는데 극단적인 건조는 과실 비대에 지장을 초래할 뿐만 아니라 떫은 맛 등이 많아 과실품질이 떨어진다.

따라서 토양수분 상태와 과실 비대 조건을 감안하여 관수량을 조절해야 한다.

다. 정지전정과 신초관리

1) 정지 · 전정

정지전정 방법은 기본적으로는 노지재배에 준비하여 실시한다. 시설재배는 비닐피복에 의해 투광량이 감소될 뿐 아니라 다습조건이 되기 쉬워 가지가 웃자라게 되고 꽃눈의 착생과 충실도가 떨어지기 때문이다.

따라서 시설재배에서 정지전정시 고려해야 될 사항은 부주지나 측지의 간격을 다소 넓게 하여 투광량을 좋게 하는 한편 철저한 가지 유인과 하계 전정으로 수관 내부에 광선이 골고루 들어가게 해야 한다.

시설재배에서 효과적인 수형구성, 재식밀도 등에 대해서는 현재까지 밝혀지지 않았으나 시설을 효과적으로 활용하려면 노지재배보다 저 수고화 밀식 형태가 바람직하다. 그러나 시설재배에 의한 가지의 생육 정도를 보면〔표 16－15, 16〕노지에 비해서 빈약한 중, 장과지의 발생이 많고 단과지의 착생이 적으며, 연약하게 도장한 발육지에는 꽃눈 형성수가 적고 잎눈 수가 많은 영양생장형태로 변한다.

이러한 원인은 앞에서도 언급한 바와 같이 비닐 피복에 의한 투광량 감소에 의한 광환경 불량이 그 주요인이다. 따라서 시설재배에서의 수형 구성과 정지, 전정방법은 노지에 비해 광환경 개선을 고려하여 무분별한 밀식 형태보다는 시설 내의 공간을 최대로 할 수 있는 수형 구성을 해야 한다.

〔표 16－15〕가온 하우스 재배에 의한 행수 품종의 측지생육

구 분	2년생지	2년생지 가지 1본당 평균					2년생 가지 1m당		
	평균길이	가지구분	착생수	착생비율	전착화수	화아착생률	착생수	화아수	엽아수
	cm		개	%	개	%	개	개	개
가 온 하우스	102.8	단과지	8.2	55.0	8.3	57.8	8	4.7	3.4
		중과지	4.0	26.9	28.2	25.2	4	6.9	20.5
		장과지	2.7	18.1	47.5	15.4	2.6	7.1	39.1
		계	14.9	100.0	84.0	22.9	14.6	18.7	63.0
노 지	72.6	단과지	11.1	86.1	14.7	84.3	15.3	17.1	3.2
		중과지	0.5	3.9	3.2	46.9	0.7	2.1	2.3
		장과지	1.3	10.0	14.7	59.2	1.8	12.0	8.3
		계	12.9	100.0	32.6	69.3	17.8	31.2	13.8

※ '83 三重農技

〔표 16－16〕가온 하우스 재배에 의한 행수 품종의 도장지의 생육상태

구 분	가 지 의	1본당평균		화아착생률	장과지 1m당	
	평균길이	화 아 수	엽 아 수		화 아 수	엽 아 수
	cm	개	개	%	개	개
가온하우스	136.6	4.0	21.6	15.6	2.9	15.8
노 지	98.8	7.2	15.3	32.0	7.3	15.5

※ '83 三重農技

2) 신초관리

시설재배는 노지에 비해서 투광량 감소와 고온 정체 등으로 인하여 신초가 무성하게 자라 단과지의 형성수가 적어지고 연약하게 세장된 발육지와 도장지의 발생이 많아진다.

단과지의 감소와 연약하게 세장된 발육지는 꽃눈 분화가 불량하고 충실도가 떨어져 다음해 결실량 확보가 어렵다. 더욱이 수관이 혼잡하게 됨에 따라 일조량 부족과 통풍불량을 가중시켜 가지와 꽃눈의 충실도를 더욱 악화시키며, 과실 품질을 저하시키고 병해충 발생을 조장시키는 원인이 된다.

그러므로 시설재배에 있어서 눈따기(摘芽), 가지 비틀기(捻枝), 유인(誘引) 등의 여름전정은 매우 중요한 의미를 가지고 있다.

눈따기, 가지비틀기, 신초유인 등의 방법은 노지에 준하여 실시한다. 눈따기 작업에서는 개화 후 신초생장 초기에 주지나 부주지 등 굵은 가지의 윗부분에 나온 세력이 강한 눈이나 측지 기부의 세력이 강한 눈은 제거해야 한다.

가지비틀기 작업은 신초의 기부가 목질화되기 직전에 발생 위치가 나쁜 가지, 수관내부에서 가지가 발생되어 통풍 및 채광을 방해하는 신초를 대상으로 한다.

유인 처리는 액화아의 착생을 돕는 데 큰 역할을 하는 방법으로 신초 정지기에 실시하고 이 시기에 신초생장 정지가 되지 않고 계속 생장을 하는 신초는 적심한다. 유인 정도는 덕 면 아래의 밝기에 따라 다르고 산광이 30% 정도는 들어가야 한다.

라. 결실관리

시설재배에서 해마다 안정된 결실량의 확보는 대단히 중요하다. 시설재배에 의해 촉진된 생육은 꽃가루를 매개하는 꿀벌 등이 활동할 수 없는 시기에 개화 결실되고 하우스 내의 온·습도가 높거나 낮아 부적절하게 관리되었을 때는 결실율이 현저히 떨어져 경제성과 직결되는 수량확보에 문제가 된다.

또한 결실량이 충분히 확보되었더라도 적뢰, 적과 등의 작업을 소홀히 했을 때는 불필요한 양분소모로 나무가 건전하게 자라지 못하고, 과실비대가 불량해지므로 온·습도 관리를 철저히 함과 동시에 적뢰,적과 및 인공수분 작업 등의 결실관리를 철저히 해야 한다.

1) 인공수분

배는 노지상태에서 방화곤충의 자연수분에 의해서 충분히 결실되어지나 하우스 내는 방화곤충이 비닐피복에 의해 차단되거나 활동할 수 없는 시기에 개화되기 때문에 자연수분에 의한 결실은 기대할 수 없다.

또한 하우스 내에 꿀벌 등의 방화곤충을 방사하더라도 개화기 동안 하우스 내의 온도가 고온이 되거나 저온일 때, 비오는 날 등 기상상태가 나쁠 때는 활동이 둔화되고, 피복물에 의해활동의 방해를 받아 완전한 수분은 기대할 수 없고 보조적인 수단으로 활용할 수밖에 없으므로 시설재배에서 결실량 확보를 위해서는 인공수분이 필수적인 작업이다.

〈꽃가루 채취와 보관 방법〉

인공수분을 하기 위해서는 꽃가루가 필요한데 꽃가루의 채취는 화분채취기를 이용하면 효과적이고 그 채취방법은 다음과 같다. 개화 1~2일 전의 꽃봉오리 상태 꽃을 나무에서 채취한 다음, 약채취기에 넣어 꽃잎을 제거시킨 약(葯)을 채취한다.

채취한 약은 개약 상자판에 얇게 펴 개약실 온도를 20~25℃ 정도로 맞추어 12~24시간 정도가 경과하면 약이 열개되어 꽃가루가 나오게 된다. 개약된 약은 100메쉬 정도의 가는 체로 쳐서 약찌꺼기와 꽃가루를 분리 채취하면 된다.

채취된 꽃가루는 바로 사용하는 것이 좋고 장기간 보관을 요할 때는 잘 밀봉한 뒤 −20℃ 이하 냉동고에 저장하면 1년 이상 장기보관이 가능하다. 화분의 채취량은 품종이나 채취방법에 따라 다르나 700화에서 1g 정도 화분이 채취된다.

〈인공수분의 시기와 방법〉

배 꽃의 수정능력은 개화 당일에서 3일 후까지는 크게 떨어지지 않으나 4일째부터는 수정능력이 급격히 저하되므로 인공수분은 개화 후 3일 이내에 반드시 실시하도록 한다. 인공수분은 수분기를 이용하거나 수분기가 없을 때는 면봉을 이용하여 암술 머리에 묻혀 준다.

인공수분의 양은 품종에 따라 다소의 차이는 있으나 목표하는 수량의 3배 정도 즉 화총당 1~2화를 목표로 3~5번 화를 중심으로 하여 충실한 꽃을 대상으로 실시한다.

화분의 소비량을 줄이기 위해 석송자 등의 보조 증량제를 사용시에는 5~10배 정도 희석하여 쓰나 하우스재배에서는 순수화분만을 쓰는 것이 결실율이 좋다.

배의 화분관 신장온도의 적온은 20~25℃ 이나 15℃ 이상이면 쉽게 화주(花柱) 내로 진입하게 된다. 12℃ 이하에서는 화분의 발아, 신장이 나쁘므로 하우스 내의 온도관리에 유의해야 한다(제6장 결실의 안정편 참조).

2) 적뢰, 적과

적뢰, 적과는 결실량을 조절하여 불필요한 양분소모를 줄여 과실의 크기 증대, 착색 증진 등으로 품질을 향상시키고 균일한 생산과 수세에 맞추어 결실시켜 해거리 현상을 방지하기 위한 작업이다.

시설재배의 적뢰, 적과의 방법은 기본적으로 노지와 같은 방법으로 실시하나 시설재배에서는 생육을 촉진하기 때문에 수체생육에 부합되도록 실시해야 한다.

① 적뢰

적뢰는 개화에 소비되는 저장양분의 소비를 적게 하고 적과작업의 노력배분 등의 목적을 두고 실시 하는데 적뢰는 꽃눈의 인편탈락기에서 개화기 사이 즉 화뢰의 크기가 쌀알 정도로 크게 된 개화 4~5일 전에 실시한다.

적뢰방법은 손가락 끝으로 가볍게 화뢰를 누르면 화총에 떨어지는 시기에 화총기부에서 3~5번화를 남기고 윗부분의 화뢰를 제거한다.

② 적과

시설재배에 있어서 적과작업은 노지와 마찬가지로 2~3회로 나누어서 실시하는데 1차 적과작업의 시기는 수정이 완료되고 난 후 유과의 비대가 시작되어 불수정과의 구별이 뚜렷한 만개

후 7~10일째부터 시작한다.

적과대상은 3~5번과 중에서 과실비대가 나쁜 과실을 제거하여 1과총당 1과를 남겨 놓고 적과한다. 두번째 적과는 품종에 따라 다르나 만개 후 30~40일경에 실시하는데 결과지의 종류, 과대의 크기, 과총의 방향, 과총엽수 등을 감안하여 목표한 착과량에 부합되도록 적과를 한다.

그후 소형과, 변형과, 병해충과 등을 대상으로 과수원을 돌아다니면서 마무리 적과를 한다. 시설의 적정 착과량은 품종이나 작형 등에 따라 다르겠지만 노지에 비해서 동화양분의 생성 능력이 낮고 소모가 많기 때문에 노지의 70~80% 수준으로 결실시킨다.

[표 16-17] 주요 품종의 생산목표

품 종	목표과중(g)	평균당도(°Bx)	착과수(과/10a)	수 량(M/T)
신수	250	13.0	10,000~11,000	2.0~2.5
행수	300	11.5~12.0	13,000~14,000	3.0~3.5
풍수	380	12.0~13.0	12,000~13,000	4.0~4.5
이십세기	300	11.0	16,000~18,000	4.0~4.5
장십랑	300	11.0~11.5	16,000~18,000	4.0~4.5

※ '83 농업기술대계

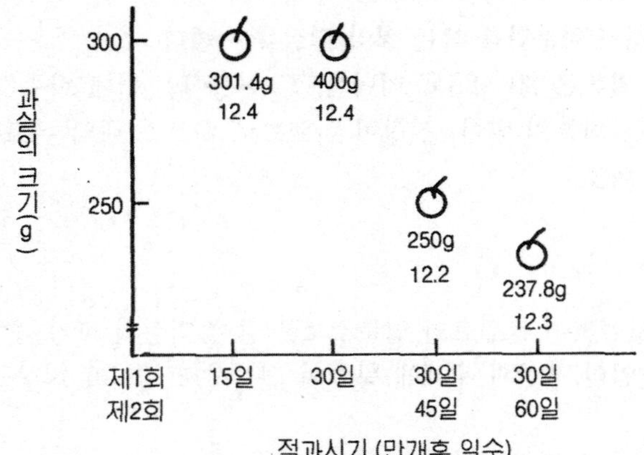

〈그림 16-5〉 행수의 적과시기와 과실의 비대 및 품질(1974, 富山農試)

마. 생장조정에 의한 숙기촉진 방법

시설재배에 의한 과실은 저장보다는 생과로서 소비되기 때문에 장기의 저장력을 요구하지 않으므로 지베렐린이나 에세폰 등의 생장조정제 처리에 의한 숙기 촉진과 과실 비대를 목적으로 사용되고 있다(처리방법 및 효과, 제12장 식물생장조정제와 이용방법 참조).

바. 토양관리와 거름주기

배나무는 토양 적응성이 비교적 넓고 수분저항성이 높아 토양의 불량환경에 잘 견디는 과수

중의 하나이다. 그러나 시설재배에서는 비닐피복에 의한 강우차단과 증발량 증가에 따른 토양 수분의 이동이 다르고 생육에 필요한 수분을 인위적인 관수에 의해 조절하기 때문에 노지재배와는 다른 토양 환경 속에서 자라게 된다.

특히 시설재배에서는 일시에 주는 관수량이 많고 관리작업이 집약적이기 때문에 답압(踏壓) 등에 의해 지표면이 딱딱하게 굳어지는 등 토양의 통기성이 악화되기 쉽다. 이러한 통기성의 불량은 뿌리의 발육을 저해하여 양수분의 흡수를 악화시켜 수세저하나 과실 품질을 저하시키는 원인이 된다.

시설재배는 배나무의 생육에 호적인 물리, 화학적인 토양조건에 대해서는 현재까지 충분한 연구가 되어 있지 않아 앞으로 보다 깊은 연구가 필요하겠지만 토양의 물리성을 좋게 하기 위해서는 지하수위가 높거나 배수가 불량한 토양에서는 암거배수 등을 하여 물빠짐을 좋게 해야 하며, 통기성과 뿌리 뻗음을 좋게 하기 위해 유기물의 시용을 노지보다 훨씬 늘려야 한다.

또한 건전한 생육과 과실품종을 향상시키기 위해서 생육시기에 알맞는 관수량의 조절이 필요하고 염류장해 등을 방지하기 위해서 균형시비가 필요하다.

시설재배에서 시비량은 현재까지 노지재배의 기준에 준하여 시비하고 있는데 토성이나 수세, 결실량 등에 따라 적절히 가감해야 하며, 유기물의 시용량을 늘리고 금비의 시용량을 줄여야 한다.

시비시기는 발육시기에 따라 양수분의 흡수가 부합되도록 해야 한다.

사. 병해충 방제와 생리장해 대책

시설재배는 작형에 따라 가온 개시기와 온·습도 관리 등의 재배조건이 다르고 그에 따른 생육진전 상태가 다르기 때문에 병해충의 발병과 발생소장이 다르다.

시설재배에서는 비닐피복에 의해 강우가 차단되기 때문에 흑반병, 흑성병, 적성병 등의 병해는 훨씬 줄어드는 반면에 하우스 내의 고온 등으로 인해 응애류와 진딧물류 등의 충해는 증가한다. 따라서 충해 중심의 방제가 이루어져야 한다.

시설재배의 약제방제 횟수는 노지의 20회 정도에 비해 6~7회 정도면 병해충방제가 가능하며, 농약살포시 유의할 사항은 밀폐된 조건에서 살포되므로 흡입에 의한 중독의 위험성이 높고 일중 고온시에는 약해를 일으키기 쉽다.

또한 살포한 농약의 유실이 적어 지속성은 좋아지나 잔류량의 소실이 늦어 사용기준을 철저히 지켜야 한다. 배 시설 재배에서 생리장해 현상으로는 신수와 행수 품종에서 엽의 일조증상과 조기 이상낙엽의 발생이 심하다.

그 원인에 대해서는 현재까지 자세히 밝혀지지는 않았으나 응애류의 다발에 의한 엽내의 양분결핍이나 미량요소의 결핍에 의한 조기낙엽 및 고온장해에 의한 엽의 일소증상 등으로 보고되었으며 조기가온재배 등에서는 지온상승이 늦어 지상부와 지하부의 수체생육의 균형이 깨어져 일어나는 조기낙엽 등의 원인도 보고되었다.

따라서 지온 상승 대책과 합리적인 병해충 방제 및 하우스 내의 적정한 온·습도 관리를 통해서 수체의 생육을 건전하게 만들도록 해야 한다.

아. 수확과 출하

배는 저장성이 좋아 포도나 복숭아처럼 수확과 출하에 큰 문제점은 없으나 과실의 색깔, 맛 등을 고려하여 적기에 수확하는 것이 중요하다. 수확한 과실은 과실 크기나 모양, 색깔 등에 따라 선별을 철저히 하고 포장에도 신경을 써서 상품가치를 높일 수 있도록 해야 한다.

또한 소비자와 생산자의 신뢰감을 높이기 위해서 생산자와 출하 단체, 품종, 중량, 과실수 등을 정확히 기입하여 소비자가 안심하고 구입할 수 있도록 해야 한다.

특히 시설재배 과실은 노지 재배에 비하여 고가로 판매해야 수지를 맞출 수 있기 때문에 수요량과 공급량이 일정하게 유지되어야 가격의 안정을 기할 수 있다.

따라서 시장의 수요에 맞게 산지의 생산이 이루어지려면 주산 단지 내에 출하조절 기능을 갖추어야 한다. 또한 유리한 작형에 치중하지 말고 과실의 단경기에 꾸준히 출하할 수 있는 작형을 도입하여 과잉 공급이 되지 않도록 한다.

자. 수확 후 관리

과수는 수확이 완료되었다고 해서 재배 관리가 완료된 것은 아니다. 수확이 끝난 나무는 다음해에 발아, 개화 등에 필요한 양분을 수체내에 저장하게 되고 이러한 저장양분은 다음해의 초기생육은 물론 후기 생육에까지 영향을 미치게 되므로 수확 후의 나무 관리를 철저히 해야 한다.

수확 후의 관리는 과실 품질을 위해서 관수를 중단했던 토양을 충분히 관수하고, 천정비닐을 수확기까지 유지한 경우에는 조기에 제거하여 수광량을 높이며, 불필요하게 무성한 가지 등을 제거하여 수관내에 햇빛이 들어가게 하는 등의 신초관리와 아울러 병해충 방제를 철저히 하여 조기낙엽을 방지해야 한다.

6. 시설재배의 문제점과 앞으로의 전망

앞에서 언급한 바와 같이 우리 나라의 배 시설재배는 이제 시작 단계에 있어 품종, 작형, 시설구조와 형태, 재배관리 기술 등의 전반적인 분야에서 재배기술이 체계화되어 있지 않은 실정이다.

한편 농업인구의 감소와 노령화로 인한 임금의 상승은 날로 가속화되어 가는 반면 소비자의 과실에 대한 요구도는 점차 고급화되어가는 추세로 신선하고 맛이 좋으며, 빛깔이 좋은 고품질 과실과 저공해의 과실을 선호하고 있는 반면에 농산물 수입 개방화의 압력은 가중화되어 가고 있다. 우리 나라의 과수 산업도 국제 경쟁력의 시대에 접어들게 되었으며, 이에 대처하지 않으면 안되는 시점에 있다.

따라서 과수재배도 기계화, 장치화, 자동화에 의한 생력화와 함께 환경조절에 의한 품질의 고급화 및 생산비의 절감에 의한 경영의 합리화 등의 새로운 국면에 직면하고 있다.

배 시설재배에 대한 전망은 밝으므로 단경기 조기생산보다는 노지배배와 시설재배의 조합에 의한 노력 분산에 따른 재배규모 확대 및 병해충의 방제비용 절감에 의한 생산비 절감 및 고품질 과실생산으로 발전시켜 가야한다.

제 17 장 생력화 재배기술

우리 나라 과수산업은 '90년대에 들어 농산물의 국제교역 자유화 추세 확산에 따라 고품질, 생력, 과학영농 체계를 추구함으로서 국제 경쟁력을 강화하지 않으면 안 된다.

그동안 국내여건 변화는 총 인구대비 농가인구가 '70년에는 44.7%였던 것이 '80년 28.4%, '90년 15.5%, '92년 13.1% 까지 줄었고, 농촌노임도 '85년에 비해 현재 200% 이상 수준으로 상승했다. 그리고 현재의 기술, 장비, 시설 수준에서 10a당 과수재배 투하 노동력은 사과·배의 경우 350시간 내외로 미국, 유럽의 32~43시간에 비하여 너무나 많은 시간을 투입해야 하는 어려운 조건에서 과수 재배가 이루어지고 있다.

따라서 금후 우리나라 과수산업이 지향해 나아가야 할 길은 우리나라 고유의 품질을 자랑할 수 있는 지역 특산 배품종의 고급 상품화 기술 개발은 물론 생산비를 획기적으로 줄일 수 있는 우리 실정에 알맞은 경노동의 생력화 재배기술의 개발에 따른 고소득화 안정생산 기술을 조기에 정착시켜 나아가는 것이다.

금후 생력화 재배기술의 개발 방향은 과수원 작업의 기계화, 장치화, 약제화는 물론 제반 생산기반의 정비,시설화와 소득의 다소를 좌우할 수 있는 시대적 기호성의 변천에 따른 품종 구성의 조정도 착실히 실현되어야 할 것이다.

1. 생력재배의 의의 및 효과

가. 노동력 절감

과수재배의 기계화, 시설 및 장치화, 약제화(화학화), 왜화밀식 등에 의한 대규모 생력화 재배는 영세 규모의 인력 위주의 재배에 비해 노동력과 노임이 크게 절감된다.

나. 수량증대

농기계 이용에 따른 손쉬운 심경과 퇴비의 운반, 살포 등의 수행이 제때에 원활히 이루어지면 수량성도 높아진다.

다. 품질향상

지력증진, 적기 적작업과 잉여 노력을 통한 세세한 작업 보완은 과실 품질을 향상시킬 수 있다.

라. 경영규모 확대

농기계 활용 및 작업 생력화는 노동시간을 줄일 수 있으므로 더 많은 면적을 경영할 수 있게 한다.

마. 경영개선

생력재배를 알맞게 도입함으로써, 노동력 및 생산비가 절감되고, 수량 증대와 품질이 향상되면 과수 경영은 크게 개선될 수 있다.

바. 소득증대

소득의 증가는 생산비 절감과 고품질 다수확 재배로 가능하다.

2. 생력재배의 전제조건

가. 생산기반 정비

고품질 과실을 지속적이고 안정적으로 생산하기 위해서는 우선, 과수가 입지한 생산환경에 대해 기계화, 장치화, 시설화 등에 편리하도록 수형 및 재식거리의 조절, 운반, 작업로의 정비와 관배수시설, 재해방지 및 선과, 저장시설 등을 체계적으로 완성해야 하며 자동화 시설재배를 손쉽게 할 수 있는 부분도 고려해 두어야 한다.

우리 나라 배 재배는 비교적 평지 재배가 많으나 경사지 재배에서는 특히 평탄화 작업과 약제살포 및 운반 등의 작업을 기계화, 장치화할 수 있도록 구획이 반듯하며, 가능한 필지면적(筆地面積)이 크도록 조성하는 것이 생력화 재배의 성패를 좌우한다고 볼 수 있다.

나. 단지조성(집단재배) 및 공동재배

기계화 재배는 작업이 획일적(劃一的)으로 이루어지므로 집단적 동일 품종을 같은 방식으로 재배하는 집단재배를 전제로 해야 한다.

특히 대형 고가(高價)의 고능률 농기계를 투입하기에는 기계구입비의 부담이 크므로 어떤 형태로든 다수 농가가 공동으로 집단화하여 적기에 농작업을 끝낼 수 있는 공동 재배의 조직이 이루어져야 한다.

다. 잉여 노력의 수익화

고가의 농기계를 투입한 만큼 잉여노력(剩餘勞力)이 발생하는데 이를 알맞게 수익화쪽으로 활용치 못하면 수지 균형을 맞추기가 어렵다.

라. 기계화 재배 체계 확립

재식부터 수확, 저장까지 기계화 일관 작업체계를 구축하여 기계 활용도를 최대로 높이기 위해서는 기계화에 적합한 수형, 재식거리 등이 알맞도록 개선되어야 하며, 규모에 알맞은 적정 농기계의 투입도 고려되어야 한다.

마. 작업의 약제화

생장조정제를 이용하여 적과, 도장지 억제, 숙기촉진 등 수체 및 과실관리의 작업을 약제로 대체시키고, 과수원 잡초방제는 제초제 이용을 전제로 한다면 생력 기계화 재배 성과를 더욱 높일 수 있다.

바. 시설재배 형태의 도입

자동화 시설을 도입하여 전천후 배 재배 관리를 실현시킨다면 수익성 향상에 따른 경영의 안정화를 기할 수 있다.

3. 과수원 작업의 기계화

가. 기계화의 정의, 목적과 의의

과수원 작업기계화의 근간은 트랙터, 경운기, 다목적 관리기, 고속분무기 등을 중심으로 한 영농방법에 의존하고 있는 실정이나, 농기계 개발은 시대의 발전과정에 따라 급진적으로 변천되어 가므로 앞으로는 가능한 한 인력관리 작업을 기계로 대체하는 영농방법을 채택하는 기계화 농업의 길로 가야 한다.

기계는 공학(工學)적으로 그 형체가 마모 이외는 변형될 수 없는 단순한 운동을 반복적으로 가속력을 가지고 유용한 일을 해주는 물체 조합을 말하는 것으로, 삽이나 낫 등의 작업 도구가 아닌 농업생산에 관계하는 것이 농업기계이다.

따라서 단순한 일부 농작업만이 기계화에 의해 이루어지는 경우라면 기계화 농업이라고는 말하기 어렵다.

물론 기계화 농업에도 인력이 수반되어 어느 정도는 기계의 종류나 성능 등에 의해 다르나 기본 기계에다 운전자와 보조작업자의 역할이 필요하므로 농업기계화의 정의도 시대적배경, 지역성, 농업형태 등과 함께 기계의 도입 정도에 차이가 있다. 그러므로 어느 정도의 기계화 수준으로 할 것인가는 명확하지 않은 점도 있다.

농업기계화의 목적은 노동생산성과 토지 생산성을 높이는 데 있다. 과거 개척 당시의 미국과 같은 나라에서는 노동생산성이 중시되어 고능률의 기계힘이 사용되었다. 이로써 경영규모를 확대하여 단위 노동시간당 수익성을 높이는 데 주력하므로서, 조방적(粗放的) 기계힘에 의한 대규모 경지 이용으로 토지 생산성을 높이는 데 크게 공헌한 사례가 있다.

현재 우리 나라는 농촌인구의 급격한 감소와 노임상승에 따라 기계화에 의한 생력화 재배가 강력하게 요구되고 있는데, 주로 기계화에 의한 경지면적의 확대 측면의 양적 변화보다는 경운, 정지(整地) 기술의 발달과 방제작업의 철저에 힘입은 질적 변화를 더 많이 가져왔다.

농작업에 중요한 의미를 갖는 적기 적작업도 어느 정도 가능케 되었으나 적극적인 국가 차원에서의 자금보조, 융자 등의 행정적 조치에 의해 기계화가 급속히 추진 되어야만 토지 생산성도 향상될 수 있다.

금후 국제 농산물 가격에 대항하는 데 걸림돌이 되는 고인건비 (高人件費), 자재비 상승의 부담을 줄이기 위한 생산비의 저하, 기계힘의 유효적절한 활용, 토지 생산성의 증대, 노동력 절감 등에 심혈을 기울여야 하고, 특히 지력을 강화하는 쪽으로 기계 활용을 적극 검토해야 한다.

나. 기계힘의 이용과 노동력 절감

농업기계화는 경영을 안정화하기 위한 것이므로 항상 경영상의 수지(收支)를 염두에 두고 기계의 취사선택과 도입을 하지 않으면 안된다.

예를 들면 자가노력의 부족분을 고용노력으로 보충하는 경우, 농기계의 도입과 고용노력의 감소와의 경제적 우열을 비교해야 한다.

또한 자가노력이 여유가 있는 경우라도 농기계의 도입으로 생산력이 향상되고, 수입이 지출을 상회(上回)할 것으로 본다면 고가(高價)의 기계라도 투자를 서둘러야 할 것이다.

기계화가 일정한 수준에 달하게 되면 점차 기계 도입경비가 커져 수지가 잘 맞지 않으므로 농업 경영 전반에 걸쳐 신중한 검토를 통해 과잉투자가 되지 않도록 주의해야 한다. 특히 기계화에 의한 잉여 자가노력이 생길 때는 경영내부의 활용도에 따라 기계화의 고도 활용 효과가 나타나게 된다. 기계작업과 인력작업과의 관계는 인간의 욕망이나 생활양식, 재배 관습 등에 따라 복잡한 관계가 작용하나 기계화에 의한 작업은 농가의 중노동을 질적, 양적으로 현저히 경감시키는 장점 때문에 이에 알맞은 재배법도 꾸준히 체계화되어 가야 한다.

과수 작업에 대한 단위면적당 투하노동 시간도 농기계의 발달과 더불어 시대변화에 따라 재배방식의 변화와 함께 노동력을 적게 들이는 방향으로 개선되어 가고 있다.

[표 17-1] 과종별 10a당 투하 노동시간의 변천

(단위 : 시간 /10a)

구분	사과	배	복숭아	포도	비고
1972	532	667	522	503	○ 사과(국광), 배(장십랑), 복숭아(백도), 포도(캠벨얼리)
1982	415	447	387	400	○ 전국
1992	353	386	335	354	○ 전국

※ 1972 : 농업경제 연구자료 제 28호, 농수산부
1982 : 농업경영 연구 보고 제 13호, 농촌진흥청
1992 : 농업경영 연구 보고 제 45호, 농촌진흥청

〔표 17-2〕 과종별 10a당 고용노동 시간 비율

(단위 : %)

구 분	사 과	배	복 숭 아	포 도
1982	42.7	40.4	34.5	29.0
1992	33.0	32.6	26.5	20.4

배 재배의 경우 과거 장십랑 품종 위주의 재배가 저장력이 우수한 신고품종으로 대체되어 가면서 10a당 투하노동 시간이 1972년 667시간에서 1982년에는 447시간으로 줄었고, 현재는 386시간까지 줄었다.

배 과수원에서의 10a당 약제살포 시간은 1972년 당시 74시간 소요되었던 것이 현재는 43시간으로 줄게 된 것 또한 고성능 방제기구의 보급 결과로 보여진다. 방제기구는 현재 과수재배 총농가수 240,542호에 불과 3% 수준에 해당되는 7,557호만이 보유하고 있으며, 그것도 주로 사과재배 농가가 더 많이 보유하고 있는 실정이며, 기타 농가는 동력 분무기에 의존하고 있다.

농기계의 적절한 활용에 따른 영농 방법의 개선은 고용노동을 줄일 수 있게 됨으로써 결국 노동력 절감효과로 제때에 작업을 완료하여 고품질 과실을 생산할 수 있는 길을 열어 주게 된다.

그러나 아직 기계개발이나 보급이 늦은 시비기 및 퇴비살포기, 전정기, 수확기 등의 작업 기계가 점차 개선 발달된다면 머지않아 과수 작업도 훨씬 수월해질 것이다.

〔표 17-3〕 과종별 병해충 방제 노력 투하시간의 변화

(단위 : 시간/10a)

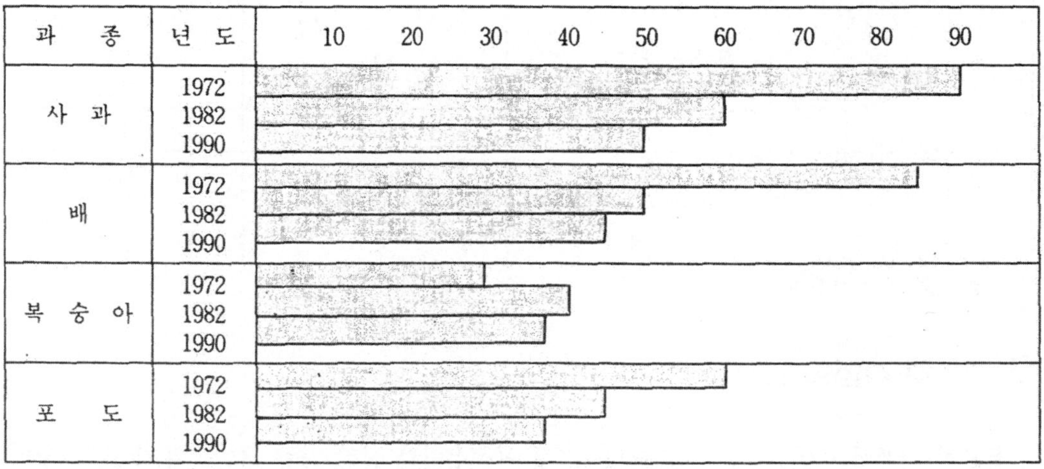

과 종	년 도	10	20	30	40	50	60	70	80	90
사 과	1972									
	1982									
	1990									
배	1972									
	1982									
	1990									
복 숭 아	1972									
	1982									
	1990									
포 도	1972									
	1982									
	1990									

※ 1972 : 사과 (예산), 배 (나주), 복숭아 (양주), 포도 (예산)
1982, 1990 : 전국

〔표 17-4〕 배 재배 주요 작업단계별 10a당 투하노동 시간의 변화

(단위 : 시간)

구분	시비	전정	적과	봉지 씌우기	약제살포	제초	수확	선별포장	기타	계
1972	29.0	38.0	100.6	101.8	74.0	25.6	67.4	69.0	161.2	666.6
1982	29.0	29.5	51.6	62.4	48.8	22.4	55.5	29.4	18.8	447.4
1990	26.9	29.2	42.9	56.9	43.3	13.8	61.4	36.2	97.4	408.0

〔표 17-5〕 주요 작업기종별 성능

작업명	기계명	작업폭 (m)	이론 작업량 (ha/시간)	포장 작업량	
				ha/시간	시간/ha
퇴비운반살포	매뉴어 스프레다	4.00	2.00	0.20~0.40	5.00~2.50
심경	크로라 굴삭기	1.84	0.14	0.10~0.13	10.0~8.9
시비	라임소아	2.20	1.21	0.61~0.73	1.64~1.37
중경·제초	로타베이터	2.64	1.19	0.71~0.83	1.41~1.20
심토파쇄	샤프소일러	1.32	0.53	0.40~0.45	2.50~2.22
방제	SS(450 1)	7.20	3.06	1.53~1.84	0.65~1.05
	(600 1)	10.80	4.59	2.30~2.75	0.43~0.36
선과	비파괴 선별기	–	0.23	0.23	4.33
	중량과일 선별기	–	0.04	0.04	24.0

〔표 17-6〕 개원시 묘목재식 작업노력의 기계활용 효과

10a당 재식주수	구분	인력	기계
		시간	시간
132 주	재식구 파기	10.1	1.13
	퇴비 넣고 메우기	5.0	2.27
	계	15.1	3.40
33 주	재식구 파기	2.5	0.75
	퇴비 넣고 메우기	1.2	1.50
	계	4.7	2.25

※ 1983 원예시험장

다. 기계화 작업의 요점

합리적 기계화 농업을 하기 위해서는 기계 이용경비의 절감, 양질 생산물의 증수, 노동력의 절감이 이루어지지 않으면 안된다. 그러기 위해서는 많은 복잡한 관계 요소들을 주도 면밀하고 계획성 있게 해결해야 하므로 협동적 종합기술개발에 능동적인 대인관계로부터의 협동정신을 필요로 한다.

더욱이 농업기계화는 국가 차원에서의 기술적, 행정적인 지원과 개인의 창의적 기술개발 없이는 성공키 어려운 종합과학의 면모를 보여주는 것이라 할 수 있다.

1) 기계이용 경비의 경감

가) 적절한 기계의 선택

농가의 경영규모에 부합하는 기계화 재배 체계에 합당한 기종, 형식 (形式), 크기 등의 선정 목적을 명확히 해야 한다.

소유분의 이용이나 조직 이용으로부터 작목반 또는 농협 등 공동체에서 보유하고 있는 기계의 『리스』 작업에 이르기까지 다양하게 있으므로 연간 가동시간을 높일 수 있도록 함과 동시에 쉬고 있는 소형 기계들을 손쉽게 활용 투입할 수 있도록 계획하는 것이 좋다.

과수원 작업은 심경, 시비, 경운, 제초, 약제살포 등 수확할 때까지 일련의 작업이 적기에 원활히 이루어지지 않으면 안된다.

토질, 경사도, 기후 등의 자연조건, 포장의 형태와 크기, 기반조건의 양부 등에 의한 작업의 난이도에 따라 큰 차이가 있으나 작업원의 수나 기술 수준의 차이에 의해서도 작업능률의 차이가 있다.

기계화 체계는 이러한 여러 조건을 고려하여 수립되지 않으면 안되고, 농사 기록을 통한 오랜 경험과 기초자료의 정립이 필요하여 현실적으로는 판단에 어려운 경우가 많으나 되도록 시행 착오가 없도록 해야 한다.

나) 내용년수 (耐用年數) 의 연장

기계의 내용년수를 연장하는 것은 기계 이용 경비를 경감하는 것이므로 농기계에 대한 기초지식을 충분히 이해하고, 이용 기술의 습득과 일상의 보수관리에 철저를 기함과 동시에 고장의 방지와 조기 수리에 노력해야 한다. 이용자는 가장 단순한 초보적인 취급 설명서를 정독하고, 기계구조와 취급상 주의 사항을 꼭 지켜 사용해야 한다.

다) 수리비의 경감

농기구의 고장률은 일반기계보다 비교적 높은데 이는 작업 환경 때문이기도 하지만 보수(補修)관리가 허술하기 쉬운 데 원인이 있다.

라) 이용면적의 확대

연간 이용면적이 넓어지면 단위 면적당 이용 경비는 적어지게 마련이므로 연간 이용면적을 넓히도록 작업계획을 세워야 한다. 작업의 능률은 기계의 크기, 작업속도, 작업효율의 3가지 요소에 의해 지배되지만 작업속도와 효율면은 포장조건 즉, 배수불량지 등의 조건에 따라 크게 달라지므로 잘 정비가 되도록 해야 한다.

2) 양질의 생산물 증수

기계의 목적은 노력절감이 가장 우선되나 양질의 생산물을 증수하지 않으면 의미가 없다.

시장, 소비자는 물론 농산물의 국제경쟁력을 갖기 위해서는 품질이 우수해야 된다.

가) 작업의 질 향상

농 작업의 질적 향상은 심경, 시비, 경운 등의 작업으로부터 수확 수납(受納)까지의 전체 작업과정에서 이루어져야 한다.

일부분의 작업에 국한되지 않고 전 포장 작업을 일률적으로 기계가 완수하도록 어느 정도 완벽하게 조치를 취해 준다면 과원 전체에 나타나는 큰 효과를 얻을 수 있다.

나) 적기 적작업

심경, 퇴비살포, 경운, 제초제살포, 약제살포 등의 작업을 생육전반기를 통해서 제때에 완료시킬 수 있는 기계의 힘은 인력과 대비될 수 없다. 물론 기상조건에 따라 작업 효율에 차이가 있지만 특히 비가 오는 경우를 대비해 항시 기상예보에 대처하는 것이 현명한 일이다.

다) 지력 (地力) 증진

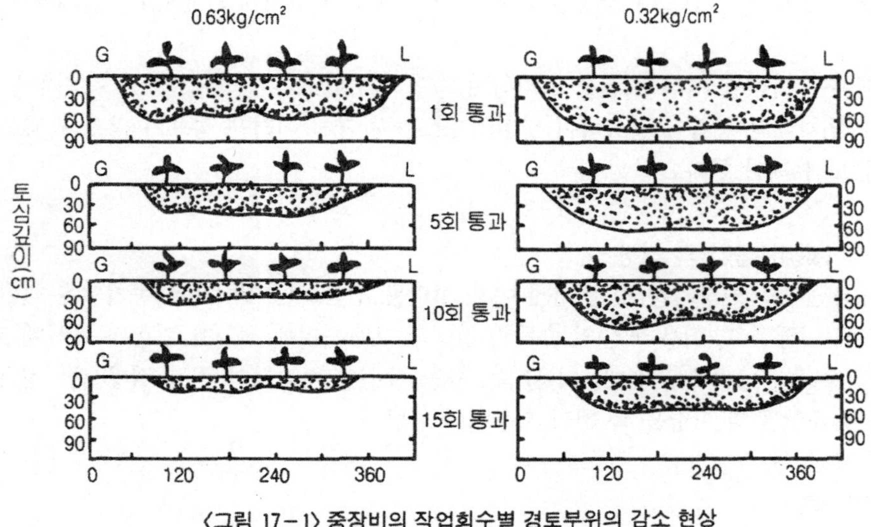

〈그림 17-1〉 중장비의 작업회수별 경토부위의 감소 현상

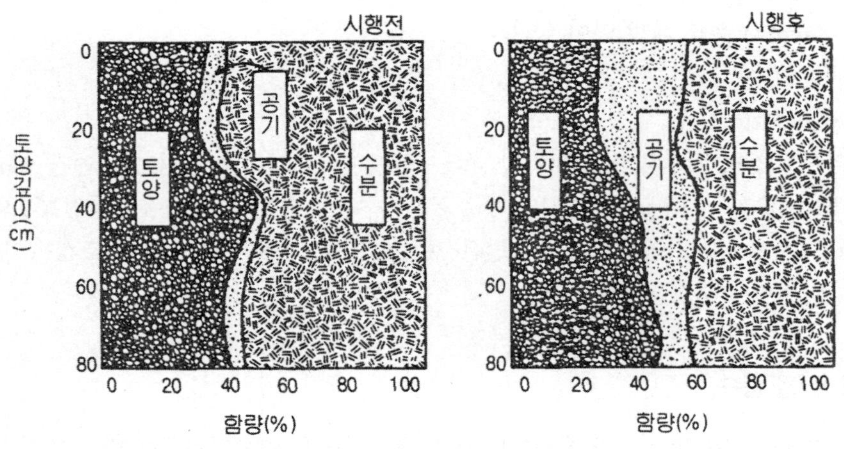

〈그림 17-2〉 심토파쇄 전·후의 토양 3상의 상태

토양의 유기물 부족, 화학비료의 중시(重視), 손쉬운 기계화 작업은 자칫 약탈농업으로 치닫는 경향이 허다하다. 더욱이 중장비급의 대형 농기계의 투입은 〈그림 17-1〉에서 보는 바와 같이 뿌리가 잘 뻗을 수 있는 경토 부위가 감소되므로 필요 이상의 기계 투입은 되도록 자제하여야 한다.

토양 답압에 대한 환원은 토층 개량용 심토파쇄기나 공기 주입기의 활용과 심경기를 이용하여 토양을 다시 환원시키고 지력증진을 위한 유기물의 다량 투입도 기계힘을 이용하여 꾸준히 보강해 주도록 경영을 합리화 해 나가야 한다.

3) 노동력 절감

기계활용에 의한 노동력 절감은 일반적으로 10a당 또는 1ha 당 소요되는 인력이나 시간으로 표시되나, 작업능률의 향상, 작업인원의 절감, 작업강도의 저감(低減)까지도 포함시키는 3가지 요소를 해결하는 효과가 있도록 기계화가 추진되어야 한다.

우리나라의 배재배 방식은 평덕식 유인 작업이 정착되어 있으나, 최근에는 배의 조기 다수성을 이용한 밀식 Y자 재배 수형이 보급되므로서 전정, 수확, 적과, 봉지씌우기, 약제살포 등 제반 관리작업이 간편해져 노동력이 크게 절감되고 있으므로 금후 그 보급면적은 더 늘어날 전망이다.

또한 약제살포 방법도 Y자 수형의 유인시설을 이용하면 평면적 관리가 용이하므로 이동식 또는 정치식 약제살포 장치를 쉽게 개량 이용할 수 있어 약제살포 노력을 획기적으로 개선할 수 있다.

〔표 17-7〕 배 Y자 수형에 의한 적과 및 수확 노력

작 업 구 분	관행재배 (배상형)	Y자형 밀식 재배	절 감 효 과
	시간/10a	시간/10a	%
전 정	41.2	30.9	25.0
적 과	71.5	55.4	22.5
봉 지 씌 우 기	56.9	42.1	26.0
수 확(3톤 수 확)	20.4	12.7	37.7
계	190.0(100)	141.1(74.2)	25.8

※ 과수연구소, 1991

- Y자수형은 기존에 재배되고 있는 배상형, 변칙주간형, 방사상형 수형과는 달리 수형특성상 나무에 오르지 않고 각종 작업이 가능하며, 관행재배(배상형)에 비해 25.8%의 노력 절감 효과가 있다.

4) 과수원의 주요 기계화 작업기종

〔표 17-8〕 과수원의 주요 작업기종 및 시설

작 업 단 계	주 요 작 업 기 종 및 시 설
1. 경운, 정지	◦ 경운기 ◦ 로타리 ◦ 과수원용 트랙터 ◦ 다목적 관리기
2. 심경, 시비	◦ 소형굴삭기 ◦ 폭기식 심토 파쇄기 ◦ 퇴비살포기 ◦ 비료살포기 ◦ 전정목 분쇄기
3. 방　　제	◦ SS기 (견인식, 자주식, 무인) ◦ 스프링클러식 방제 장치
4. 중경제초	◦ 중경제초용 로타리 ◦ 제초제 살포기 ◦ 잔간 처리기
5. 전정, 정지	◦ 유압식 전정기, 동력전정기
6. 수　　확	◦ 수확로보트 ◦ 과실채취기 ◦ 전동식 과일수확기
7. 운　　반	◦ 작업대차 ◦ 모노레일 ◦ 로프웨어
8. 선　　별	◦ 비파괴 선별기 ◦ 중량 과실 선별기
9. 세　　척	◦ 과실세척기
10. 포　　장	◦ 박스포장기
11. 기타, 시설	◦ 인공 교배기 ◦ 과수용 결속기 ◦ 선과시설, 관수시설, 방풍시설, 덕유인시설, 하우스시설 ◦ 저온저장고 ◦ 농기계 창고

4. 농업생산 시스템의 자동화 개발

우리나라 농업 생산이 국제경쟁력 우위를 갖기 위해서는 가능한 전 생산과정을 자동화하는 방향으로 발전해 가야 한다. 농업생산의 자동화란 생산에 사용되는 기계 또는 장치의 어느 조작 기능이 인간의 감각기관과 손발에 의존치 않고 자동적으로 이루어지는 것을 말한다.

즉, 자동화란 기계가 자동 제어되는 상태를 의미하며 이에는 여러 장치가 부가되어 있다. 요즈음에는 농업기계학에서 메카트로닉스 (Mechatronics)란 용어가 생겼는데 이는 기계학 (Mechanics), 기구 (Mechanism), 전자공학 (Electronics)을 조합한 합성용어로 컴퓨터에 의한 농기계의 무인작업 조정 기능을 갖는 기계기술 개발 분야를 의미하고 있다.

따라서 금후 기존 농기계나 장치는 무인 자동 조작 기술의 개발로 컴퓨터 조작이 가능해지고 농업용 로보트에 의한 작업도 실현 가능해질 것으로 본다. 과수원에서의 무인조정 SS기, 수확로보트, 과실선별 자동화 작업 등은 거의 실용화되고 있는 실정이다.

5. 과수원 제초작업의 생력화

가. 과수원에 발생하는 잡초의 종류와 방제 적기

우리나라 과수원에 발생하는 잡초는 보통 밭에서 발생하는 것과 거의 같으나, 배를 재배하는 곳은 비교적 지하수위가 높은 곳에 개원된 과원이 많은 관계로 종종 습지 초종이 우세한 경우가 많다.

〔표 17－9〕 우리나라 논, 밭에 주로 발생하는 잡초의 종류

구분	1 년 생				월 년 생				다 년 생				계
	화본과	방동산이과	광엽잡초	계	화본과	방동산이과	광엽잡초	계	화본과	방동산이과	광엽잡초	계	
논	5	9	16	30	3	－	－	3	4	22	23	59	92
밭	21	1	71	93	8	－	51	59	26	3	119	148	300
논, 밭 혼생	4	9	18	31	1	1	8	8	5	6	9	20	61
계	30	19	105	104	12	1	59	59	35	31	161	227	453

※1974, 한국작물보호학회지

그러나 대체로 우리나라 잡초는 〔표 17－9〕에서 보는 바와 같은 화본과 (禾本科), 방동산이류, 광엽(廣葉)잡초 등으로 분류할 수 있다.

과수원 잡초의 발아 및 생육시기를 보면 월년생 잡초인 냉이, 둑새풀, 개밀 등은 3월 하순 이전에 생육하고, 다년생 잡초인 쑥과 클로버는 3월 하순, 쇠뜨기는 4월 중순경부터 발아하여 생육하기 시작한다. 1년생 잡초인 여뀌는 3월 하순, 명아주는 4월 중순, 바랭이는 5월 중순, 쇠비름은 6월 초순경부터 발아되기 시작하는 것을 포장에서 관찰할 수 있다.

이러한 대부분의 잡초들은 5월 초까지는 완만한 생육을 보이나, 5월 중순 이후부터는 생장속도가 급격히 증가하는 것을 볼 수 있다. 그러나 잡초의 생장은 해에 따라 온도나 강우조건이 달라지므로 발생초종이나, 생육성기 (生育盛期) 에 있어서 다소 차이가 있다.

5월 중순이후는 대체로 한발기로 잡초와 과수와의 양분 경합이 예상되는 동시에 월년생 및 다년생 잡초의 초장 (草長) 이 25～30cm 정도로 자라므로 이때가 1차 잡초 방제의 적기라 볼 수 있다.

나. 제초제별 제초효과

1) 경엽처리제(莖葉處理劑)

① 그라목손 (Paraquat)

영국 ICI 회사에서 개발된 비선택성 접촉형 제초제로서 잡초의 경엽에 처리되면 쉽게 흡수되어 세포를 파괴하고, 수분대사를 교란시키며, 광합성을 저해하고, 엽록소가 파괴되므로 식물체를 약제살포 후 햇볕에서 수시간 내에 시들게 하여 2～3일내에 고사시키는 제초제이다.

이와 같은 그라목손은 다년생 잡초보다 1년생 잡초인 바랭이, 냉이, 둑새풀, 망초 등에 사용하면 효과가 좋아 거의 완전에 가까운 제초효과를 나타낸다.

② 근사미(Glyphosate)

미국 몬산토회사에서 개발된 비선택성 이행형 제초제로서 잡초의 경엽에 처리하면 쉽게 흡수되고 식물체 전체로 이행되어 식물체를 고사시키는 제초제이다.

근사미는 살포 후 약효가 서서히 나타나기 시작하여 1년생 잡초는 살포 후 2～4일, 다년생

잡초는 7~10일부터 약효 증상을 보이고, 그 이후부터는 살포효과가 가속적으로 증가된다. 그러므로, 초종에 따라서는 살포 후 30~40일 후에야 완전한 제초효과를 나타낸다.

③ 2.4-D

2.4-D 는 선택성 이행형 제초제로서 논 제초제로 개발된 제초제이나 과수원 제초제로서도 이용하고 있다. 2.4-D는 그라목손이나 근사미에 10a당 75~100mℓ를 혼합하여 살포하면 제초효과가 좋으나, 포도나무나 천근성 과수에서는 약해의 위험성이 나타나므로 사용하기 곤란하다.

④ 기타 경엽처리 제초제

유니바(fluoxypyr+glyphosate), 바스타(glufosinate ammonium) 등 비선택성 제초제가 있으며, 경엽처리시 2~5일이 경과되면 약효가 나타난다.

2) 발아 전 토양처리제

과수원에서 발아 전 토양처리제로는 라소(Lasso), 고올(Goal) 등이 있는데 1년생, 2년생, 다년생 잡초는 이들 약제만으로는 충분한 제초효과를 기대할 수 없다.

고올은 과수원을 청경시킨 후 뿌려야 5~6개월 동안 잡초가 나타나지 않는다. 그리고 발아 후나 비교적 천근성 과수에서는 약해 위험성이 있으므로 사용상 주의해야 된다.

〔표 17-10〕 제초제 근사미와 고올의 혼용 처리효과

처 리	잡 초 피 복 률(%)		잡 초 밀 도(본/m²)	
	처리 30일 후	처리 65일 후	처리 30일 후	처리 65일 후
고 올 (4.2)	71.0	95.0	208	252
고올 + 근사미(4.2)	60.0	81.7	168	210
고올 + 근사미(5.2)	4.3	55.0	19	139
고올 + 그라목손(5.2)	19.7	88.3	97	224
근사미(5.17) + 고올(6.12)	0.0	12.6	0	51
그라목손 (5.17) + 고올(5.26)	34.3	61.7	146	175

※ ( )는 처리일, 사용약량 : 300cc/10a
1984 원예시험장

6. 배 전업농 규모 및 기계화 작업의 체계화

우리나라 특산 과실의 고급화를 위해서 재배자는 품종 고유의 특성을 발휘할 수 있는 기술을 발휘하도록 농사에 전념하지 않으면 안된다. 특히 산업화 과정에서 핵가족화가 심화됨으로써 고용 노동을 얻기가 힘들어졌고, 부득이 농기계의 폭넓은 활용과 부부중심의 농사 형태로 전환되고 있다.

배 재배의 경우 현재의 기술과 장비, 시설수준에서의 10a당 투하노동력은 1992년 현재 7시간(38.6인)으로 연 220일을 노동가능 일수로 볼 때 1인당 전업할 수 있는 이론적 면적은 57ha이며, 부부가 함께 일을 한다면 평균 1.2ha 수준이 된다.

한편 우리나라 전국 평균 1호당 배 재배농가의 경영규모 역시 0.51ha 로 영세하여 이런 규모로서는 전업할 수 있는 규모라 보기 어렵고, 사과, 포도, 감귤, 단감 등 기타 과수의 평균 경영규모도 0.3~0.7ha로 역시 영세성을 면치 못하고 있다.

그러나 미국, 유럽 등 사과, 배 재배 지대에서의 10a당 노동 투하시간은 대개 32~50시간(4~6.3인)이 소요되므로 1인당 3.5~5.5ha 의 규모를 재배하고 있는 실정이고 보면 최소한 도시 근로자의 소득을 상회할 수 있고 경쟁력있는 적정 규모를 재배하도록 권장되어야 한다.

가. 적정 규모의 경영

적정 규모란 가족 노동력 순수익을 최대로 할 수 있는 토지 규모를 말한다. 적정 규모는 생산기반 정비의 양부 (良否), 생력재배의 정도, 복합적 노동 이용 품종의 도입 유무에 따라 결정되므로 그 규모는 경우에 따라서 어느 정도 확대 가능한 면이 다분히 있다.

그러나 보통 적정규모는 평균 경영 규모의 1.4~2.2배 수준에 있다는 조사보고를 보면 0.7~1.1ha 수준에 해당된다. 이 정도 규모의 배 재배 농가 비율은 불과 10% 정도밖에 되지 않

〔표 17-11〕 주요 과수의 재배면적 및 1호당 면적

구 분	사과		배	복숭아	포도	감귤	단감
	일반	왜성					
재배면적(ha)	198,121	293,315	101,855	109,898	113,053	217,745	129,710
농가수(호)	34,238	54,745	19,814	37,189	35,274	29,779	37,189
1호당면적(ha)	0.58	0.54	0.51	0.30	0.32	0.73	0.35

※ 자료 : '92 과수실태조사, 농림수산부

〔표 17-12〕 일정소득을 위한 배 재배 경영 규모

수량 (kg/10a)	단가 (원/kg)	소득 (원/10a)	경영규모(ha) 목표 20,000,000원	경영규모(ha) 목표 30,000,000원
2,000		〈경영비 : 800,000〉		
	800	800,000	3.5	3.8
	1,000	1,200,000	1.7	2.5
	1,500	2,200,000	0.9	1.4
3,000		〈경영비 : 1,000,000〉		
	800	1,400,000	1.4	2.1
	1,000	2,000,000	1.0	1.5
	1,500	3,500,000	0.6	0.9
4,000		〈경영비 : 1,200,000〉		
	800	2,000,000	1.0	1.5
	1,000	2,800,000	0.7	1.1
	1,500	4,800,000	0.4	0.6

※자가노동 : 고용노동 = 260/시간(67) : 26시간(33)/10a

고 있으며, 0.5ha 미만의 농가가 거의 90% 가까이 되므로 배 재배를 전업으로 하고자 할 때에는 다시 한번 경영 분석을 해볼 필요가 있다.

1992년 농가 1호당 평균소득은 14,505,000원으로 도시 근로자의 소득수준 20,000,000원 이상 또는 상류 부류의 30,000,000원 수준으로 올려 윤택한 소득 생활을 하기 위한 배 과원 경영 전략은 고품질, 다수확에 있다고 보며, 그렇지 못할 경우일 수록 경영규모는 더 넓혀질 수밖에 없을 것이다.

나. 기계화 작업 체계화

1) 생력기계화 작업

과수 재배 관리작업을 전부 기계화할 수 있는 단계는 아직 이르나, 가능한 기계작업으로 대체할 수 있는 것이 무엇인지, 언제, 어떻게 이용할 것인지를 계획하여 기계화 체계를 책정하여 작업계획표를 작성 추진하는 것이 기계화 경영의 합리화이다.

연간 작업계획, 기계활용 계획과 기능, 기계 부담면적과 노력 또는 이용경비 등을 종합적으로 검토하여 적기에 투입해야 작업의 실효를 얻을 수 있다.

〔표 17－13〕배 과수원 작업의 기계화 추진 사례

(단위 : hr /ha)

작업과정	관행구		생력기계화구	
	작업방법	노동투하시간	작업방법	노동투하시간
기계유유제살포	동력분무기(70A)	28.6	동력분무기(70A)	28.6
석회유황합제 살포	동력분무기(70A)	32.6	동력분무기(70A)	32.6
적과	인력	640.0	인력	640.0
봉지씌우기	인력	569.0	인력	569.0
병충해방제(6회)	동력분무기(70A)	324.0	SS기(600ℓ)(70A)	31.9
제초(4회)	동력분무기+경운기로타리	49.1	동력분무기+트랙터로타리	44.6
수확	인력	480.0	인력	480.0
추비살포(2회)	인력	32.0	트랙터시비기+로타리 견착식시비기+관리기로타리	11.6 (12.8)
운반	경운기트레일러	126.0	트랙터트레일러	107.2
선별포장	인력	534.0	중량식 선별기	170.4
심경, 퇴비시용		560.0		175.0
정지, 전정		412.0		412.0
저장, 기타		238.0		238.0
계		4,016:3(100)		2,940.9(73)

※ 1992 과수연구소

〔표 17－13〕은 배 성목원(18~25년생)에서의 관행재배 방식과 농기계를 좀더 다양하게 투입한 사례를 비교한 것으로 1ha 당 4,500kg 를 수확하는 봉지재배 과원의 경우 관행 재배구는 4,016.3시간이 투입된 것에 비해 생력 기계화 추진 재배구는 2,940.9시간으로 27%의 노력이

절감된 것을 보여주고 있다.

그러나 아직 과실 수확작업으로부터 저장고에 입고하기까지는 더 많은 기계화가 필요하므로 기계투입 체계를 착실히 책정하여 운영한다면 재배노력은 더욱 획기적으로 절감시킬 수 있는 경쟁력 우위의 배 농사가 될 것이다.

2) 시설 기구의 활용

배 재배는 최근 산지를 중심으로 그 규모가 커나가고 있으므로 경영의 합리화가 요구되면서 종래의 인력에 의한 작업체계가 기계나 기구 또는 장치화하는 시설을 이용하고자 추진되고 있다.

특히 배의 작황을 좌우하는 개화기의 일기 불순에 따른 착과 불량문제로부터 서리피해 방지시설이나 인공수분의 기계화가 요구되고 있으며, 약제살포나 봉지 씌우기 등의 생력화 요구도 도 매우 높아져 이 방면에 대한 연구 결과가 한층 진전된 상태에 있어 거의 실용화 단계에 있는 분야를 소개하면 다음과 같다.

〔표 17-14〕 스프링 쿨러식 약제살포 장치

– 효과

구 분	정치식 배관 인력살포	스프링쿨러	SS 기
약제살포량	600ℓ /10a	700~800ℓ	500ℓ
1회 방제시간	2 시간	5.5분	10분

〔표 17-15〕 과수 인공 교배기 (장십랑)

– 효과 (결실율)

단 과 지		장 과 지	
교 배 기	면 봉	교 배 기	면 봉
84.8%	84.4%	60.2%	54.4%

〔표 17-16〕 자동개폐식 과실 봉지

– 효과 (괘대능률) (단위 : 매 /8hr)

과 종	사 과	배	포 도
자 동 봉 지	3,840 (258)	4,032 (255)	2,736 (190)
관 행 봉 지	1,488 (100)	1,580 (100)	1,440 (100)

제 18 장 과실의 수확 및 수확후 관리

1. 과실의 성숙

가. 과실의 성숙과정별 각 성분의 변화와 효소 활성

과실의 성숙 과정에서 과실의 주된 가용성 당분은 포도당, 과당, 자당, 솔비톨이고 이 가용성 당분은 품종 및 과실의 성숙단계에 따라 다르게 변화된다.

배 풍수 품종에서 조사한 결과를 보면 세포 분열기, 세포 비대 준비기에 솔비톨이 80% 이상을 점하고 과당, 자당은 세포 비대기 후기부터 증가하기 시작하여 완숙기에 급격히 증가한다.

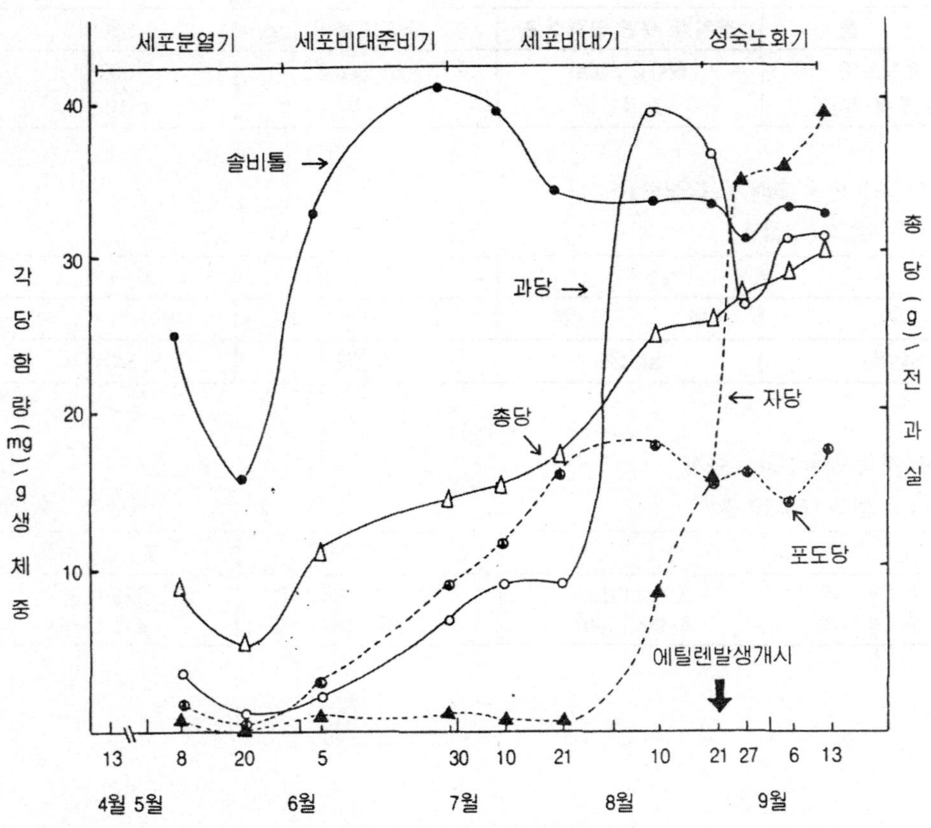

〈그림 18-1〉 배 풍수 품종의 생장, 성숙 단계별 당성분 변화

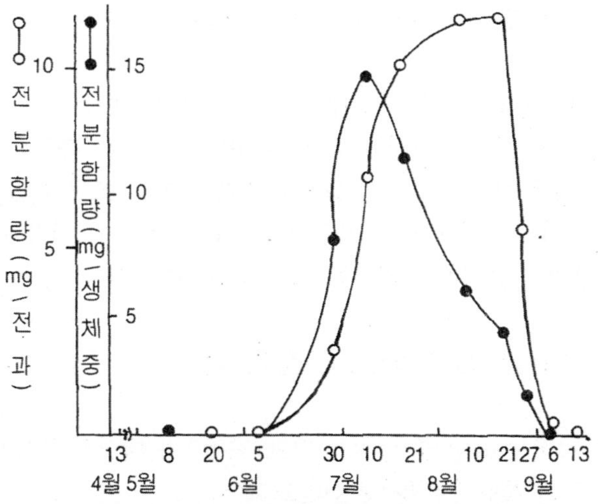

〈그림 18-2〉 배 풍수 품종의 생장성숙 과정별 전분 함량 변화

전분 함량 변화는 세포비대 준비기부터 증가하여 세포 비대기에 최대가 되었다가 과실이 성숙하는 시기에 급격히 소실된다〈그림 18-1, 2〉.

과실의 생장 및 성숙과정에서 당분분해 효소 활성 변화는 세포 분열기에 가용성 인버타제(invertase)가 강한 활성을 나타내나 세포 비대 준비기~세포 비대기에서는 급격히 저하하고,

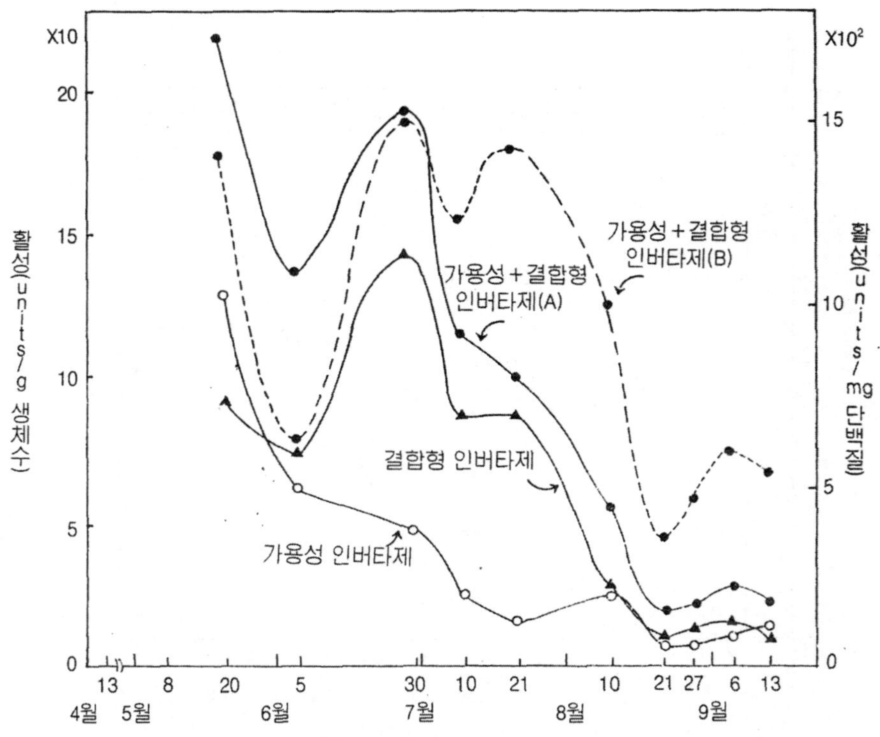

〈그림 18-3〉 배 풍수 품종의 생장, 성숙과정별 인버타제 활성변화

※ ○ 가용성 인버타제 활성 ▲ 결합형 인버타제 활성 ● 가용성(A), 결합성(B) 활성합계

결합형 인버타제 활성은 세포 비대 준비기에 증가하였다가 세포 비대기부터 급격히 감소하고 있다.

이상의 결과에서 볼 때 자당이 성숙 직전에 급격히 축적되기 때문에 과실을 나무에 늦게까지 두면 둘수록 자당이 많이 축적되어 단맛을 더 나게 하지만 전분의 축적이 그다지 많지 않기 때문에 수확 후 감미의 증가를 더 기대하기 힘들므로 수확 시기의 조절이 필요하다.

그러므로 수확적기 판정의 지표로서는 자당이 급격히 축적하기 시작하고 전분이 완전히 소실되면서 인버타제의 활성이 급격히 저하하는 시기가 수확적기라 볼 수 있다.

나. 과실의 세포벽 다당류(多糖類)의 소장과 경도

배 과실의 품질을 결정하는 요인 중 당외에 경도(육질)가 대단히 중요하다. 경도는 펙틴, 세루로즈, 헤미세루로즈 등의 함량에 따라 영향이 크다.

배 풍수 품종의 DNA에 기초한 과실의 생장 성숙 과정은 세포 분열기에 DNA양이 급격히 증가하며 과실 크기는 세포비대기에서 성숙기까지 급격히 증가한다.

세포벽 분해 효소인 세루라제(cellulase) 활성변화에 있어서 폴리가락트로나제(Polygalacturonase;PG)는 세포분열기에서 세포비대준비기에 급증한 후 세포 비대기에 급격히 감소하였다가 크라이맥트릭라이즈의 개시(에틸렌 발생시기)와 함께 급격히 상승하였다가 성숙노화기에 급격히 감소하였다〈그림 18−5〉.

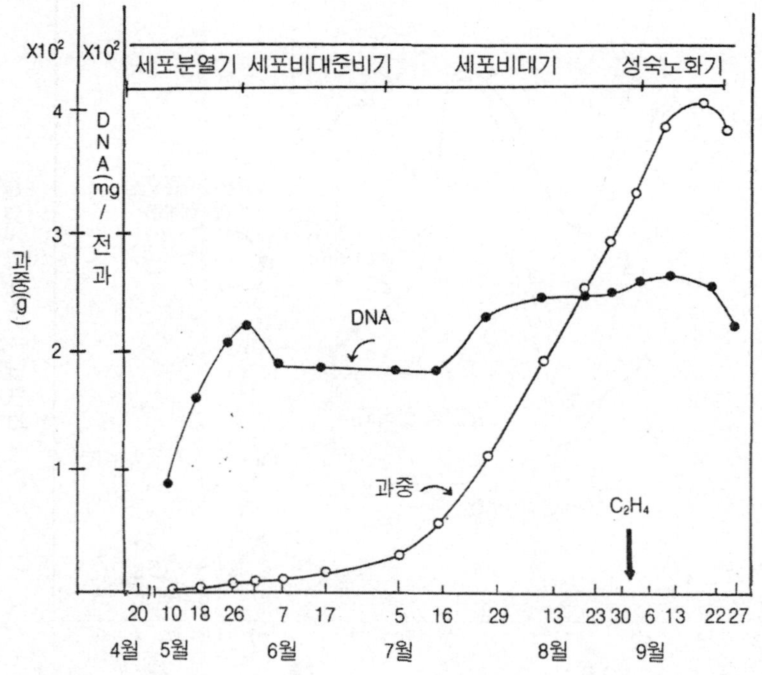

〈그림 18−4〉 배 풍수 품종의 성숙 과정별 DNA 변화

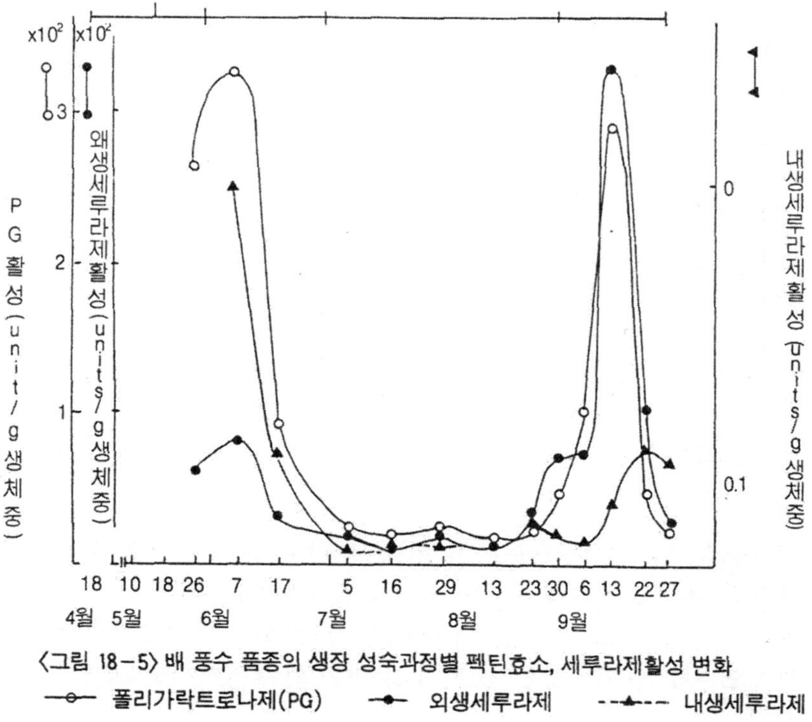

〈그림 18－5〉 배 풍수 품종의 생장 성숙과정별 펙틴효소, 세루라제활성 변화
—○— 폴리가락트로나제(PG) —●— 외생세루라제 --▲-- 내생세루라제

세포벽 다당류의 소장에서의 성숙 노화를 보면 과육의 연화는 주로 펙틴의 수용화, 가용성 헤미세루로즈(hemicellulose)의 분해에 의하여 일어난다.

2. 수확(收穫)

가. 수확적기

배 수확적기는 포장에서 직접 판매용, 시장 출하용, 저장용에 따라 수확기를 잘 맞추어야 한다. 포장에서 직접 판매할 경우에는 완숙된 것이 좋으며, 저장을 하지 않고 시중에 출하할 때는 유통거리 및 기간을 감안하여 완숙보다는 약간 빠르게 수확하여 출하하여야 하며, 저장용은 장기 저장용과 단기 저장용으로 구분 수확하여야 한다.

과실의 수확기를 앞당기면 저장력은 좋으나 맛이 적고, 과실이 작으며〈그림 18－6〉 완숙된 과실은 맛은 좋으나 저장력이 약하여 과실이 쉽게 무르고 변질되어 상품가치가 없게 된다. 그러므로 소비형태에 맞추어 수확하는 것이 대단히 중요하다.

배의 수확기 판정은 주로 과실의 빛깔에 의하여 결정되는데 배가 성숙기에 달하면 청배는 담황색이 되고, 황갈색 배는 과실의 표면에 녹색이 없어지고 적색을 띠며 빛깔이 짙어진다.

그러나 배는 대부분 봉지를 씌워 재배하므로 빛깔만으로는 수확시기를 결정하기 곤란할 때가 많다. 투광량(透光量)이 많은 봉지를 씌운 과실은 성숙기에 달해도 투광량이 적은 봉지를

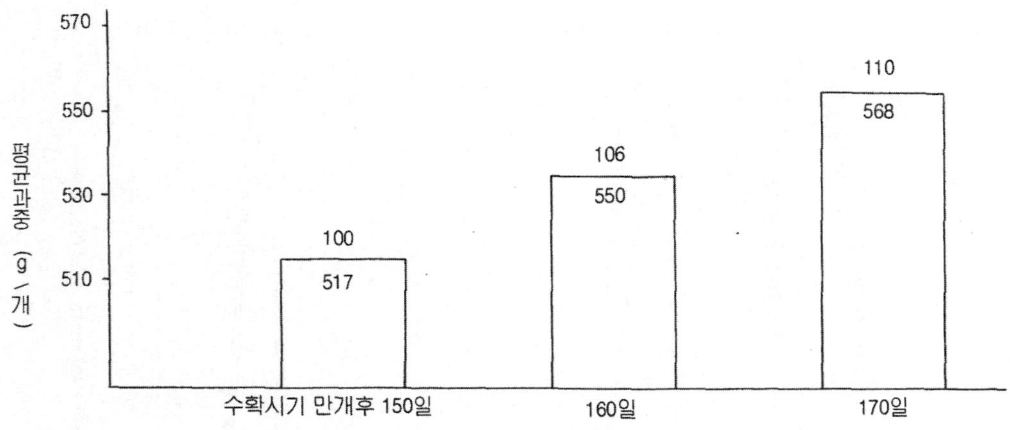

〈그림 18-6〉 신고품종의 수확 시기별 과중 변화(과수연구소 '89, '90 평균)

씌운 것보다 녹색을 띠는 양이 많아지므로 빛깔 뿐만 아니라 광택, 과점의 상태, 열매자루의 분리정도와 만개 후 일수 및 적산 온도 등도 적숙기 결정에 중요하다.

신고 품종의 경우 과실 크기, 품질, 저장력 등을 감안하면 장기 저장용의 경우 적숙기는 만개 후 성숙까지의 일수가 160일, 적산 온도는 3,442°C가 되는 정도가 좋았다.

〔표 18-1〕 배 신고 품종의 만개 후 성숙 일수와 적산 온도와의 관계

만개 후 성숙일수	적산온도*	감모율**
150	3,272.1°C	13.4
160	3,442.0	10.3
170	3,584.1	9.2(경도낮음)

※ '91과수연구소

※ 0°C 이상 상온도 3년간 평균 ('88~'90)
※※ 0~3°C 저장, 4월 상순 조사

수원지방의 품종별 수확적기는 〔표 18-2〕와 같다.

〔표 18-2〕 배 품종별 수확적기

구 분	수확적기	저장성	구 분	수확적기	저장성
신 수	8월 중순	약	신 고	10월 상순	중
행 수	9월 상순	약	단 배	10월 중순	약
풍 수	9월 하순	약	금 촌 추	10월 하순	강
장 십 랑	9월 하순	약	만 삼 길	11월 상순	강
황 금 배	9월 하순	중			

나. 수확방법

과실은 성숙기에 들어서면서부터 비대와 당의 증가가 현저하게 달라지므로 용도별로 적숙기에 맞추어 수확해야 한다. 덜익은 과실(未熟果)을 수확하면 상품가치가 낮아지며, 품질과 저장에도 크게 영향을 끼친다.

수확은 수관 외부가 큰 과실부터 시작하여 한 나무에서 3~5일 간격으로 2~3회로 나누어 수확하여야 하며, 과실의 온도가 높을 때 수확하면 과실의 호흡량이 많아지므로 당분의 소모가 많고 색깔이 나빠지며 저장력이 떨어진다.

특히 조생종인 장수, 신수, 행수 등의 품종은 수확기에 온도가 높으므로 아침 이슬이 마른 후부터 수확을 시작하여 오전 11시 또는 오후 늦게 온도가 낮을 때 수확하는 것이 좋다. 그리고 비가 온 직후에는 과실이나 봉지에 수분이 많이 흡수되므로 부득이한 경우를 제외하고는 비가 오고 나서 2~3일 지난 후에 수확하는 것이 좋다.

배는 취급 도중에 특히 압상과 자상 등 상처를 받기 쉬우므로 면장갑을 끼고 과실을 잘 받쳐들어 수확하고 과실 꼭지에 의한 상처 발생잘지를 위해 수확바구니 내부에 스폰지 등을 깔아 스쳐서 상처입은 과실이 덜 생기도록 한다.

3. 수확 후 과실의 품질 변화 요인

가. 과실의 수확 후 생리

과실은 수확 후에도 살아있는 유기체로서 물질대사와 일반 생리작용이 유지되고 조직의 변화가 일어난다.

과실 수확 후 품질변화의 주 요인은 생리학적 요인인 호흡작용과 증산작용이 큰 영향을 미치며, 화학적 생화학적 요인인 유해물질 생성과 향미성분 상실, 기계적인 요인인 압상과 찰과상 등이 크게 영향을 주게 되는데 이러한 품질변화 요인중 가장 중요한 호흡작용, 증산작용 등을 들면 다음과 같다.

1) 호흡작용(呼吸作用)

과실은 수확 후에도 호흡작용을 계속하게 되므로 산소를 흡수하고 탄산가스를 배출하는데 호흡기질로 생체 세포내에 저장되어 있는 탄수화물 유기화합물이 분해되어서 소모된다.

$$C_6H_{12}O_6 + 6O_2 \rightarrow 6CO_2 + 6H_2O + \text{에너지}$$

(포도당) (산소) (탄산가스) (물)

이는 포도당이 호흡기질로 사용된 결과이다.

〔표 18－3〕 주요과실의 온도와 호흡열과의 관계

구 분	호 흡 열(mW/kg)				
	0℃	5℃	10℃	15℃	20℃
배 (조생종)	7.8～14.5	21.8～46.1	21.9～63.0	101.8～160.0	116.4～266.7
배 (만생종)	7.8～10.7	17.5～41.2	23.3～55.8	82.6～126.1	97.0～218.2
사과(조생종)	9.7～18.4	15.5～31.5	41.2～60.6	53.6～ 92.1	58.2～121.2
사과(만생종)	5.3～10.7	13.6～20.9	20.4～31.0	27.6～ 58.2	43.6～ 72.7
포도(콩코드)	8.2	16.0	－	47.0	97.0
포도(엠페러)	3.9～ 6.8	9.2～17.5	24.2	29.6～ 34.9	－
복숭아(평균)	12.1～18.9	18.9～27.2	－	98.4～125.6	175.6～303.6

따라서 수확한 과실을 신선한 상태로 장기간 보존하려면 과실내 양분(영양성분)을 가능한 한 적게 소모하는 것이 중요하다. 수확 후 호흡 작용을 억제시켜야 하는데 호흡작용은 온도, 습도 등에 따라 다르나 주로 온도에 많은 영향을 미친다.

주요 과실의 온도와 호흡열과의 관계를 보면 과종 및 품종에 따라 다르다.

그러나 배의 경우 조생종이 만생종보다 호흡열이 많이 발생된다. 저장성이 강한 만생종의 호흡열은 0℃일 경우 과실 1kg당 7.8～10.7mW인 것이 온도가 높을 수록 급격히 상승하는데 20℃인 경우 호흡열이 97～218.2mW로서 0℃와 비교하면 12.4배～20.4배나 증가한다〔표 18－3〕. 그러므로 과실의 신선도는 온도에 따라 많은 영향을 받는다는 것을 알 수 있다.

2) 증산작용(蒸散作用)

호흡작용에서 유기물을 분해하여 에너지를 만들고 그 에너지의 상당부분은 열로 발생되는데 이 열을 식혀주기 위한 기능이 바로 증산작용이다. 증산작용이 활발하면 시들어서 쪼글쪼글해지고 색깔이 변하여 상품성을 떨어뜨릴 뿐 아니라, 중량의 감소를 가져와 직접적인 손실을 초래하게 된다.

과실은 85～90%가 수분으로 구성되어 있는데 이중 수분이 10% 정도 소실되면 상품 가치를 잃게 되는데 증산작용에 영향을 미치는 요인들로는 습도, 온도, 공기의 유속 등을 들 수 있다. 증산작용은 건조하고 온도가 높을 수록 그리고 공기의 움직임이 심할 수록 촉진된다. 과실의 표피조직이 상처를 입었거나 절단된 경우에는 그 부위를 통해서 수분발산이 심해진다.

4. 예냉

가. 예냉의 중요성 및 방법

고온기에 수확된 과실은 수확 직후 될 수 있는 한 호흡을 억제시켜 영양분과 물성의 변화를 적게 하기 위하여 온도를 낮추어 주는 것을 예냉이라 한다.

과실은 기온이 5℃ 상승함에 따라 품질변화의 속도는 2～3배 증가한다. 또 과실을 32℃에서 1시간 보전하는 것은 10℃에서 4시간, 0℃에서 7일간의 보존 기간에 상응하는 품질 노화와 같으므로 수확 후 예냉은 과실의 신선도 유지에 대단히 중요하다. 그러므로 선진 외국에서는 과실의 예냉에 대한 많은 연구가 계속되고 있으며 과실의 유통 중에 항상 이용되고 있다.

예냉방법은 강제 통풍냉각(forced air cooling), 차압통풍냉각(static pressure air cooling), 진공냉각(vaccum cooling), 냉수냉각(hydro－cooling) 등이 있다.

1) 강제 통풍 냉각

강제 통풍 냉각 장치〈그림 18－7(a)〉는 실내 공기를 냉각시키는 냉동장치와 찬 공기를 적재되어 있는 과실상자 사이로 통과시키는 공기순환장치로서 비교적 시설은 간단하나 예냉속도가 늦고 가습장치가 없을 경우 과실의 수분 손실을 가져올 수 있는 단점이 있다.

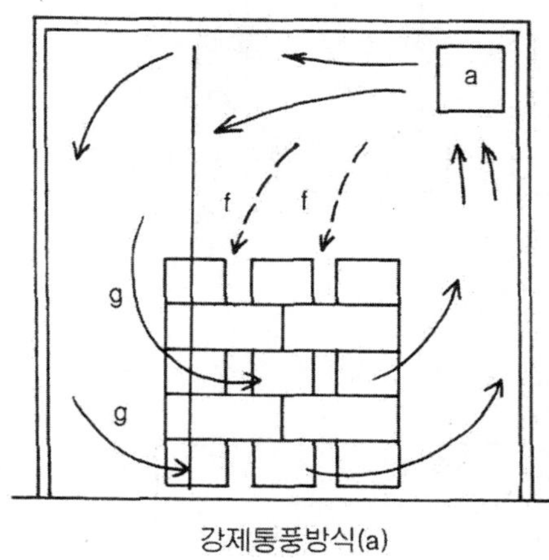

강제통풍방식(a)

차압냉각방식(b)

a : 냉각기(cooler)
b : 유압팬
c : 차압부
d : 시트(sheet)

e : 상자에 환기공을 열어놓으면 상자내부 순환
f : 상자와 상자의 중간에 냉기류 순환 곤란
g : 냉풍은 적재한 상자의 외축을 순환

〈그림 18－7〉 강제 통풍방식(a)과 차압냉각방식(b)의 원리도

2) 차압통풍(差壓通風) 냉각

차압통풍냉각장치〈그림 18－7(b)〉는 공기를 쉽게 순환시키도록 과실 적재상자와 유압된 시트를 조합시켜 공기의 압력차를 이용하여 예냉실의 냉기를 강제적으로 적재된 과실 상자내를 순환시키도록 하여 냉기와 과실의 열 교환 속도가 빨라 예냉 속도가 빠르므로 강제통풍냉각보다 예냉 효과가 좋다〔표 18－4〕.

〔표 18－4〕 냉각방식별 과실의 냉각속도

과 종	차 압 통 풍 냉 각	강 제 통 풍 냉 각
배	5 ～ 6 시간	1 ～ 2 일
포 도	5 ～ 6	20 ～ 25 시간
복 숭 아	6 ～ 8	1 ～ 2 일

3) 진공 예냉

진공예냉<그림 18－8>은 예냉실내 압력을 내려 과실표면의 수분을 증발시킴으로써 물의 증발 잠열을 이용하여 과실을 냉각시키는 장치이다. 대기압하에서 물의 끓는 온도는 100℃이므로 예냉실의 압력을 이 압력까지 낮추어야 하는데 이를 위해서는 충분한 압력에 견딜 수 있는 밀폐된 예냉실과 진공펌프가 있어야 한다.

그러므로 진공냉각은 다른 예냉방법에 비하여 시설비가 많이 소요되는 반면 예냉속도가 빠르고 편리할 뿐만 아니라 적재된 과실을 균일하게 냉각시킬 수 있는 이점이 있다.

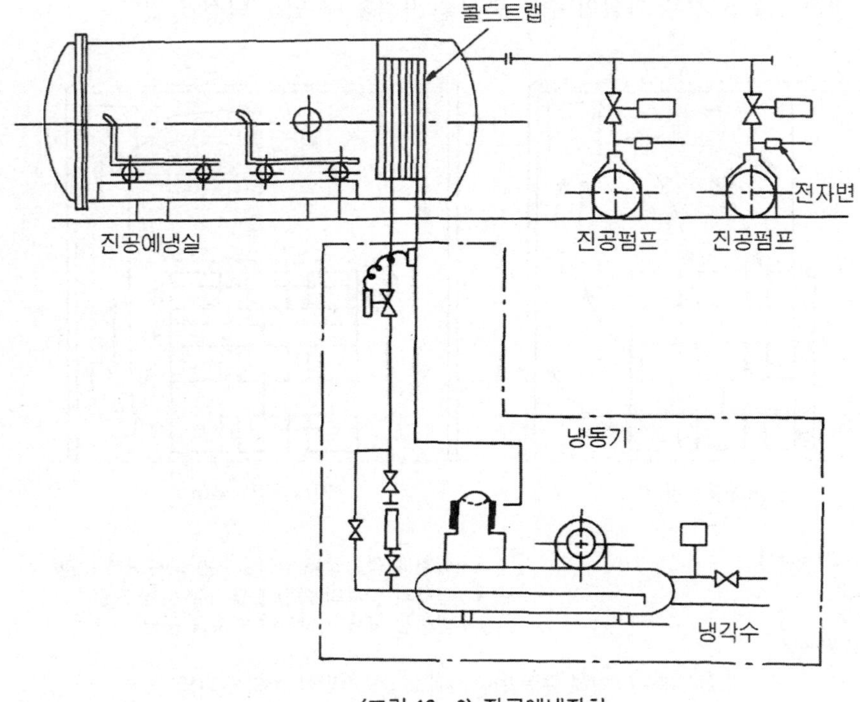

<그림 18－8> 진공예냉장치

나. 예냉의 효과

배의 수확은 조생종이 8월 중순부터 만생종은 11월 상순까지 행해진다.

조생종인 신수, 행수품종의 수확시기는 8월 중순～9월 상순경으로 온도가 높은 시기이므로 수확 즉시 호흡을 줄이기 위하여 냉장시설이 없는 경우 저온 시설 등을 이용하여 과실의 온도를 0～3℃까지 신속히 낮추어 주는 것이 가장 이상적이다.

장기 저장용인 만생종 품종은 수확 직후에 습기를 제거한 후 저온 적온에 저장하여야 생리장해과(生理障害果) 의 발생을 줄일 수 있고 저장력을 높일 수 있다.

저온 저장 시설이 없는 농가에서는 수확 직후 과실을 건물의 북쪽이나 나무그늘 등 통풍이 잘되고 직사광선이 닿지 않는 곳을 택하여 5~7일 정도 야적(野積) 하였다가 상처받은 과실을 골라내고 습기를 제거한 후에 기온이 낮은 아침에 저장고에 입고시켜야 부패과율과 호흡량을 줄이고 신선도를 장기간 유지시킬 수 있다.

특히 신고(新高)와 금촌추(今村秋) 품종은 습기가 많을 경우 과피 흑변 발생이 많으므로 저장전 과실 봉지, 상자 등의 습기를 완전히 제거하여야 하며 과피 흑변 방지법은 저온저장 전 야적 통풍처리나 승온(38~48℃)처리를 하여야 한다.

5. 선과 및 등급규격

가. 선과방법

과실을 출하하기 전에 과실의 크기와 색깔에 따라 정해진 규격에 알맞게 고르는 것을 선과라고 한다. 과실의 값을 잘 받으려면 선과와 포장이 잘 되어야 하는데 선과를 잘못하여 좋은 과실에 좋지 않은 과실이 섞이면 상품가치가 떨어지므로 선과를 잘 해야 한다.

선과방법은 인력으로 할 경우에는 달관(達觀)에 의하여 결점 과실(미숙과, 부패과, 병충해과, 압상과, 자상과, 부정형과 등)을 골라낸 후 착색 및 과실 크기에 따라 구분하여 선별하는데 숙달되지 않은 경우에는 균일도에 차이가 많이 생긴다.

'92년도 선과기 이용 실태조사 결과 배재배 농가의 39.7% 로 선과기 이용률이 증가되고 있지만 대부분 스프링식 중량선과로 행해지고 있다. 그러나 색깔 및 내용물까지도 선과할 수 있는 선과방법 및 기술이 개발되어야 과수산업이 발전할 수 있다.

나. 선발방법 및 선별기술

과실의 선별은 품위기준에서 제시된 각종 등급인자 및 규격에 따라 주로 인력에 의해 이루어져 왔지만 산업 기술의 발전과 함께 새로운 선별방법 및 기술이 개발되고 있으며 현재 국내외에서 개발 이용되고 있는 과실류 선별기의 종류 및 방법은 다음과 같다.

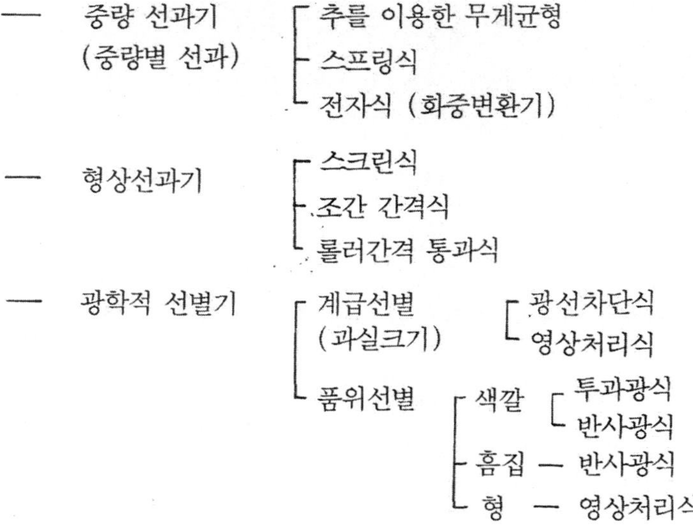

— 비파괴 내부 품질 판정 : (당도, 내부갈변, 워터코아 등 초음파, 핵자기 공명 (NMR), 엑스레이 투과식, 투과광식)

현재 국내에서는 스프링식 중량 선과기와 스크린식 형상 선과기만 생산, 보급되고 있는 실정이며 크기, 형상, 색택 및 흠집을 동시에 판정할 수 있는 선과기는 영상처리식으로 일본의 경우 1991년부터 시판되었다.

당도, 밀병, 내부, 결합 등 내부 품질 판정을 위해 핵자기공명, 근적외선, 초음파 등을 이용한 센서 개발 연구가 진행되고 있다.

1) 중량선과기

중량식 선별기는 우리 나라에 많이 보급되어 있는 스프링식 중량 선별기이다〈그림 18－9〉. 선과 단계는 6~10단계이며 선별능률은 시간당 5,000개 정도로 인력에 의한 능률보다 2~3배 높았다. 선과 범위는 50~1000g이고 대상 과실은 배, 사과, 감, 복숭아 등 다양하다.

이 선과기는 이동성 보관성이 좋은 장점이 있으며 중량선별에 의한 계급 선별만이 가능하고 스프링의 정밀성 정밀성 및 내구성이 매우 떨어진다는 단점이 있다.

〈그림 18－9〉 스프링식 중량선과기

2) 형상 및 중량겸용 선별기

이 선별 시스템은 일반적으로 원료 자동 공급장치, 등급 판정장치, 이송장치, 자동배출 장치 및 자동 계량 등으로 구성된다. 이들에 대한 국내외에 보급되고 있는 선별시스템과 선별 포장시설의 배치도를 간단히 소개하고자 한다.

배(15kg×2,5000상자 /8시간), 사과(10kg×4,000상자 /8시간), 복숭아(5kg×7,000상자 /8시간)를 대상으로 한 형상 중량겸용 선별시설의 배치도(4조×1계열)이다.

이 시스템에서 사용한 카메라식 형상 선별기는 측정 오차가 외경에 대하여 0.3mm이고, 4

〈그림18－10〉중량 형상식 선과기

단계까지 등급선별이 가능하며, 소요동력은 10m당 (배출부의 길이) 약 0.4kw 정도이다.

중량에 의한 계급선별은 8단계까지 가능하다. 이 시스템은 대부분의 과정이 기계화 자동화가 되어 있고 다품목을 선별할 수 있으며 등급 계급선별이 가능하다는 장점이 있다.

3) 광학적 선별기

이 선별 시설은 숙도 센서부(과숙과와 미숙과를 선별함), 컬러센서부(색깔을 최대 5등급)로 분류한다. 그리고 컴퓨터 제어기(입력키보드, 선과 데이터 처리장치 등), 자동 배출 장치 및 포장장치로 구성되어 있는데 숙도, 색깔 및 크기에 의한 등급과 계급을 동시에 판별할 수 있어서 기계적 효율이 높다.

최근에 일본에서 개발된 가장 첨단화된 선별 시스템의 하나로서 이 시스템의 특징은 선별을 하기 전에 숙도선별을 수행하는 것으로 숙도판별은 전자센서를 이용하고 있다.

나. 등급규격

과실은 생산에서 소비자간의 상거래를 명확히 하고 공정거래 및 유통구조를 개선하기 위해서는 과실의 등급규격 설정과 시행이 대단히 중요하다.

우리 나라의 등급규격은 농협 출하규격, 국립농산물 검사소 표준 출하규격으로 양분되어 있다.

농수산물 유통 및 가격안정에 관한 법 제58조와 소비자 보호법 제7조에 의하여 농산물 규격화 및 품질 인증제 실시를 위하여 '92년 4월 22일 농수산부 고시제92－18호에 의거 과실의 품질인정제 등의 등급 규격개정이 국립농산물검사소시 제93－7호('93. 8. 13)로 개정되었으며 그 내용은 다음과 같다.

1) 등급규격

가) 포장단위의 등급규격

항목/등급	특	상	보 통
낱개 고르기	별도로 정하는 크기 구분표상 크기가 다른 것이 섞이지 않은 것	별도로 정하는 크기 구분표상 크기가 다른 것이 섞이지 않은 것	별도로 정하는 크기 구분표상 크기가 다른 것이 섞인 것
색 택	품종 고유의 색택이 뛰어난 것	품종고유의 색택이 양호한 것	특·상에 미달하는 것
당 도	황금배, 단배는 14°Bx 이상인 것. 신수, 풍수는 13°Bx 이상인 것. 행수는 12°Bx 이상인 것. 만삼길은 10°Bx 이상인 것. 기타품종은 11°Bx 이상인 것.	적용하지 않음.	적용하지 않음.
중결점과	없는 것	없는 것	없는 것
경결점과	거의 없는 것 (낱개의 등급규격으로 특 이외의 것이 섞이지 않은 것)	대체로 없는 것 (낱개의 등급규격으로 상에 미달하는 것이 섞이지 않은 것)	특·상에 미달하는 것

— 중(重)결점과는 다음의 것을 말한다.

① 이품종과 : 품종이 다른 것.

② 부패, 변질과 : 과육이 부패 또는 변질된 것.
(과숙에 의해 육질이 변질된 것을 포함한다)

③ 미숙과 : 당도(맛), 육질, 경도 및 색택으로 보아 성숙이 덜된 것.

④ 과숙과 : 경도, 색택으로 보아 성숙이 지나치게 된 것.

⑤ 병충해과 : 적성병, 흑성병, 겉무늬병, 배명나방 등 병해충의 피해가 과육에까지 미친 것.

⑥ 상해과 : 열상, 자상, 타상 및 압상이 있는 것. 다만, 손상이 경미한 것은 제외한다.

⑦ 기타 : 경결점과에 속하는 사항으로 그 피해가 현저한 것.

— 경(輕)결점과는 다음의 것을 말한다.

① 형상이 불량하거나 녹, 일소, 약해 등으로 외관이 떨어지는 것.

② 병충해의 피해가 과피에 그친 것.

③ 찰상 등 중결점과에 속하지 않는 상처가 있는 것.

④ 기타 결점의 정도가 경미한 것.

나) 낱개의 등급규격 (선별기준)

항목/등급	특	상	보　통
형　상	품종고유의 형상을 갖춘 것.	변형이 심하지 않은 것.	특·상에 미달하는 것.
녹	녹색계의 배는 과면의 1/5이하. 갈색계의 배는 1/4이하의 것으로서 두드러지지 않는 것.	과면의 1/3이하의 것으로서 심하지 않은 것	
일　소	없거나 눈에 띄지 않는 것	녹색계의 배는 과면의 1/10 이하. 갈색계의 배는 1/5 이하의 것으로서 두드러지지 않은 것	과면의 1/3 이하의 것으로서 심하지 않은 것.
병충해	피해가 과육에 미치지 않는 것으로서 두드러지지 않는 것	피해가 과육에 미치지 않는 것으로서 심하지 않는 것	특·상에 미달하는 것
상해	열상, 자상, 타상이 없는 것. 찰상, 압상이 거의 없는 것.	열상, 자상, 타상이없는 것. 찰상,압상이 경미한 것.	
약　해	없는 것	심하지 않는 것	
꼭지	빠지지 않은 것	빠지지 않은것 다만, 색택이 "특"인 것은 허용한다.	
기타결점	거의 없는 것	심하지 않은 것	

※ 병충해, 상해, 일소 등의 결점이 산재하거나 여러가지 결점이 있는 경우에는 합산 판정한다.

2) 크기 구분

구　분	품　종	특대	대	중	소
1개의 기준 무게(g)	신고, 만삼길, 단배, 금촌추, 영산배, 감천배 및 이와 유사한 품종	이상 750	이상 600	이상 500	이상 375
	장십랑, 황금배, 추황배, 풍수 및 이와 유사한 품종	500	375	300	215
	신수, 행수 및 이와 유사한 품종	375	300	250	200
상자(15kg) 당 개수	신고, 만삼길, 단배, 금촌추, 영산배, 감천배 및 이와 유사한 품종	이하 20	이하 25	이하 30	이하 40
	장십랑, 황금배, 추황배, 풍수 및 이와 유사한 품종	30	40	50	70
	신수, 행수 및 이와 유사한 품종	40	50	60	75

3) 표시사항

품목, 품종명, 산지, 등급, 크기구분 및 개수, 당도, 생산자성명, 생산자주소(전화번호), 중량

4) 기타 조건

① 품질인증은 등급규격 "특" 이상, 크기구분 "중" 이상에 한한다.

② 5kg 미만 소포장의 포장규격은 국립농산물 검사소장이 따로 정하는 바에 따른다.

6. 포장

포장의 목적은 수송, 운반, 보관, 판매 등 생산자에서 소비자까지 전달되는 동안 물리적인 충격, 병충해, 미생물, 먼지 등에 의한 오염과 광선, 온도, 습도 등에 의한 변질 등을 방지하는 것이다. 그러나 이러한 보호목적뿐만 아니라 취급의 편리, 판매 조성 및 촉진과 상품성 향상으로 구매 심리를 촉진시키는 데도 대단히 중요하다.

특히 상품성 향상으로 판매 가격을 높일 수 있으므로 생산성 증대 못지 않게 중요하나 우리나라에서는 인식 부족으로 과실의 포장이 선진국에 비해 낙후되어 있다.

앞으로 이 분야에 대한 연구가 필요하며 가격이 저렴하고 상품성을 높일 수 있는 겉포장재(상자), 내포장재가 개발되어야 할 것으로 생각된다. 그리고 겉포장재인 박스의 크기도 산지마다 다르며 내포장재에 따라 상자 크기가 다른 실정이나 앞으로 크기가 비슷한 상자가 출하되도록 하여야 할 것이다.

〔표 18-5〕 배 포장의 여러가지 (농협출하규격)

항목 \ 종류	왕겨 완충	간막이(Ⅰ)	간막이(Ⅱ)
포장단량	15kg	10kg	15kg
포장치수(mm) (내치수기준)	겉포장 440×303×303±5	M(24개) 445×335×220×±5 L(18개) 410×335×220×±5	M(36개) 445×335×330±5 L(27개) 410×335×330×±5 2L(24개) 480×335×235±5
포장재료	①겉포장 : 골판지, 파열강도 14kg/cm^2 이상 ②속포장:PVC, 수지 0.3mm 이상으로 만든 독성이 없는 모울드, 발포폴리에틸렌, 시이트 또는 에어쿠션시이트	①겉포장:골판지, 파열강도10kg/cm^2 이상의 골판지	2와 같음
포장방법	골판지 상자안에 배끼리 맞닿지 않게 낱포장 상자를 봉한다. PP밴드나 연질 폴리에틸렌 끈으로 가로 2개소를 묶는다.	상자 안 바닥과 간막이 중간에 패드를 깔고 발포 폴리에틸렌 네트로 싼 배를 간막이 속에 넣고 상자 날개를 테이프나 침으로 봉한다음 PP밴드로 2개소를 묶는다.	2와 같음

가. 겉포장(상자)

현재 농협 출하규격은 포장 단위 15, 10kg이며 겉포장 재료는 나무상자, 골판지 상자가 이용되고 있는데 '92년 출하 농가의 골판지 상자 이용률은 97.3%, 나무상자 이용률이 2.7%로 대부분 골판지 상자에 겉포장되어 출하되고 있다.

나무상자 이용시 압축 강도나 파열 강도에는 별 영향이 없으나 골판지 상자의 경우 파열강도가 내수용 26kg/cm^2, 수출용 35kg/cm^2 이상으로 규정하고 있으나 규격 미달 상자가 이용되고 있는 실정으로 수송, 출하시 7－9단까지 적재하게 되므로 상자가 우그러져 과실의 압상 피해가 발생되므로 강도가 높은 상자가 이용되어야 한다.

〈그림 18－11〉 겉포장(상자)

〈그림 18－12〉 속포장(상자)

나. 낱개포장 및 시트

배 과실의 출하 후 유통중 마찰에 의하여 상처가 생기는 것을 방지하고 또 미관을 좋게 하기 위하여 과실을 싸아 주는 것을 낱개 포장이라 하며 '92 배재배 농가의 출하시 과실 낱개 포장 설문조사 결과 발포 스치로폴망의 이용률이 92%를 높게 사용되고 있었다. 배 신고 품종의 낱개포장(완충재) 병충격 처리 시험결과 발포 PE망이 과실 손상률과 에틸렌 발생량이 낮아 발포 PE망의 이용이 바람직하나 사용 후 폐기처리가 곤란하여 앞으로 분해 가능한 무공해 포장재가 개발되어야 할 것이다.

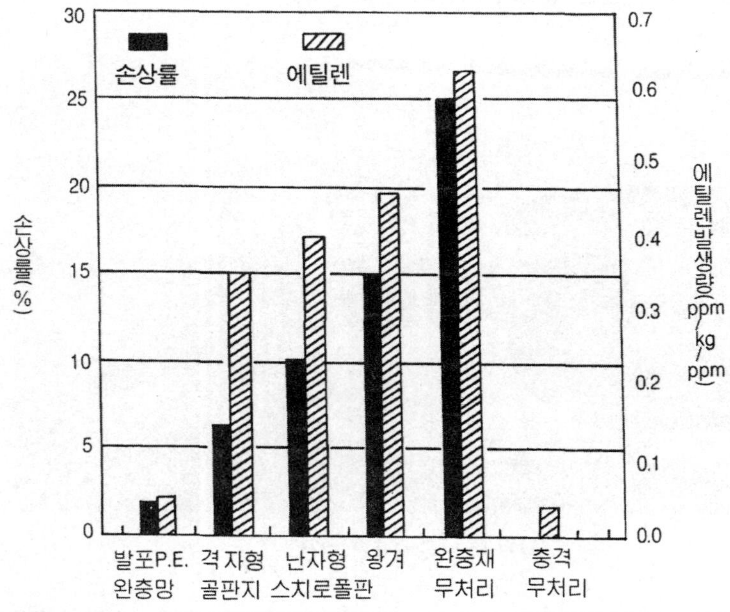

〈그림 18-13〉 배 신고 품종의 완충재별 충격처리 후 손상률 및 에틸렌 발생량 (92 과수연구소)

다. 패드

상자 안 바닥과 층 중간에 과실의 마찰에 의한 상처를 방지하기 위하여 과실상자 중간에 깔아 주는 것을 패드라 하며 이용되는 패드의 종류는 골판지패드, 스치로폴, P.E 에어패드 등이 이용되고 있으나 현재 출하시 이용되는 패드는 82.7%가 골판지 패드를 이용하고 있다.

패드를 이용하지 않는 농가도 4.1% 된다. 앞으로 포장시에는 꼭 패드를 이용하여 유통시 과실의 상처가 생기지 않도록 하여야 한다.

제 19 장　배의 저장

과실은 생산 시기가 연중 일정 시기에 편중되므로 출하기의 분산을 위한 저장의 필요성이 타 작물에 비하여 큰 편이다. 또한 국민 생활 수준이 전반적으로 향상됨에 따라 농산물의 소비가 고급화, 다양화되는 추세에 있어서 저장을 통한 고품질 과실의 주년 공급의 필요성도 점차 커지고 있다.

따라서 매년 과실 생산량의 상당량이 저장에 이용되고 있으며, 전국의 배 주산단지 6개소에서 73농가에 대한 최근의 조사에 따르면 농가 보유 저장고를 이용하여 배생산량의 약 60% 가 출하 전에 저장되고 있다.

〔표 19－1〕 배 주산 단지 6개소(73농가)의 배 생산 및 저장 물량(1992)

(단위 : M/T, %)

	계	신 고	장십랑	만삼길	금촌추	기 타
생산량 (A)	2,544.4	1,427.4	531.8	430.1	68.7	86.7
저장량 (B)	1,508	1,031.5	25.6	405.7	36.2	9.0
저장비율 (B/A)	59.3	72.3	4.8	94.3	52.7	10.4

※ 1993, 연구보고서 과수연구소

한편 우리 나라는 배 재배에 매우 유리한 자연적 조건을 갖추고 있어 고품질의 배 생산에 유리하다. 그러나 생산된 과실을 실제 소비 단계에 이르기까지 고품질을 유지하고 손실을 감소시키기 위해서는, 재배를 통한 고품질 과실의 생산에 대한 관심 못지 않게 과실의 수확 후 관리 및 저장 기술의 향상을 위한 노력과 투자가 있어야 한다.

1. 저장에 관여하는 요인

가. 온도

과실 내에서 일어나는 여러가지 생리적 반응은 온도의 변화에 큰 영향을 받으며 일반적으로 온도가 낮을수록 반응속도가 느려진다. 특히 수확 후 과실의 호흡은 온도의 영향을 심하게 받아 저온에서는 호흡량이 감소하므로 장기간 저장에는 저온저장이 보편적으로 이용되고 있다.

순수한 물이 얼기 시작하는 온도는 0℃이지만 물에 각종 성분이 녹아 있는 경우에는 얼기 시작하는 온도가 낮아지며 이를 빙점 강하라 한다. 과실의 경우 다량의 수분을 함유하나 과즙의 수분에는 무기 염류나 당을 비롯하여 각종 성분이 용해되어 있으므로, 과실의 어는 온도는 빙점 강하 현상에 의해 낮아져서 대략 −2℃에서 얼기 시작하는데, 과실 조직의 결빙에 의해 나타나는 피해를 동해(凍害)라 한다.

저장 과실이 동해를 입으면 해동 후에 정상 회복이 어렵고, 곧 부패하게 되므로 과실 저장시 저장고내의 온도는 −2℃ 이하로 내려가지 않도록 특히 유의해야 한다.

한편 빙점 이상의 저온에서도 과실 종류에 따라서는 생리적으로 피해 증상이 나타날 수 있는데, 이를 동해와 구분하여 저온 장해라 한다. 저온 장해를 입는 과실은 대체적으로 열대 또는 아열대 산인데 예를 들어 토마토, 바나나 등은 13℃ 이하에서 저장될 경우 저온 장해를 입는다.

그러나 사과, 배를 비롯한 대부분의 온대산 과실에서는 저온 장해의 피해가 크지 않으므로, 이러한 과실의 저장시에는 동해를 입지 않을 정도로 온도를 낮출수록 저장에 유리하며, 배의 경우에 적정 저장온도는 −1~0℃라 할 수 있다.

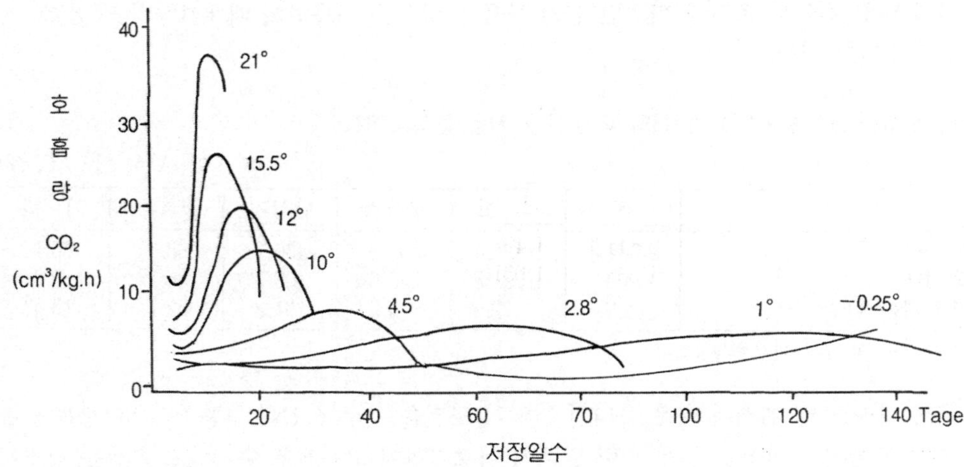

〈그림 19−1〉 저장기간 중 온도에 따른 호흡량의 차이(서양배)

나. 습도

1) 수분의 역할

과실의 수분함량은 90% 이상이며 수분은 과실의 신선도와 밀접한 관련이 있어서, 저장 중 과실 중량의 5% 이상의 수분 감소는 과실의 상품 가치를 크게 감소시킬 뿐만 아니라, 탈수는 스트레스로 작용함으로써 에틸렌의 생성을 증가시킨다고 알려져 있다.

특히 배 과실의 경우 수분 함량이 높을 뿐만 아니라 사과와 달리 과피에 왁스 층이 발달되어 있지 않아 과피를 통한 수분 증발이 빠르게 일어나므로 수분 손실에 특히 유의해야 한다.

저장 중 수분의 손실을 억제하기 위해서는 저장고 내의 상대 습도(RH)를 높여야 하는데, 대개 약 95% RH가 요구되며, 이슬 맺힘의 문제가 없다면 저장고 내의 상대 습도가 높을 수록 수분 손실 방지에 유리하다.

저장고 내의 습도를 유지하기 위해서 저장고 바닥에 물을 뿌리는 방법이 소규모의 저온 저장고에서 이용되고 있으나, CA저장고와 같이 저장 기간 동안 밀폐를 유지해야 하는 경우에는 자동습도 측정 장치 및 가습 장치의 설치가 필수적이다.

2) 상대 습도와 이슬점

저장고 내의 공기습도는 일반적으로 상대습도(RH, Relative Humidity)로 표시된다. 주어진 온도 조건에서 공기가 최대한 함유할 수 있는 수증기의 양은 일정하며, 일정온도에서 공기가 최대한 수용할 수 있는 수증기의 양에 대하여 현재 공기중에 함유되어 있는 수증기의 양을 백분율(%)로 표시한 수치가 상대 습도이다.

한편 공기의 상대습도는 온도와 밀접한 관련이 있어서 온도가 저하될수록 공기가 수용할 수 있는 최대 수증기의 양은 점차 감소하며, 동일한 양의 수증기를 함유하는 공기라 할지라도 더운 공기에 비하여 차가운 공기는 높은 상대 습도를 나타낸다.

온도를 더욱 낮추면 공기의 상대 습도는 100%(포화습도)에 도달하여 수증기의 응축에 의한 이슬의 형성이 나타나는데, 이슬이 맺히기 시작하는 온도를 이슬점(dp, dew point)이라 한다.

3) 온도와 이슬맺힘

과실의 저장 중 병해의 발생은 저장고 내 습도(수증기)보다 물(자유수)과 밀접한 관련이 있으며, 병원 미생물의 번식에는 자유수의 존재가 요구되어 과실의 표면에 이슬이 맺힐 경우 병해의 발생이 급격히 증가한다.

이슬맺힘은 이론적으로는 저장고 내의 상대습도가 포화 습도에 이를 때 일어나지만, 상대 습도가 높으면 이슬점이 높아지므로 95% 이상의 고습 조건에서는 약간의 온도 변화에 의해서도 쉽게 이슬이 맺히기 시작한다.

상대 습도는 온도에 따라 변화하므로 온도 편차가 심한 증발기 코일(evaporator coil)이 설치되어 있는 저장고에서는 상대 습도의 변동이 심하여 장기간의 저장시 과실의 수분 손실이 커진다.

또한 증발기 코일의 온도가 지나치게 낮으면 증발기 코일에 이슬이 맺힌 후 서리가 형성되는데, 이런 경우 저장고 내의 습도는 빠르게 낮아져 과실의 수분 손실을 일으키는 요인이 된다.

따라서 증발기 코일의 온도는 가급적 이슬점 이하로 낮추지 말아야 한다. 〈그림 19-3〉은 이슬 및 서리 방지를 위한 증발기 코일의 온도 조건을 보이는데 예를 들어 0℃에서 저장고내의 상대 습도를 90%로 유지하려면 증발기 코일의 온도는 −1.3℃ 이상을 유지해야 한다.

그러나 프레온 또는 암모니아를 냉매로 이용하는 증발기 코일은 이러한 온도의 유지가 사실상 어렵기 때문에, 정확한 온도 및 습도 유지를 위해서는 글리세롤 등을 냉매로 이용하는 냉각기(brine chiller)를 설치하는 것이 유리하다.

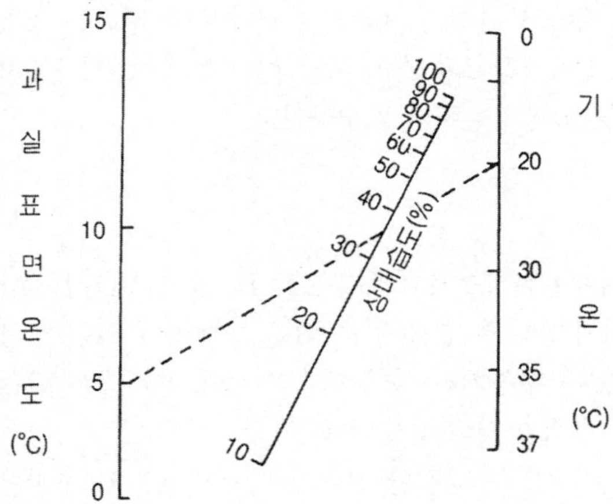

〈그림 19－2〉 이슬 맺힘과 과실의 온도, 기온, 상대 습도의 관계

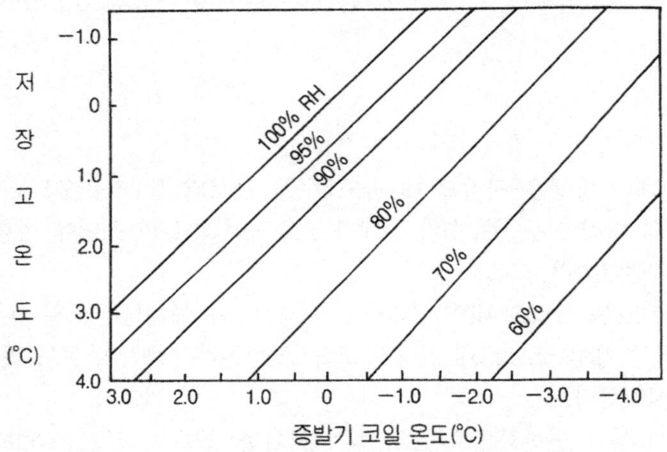

〈그림 19－3〉 서리 형성과 증발기 코일의 온도, 상대습도, 저장고의 온도 관계

다. 호흡량

과실은 수확 전 생육 기간 동안에는 모체의 뿌리를 통하여 흡수된 수분과 각종 무기염류를 비롯하여 잎에서 광합성 작용에 의해 합성된 탄수화물을 공급받아 체내에 축적하는 반면, 수확 후에는 생육기간 중에 체내에 축적한 저장 양분을 소모함으로써 생명의 유지에 필요한 에너지를 공급받는다.

이때 에너지의 공급은 호흡 작용에 의한 탄수 화물의 분해 과정을 통하여 이루어지게 된다. 따라서 과실 저장의 기본적 원리는 호흡을 최소화하여 과실 내 저장 양분의 소모를 줄이는 데 있으며 과실의 수확 시기, 저장 온도, 저장 기간 등에 따라 과실의 호흡량에 차이가 있다.

특히 온도는 과실의 호흡과 밀접한 관련이 있는데, 0~30°C의 범위 내에서는 온도를 10°C

낮출 때마다 호흡은 대략 절반씩 감소한다.

과실은 일반적으로 호흡량의 변화 양상에 따라 급등형(急騰型, climacteric형)과 비급등형(non－climacteric)의 과실로 분류된다.

급등형의 대표적 과실은 사과, 배, 토마토, 바나나, 감, 복숭아, 아보카도 등이며, 비급등형 과실에는 감귤, 포도, 오렌지, 레몬, 오이, 딸기 등이 있다. 과실의 발달 과정에서 낙화(落花) 후 과실 생장 초기 단계에는 호흡량이 매우 높다가 점차 감소하는 경향을 보인다.

비급등형 과실에서 과실의 생육기 및 성숙, 노화 기간 중에 호흡의 감소 경향이 지속적으로 유지되는 반면, 급등형 과실에서는 생리적 성숙이 완료되고 후숙이 개시될 무렵 호흡의 급등현상(respiratory climacteric)을 보인다.

급등형 과실의 경우 호흡은 생리적 성숙기간 동안 호흡이 최소점에 이르게 되며 이때가 저장용 과실의 수확 적기에 해당된다.

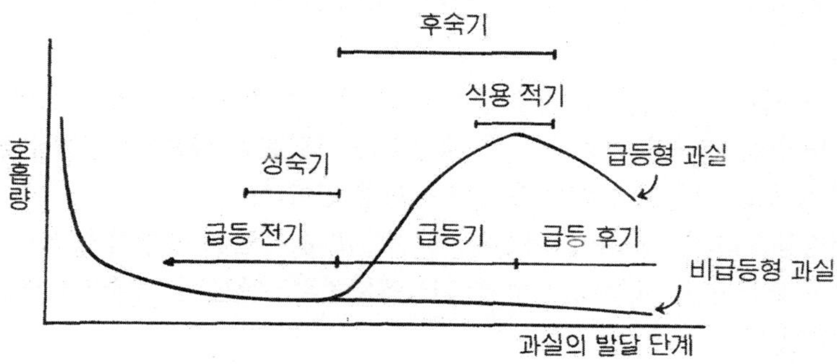

〈그림 19－4〉 급등형 및 비급등형 과실의 호흡 변화와 발육 단계의 구분

라. 에틸렌

1) 에틸렌의 생성과 작용

급등형 과실에서 호흡의 증가는 에틸렌 생성량의 증가와 함께 일어나며, 호흡의 급등현상은 과실에서 발생되는 에틸렌에 의해 발생된다. 비급등형 과실의 경우 과실의 발달기간 중 스트레스, 상처, 병해 등과 같은 외부로부터의 특별한 자극이 없는 한 호흡의 증가가 나타나지 않을 뿐만 아니라 에틸렌 생성의 증가도 관찰되지 않는다.

에틸렌(C_2H_4)은 기체상의 물질로서 모든 종류의 식물 조직은 미량의 에틸렌을 생성하는 능력이 있으며, 식물의 노화 또는 과실의 성숙을 촉진시키는 작용으로 인해 노화 호르몬 또는 성숙 호르몬(ripening hormone)으로 알려져 있다.

급등형 과실에 있어서 과실의 에틸렌 생성 능력을 인위적으로 억제하거나 과실에서 생성되는 에틸렌을 효율적으로 제거할 경우 과실의 성숙이 불가능해지거나 매우 지연된다.

급등형 과실의 발달 과정에서 에틸렌의 생성 곡선은 급등 전기, 급등기, 급등 후기로 구분된

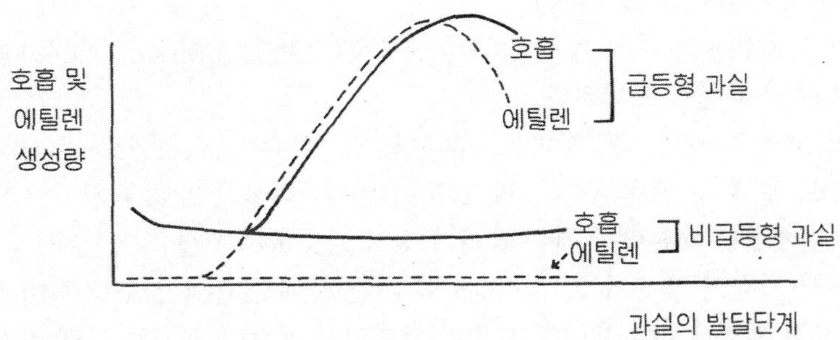

〈그림 19-5〉 급등형과 비급등형 과실의 호흡량 및 에틸렌 생성량의 변화

다. 급등 전기(preclimacteric)에는 에틸렌의 생성량이 매우 적어서 과실 조직 내 에틸렌의 농도는 0.01~0.1ppm 의 수준을 유지하는 반면, 일단 급등기에 접어들면 에틸렌 생성량은 크게 증가하여 사과 과실의 경우 조직내 에틸렌의 농도는 100~2,000ppm의 수준에 이르기도 한다.

과실이 일단 에틸렌 생성 급등기에 접어 들게 되면 후숙 또는 노화의 인위적 조절이 어려워 저장에 불리해진다. 그러나 급등 전기에 생성되는 에틸렌의 양은 매우 적을 뿐만 아니라 비교적 에틸렌 생성 또는 작용의 인위적 통제가 용이한 편이다.

따라서 저장용 과실의 수확 및 저장의 개시는 대개 에틸렌 생성의 증가가 나타나기 이전인 급등 전기에 이루어지며, 과실의 저장 중에는 에틸렌의 생성량을 낮춤으로써 과실의 저장 기간을 연장시키게 된다.

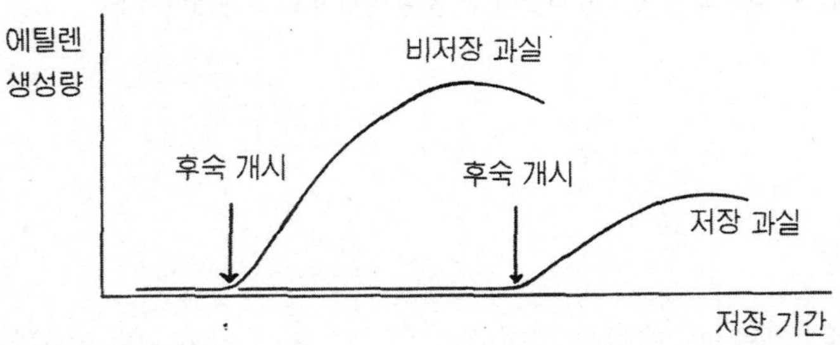

〈그림 19-6〉 저장 과실과 비저장 과실의 에틸렌 생성 비교

2) 에틸렌의 영향

급등형 과실뿐만 아니라 비급등형 과실을 포함하여 모든 종류의 고등식물의 조직은 에틸렌을 지속적으로 생성하는 능력을 가지고 있는데, 대부분의 과실에서 에틸렌 생성량은 대략 0.02$\mu\ell$ /kg /hr 이상으로서 과실 조직내 에틸렌 농도는 약 0.05ppm 이상이 유지된다.

한편 식물 조직은 0.01ppm 정도의 낮은 에틸렌 농도에도 반응하며, 특히 과실류의 경우 밀폐된 공간에서 장기간 저장이 이루어질 때 에틸렌의 축적에 의해 생리적으로 여러가지 영향 또는 피해를 입을 수 있다.

예를 들어 0.01$\mu\ell$/kg /hr의 에틸렌 생성 속도를 가지고 있는 작물을 작물 부피의 3배가 되는 저장고에 밀폐하면 24시간 만에 저장고 내의 에틸렌 농도는 0.12ppm에 이르게 되는데, 실제로 과실의 저온 또는 CA 저장의 경우 저장고는 장기간 밀폐상태가 유지되므로 저장고내 에틸렌의 농도는 수백 또는 수천 ppm에까지 이를 수 있다.

또한 대부분의 과실은 상처 또는 병해, 충해를 입거나 부적절한 환경적 조건으로 인해 스트레스가 가해졌을 경우 에틸렌의 생성(스트레스 에틸렌)이 증가하며 이러한 과실은 주위의 건전한 과실에 영향을 미칠 수 있다.

그러나 과실이 에틸렌에 반응하는 정도는 과실의 종류에 따라 서로 다르다. 에틸렌 생성량이 매우 높은 사과의 경우 저온 조건에서 에틸렌의 영향을 쉽게 받지 않는 반면, 에틸렌의 생성은 미약하다 할지라도 배의 경우는 에틸렌에 민감하게 반응하며, 특히 참다래는 에틸렌에 매우 민감하게 반응하는 대표적 과실에 속한다.

에틸렌은 식물의 노화를 촉진시키는 호르몬으로서 엽록소 분해 효소, 세포벽 분해 효소 등의 활성화를 일으킴으로서 황화현상과 함께 과육의 연화 또는 과실, 잎 등의 탈리(脫離) 촉진 등을 부른다. 작물의 저장 중에 발생될 수 있는 여러가지 생리적 장해, 즉, 저온 장해 또는 CO_2장해 등의 피해 증상은 에틸렌에 의해 더욱 심화될 뿐만 아니라, 노화의 촉진으로 병해에 대한 저항성을 약화시킴으로써 병발(病發)을 증가시키기도 한다.

마. 품종

과실의 에틸렌 생성 능력은 과실의 종류 및 품종에 따라 매우 다양하며, 급등형 과실에 속하는 배의 경우에도 품종에 따라 에틸렌 생성 능력은 현격한 차이를 보인다.

행수, 장십랑 등은 전형적인 급등형 과실에 속하는 반면, 이십세기, 신고 등은 에틸렌 생성이 미약할 뿐만 아니라 호흡의 변화 양상에 있어서 급등형보다는 비급등형 과실에 가까운 특성을 보인다.

한편 배에서 조생종인 품종은 중생종 또는 만생종 품종에 비하여 에틸렌 생성량이 높은데, 일반적으로 에틸렌 생성량이 높은 품종은 저장성이 낮은 경향이 있다.

〔표 19-2〕 에틸렌 생성 정도에 따른 배 품종의 분류

에틸렌 생성량	품 종
매우 높음	장십랑
높 음	신수, 행수
보 통	팔달
적 음	풍수, 신고, 이십세기, 신흥
매우 적음	금촌추, 만삼길, 조생적

배의 저장성은 품종에 따라 큰 차이를 보이므로 배의 저장시에는 우선 저장에 적합한 품종이 선택되어야 하는데, 장기 저장에는 조생종보다 만생종 품종이 유리하며, 품종에 따른 저장 한계 기간을 초과하여 저장할 경우 과육의 갈변 및 연화 등이 심하게 나타나 상품 가치가 떨어진다.

〔표 19-3〕 배의 품종별 저장 가능 기간

품 종	상 온 저 장(일)	저 온 저 장(일)
만 삼 길	80 ~ 100	180
금 촌 추	60 ~ 80	150
신 고	50 ~ 70	120
단 배	40 ~ 60	90
서 양 배	30 ~ 60	80

2. 저장 방법 및 효과

가. 저온 저장

1) 저장고의 건축 재료 및 건축양식의 예

국내에서 저온 저장고의 시공에는 스치로폴 판넬, 폴리우레탄 판넬, 콘크리트 또는 시멘트 벽돌이 주로 이용되고 있으며, 이중 폴리우레탄 판넬이 단열 효과가 가장 크다.

그러나 각 재료별로 장단점이 있으며, 예를 들어 스치로폴 또는 폴리우레탄 판넬을 이용한 건축은 공기가 짧고 시공이 간편한 반면 콘크리트 또는 시멘트 벽돌을 이용한 축조식 저장고에 비하여 내구성이 떨어진다.

〔표 19-4〕 저온 저장고 건축 재료별 열전도 저항 계수

건 축 재 료	열전도 저항 계수(m^2,℃/kj)
석면	0.064 /cm
석면 보드	0.077 /cm
고밀도 스치로폴 판넬	0.096 /cm
스치로폴	0.080 /cm
폴리우레탄 판넬	0.120 /cm
합판	0.024 /cm
석고 보드	0.017 /cm
콘크리트	0.002 /cm
시멘트 블럭	0.054 /cm

〔표 19-5〕 건축 재료별 특징

구분	시치로폴 판넬	우레탄 판넬	축 조 식
표면재	실리콘 폴리에스터 또는 불소 도장 0.6mm 착색 아연도 강판		페인팅 또는 타일 마감
내부 단열재	고밀도 발포 스티로폴 (20kg /m^2)	경질 폴리우레탄 (35kg /m^2)	발포 스치로폴 (18kg /m^2)
폭	1,200mm	900 mm	
길 이	무 제 한	9m 이하	
두께(mm)	50, 75, 100, 150, 200, 300	50, 75, 100, 150	
무 게	10~15 kg /m^2	11~14 kg /m^2	
장단점	공기가 짧고 시공이 간편하며 가격이 저렴하다.	공기가 짧고 시공이 간편하나 가격이 비싸다.	내구성이 좋으나 공기가 길고 시공이 어렵고 비싸다.

○ 판넬식 농가형 저온 저장고

〈시설개요〉

- 건평 : 15평
- 시설비 : 2000만원
- 부대시설 : 냉동기 5마력 1대
  출입문 900×1800mm(100~200T)
  출입구 에어 케텐
- 전기 : 3상 4선식(380V, 220V), 15KW

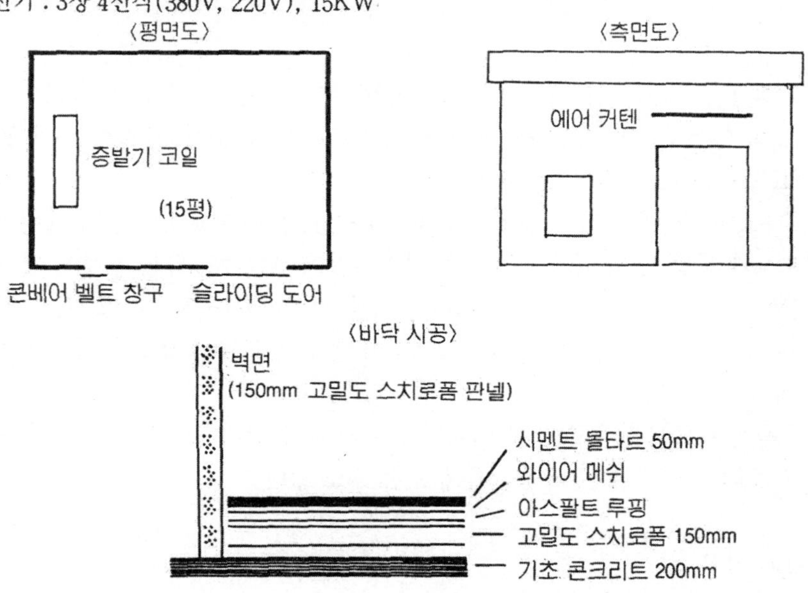

〈그림 19-7〉 판넬식 농가형 저온저장고의 예(충북 음성군)

○ 축조식 농가형 저온 저장고의 예(충북 청원군)

〈시설개요〉

- 건평 : 18평
- 시설비 : 2500~3000만원
- 부대시설 : 냉동기 5마력 2대
  출입문 900×1800mm(150T)
- 전기 : 3상 4선식(380V, 220V), 12KW

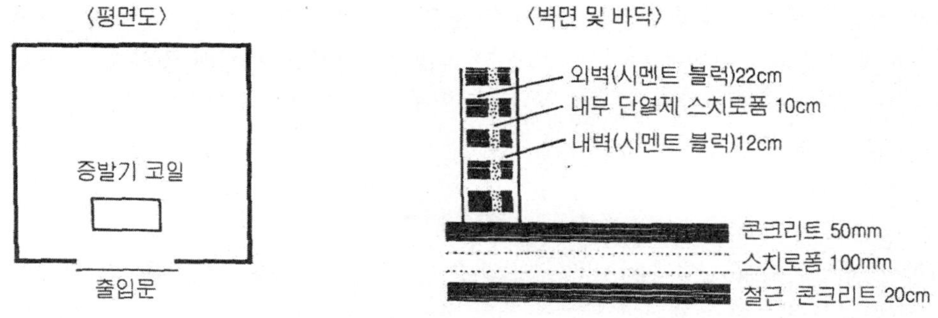

〈그림 19-8〉 축조식 농가형 저온저장고의 예(충북 청원군)

2) 배의 저온 저장방법

가) 과실 및 저장고의 소독

일반적으로 재배 중에 감염된 후 과피의 내부에까지 침입하여 잠복 중인 병원균의 경우(잠복성 감염) 수확 후 약제처리에 의한 방제가 곤란하다.

따라서 저장용 과실의 재배 중에는 주기적인 약제 처리로 잠복성 감염을 미연에 방지하여야 하며, 과수원 내의 잡초, 죽은 가지, 낙과한 과실 등 병원균의 번식처를 수시로 제거하여야 한다.

한편, 수확 후 100ppm의 염소를 함유하는 세척수로써 과실을 세척하면 과실의 표면 또는 상처 부위에 붙어 있는 곰팡이의 포자수를 상당히 감소시킬 수 있으나, 이때 과실 표면의 수분은 저장고 입고 전에 반드시 제거하여야 한다.

과실의 입고(入庫) 전에 저장고 $1m^2$당 유황 20~30g을 태우고 24시간 밀폐하여 저장고를 훈증 소독함으로써 저장 중 부패과의 발생을 감소시킬 수 있는데, 유황 훈증시 발생되는 아황산 가스는 인체에 유독(有毒)할 뿐만 아니라 금속을 부식시키는 작용이 있다. 그러므로 철제 기구는 밖으로 내놓고 증발기 등의 설비는 밀폐하며 훈증 후에는 저장고를 환기하여 아황산 가스를 완전히 제거하여야 한다.

저장고의 소독을 위해서는 훈증 소독 이외에 1% 의 포름 알데히드나 5% 의 차아염소산 나트륨(유한락스 또는 표백제성분) 수용액을 분무할 수도 있다.

나) 과실의 입고 시기

일반적으로 원예산물은 수확직후 곧 저온처리하여 신속하게 체온을 낮추는 것이 저장성 향상에 도움을 주며, 수확 직후 저장고 입고 전에 별도의 시설에서 체온을 신속하게 낮추는 작업을 예냉(豫冷)이라 하는데, 이러한 예냉 처리는 특히 채소나 화훼류와 같이 수확 당시 호흡열의 발생이 많고 저장기간이 짧은 작물에서 효과적이다.

그러나 사과 또는 배 등의 과수 산물은 대개 별도의 예냉 시설을 갖추지 않고 수확 후 곧 저온 저장고에 입고시킴으로써 예냉을 대신하는데, 이는 과실의 경우 중량에 비하여 표면적이 적어 예냉 처리에 의한 체온 저하 속도가 크지 않으므로 예냉 처리의 효과가 적어서 별도의 예냉 시설을 갖추는 것이 비경제적이기 때문이다.

그러나 배의 저장시 특히 저장성이 약한 조생종 품종은 가급적 수확 직후 곧 저온 저장고에 입고시켜 신속하게 체온을 낮추어야 한다. 단지 신고, 금촌추, 만삼길, 추황배 등과 같이 저온 저장중 과피 흑변 발생의 우려가 있는 품종은 수확 후 일정 기간 포장에서 야적한 후 저장고에 입고하는 것이 과피 흑변 발생 방지에 유리하다.

다) 배의 저온 저장 조건

과실의 저장시 저장 온도가 낮을수록 미생물의 생장 및 번식이 억제될 뿐만 아니라 과실의 호흡 및 에틸렌에 대한 반응이 억제되어 과실의 장기 저장에 유리하지만, 배의 경우 −2℃ 이하에서는 조직의 결빙에 의해 동해(凍害)를 받게 되므로 −1~0℃의 범위 내에서 저장 온도

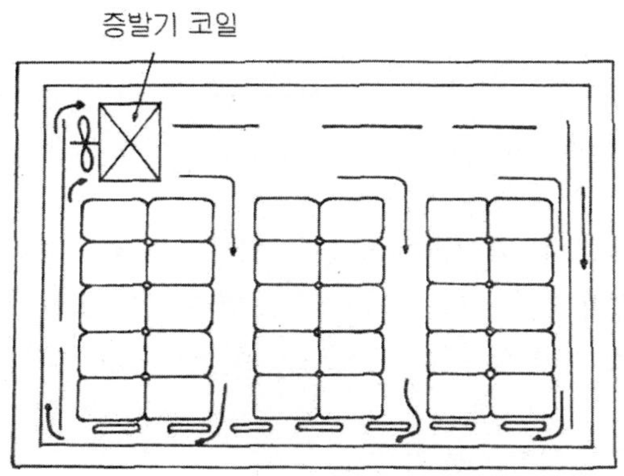

〈그림 19-9〉 원활한 통풍을 위한 저장고 내 과실 상자의 배치

를 조절하여야 한다.

그러나 증발기 코일 주위의 공기 온도는 쉽게 영하로 내려가는 경우가 있으므로 주의해야 한다. 저장고내에 팔레트를 적절히 배치하고 공기를 강제 순환시켜 저장고 내의 온도 분포를 고르게 하여야 하는데, 원활한 통풍을 위하여 팔레트와 팔레트 사이 및 팔레트와 벽면 사이에는 약 30cm, 천정 사이에는 최소한 50cm 이상의 공간을 두어야 하며, 과실 상자는 통풍이 좋은 프라스틱상자를 이용하는 것이 좋다.

배의 과피에는 왁스 층이 발달되어 있지 않아 저장고의 습도가 낮으면 수분 손실에 의한 신선도의 저하가 빠르게 나타나므로 유의하여야 하는데, 저장고의 습도는 95% RH가 적당하지만, 이슬맺힘의 우려가 없다면 배의 저장시 습도는 가급적 높게 유지하는 것이 유리하다.

나. CA 저장

보통의 대기는 21%의 산소(O_2), 0.035%의 이산화탄소(CO_2), 약1%의 불활성 기체를 함유하며 나머지 약 78%는 질소(N_2)로 구성되어 있다.

그러나 인위적으로 공기 조성을 변경시켜 산소 농도를 낮추고 이산화탄소 농도를 높인 조건에서 과실을 비롯한 원예산물을 저장할 경우 노화가 지연되어 저장 기간을 연장시킬 수 있다는 사실이 알려지게 되었고, 공기 조성을 인위적으로 변경시켜 원예산물을 저장하는 방법을 CA (Controlled Atmosphere, 공기조절)저장이라 한다.

현재 미국의 경우 사과와 배 생산량의 약 50%, 일본은 약 20%, 유럽에서는 약 30%가 CA 저장되고 있을 만큼 CA 저장은 선진 외국에서는 이미 1960년대 이래 실용적으로 이용되고 있는 보편적인 저장 방법이라 할 수 있다.

한편 현재 우리나라에서는 약 2500평 정도의 CA 저장고가 가동되고 있다. 그러나 예를 들어 경북 지방만의 저온 저장고 면적이 약 33,000평인 점에 미루어 볼 때 우리 나라의 CA 저장 시설 보급은 아직 미미한 편이다.

1) CA 저장의 원리

과실의 CA저장은 저온을 바탕으로 하여 산소농도는 대기보다 약 4~20 배 낮추고 이산화탄소 농도는 약 30~150배 증가시킨 조건(O_2:1~5%, CO_2:1~5%)에서 저장하는 방법을 말한다.

이러한 조건에서는 호흡의 억제, 에틸렌의 생성 및 작용의 억제 등에 의해 유기산의 감소, 과육의 연화, 엽록소의 분해 등과 같은 과실의 후숙과 노화 현상의 진전이 지연되며 미생물의 생장과 번식이 억제되는 효과로 인해 과실의 품질을 유지하면서 장기간의 저장이 가능해진다.

〔표 19-6〕 CA 저장의 주요 품목 및 저장 가능 기간

품 목	저장 가능 기간	
	저온 저장	CA 저장
사과(후지)	6 개월	11 개월
배 (신고)	6 개월	9 개월
참다래	4 개월	7 개월
단감	4 개월	7 개월
양파	7 개월	9 개월
밤	6 개월	9 개월
복숭아	2 주	40 일
양배추	3 개월	7 개월
토마토	2 주	2 개월
수박	1 개월	2 개월

2) CA 저장 방법의 종류

가) 관행적 CA 저장

과실의 CA 저장시 산소농도의 상한선은 5%로서 그 이상의 산소농도에서는 CA 효과가 크게 나타나지 않는다. 또한 1% 이하의 산소 농도에서는 저산소 장해와 함게 무기호흡에 의한 발효가 진행되어 과실의 품질이 매우 저하된다. 과거의 CA 저장은 관행적으로 산소 농도 2.5~5% 의 조건에서 주로 이루어져 왔다.

나) 저 산소 CA 저장 (ULO 저장)

최근에는 산소 농도를 한계 농도인 1% 에까지 낮추어 저장하는 CA 방법이 개발되어, 이를 저산소 CA 저장(Low Oxygen CA 저장) 또는 ULO(Ultra Low Oxygen, 초저산소)저장이라 한다. 이러한 저산소 CA 저장 방법의 발달은 특히 CA 저장에 소요되는 시설 및 기기의 성능 향상과 밀접한 관련이 있어서, 관행의 CA 저장 설비에 비하여 저산소 CA 저장을 위한 설비에는 고도의 정밀성이 요구된다.

CA 저장고는 가스 밀폐가 유지되어야 하며, 특히 저산소 CA 저장시에는 저산소 조건의 유지를 위하여 더욱 정밀한 가스 밀폐도가 필요하다.

또한 관행의 CA 저장에서는 산소 농도의 저하를 위하여 과실의 호흡에 의한 자연적 산소 소

모를 유도하거나 프로판 가스를 태우는 방법이 많이 이용되었으나 근래에는 이를 위하여 질소 발생기가 보편적으로 이용됨으로써 보다 정밀한 산소 농도의 조절이 가능하게 되었다. 한편 저산소 CA 저장시에는 산소 농도를 한계점까지 낮추기 때문에 약간의 산소농도 저하에 의해서도 저장 과실은 심각한 피해를 받게 되며, 이산화탄소 농도도 관행의 CA 저장보다 낮게 유지하여야 한다.

따라서 저산소 CA 저장시에서는 가스 농도를 정밀하게 측정하고 조절할 수 있는 장치가 요구되는데, 저산소 CA 저장에 있어서 대개 이러한 가스 농도의 측정 및 조절은 컴퓨터에 의해 자동으로 이루어진다.

다) 급속 CA 저장

관행의 CA 저장에 있어서는 과실을 저장고에 입고하여 밀폐시킨 후 저장고내의 산소 농도를 원하는 농도에까지 낮추어 CA 조건을 형성시키는 데 1주일 이상의 기간이 소요되었다.

그러나 근래에 들어서는 질소 발생기의 이용으로 CA 조건의 형성에 소요되는 기간이 크게 단축되었으며, 산소 농도를 24시간 이내에 원하는 농도에까지 신속하게 낮추어 저장하는 방법이 이용된다. 이를 급속 CA 저장(Rapid CA 저장)이라 하는데, 저장 초기의 신속한 산소 농도의 저하는 과실의 저장 기간 연장에 효과가 크다.

이러한 급속 CA 저장은 저장실 면적이 작을수록 유리하며 대개 한개의 저장실 면적은 30~50평을 표준으로 한다.

라) 저 에틸렌 CA 저장

CA 저장고는 장기간에 걸쳐 거의 완벽한 밀폐가 유지되는데, 비록 CA 조건에서는 과실의 에틸렌 생성이 크게 억제된다 할지라도 에틸렌 생성이 중지되지는 않기 때문에 밀폐된 CA 저장고 내에는 수백 내지 수천 ppm 의 에틸렌 축적이 불가피하게 된다.

한편 CA 저장시에는 이산화탄소의 농도가 비교적 높게 유지되며 이산화탄소는 에틸렌 작용 억제제로서 과실의 에틸렌에 대한 반응을 약화시키는 작용을 한다. 따라서 사과와 같은 과실에 있어서는 비록 밀폐된 CA 저장고 내에 고농도의 에틸렌이 축적되더라도 영향을 크게 받지 않는다.

그러나 배 또는 참다래와 같이 에틸렌에 민감한 과실은 CA 조건에서도 영향을 받게 되므로 이러한 종류의 과실저장시에는 에틸렌을 제거하여야 하며, 별도의 에틸렌 제거 장치를 이용하여 CA 저장고내의 에틸렌 농도를 수십 ppm의 수준까지 낮추어 저장하는 방법을 저에틸렌 CA(Low Ethylene CA)저장이라 한다.

마) MA 저장

폴리에틸렌 필름을 이용하여 과실을 밀봉할 경우 밀봉된 봉지 내에서 과실의 호흡작용에 의해 산소 농도는 자연적으로 감소하며 이산화탄소 농도는 증가하는 현상이 나타난다. 한편 폴리에틸렌 필름은 미세한 구멍을 지니고 있으며, 이로 인하여 산소 또는 이산화탄소 등의 가스에 대해 제한적이나마 투과성을 가지고 있다.

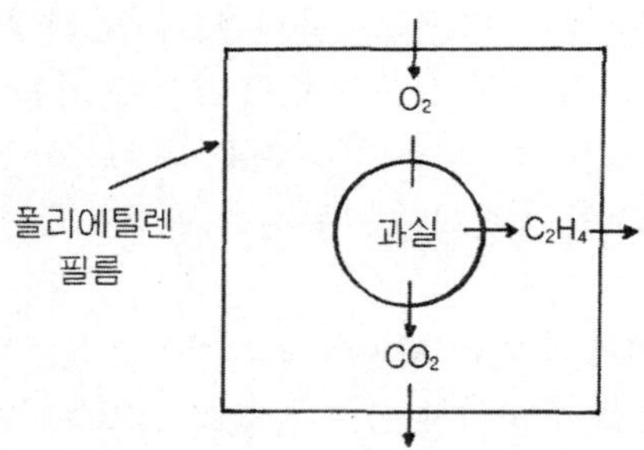

〈그림 19－10〉 MA저장의 원리

따라서 봉지 내에 산소 농도가 일정 농도 이상으로 축적되면 봉지 외부로 확산되는데, 산소 및 이산화탄소의 농도가 어느 정도의 수준에 이르게 되면 평형 상태에 도달하여 더 이상의 농도 변화없이 일정 수준을 유지하게 되어 자연적인 CA 조건이 형성된다.

이와 같이 별도의 기계적 시설 없이 가스 투과성을 지닌 적절한 포장재를 이용하여 CA 저장의 효과를 얻는 저장방법을 MA(Modified Atmosphere, 공기변형)저장이라 하는데, MA 저장은 특히 단감의 경우 실용적으로 이용되고 있으나 다른 과실에서는 널리 이용되지 않고 있다.

3) CA 저장의 설비

가) 저장고 및 저온 설비

CA 저장은 기본적으로 저온 저장을 바탕으로 하므로 저온 저장고와 동일한 저온 설비가 요구된다. 그러나 CA저장고는 저온 저장고와 달리 가스 밀폐가 유지되어야 하므로 벽면, 바닥, 천정 등의 정밀한 시공이 요구되며, 특히 출입문은 특수하게 제작되어야 한다.

CA 저장고는 작동 중에 밀폐가 유지되어야 할 뿐만 아니라 산소 농도가 낮아 질식의 우려가 있으므로 사람의 출입이 사실상 불가능하다. 따라서 가스 농도를 비롯하여 온도, 습도 등 저장고 내의 모든 조건은 자동, 조절이 가능하여야 하는데, 상업적 규모의 최신 CA 저장고는 가스 농도뿐만 아니라 온도 및 습도가 컴퓨터에 의해 조절되도록 설계되어 있다.

한편 저장고내의 자동 습도 조절을 위해서는 가습기의 설치가 필수적으로 대개 초음파 가습기 또는 원심 분리식 가습기가 설치된다.

나) 질소 발생기

CA저장고 내의 산소 농도를 저하시키기 위하여 과거에는 프로판 가스를 태우는 방법이 많이 사용되었으나, 근래에 건립되는 CA 저장고는 대부분 공기로부터 질소가스를 분리한 후, 분리된 질소 가스를 저장고 내에 불어 넣어 산소농도를 낮추는 방법(pull down)이 이용되고 있다.

이때 이용되는 기기가 질소 발생기(N_2 separator)이다. 공기로부터 질소를 생산하는 질소

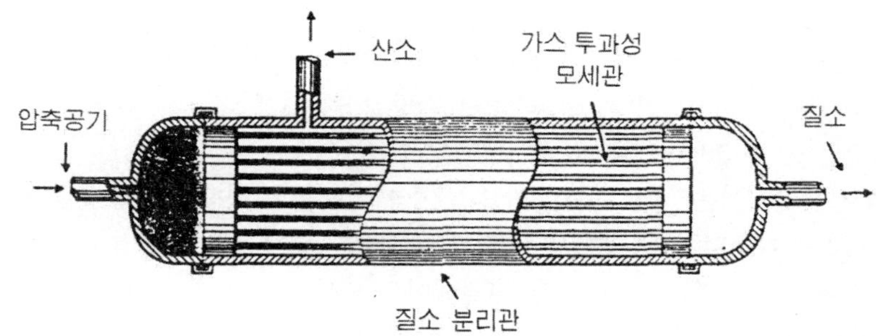

〈그림 19-11〉 막 분리식 질소 발생기의 구조

발생기에는 가스 투과성막(permeable membrane)을 이용하는 방식(membrane separator)과 탄소 분자체(carbon molecular sieve)를 이용하는 방식(PSA, Pressure Swing Adsorption)이 있으나, 투과성 막을 이용하는 방식이 성능 및 유지 관리면에서 유리하다.

막 분리식 질소 발생기는 공기 청정기 및 공기 압축기와 함께 투과성 막의 모세관 다발이 들어 있는 질소 분리관으로 구성되어 있으며, 질소 분리관은 공기로부터 산소, 이산화탄소 등을 제거하여 질소를 생산하는 기능이 있다.

다) CO_2 제거기

CA 저장고 내의 이산화탄소 농도는 과실의 호흡에 의해 자연적으로 증가되므로 별도의 이산화탄소 공급 장치는 대개 불필요한 반면, 이산화탄소를 제거하기 위하여 석회를 저장고 내에 넣어 두거나 이산화탄소 제거기(CO_2 adsorber)를 설치한다.

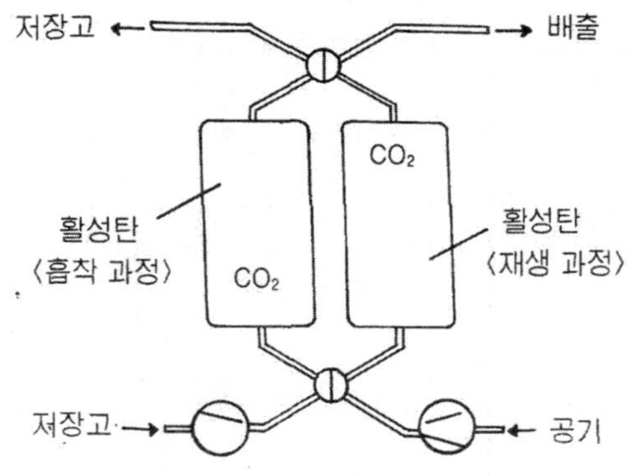

〈그림 19-12〉 CO_2 제거기의 구조

CA 저장고에 이용되는 이산화탄소 제거기 내부에는 활성탄이 충진되어 있으며 흡착과 재생 과정을 주기적으로 반복하면서 작동되는데, 흡착 과정에서는 저장고 내의 이산화탄소가 활성탄에 흡착되고 재생 과정에서는 흡착된 이산화탄소가 저장고 밖으로 배출되면서 활성탄이 재생된다.

라) 에틸렌 제거기

에틸렌에 민감하게 반응하는 작물을 CA 저장할 경우에는 에틸렌의 제거가 요구된다. 에틸렌을 제거하기 위하여 소규모 저장의 경우에는 과망간산칼리($KMnO_4$)를 이용할 수도 있으나 대규모 저장고에서는 비경제적이다.

따라서 CA 저장고에서는 백금 촉매를 이용하여 에틸렌을 산화시키는 에틸렌 제거기(ethylene converter)가 이용되는데, 에틸렌 제거기 내부에는 백금으로 코팅된 다공성 물질이 충진되어 있으며, 이를 약 250℃로 가열한 후 에틸렌이 포함된 공기를 통과시켜 에틸렌을 이산화탄소와 물로 산화시킨다.

마) 가스 측정기

CA저장고의 산소와 이산화탄소의 농도 측정은 대개 파라마그네틱 측정기(para-magnetic detector)와 적외선 측정기(infra red detector)를 이용하는데, 측정범위 0~10%, 측정 오차 약 0.1%인 측정기를 주로 이용한다.

CA 저장고에 설치되는 가스 측정기는 컴퓨터와 연결되어 자동 작동되는 한편, 컴퓨터는 측정된 가스 농도를 바탕으로 질소 발생기와 이산화탄소 제거기 등을 작동시켜 저장고 내의 가스 농도를 자동 조절하는 기능을 갖는다.

한편 에틸렌의 경우 측정이 까다로워 자동 측정 장치가 아직 개발되어 있지 않으며 정밀한 측정을 위해서는 가스 크로마토그라피에 의한 수동 측정이 불가피한데, 대개의 CA 저장고는 에틸렌의 측정 없이 타이머에 의해 에틸렌 제거기를 주기적으로 작동시키는 방식을 이용한다.

4) CA 조성 방식의 유형

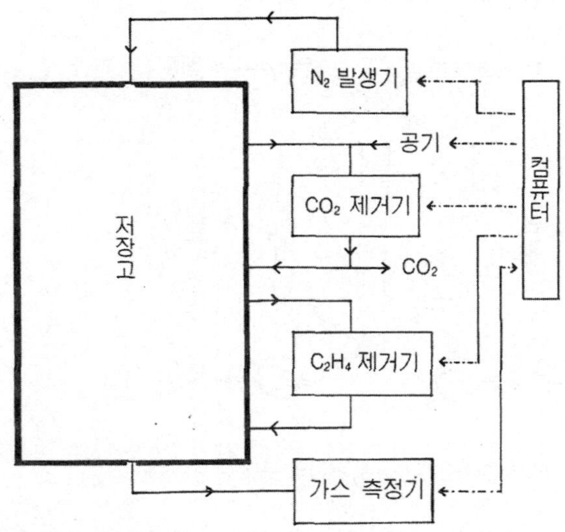

〈그림 19-13〉 제거식 CA저장고의 원리

가) 제거식 CA (Static type)

CA 조건의 조성을 위하여 질소 발생기 및 이산화탄소 제거기를 부착하며 에틸렌 제거가 필요할 경우 에틸렌 제거기를 부착하기도 한다.

과실을 저장고에 입고시킨 후 질소 발생기에서 생산된 질소 가스를 저장고 내에 불어 넣어 저장고 내의 산소 농도를 일정 수준으로 감소시킨 다음, 저장 중 과실의 호흡에 의해 이산화탄소 농도가 증가하면 이산화탄소 제거기를 작동시켜 이산화탄소를 제거한다.

나) 배출식 CA (Purge type)

미국에서 이용되는 CA 방식으로서, 질소 발생기만 필요하고 이산화탄소 제거기가 필요치 않다.

제거식에서와 마찬가지로 과실 입고 초기에 저장고내의 산소 농도를 일정 수준으로 낮추기 위하여 질소 가스를 불어 넣는 한편, 저장 중에도 과실의 호흡 작용으로 인해 이산화탄소 농도가 증가하면 질소 가스를 불어 넣어 이산화탄소가 저장고로부터 씻겨나가도록 한다.

이 방식에서는 에틸렌 제거기를 별도 부착할 필요가 없으며 이산화탄소 배출시 에틸렌도 자연적으로 함께 배출된다. 따라서 밀폐식에 비하여 구조 및 설비가 단순하다는 장점이 있으나, 질소 가스의 소모가 많아서 질소 발생기의 작동이 빈번해지는데, 이산화탄소 농도를 1~2% 정도로 낮게 유지해야 할 경우에는 질소가스의 소모를 줄일 목적으로 저장고 내에 석회를 넣어 두기도 한다.

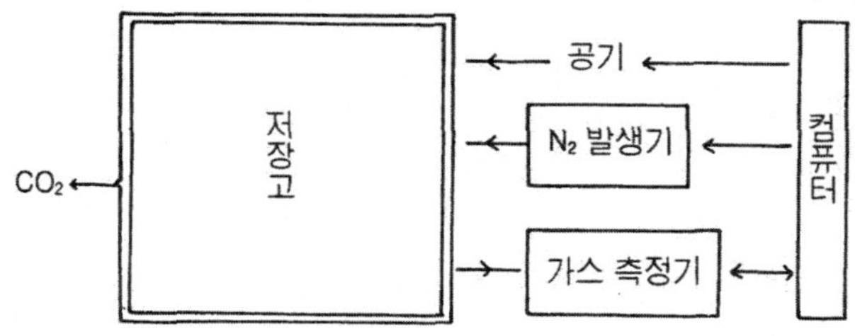

〈그림 19-14〉 배출식 CA저장고의 원리

다) 여과식 CA

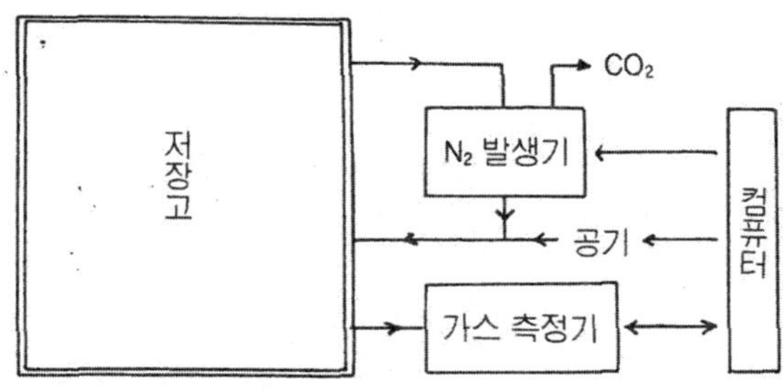

〈그림 19-15〉 여과식 CA저장고의 원리

배출식 CA 방식과 같이 질소 발생기의 작동만으로 CA 조건을 조성하는 방식으로서, 저장 초기에는 다른 방식과 마찬가지로 저장고 내에 질소 가스를 불어 넣어 산소농도를 낮춘다.

한편 질소 발생기는 이산화탄소를 여과하는 기능이 있으므로 저장 중에 호흡으로 인해 이산화탄소 농도가 증가할 경우, 저장고 내의 공기를 질소 발생기로 통과시킴으로써 이산화탄소를 여과하여 제거한 다음 이산화탄소가 제거된 공기를 저장고 내에 다시 불어 넣는다.

5) 배의 CA 저장 조건

CA 저장을 위한 배 과실의 재배, 수확 및 저장 온도, 습도 등의 조건은 저온 저장의 경우와 동일하다.

신고를 비롯하여 대부분의 동양배 품종은 고농도의 CO_2에 민감하여 1% 이상의 CO_2 조건에서 4개월 이상 또는 5% CO_2에서 1개월 저장시 CO_2장해의 증상이 나타날 수 있으므로 배의 장기간 저장시 CO_2 농도는 가급적 1%를 넘지 않는 것이 좋다.

고농도의 CO_2조건에서는 과심 및 과육 부위에 갈변 현상이 나타나는데, 갈변의 초기 증상은 과심부의 씨 주변에서 나타나기 시작하여 고농도의 CO_2조건이 장기간 지속되면 갈변은 과육 부위에까지 확대되고 심하면 갈변 부위의 조직이 죽은 후 건조되어 동공을 이루기도 한다.

한편 1% 이하의 산소 농도 조건에서 4개월 이상 저장시 과피에 반점형의 갈변과 함께 갈변 부위가 약간 함몰되는 저산소 장해의 증상이 나타나게 되므로 배의 장기 저장시 산소 농도는 3%를 유지하는 것이 좋다.

제 20 장 배의 가공

1. 과실 가공산업의 의의 및 현황

가. 과실 가공산업의 의의

① 과실을 가공함으로써 연중 소비할 수 있으므로 과실가격의 안정화로 생산자 및 소비자 보호 역할이 크다.
② 외관이 나쁜 과실은 상품성이 낮으나 가공처리하면 고품질화로 부가가치가 증대된다.
③ 과실을 가공하므로서 풍미를 개선하여 소비자의 기호도를 향상시킨다.
④ 규격화가 곤란한 과실을 가공처리함으로써 공업제품에 가까운 새로운 규격품의 생산을 유도한다.
⑤ 포장 수송이 간편하여 수출을 포함한 유통 비용을 축소할 수 있다.

나. 과실 가공산업의 현황

우리나라의 과실생산량과 가공량은 계속 늘어 '92년 과실생산량은 2,090천톤이고 가공량은 325천톤으로 전체 과실 생산량에 대한 가공비율이 15.5%로 증가되었으나 아직 생식용 위주로 소비되고 있는 실정이다.

〔표 20－1〕'92년도 주요과종별 과실가공 현황

과 종	생 산 량	가 공 량 (톤)	가 공 비 율(%)
사 과	695	107	15
배	174	210	－
복 숭 아	116	27	23
포 도	146	22	15
감 귤	719	161	22
기 타	240	7	3
계	2,090	324	15.5

※ '92과실채소가공현황, 농림수산부

'92년도 주요과종별 과실가공 현황을 보면〔표 20－1〕감귤이 16. 1만톤으로 제일 많았고 다음으로 사과가 10. 7만톤, 복숭아, 포도가 각각 2.7만톤, 2.2만톤이었으며 배 가공량은 210

톤에 불과하다. 배 가공량이 적은 원인은 과실의 원료 가격이 높아 가공에 의한 소득이 낮고 배 가공품의 미개발과 가공품의 품질이 낮기 때문이다.

그러나 가공산업이 발전한 선진국인 미국의 경우 '92년 총과실 생산량은 3,034.3만톤, 가공량은 2,051.1만톤으로 가공비율이 67.6%로 대부분 가공에 의하여 소비되고 있다〔표 20-2〕.

〔표 20-2〕 미국과 한국의 과실생산량 및 가공량 비교

(단위 : 천톤, %)

국 별	생 산 량(A)	가 공 량(B)	가공비율(B/A)
한 국	2,090	324	15.5
미 국	30,343	20,511	67.6

* 한국 : '92과실채소가공현황, 농림수산부
미국 : 1992, USDA, Fruit & Tree Nutes

2. 과실 가공산업의 전망

우리 나라 과실 가공산업은 생산 농민의 소득증대와 고용확대, 수출 및 수입 대체로서 외화 획득 및 절약뿐만 아니라 가공 시설장비 등 관련 산업의 발전을 위해서 대단히 중요하다.

현재 우리나라 과실 가공산업의 문제점은 가공기술 부족, 가공시설 및 장비의 낙후, 원료 과실의 고가, 부재료의 고가 등을 들 수 있다. 수입개방 대응을 위해서는 생산자가 가공에 직접 참여하여 시장 점유율을 높여야 하는데 우리나라는 1%로 낮으나 외국의 경우 덴마크 60%, 프랑스 15%로 높은 실정이며 우리도 이들 나라와 같이 생산자의 가공산업 참여가 요구된다.

농수산물 가공산업 육성법이 제 161회(1993년) 임시 국회에서 통과되므로서 가공산업 육성 및 품질관리에 관한 법률, 시행령 및 시행규칙이 제정되었다.

과실 생산자 및 생산자 단체가 직접 가공품을 생산하기 위한 시설장비의 설치, 생산판매 비용의 자금지원, 가공 산업 추진을 위한 인·허가의 간소화, 전문 연구기관의 기술지원 등 과실 가공산업의 정책지원이 활성화될 전망이다.

금후 질 좋은 가공품이 생산되고 소비가 촉진될 것으로 예상되는데 우선 생과로 이용되지 않는 약 30만톤의 비상품과 이용으로 가격이 저렴한 과실 가공품을 생산하여야 한다.

특히 배과종의 경우 연구기관에서는 품질이 높은 배 가공품을 개발하고 비상품과를 이용하여 공장이나 농가에서 손쉽게 만들 수 있는 술, 통조림, 쥬스, 젤리 등의 가공품을 생산 소비한다면 배재배 농가의 수익성은 물론 부가가치 향상에도 기여할 것으로 전망된다.

3. 배 가공용 품종 및 수확시기

가공적성은 품종, 산지, 수확시기, 과실의 저장상태 등으로 결정되나 가공품의 질에 가장 크게 영향하는 것은 품종이 갖는 과실특성이다.

그러므로 배의 가공용 품종으로는 당도가 높고 적당한 양의 산을 함유하며, 경도가 적당하고 향기가 좋아야 한다. 특히 통조림용 품종의 경우 좋은 향기는 물론 육색은 순백색으로 육질이 좋아야 하며 석세포도 적어야 한다.

가공용 원료의 수확적기는 완숙보다는 약간 빠른 시기에 수확하는 것이 대단히 중요하다. 완숙된 과실은 수확직후 급격한 경도 저하로 가공시 육질이 물러지며 미숙과의 경우에는 전분함량이 많아 풋내가 나며 맛이 적고 육질이 너무 단단하여 착즙률이 낮아지므로 가공품 용도에 알맞게 수확적기에 수확하여야 한다.

4. 배 과실의 특성과 가공상 주의점

가. 배과실의 특성

① 과실은 다른 과실과 마찬가지로 수분을 많이 함유하고 있어 저장성이 약하며 고형물이 적고 단백질, 탄수화물 및 지방함량이 낮아 우리몸의 에너지원으로는 매우 낮다.
② 과실의 당은 솔비톨, 과당, 포도당, 자당 등이며 산은 주로 구연산을 함유하고 있고 저급지방산의 에틸, 부틸, 에스테르 등 방향성분을 함유하고 있어 품종 고유의 향기를 나타낸다.
③ 과실은 무기염류, 비타민, 펙틴질, 탄닌 및 식용섬유 성분과 녹색, 황색, 홍색 색소 등을 함유하고 있다.

나. 가공상의 주의점

과실 특성으로서 당, 유기산, 색소, 향기 성분 등을 함유하고 있으므로 이를 잘 보존하기 위하여 가공할 때 주의점이 요구된다.

1) 변색

배의 경우 녹색, 황색색소는 금속에 의하여 산화, 침전되므로 금속용기(철, 동 등)의 사용을 피해야 한다. 특히 산화에 의하여 갈변이 심하므로 산화을 방지하여야 한다.

2) 향기

배는 품종에 따라 특유한 향기를 가지고 있는데 이들 향기성분은 에스텔 및 알콜 등의 물질에 의하여 생기는데 가공시 가열온도가 높거나 조작과정이 길 경우 향기성분을 잃게 된다.

3) 비타민

과실에 들어 있는 비타민류는 영양적 의의가 크므로 비타민류의 손실이 적도록 해야 한다.

특히 비타민 C는 열처리시 손실이 많으며 비타민 E는 비교적 열과 산, 알카리 처리에도 안전하나 비타민 A, D는 가열시 20% 정도 손실된다.

비타민 B_1, B_2는 수용성이므로 물로 씻든가 물에 오래 담가서 가공할 때 20~50% 손실을 가져오므로 물에 오래 담그는 것을 삼가하여야 한다. 또 비타민 C 및 B_1은 알카리성에 대단히 불안정하므로 가공 중에는 pH 및 가열온도에 주의해야 한다.

4) 유기산

과실의 유기산은 철, 구리 등의 금속과 결합하면 금속화합물을 만드므로 가공품의 풍미와 빛깔이 나빠지는 동시에 철제제품의 가공기구를 손상하기 쉽다.

가공기구는 스텐레스 또는 에나멜을 입힌 재료나 유리 기구가 좋으므로 이러한 가공기구를 사용해야 한다.

5. 가공방법

가. 배술제조

배 발효주는 페리(perry), 포도주는 와인(wine), 사과 발효주는 사이다(cider)로 부른다.

배술은 페리로 부르나 이는 대부분 서양배를 이용한 것이며 우리나라에서 주로 재배되는 동양배는 이용되지 않고 있다. 동양배는 품종에 따라 다르나 배부분의 품종이 석세포가 많아 착즙률이 낮고 산함량이 적다.

대부분 과실은 생과용으로 이용되며 가격이 높고 배술 허가요건 등 제약이 많아 배술제조업체가 없는 실정이다. 지금까지는 과실주 생산허가 조건은 자본금 1억원 이상이고 시설기준도 엄격하여 농민과 생산자 단체의 참여가 매우 어려웠다.

그러나 가공산업 육성법이 개정되어 국세청장의 허가 규정을 개정하여 농림수산부장관이 추천하는 1정보 이상의 과수재배 면적을 소유한 농민과 10정보 이상의 재배면적을 가진 생산자 단체에 대하여 과실주 제조면허를 허용키로 하고 시설기준도 대폭 완화되어 배술제조 공장이 신설될 예정이다.

따라서 현재 폐기되는 비상품과를 술에 이용한다면 농가소득 증대와 소비자에게 양질의 고급 배술을 공급할 수 있어 수입개방 대응에 효과가 좋을 것으로 기대되므로 가공공장이나 가정에서 손쉽게 만들 수 있는 배 발효주 제조방법을 기술하고자 한다.

1) 배 발효주 제조과정

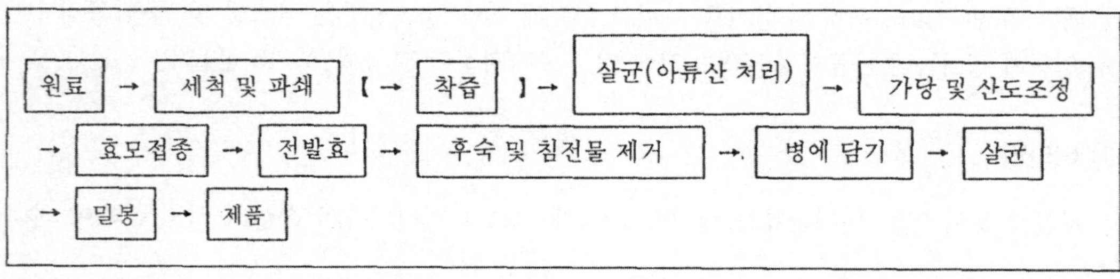

가) 원료선택, 세척 및 파쇄

배술 제조용 과실은 적숙과실로 외형보다 당도가 높고 적당한 산미와 향기가 좋은 과실을 이용할 경우 양질의 배술을 생산할 수 있다.

미숙과는 골라낸 후 후숙을 시키고 상처과 등은 부위를 제거한 후 과피표면에 묻어 있는 흙, 먼지 등을 세척하여야 하는데 과실이 깨끗할 때는 세척을 하지 않고 과실 표피에 묻어있는 효모를 이용한다.

파쇄시 과육의 크기가 가능한 한 적당하게 되어야 하나 너무 미세하게 파쇄하여 죽같은 상태가 되면 착즙이 곤란하며 쥬스가 점액질이 되어 착즙률이 떨어지고 청징시키는 데 좋지 않다.

파쇄기는 여러가지 있으나 공장에서는 함마타입 파쇄기〈그림 20－1〉가 많이 이용되고 있으며 일반가정에서는 소형파쇄기를 이용하는 것이 좋으나 이러한 기계가 없을 경우 칼 등을 이용하여 미세하게 절단한 후 믹서같은 기구를 사용하여 파쇄한다.

나) 착즙

파쇄된 과육을 그대로 발효시켜 발효주를 생산할 수도 있으나 품질향상을 위하여 12～24시간 동안 발효통에 정치하였다가 착즙할 경우 착즙률이 높아지며 탄닌함량이 낮아져 주질이 좋아진다.

미숙과실의 경우 착즙률을 높이기 위해서 파쇄된 과육에 펙틴분해 효소인 펙티나제를 0.05～0.1% 처리하여 24시간 후 25°C에서 착즙하면 수율이 5%정도 증가된다. 착즙률은 품종과 압착기의 성능, 압착기의 압력, 압착시 과육의 양, 압착시간 등에 따라 다르나 배의 경우 보통 70% 정도이다.

착즙방법은 공장에서는 유압식 압착기를 이용하나 일반 가정에서는 소형 나사식 착즙기〈그림 20－2〉를 이용하는 것이 좋으며 이러한 기구가 없을 때는 면포나 비닐망(스킬망 40매쉬)을 이용하여 손으로 착즙하여도 되나 수율(收率)이 낮다.

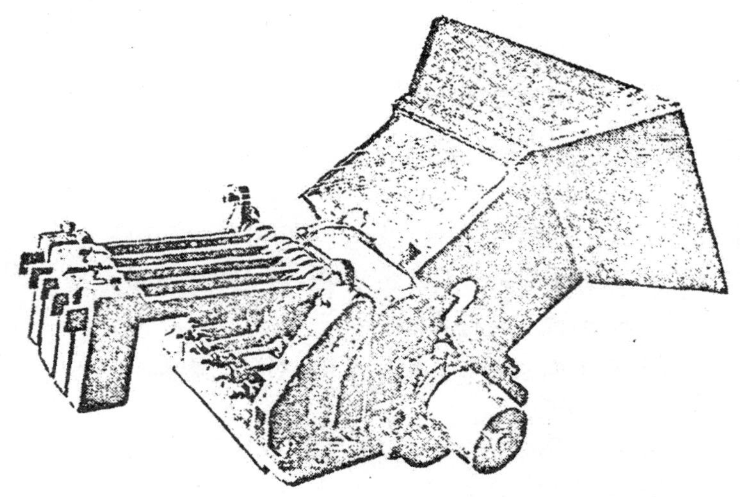

〈그림 20－1〉 함마타입파쇄기

〈그림 20－2〉 가정용 착즙기

다) 살균(아류산 처리)

아류산처리는 착즙 직후 살균과 동시에 산화를 방지하는 데 효과가 있으며 이용되는 아류산은 메타중아류산칼리로 첨가량은 100～200ppm이다.

아류산을 첨가하면 술의 산패원인이 되는 초산균의 번식을 저지하고 배, 쥬스에 함유되어 있는 탄닌 등에 의한 갈변을 방지하고 향기를 내는데도 관계하나 일반가정에서 소량의 배술 제조시에는 아류산을 첨가하지 않아도 된다.

라) 가당(설탕넣기) 및 산도 조정

가당은 배 과실의 당함량이 낮기 때문에 알콜함량을 높여 주기 위하여 하고 있으나 가당을 할 경우 가당량만큼 순수한 배술이 되지 않는다. 배즙이 발효하면 과즙 내의 당분이 분해되어 알콜과 탄산가스로 된다. 알콜생성 비율(중량비)은 포도당(100%)＝알콜(51.1%)＋탄산가스(48.9%)로 당함량의 약 51% 가 생성된다.

배술의 주정도(酒精度)는 저장에 안전하게 12% 는 함유되어야 초산균 등에 의한 산패를 막을 수 있으며 변질되지 않고 장기간 저장할 수 있다. 과즙내 당분이 효소에 의하여 분해하면 중량으로 51.1%가 알콜로 생성되므로 배즙의 당함량을 24%가 되게 가당하여야 술이 12% 정도 되어 변질되지 않고 안전하다.

그러나 가당함량이 많을 경우 알콜 함량은 이론상으로 16% 이상 되면 알콜도 살균력이 있기 때문에 효소가 사멸되거나 활성이 낮아져 발효가 되지 못하므로 배술 내에 당이 남아 있어서 단맛을 낸다.

그러므로 가당량은 잔당이 없이 발효가 끝난 후 주정도가 12～14% 정도 함유하도록 조정하는 것이 중요하다.

우리 나라 배재배 주품종인 신고품종으로 술을 만들 때 과실당도가 보통 10°Bx정도 되므로 가당량은 아래와 같다.

$$\text{가당량} = \frac{A(C-B)}{100-C}$$

A ＝ 배과즙의 중량　　B ＝ 배의 당도　　C ＝ 가당 후 당도

예) 배즙 10kg당 필요한 가당량 $\frac{10\times(24-10)}{100-24} = 1.85\text{kg}$ 이다.

가당할 때에는 배즙에 설탕을 잘 녹여서 설탕이 발효통 밑에 가라앉지 않도록 해야 한다. 설탕이 가라앉을 경우 발효가 되지 않아 발효 후 알콜 함량이 낮아 초산 발효가 일어나 술이 식초맛을 내므로 설탕을 완전히 과즙에 용해되도록 하는 것이 중요하다.

과즙을 발효시키기 위해서는 당 분해효소의 존재, 영양원인 당분과 환경인자로 온도, 수소이온 농도(pH)와 호기성 세균이므로 산소가 필요하다.

당분은 효소가 알콜 생성에 알맞는 농도로 조정하였으므로 환경인자인 수소이온 농도를 알맞게 조정하여야 하는데 배는 품종, 숙기에 따라 다르나 대체적으로 산도가 낮으므로(신고품종의 산도 4.6 내외) 발효에 알맞게 조정(pH3.2～4.0)을 해주어야 한다.

조정하는 방법은 여러가지 방법이 있으나 총산으로 0.5%(pH4.0) 정도 되게 구연산을 첨가시켜 주어야 하므로 배과즙의 총산함량비 0.2%를 감안하면 0.3% 의 양을 첨가시켜 주어야 한다. 즉 배과즙 10ℓ에 30g 정도 소요된다.

마) 효모접종

배 과피에는 야생효모, 박테리아 등 많은 미생물이 있으나 발효에 필요한 효모가 적으므로 공장 같은 곳에서는 아류산처리 살균하고 24시간 후 사과, 배술 효모로 좋은 포도당, 과당, 맥아당을 잘 발효시키는 saccharomyces속(*S. male-resleri, S. cerevisiac var. ellipsoideus.* 등)을 이용하여 발효시킨다〈그림 20-3〉.

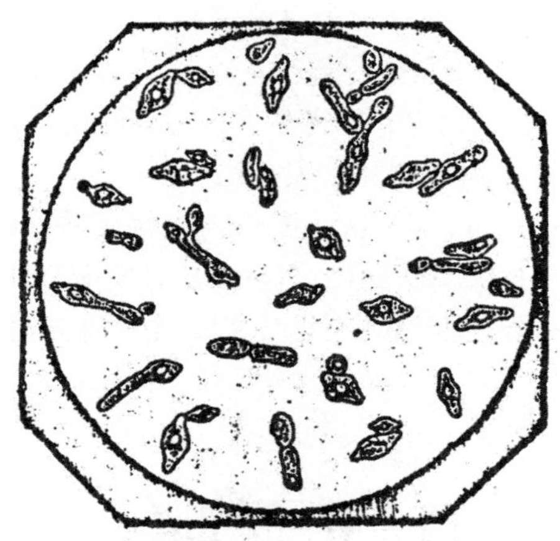

〈그림 20-3〉 포도효모(Ssaccharomyces cerevisiac P. C var. ellipsoideus)

그러나 일반 가정에서는 상업화된 효모를 구하기 어려우므로 깨끗한 과실을 세척 및 살균하지 않고 배과피에 있는 자체 효모를 이용하거나 발효중인 덧술을(포도주 및 사과주 등) 5~10% 첨가하여 발효시킨다.

바) 전발효

전발효는 당분이 알콜로 분해되는 것을 말하며, 발효기간은 온도에 따라 달라 25℃ 내외에서 5~8일, 20℃ 내외에서 10~14일, 15℃ 내외에서는 28일 소요된다. 효모 접종 후 25℃ 내외에서는 1일이 경과하면 탄산가스가 발생하므로 효모의 산소 공급을 위해서 1일 1~2회 저어주어 호기성 효모에 산소공급을 하므로서 발효가 잘 되도록 한다.

발효온도는 고온보다는 저온(15~18℃)에서 발효시키는 것이 향기가 보존되고 초산발효가 억제된다. 전발효가 끝나면 탄산가스 발생이 약해지므로 배술을 병이나 저장통에 넣는데 이때 완전한 발효가 끝나지 않았으므로 마개를 꼭 막으면 병이나 발효통이 터질 염려가 있다. 그러므로 탄산가스가 배출되도록 마개를 닫아 초파리가 침입하지 않도록 주의한다.

사) 후숙(저장) 및 침전물 제거

술을 숙성시키는 것을 후숙(aging)이라 하며 전발효가 끝난 술은 공기접촉을 적게 하기 위하여 주둥이가 작은 병이나 발효통에 공간을 많이 남기지 않고 되도록 공간을 적게 채워 후숙에 적당한 온도 10~15℃ 정도의 저장고에 저장하는 것이 좋다.

겨울철 같이 저장 중 온도가 낮을 경우 저장통이나 병 밑에 침전물이 가라 앉으면 1년에 2~3회 맑은 윗부분만 분리시켜(racking) 저장용기에 꼭 채워 후숙시킨다. 숙성중에는 술이 감칠 맛이 나고 순해지며 숙성중 방향(bouquest)과 향기(aroma)가 좋아진다.

과실주는 최소한 1년 이상 숙성(熟成)시켜 제품화하는 것이 좋다.

아) 병에 담기, 살균, 밀봉

첨전물이 제거된 배술을 공장에서는 미세한 휠터로 여과하여 술내에 있는 효소 및 단백질 등을 제거하여 제품에서 술의 혼탁이 발생되지 않는다.

살균방법은 공장에서 고온 순간 살균방법이 행해지며 살균과 동시에 규정된 양을 주입기를 통하여 병에 술이 일정량 주입된 후 자동 밀봉된다.

이때 살균기는 여러가지 있으나 열교환 자동온도 조절되는 온수순환에 의하여 이루어지며, 살균온도는 90℃, 시간은 30초~60초 소요된다. 그러나 소규모 공장이나 일반가정에서 살균할 경우 병 윗부분에 3~5cm 정도 공간을 두어 살균시 온도 상승에 따라 술이 넘치지 않을 정도로 규정된 양을 병에 담는다.

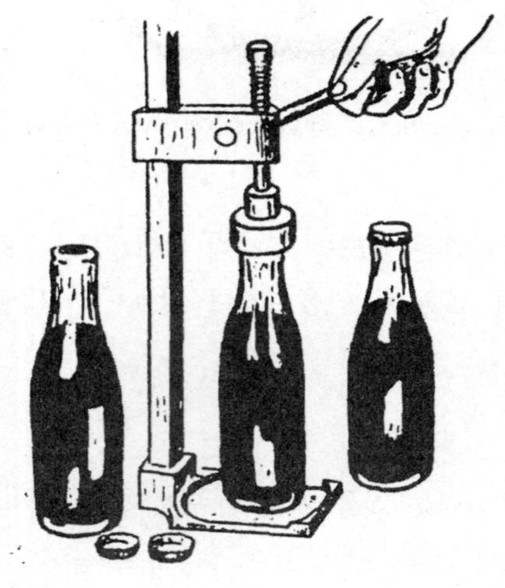

〈그림 20-4〉 왕관차전기

저온살균방법으로 살균솥이나 찜통에 술을 담은 병을 세워놓고 물을 병에 술이 담긴 부분까지 채운 후 가열하여 병안의 술에 온도계를 꽂아 온도 65℃에서 30분간 저온살균한 후 공기가 새지 않도록 콜크마개나, 왕관 등으로 밀봉기를 이용하여 밀봉한다.

살균시 온도가 높은 끓는 물에 온도가 낮은 술병을 넣으면 깨질 우려가 있으므로 주의한다. 술을 담는 병은 녹색 병을 사용하여야 하는데 이는 배술에 자외선을 차단시켜 변색을 방지한다.

2) 과실주의 변질 원인과 대책

과실주는 제조 및 숙성중 미생물에 의한 변질과 중금속 이온에 의한 변질로 구분되며 특징과 방제방법은〔표 20－3〕,〔표 20－4〕와 같다.

〔표 20－3〕미생물에 의한 과실주의 변질

구분	변질에 관여되는 미생물	외관 향미의 변질, 특징	변질 방지책
초산균에 의한 변질	세균(*Mucoderma acetobacter*) 초화(*M. acetification*) 등	호기성균으로 과실주 표면에서 반투막 습윤의 엷은 균막을 형성하여 술을 혼탁시킨다. 알콜과 포도당을 소비하여 초산에데르, 초산 등을 형성하고 최후에 식초로 만든다.	저장 중 술이 공기에 접촉되지 않게 관리하고 아류산의 함량에 주의. 알콜함량이 12% 이상 되게 하여 번식방지
젖산균에 의한 변질	젖산균(*Lactobacillus*) 등	통성 혐기성균으로 술내부에서 번식 혹탁 침전된다. Homo 젖산균은 젖산만을 생성하여 산을 높여 쥐 오줌냄새(mousy)를 낸다. Hetero 젖산균은 가는실 모양의 혼탁을 일으키면서 휘발산을 증가시킨다.	저장중 아류산의 규정량 첨가
호모에 의한 변질	효모(*Saccharomyces* 속) 등	백색의 주름이 많은 피막의 술로 된다. 이로 말미암아 혼탁, 침전된다. 초산에스테르, 중간생성물을 생성한다. 잔당이 많은 때는 재발효가 일어나므로 술이 혼탁되고 효모의 침진을 일으키고 탄산가스를 발생한다.	술 표면에 공기가 접촉안되게 저장할 것. 감미포도주에서 아류산의 첨가를 증가 시킬 것.

〔표 20－4〕중금속이온(철, 구리)에 의한 변질

구 분	철분의 용해에 의한 것	구리 분의 용해에 의한 것
원인과 외관	철제 양조기구에서 용출, 공기와 접촉되어 $Fe^{++} \rightarrow Fe^{+++}$로 되고 과잉의 인산염과 결합하여 콜로이드상 백탁으로 된다. 탄닌과 결합하여 청색을 띤다.	구리제 기구에서 용출, 백색 혼탁을 일으키고 점차 갈색으로 된다.
공 기	공기와 접촉되어 혼탁된다. 산화되지 않으면 투명하다.	공기와 접촉하면 소실, 공기가 없으면 나타낸다. 산화되므로 미량의 침전을 일으킨다.
광 선	혼탁방지, 어느정도 감소된다.	혼탁촉진
열	혼탁을 방지	혼탁 촉진

구 분	철분의 용해에 의한 것	구리 분의 용해에 의한 것
강산화제	H_2O_2를 가하면 곧 혼탁	혼탁하여도 소실
환원제(SO_2)	혼탁 방지	혼탁을 촉진, 증가
구연산	소량의 첨가로 혼탁을 방지	대량으로 첨가의 효과가 있다.
방제법	유리 SO_2를 다량 함유한 포도주 술덧을 철제 용기에 접촉치 말 것. 인산염, 철, 동염의 혼입방지, 산화를 방지, 스테인레스 스틸제 기구 사용	유리 SO_2를 함유한 술, 술덧을 그릇에 넣지 말것, 아라비아 고무의 첨가, 스테인레스 스틸제 기구 사용

나. 배 통조림 및 병조림

배 통조림은 구미각국에서 많은 양이 생산 소비되고 있으며 이들 나라는 원료를 서양배로 사용하고 있다. 통조림용으로는 바드렛(Bartlett), 라프랑스(LaFrance) 등의 품종이 주로 이용되고 있다.

우리 나라에서 재배되는 배는 동양배(*P. pyrifolia N.*)로 서양배 (P. communis, L.)와 달리 대부분 석세포가 많으며 탄닌함량이 많아 좋지 않으나 이들 품종 중 통조림용 배 품종 선발 결과 석세포가 적으며 과육의 경도와 향기가 좋은 팔달, 조생 팔달이 품질이 좋다.

1) 통조림 제조방법

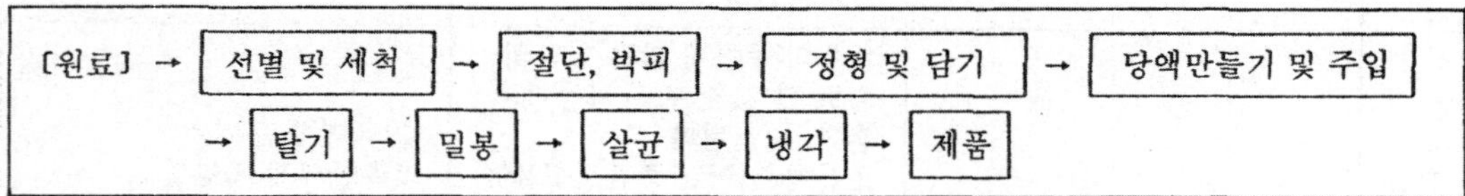

가) 선별, 세척 및 박피

배 과실을 상처과, 기형과 등 통조림에 부적당한 것을 고르고 크기가 비슷한 것끼리 선별한 후 흐르는 물로 흙먼지, 미생물 등이 없게 깨끗하게 세척한다.

나) 절단, 박피 제심

배를 스텐레스 칼을 이용하여 크기에 따라 세로로 4~10 등분하여 절단한 후 과심을 제거하고 껍질을 얇게 벗긴다. 그 다음 갈변방지를 위하여 항산화제인 비타민C 나 2% 소금물에 침지하거나 뜨거운 물에 살짝 데치는 방법이 있다.

이때 담그는 시간이 길면 과육내 당분이 빠져 배 당도가 낮아지므로 되도록 빨리 용기에 담아 당액 주입 후 탈기 및 밀봉을 하여야 한다.

다) 정형 및 담기

과육을 큰 것, 작은 것 등 크기에 따라 선별하여 정형한 후 용량에 따라 담는데 규정량보다 10% 더 담는다. 통조림을 제조한 후 당액은 2개월 경과시 개관하였을 때 당도가 15% 이상이 되게 계산한 당액을 넣는다.

〔표 20－5〕배통조림의 내용물 기준

통 형	고 형 량 (g)	내용총량 (g)	담 는 조 각 수(개)		
			L	M	S
401～4호관	500	850	6～8	9～11	12～16
301～7호관	260	425	네쪽으로 한것은 5～6개, 두쪽으로 한것은 4개 이상		
병조림병(대)	550	1000	8～10	10～14	15～18
병조림병(소)	260	500	301～7호와 동일		

과육을 통에 담을 때는 과육의 바깥쪽 부분이 통조림 통이나 병조림 병의 밑으로 가게 넣고 그 다음에는 반대로 담는다. 배통조림의 내용물 기준은 〔표 20－5〕와 같다.

라) 당액만들기 및 당액주입

통조림과 병조림은 각기 통조림 통과 병조림 병의 크기에 따라 넣는 내용물의 총량, 고형량 및 시럽의 농도가 일정하게 규정되어 있다. 따라서 설탕액을 만들 때는 이러한 규정에 맞도록 설탕액의 농도를 조절하여 일정량을 넣어야 한다.

이와 같이 하여 규정량에 맞도록 농도를 계산하여야 하는데 설탕액의 경우는 다음식을 이용하여 주입액의 당농도를 계산한다.

$$\text{주입액의 당도}(y) = \frac{A_3Z - A_1X}{A_2}$$

A_1=담는 고형량(g), A_2=주입 당액의 무게(g), A_3=통속의 당액 및 과육의 전체무게(g), X=과육의 당도(%), Z=제품의 규격당도(%), y=주입액의 당도(%)

예를 들어 301－7호관 배통조림을 만들 때 고형량(A_2)=260g, 통속의 당액 및 과육의 무게(A_3)는 430g(425g이 규정량이나 안정하게), 과육의 당도(X)는 8.0%, 제품의 규정당도를 15%로 조정하려면 투입당액의 무게(A_2)는 430g－260g=170g이 되어 위식에 대입하면 다음과 같이 된다.

$$\text{주입액의 당도}(y) = \frac{430\times15.0-260\times8}{170} \doteqdot 28\%$$

이 계산에 의하면 이 때 28%의 당액을 170g 씩 넣으면 되는 것이다. 그러나 여러 가지 조건으로 위의 계산이 반드시 들어맞지는 않으므로 실제의 경험에 의해서 어느 정도는 시정된다. 배의 경우 보통 27～30% 의 설탕액을 넣으면 된다.

그리고 배는 산함량이 낮기 때문에 당액제조시 구연산을 0.3～0.4%(10ℓ당 30～40g) 첨가하는 것이 기호성이 좋으며 살균시간도 단축할 수 있다.

다) 탈기

탈기는 통조림 및 병조림 내용물의 공기를 제거하는 것으로 제조 공정 중 중요한 과정이다. 통조림 및 병조림을 할 때 그 내용물의 변질을 막기 위하여 탈기를 하면 남아 있는 공기가 배제되어 호기성 세균 및 곰팡이 등의 발육을 억제할 수 있다.

뿐만 아니라 저장 중에 일어나는 통이나 병 내부의 부식과 내용물의 빛깔, 향기, 맛의 변화를 방지할 수 있으며 비타민류의 파괴나 기타 영양소의 손실을 적게 할 수 있다.

제품을 검사할 때 팽창한 것을 보아 부패 여부를 어느 정도 쉽게 구별할 수 있는 등의 유리한 이점이 있으며 탈기방법은 탈기함을 이용하는 방법 등이 있다.

〈탈기함을 이용한 탈기〉

통조림통을 가밀봉하는 데 공기의 출입이 가능한 상태로 밀봉하여 90~95℃ 증기를 가열할 수 있는 탈기함 속에 8~15분 동안 통과시켜 과육 및 당액 등에 존재하는 공기를 배제시킨다.

〈병조림탈기방법〉

병조림병의 탈기방법은 찜통〈그림 20-5〉에 넣어 끓이기 시작하여 증기가 올라오기 시작한 후부터 10~15분 지나면 병속에 있는 공기는 팽창하여 병밖으로 배제시킨 후 공기가 통하지 않도록 뚜껑을 밀봉시킨다.

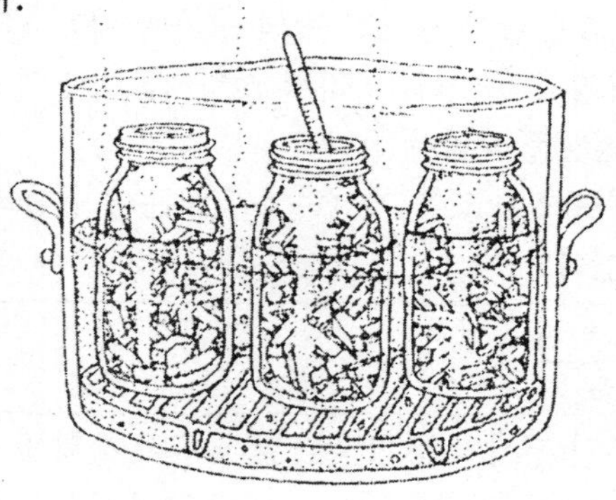

〈그림 20-5〉 병조림 탈기방법

바) 밀봉

(1) 통조림통의 밀봉

통조림의 제조공정 중 가장 중요한 공정이다. 따라서 밀봉이 불완전하게 되면 탈기의 효과가 없을 뿐만 아니라 외부에서 유해균이 침입하여 내용물이 썩게 된다.

〈그림 20-6〉 수동식 밀봉기

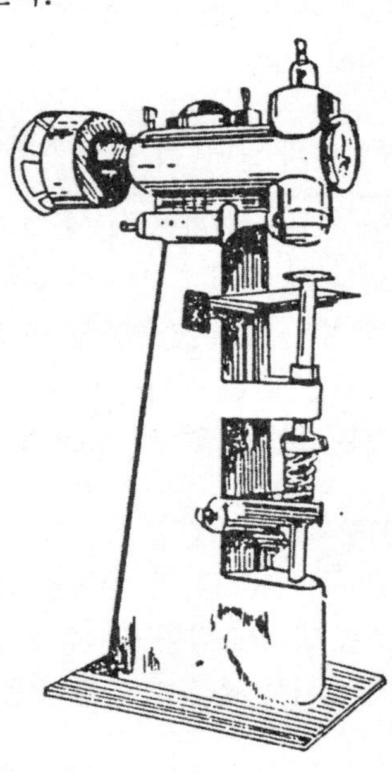

〈그림 20-7〉 반자동식 밀봉기

밀봉은 탈기 후 식기 전에 밀봉기로 밀봉하는 것이 보통인데, 통조림의 밀봉기는 수동식, 반자동식, 진공식 등으로 크게 구분할 수 있다.

통조림통을 진공 밀봉기로 밀봉할 때 진공펌프를 사용하여 기계적으로 공기를 배제하는 방법이 있다. 이 방법은 별도로 가밀봉하고 탈기할 필요가 없어 대부분의 통조림 공장에서 많이 사용되고 있다.

밀봉기 종류는 여러가지가 있으나 밀봉기의 구조상 밀봉에 직접 관계가 큰 것은 척, 로울 및 리프터의 세가지 부분이다.

① 척(chuck)

과육을 담은 통을 밀봉기의 정위치에 놓았을 때 통의 뚜껑에 밀착하여 이것과 로울(roll) 사이에서 동체의 윗부분(플랜지)과 뚜껑이 말리게 하는 부분으로서 통의 지름과 크기에 따라 척의 크기도 다르다.

② 로울(roll)

통체의 윗부분(플랜지)에 직접 밀봉하는 부분으로서 제1밀봉 로울과 제2밀봉 로울의 구별이 있다. 전자는 동체의 윗부분과 뚜껑의 주변을 한 겹 말리게 하고 후자는 이것을 일정하게 눌러 공기가 새지 않게 완전하게 밀봉한다.

③ 리프터(lifter)

식품으로 담은 통을 밀봉기의 정위치에 놓이게끔 동체를 척에 맞도록 올리는 것인데 그 중심이 척의 중심과 꼭 맞아야 하며 그 면은 서로 평행이 되어야 한다.

밀봉할 때 리프터를 돌리는 것과 돌리지 않는 것의 두 종류의 밀봉기가 있다. 밀봉을 할 때는 먼저 동체를 척과 리프터 사이의 정위치에 놓고 그 다음 제1로울이 수평으로 움직이며 척 사이에서 통과 뚜껑을 말리게 하고 뒤로 물러난 다음에 제2로울이 수평으로 움직여 먼저 말린 부분을 눌러 가면서 공기가 새지 않게 완전히 밀봉한다.

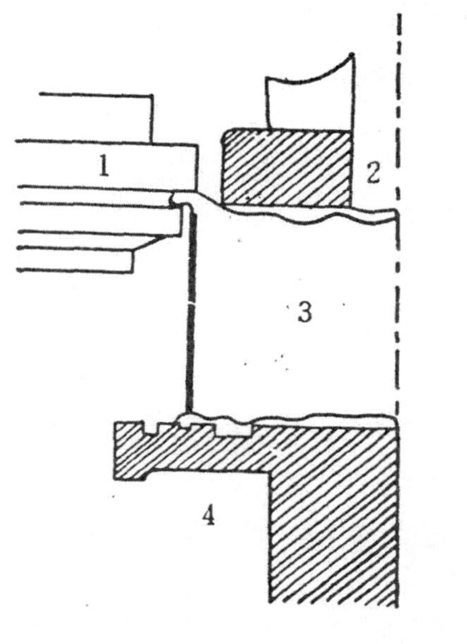

〈그림 20-8〉 밀봉기 주요부분

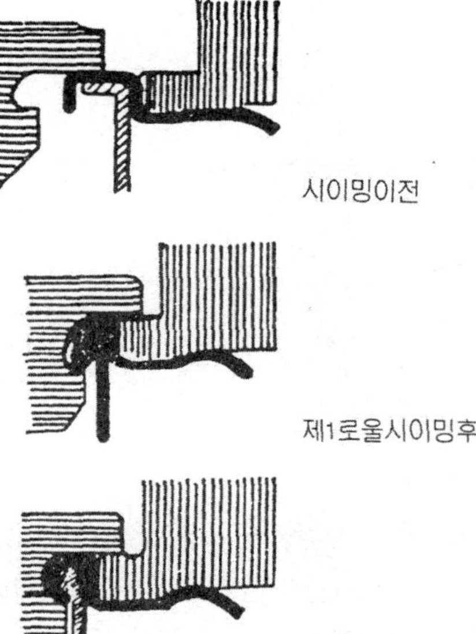

〈그림 20-9〉 밀봉과정

사) 살균 및 냉각

(1) 살균

밀봉된 통조림 통이나 병조림 병을 살균하는데 살균정도는 용기의 크기, 내용물의 산도 등에 따라 다르나 배통조림의 살균온도는 93~98℃, 살균시간은 용기크기에 따라 다르나 20~40분을 실시한다.

산도가 낮을 때는 살균시간을 단축하고 높을 경우는 연장하여야 한다. 그러나 배는 품종, 숙도에 따라 과육의 경도가 다르며 살균시간이 길면 과육이 무르고 살균시간이 짧을 경우 설컹설컹하여 육질이 좋지 않아 기호성이 떨어지므로 살균시간을 잘 조정하여야 한다. 병조림병 살균은 탈기직후 밀봉한 후 〈그림 20-10〉과 같이 물을 부어 끓는 물에 30분 정도 살균시킨다.

〈그림 20-10〉 병조림 살균방법

〔표 20-6〕 배 통조림의 살균 온도 및 시간

통 형	내용물의 산도(%)	살균온도(℃)	살균시간(분)
401 ~ 4호관 301 ~ 7호관 301 ~ 5호관 병조림병 1000 CC	3.7 ~ 4.2 3.7 ~ 4.2	93 ~ 98	25 ~ 40 20 ~ 30 20 ~ 30 20 ~ 30 30 ~ 35

(2) 냉각

통조림통은 살균직후 찬물에 담가 냉각시키지 않으면 통조림 내부에서 증자현상이 일어나며 과육이 핑크색으로 변하여 외관이 나쁘게 된다.

냉각된 통조림은 너무 온도가 낮지 않을 때(30℃정도) 꺼낸 후 물기를 말려 깡통이 녹슬지 않게 한다. 병조림 병의 경우 갑자기 찬물에 담가 냉각시키면 병이 깨질 우려가 있으므로 살균 후 찬물을 서서히 흘려 냉각시킨 후 병조림 병을 건져서 물기를 제거하여 나사 마개병은 조이개를 풀어 보관한다.

다. 쥬스

과실쥬스는 구미 각국에서는 생과 이상으로 소비가 많으나 우리나라는 생과에 비해 아주 적은 실정이었으나 근년 들어 급증가하는데 이는 생과에 가까우며 풍미가 개선되어 좋은 맛을 가지고 있을 뿐만 아니라 영양가도 비교적 높기 때문이다.

1) 쥬스의 종류

과실의 종류가 많으므로 과실쥬스를 종류별로 나누면 많은 종류가 있으나 보통 주원료 성분 배합기준에 따라 천연과즙, 과즙음료, 희석과즙음료, 농축과즙음료 등으로 분류한다.

① 천연과즙 : 과실을 착즙한 천연과즙을 말하며 배과즙의 당도는 8°Bx 이상인 것
② 과즙음료 : 천연과즙액이 50% 이상 95% 미만 혼합된 것
③ 희석과즙음료 : 천연과즙액이 10% 이상 50% 미만 혼합된 것
④ 농축과즙 : 과실의 착즙액을 농축한 것

2) 천연과즙 쥬스의 제조공정

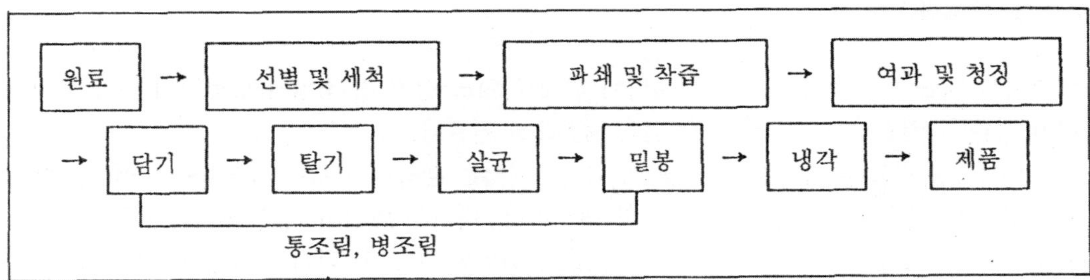

가) 원료

쥬스용 원료는 과실의 크기, 외관과 관계없이 신선하고 잘 익어 전분이 없고 당분이 많으며 산이 적당할 때가 좋으나 우리나라에서 많이 재배되고 있는 신고, 장십랑 품종 등은 단일품종으로 쥬스를 만들 때에는 산미가 적다.

만삼길과 같이 산미가 있는 품종은 산미가 적은 품종과 혼합하면 더욱 좋으나 숙기가 다르므로 저장 후 만생종 품종과 혼합하는 것이 좋으며 배 중의 봉리(鳳梨) 품종은 향기가 좋으므로 향기가 적은 품종과 희석하는 방법도 있다.

배는 품종 및 숙기에 따라 당, 산, 탄닌, 향기 성분이 다르므로 여러가지 품종을 적당히 혼합하여 쥬스를 제조하는 것이 좋다.

나) 선별 및 세척

손상된 과실은 환부를 제거하고 미숙과는 따로 선별하여 후숙시킨 후 쥬스용으로 사용한다.

과피에 흙, 먼지, 곰팡이, 효모 등이 붙어 있으면 가공시 살균효과 및 저장성이 떨어지므로 흐르는 물에 깨끗이 씻는다.

다) 파쇄 및 착즙

세척된 배 조직은 비교적 단단한 편이므로 파쇄기를 사용하여 파쇄한다. 대규모로 만들 때는 햄머식 파쇄기 등을 사용하여 파쇄한 후 착즙기를 이용하여 착즙한다.

일반 가정에서 파쇄기 및 유압식 압착기가 없을 경우 칼을 이용하여 껍질을 벗긴 후 과심을 제거하고 잘게 썰어 믹서 등으로 파쇄한 후 인력으로 착즙하는데 착즙방법은 면포나 망사 등을 이용한다.

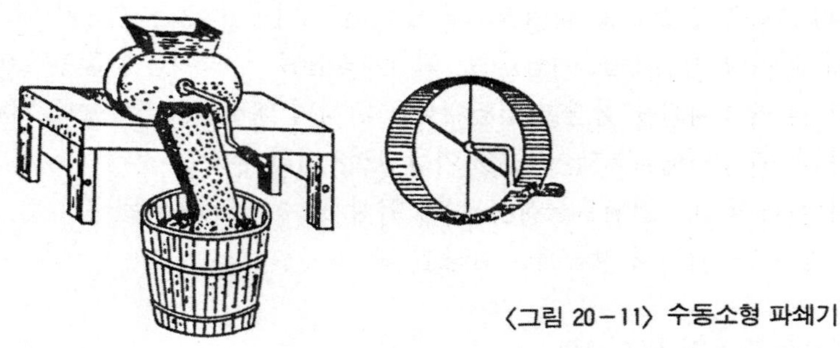

〈그림 20-11〉 수동소형 파쇄기

라) 청징(淸澄) 및 여과

투명한 과즙은 추출한 과즙을 여과하여 맑게 하여도 향기 및 영양가에 영향이 없을 뿐만 아니라 여과 및 청징조작을 하여 아주 맑은 과즙으로 만든다.

투명과즙을 만들 때 추출한 과즙을 여과만 하여서는 혼탁한데 이는 과즙속에 단백질, 펙틴질 또는 미세한 과육이 교질상태로 떠 있기 때문이다. 따라서 여과한 다음에 과즙을 70~80℃로 가열하여 단백질을 응고시킨 다음 여과기(filter press) 등으로 다시 여과해야 한다.

이와 같이 해도 청징효과가 작을 때에는 난백이용법, 카제인 이용법, 제라틴이용법과 효소(pectinase)처리법 등으로 투명하게 한다.

(1) 난백을 쓰는 법

과즙 100ℓ에 대하여 건조난백 100~200g 정도를 넣고 교반한 다음 75℃ 내외로 데우면 난백이 과즙 중의 교질물질을 둘러싸서 응고하는데 이것을 식혀서 놓아두면 침전되어 맑아지므로 여과한다. 이 방법을 쓰면 난백이 쉽게 잘 침전되지 않아 시간이 오래 걸리는 것이 단점이다.

(2) 카제인을 쓰는 법

카제인을 4~5배의 물로 희석하여 녹인 다음 가열하여 암모니아를 발산시키고 다시 2배로 희석해서 사용한다. 이것을 과즙에 넣고 교반하면 과즙 중의 산에 의하여 카제인이 침전되어 과즙이 맑아진다. 침전에는 1~2일이 걸리며 과즙의 색을 다소 표백하는 성질이 있다.

(3) 젤리틴, 탄닌을 쓰는 법

과즙 100ℓ에 대하여 100g의 탄닌을 먼저 넣은 다음 다시 여기에 과즙 100ℓ당 120~130g의 2% 젤라틴용액을 넣으면서 저으면 20시간 정도 지나면 완전히 침전되어 투명하게 된다.

(4) 효소를 쓰는 법

페니실리움 글로쿰(*Penicillum glaucum*) 등의 곰팡이는 펙틴 분해효소인 펙티나제(*Pectinase*), 폴리갈락투로나제 (*polygalacturinase*) 등을 분비하는데 이들 효소는 침전을 느리게 하는 펙틴을 분해하는 동시에 과즙 속의 부유물을 심전시켜 과즙을 맑게 하는 작용이 있다.

외국에서는 이 효소제를 상품으로 판매하고 있는데, 과즙을 40~50℃로 가열한 다음 과즙의 0.05~0.1% 내외의 효소를 넣고 하룻밤 놓아 두었다가 여과하면 투명하게 된다.

이 펙틴분해효소를 사용하면 많은 과즙에 유효하게 속히 작용할 뿐만 아니라 간단하게 처리할 수 있어 사과, 배 과즙 등의 청징에 많이 쓰이고 있다.

일반 가정에서는 착즙직후 스테인레스통 등을 이용하여 65~70℃에서 10~15분간 가열한 후 큰병에 담아 0~3℃ 되는 냉장고에 넣어 18~24시간 동안 놓아두면 병밑에 침전물이 생기게 된다. 이때 침전물이 섞여 위로 떠오르지 않도록 하여 여과한 후 투명한 과즙만 분리시켜 투명한 쥬스를 만드는데 근년 들어 불투명한 과즙의 수요가 증가되므로 청징조작을 하지 않고 착즙 직후 불투명쥬스를 만드는 방법도 있다.

가정에서는 불투명쥬스를 만드는 방법이 간편하므로 착즙 즉시 열처리와 동시에 용기(병조림병, 통조림병)에 담아 가밀봉 후 탈기를 할 경우 갈변이 방지된다.

마) 탈기 및 밀봉

추출한 과즙을 여과, 청징한 과즙은 상당한 공기를 함유하고 있다. 예를 들면 공장에서 착즙한 오렌지쥬스 1ℓ중에는 33~35mℓ의 공기가 들어 있는데 이중 산소가 2.4~ 2.7mℓ정도 들어 있어 이것이 직접 과실쥬스의 품질을 나쁘게 한다.

따라서 이들 산소를 함유하는 공기를 제거하면 다음과 같은 효과가 있다.

① 비타민 C 의 손실을 적게 한다.
② 과실쥬스 중의 휘발성 향기성분과 지질 및 기타 유용성분을 변화시켜서 풍미를 나쁘게 하는 영향을 작게 한다.
③ 빛깔의 변화를 작게 한다.
④ 미생물 특히 호기성균의 번식을 억제할 수 있다.
⑤ 제품 중의 펄프 등의 현탁물질이 위쪽으로 떠올라 병입을 막거나 또는 외관을 나쁘게 하는 것을 방지한다.
⑥ 순간살균을 할 때 또는 용기에 담을 때 거품이 나지 않게 한다.

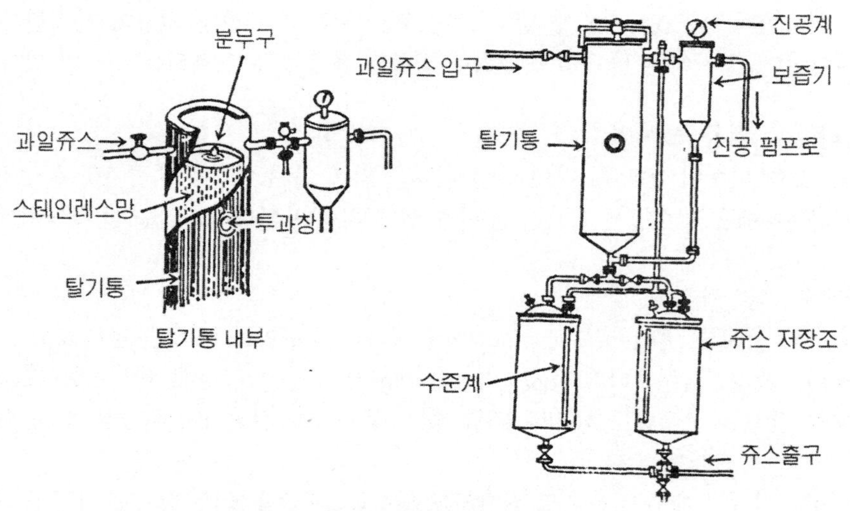

〈그림 20－12〉 탈기장치(박막식)

⑦ 통조림 쥬스에 수소 팽창이 생기는 것을 방지할 수 있다.

가정에서 병조림 탈기방법과 같이 하고 되도록 짧은 기간 내에 소비할 과실쥬스를 만들 때는 이 조작은 보통 하지 않으나 시판제품으로 과실쥬스를 대규모로 만들 때는 탈기를 하여야 한다.

그러나 탈기를 하여도 과실쥬스 중의 공기를 완전히 없애는 것은 어렵다. 그러나 가능한 한 탈기를 높게 하는 것이 중요하고 90℃ 이상의 탈기를 하면 2～3%의 수분 및 향기성분이 손실되는 결점이 있다.

따라서 향기성분이 손실되기 쉬운 과실쥬스는 향기성분을 미리 회수하여 두었다가 다시 넣어 주는 경우도 있다. 밀봉은 배통조림 및 병조림과 같다.

탈기방법은 과실쥬스를 엷은 막상으로 하며, 진공관 속에 흘러내리게 하여 탈기를 하는 박막식과 과실쥬스를 안개모양으로 하여 진공관 속으로 불어넣어 탈기를 하는 분무식이 있다. 어느 것이나 진공도가 71～74cm가 되는 높은 진공속에서 처리한다.

바) 살균 및 냉각

착즙 처리한 과실쥬스에는 많은 미생물이 들어 있으므로 살균을 하여야 하나 그 정도는 과실쥬스의 풍미 및 빛깔을 손상시키지 않고 들어 있는 미생물만을 죽이거나 그 활동을 정지시킬 정도의 온도로 가열하여 살균한다.

이 방법에는 비교적 저온, 즉 70～75℃에서 15～20분 동안 가열하는 방법과 온도를 약간 높이고 시간을 짧게 하는 소위 순간가열 멸균법(flash－pasteurization)의 두가지가 있다.

전자에 의하면 과실쥬스의 풍미, 빛깔 및 신선미를 손상시키는 결점이 있다. 후자는 93℃ 정도의 높은 온도에서 20초～1분 동안 살균처리하는 방법인데 직접 증기로 가열하는 방법과 뜨거운 물로 가열하는 두가지 방법이 있다.

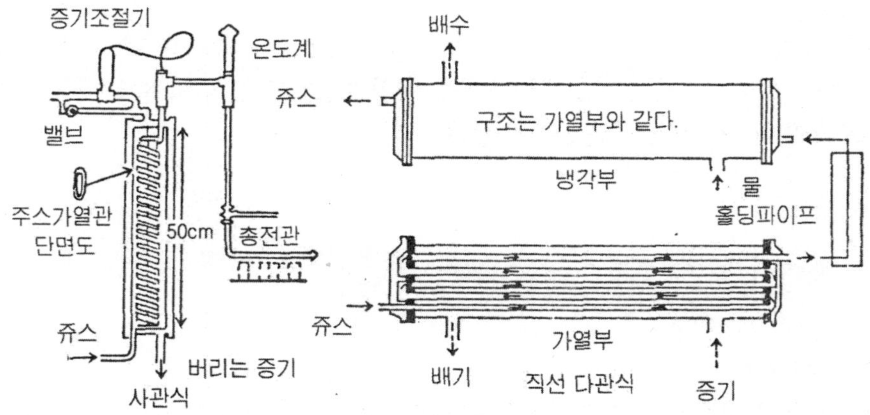

〈그림 20-13〉 순간가열장치

순간가열살균법은 과실쥬스의 풍미 및 비타민의 손실이 적은 장점이 있으므로 많이 쓰이고 있다. 가정에서는 배통조림, 병조림 제조와 같이 살균 및 냉각을 실시한다.

사) 통조림 및 병조림 검사

제품을 저장하는 동안에도 부패하는 수가 있으므로 이것도 검사를 한다. 이들의 검사 방법은 다음과 같은 여러가지가 있다.

(1) 외관검사

통조림통을 외관으로 보아 살균이 불완전한 것, 제품이 팽창한 것, 밀봉이 불완전한 것 등을 구별하는 것이다.

(2) 타관검사

통조림 제품을 책상 등 평평한 것의 위에 놓고 나무 또는 쇠로 만든 타검봉으로 통의 뚜껑 또는 밑바닥을 두드려 보는 것인데 맑은 소리가 나는 것은 좋은 것이고 흐린 소리가 나는 것은 불량품으로 판정하는 것인데 어느 정도 숙련이 필요하다.

〈그림 20-14〉 타관검사

(3) 가온검사

30~37°C로 유지되는 정온기에 통조림 제품을 넣고 1~3주일 동안 놓아 두어 세균을 속히 증식시키든가 또는 속히 화학변화를 일으키게 한 다음 여러가지 검사법으로 검사를 한다.

(4) 진공도검사

통조림한 것의 진공도가 중요하므로 진공계(vacuum can tester)의 끝을 통 뚜껑에 꽂고 내부 진공계의 바늘을 읽어 진공도를 측정하는 것인데, 통조림통의 크기에 따라 다르긴 하나 일반적으로 15인치 이상이면 좋은 것으로 본다.

(5) 개관시험

통조림통을 따서 그 내용물의 외관, 풍미, 산도를 측정함으로써 부패 여부 등을 아는 방법이다.

(6) 병조림의 검사

여러가지 병조림 종류 중에서 앵커 또는 페닉스병과 같이 뚜껑이 함석인 경우에는 통조림과 같은 방법으로 검사한다. 그밖의 병조림은 속이 보이므로 액의 혼탁도, 빛깔 등에 의해서 어느 정도 판단하고 개관시험도 함께 실시한다.

아) 통조림 및 병조림의 변질

통조림 및 병조림을 저장하는 동안에도 여러가지 원인에 의하여 변질되는 수가 있으므로 이것도 검사하게 되는데 외관상의 변질과 내용물의 변질 두 가지로 나눌 수 있다.

(1) 외관상의 변질

(가) 팽창(swell)

가장 흔히 볼 수 있는 변질현상으로서 살균이 불충분하든가 밀봉이 불완전해서 남아있는 세균 또는 외부에서 들어간 세균 등이 번식할 때 가스가 발생하여 팽창하는 것이다.

(나) 수소팽창(hydrogen swell)

산성이 높은 식품의 통조림에서 내용물과 용기의 재료가 작용하여 생기는 수소가스로 말미암아 팽창하는 것인데, 사과와 같이 유기산을 가진 과실통조림에서 흔히 일어난다.

(다) 스프린저(springer) 및 플리퍼(flipper)

이것은 통조림할 때 내용물을 너무 많이 담았거나 또는 탈기가 불충분하였을 때 흔히 볼 수 있으나 고온시 또는 높은 산에서와 같이 기압이 낮을 때에도 가볍게 팽창하는 것을 볼 수 있다.

이것은 통의 뚜껑을 손으로 누르면 들어가고 놓으면 다시 팽창한다. 그 한계는 애매하나 팽창의 정도가 조금 큰 것이 스프린저이고 작은 것이 플리퍼로 구분된다.

(라) 새기(leaker)

통조림할 때 밀봉이 불완전하든가 통이 침식을 당하여 작은 구멍이 생겨서 내용물이 새고 공기가 들어가는 것이다.

(2) 내용물 변질

(가) 플래트 사우어(flat sour)

통조림할 때 원료를 불충분하게 가열했거가 용기를 재생하였을 때 미생물이 남아 있어 이것이 번식하여 통은 팽창시키지 않고 내용물만 신맛이 나는 것인데 흔히 채소 통조림에서 일어난다.

(나) 변색

여러가지 원인에 의하여 통조림 내용물의 빛깔이 변하는 것을 말하는 것으로 배, 복숭아 통조림에서 볼 수 있다.

(다) 펙틴의 유출

병조림한 내용물에서 그 즙액의 점성이 차차 높아지는 수가 있는데 이것은 과실속의 펙틴이 액 속으로 나오는 것이다. 완전히 익지 않은 과실을 병조림하였을 때 일어나기 쉬우며 복숭아 통조림에서 흔히 볼 수 있다.

(라) 내용물의 연화

일반적으로 통조림한 내용물이 고체일 때 저장중에 차차 연해지는 것이 보통이나 이것이 너무 지나치면 좋지 않다. 원료의 품종을 잘 선택하든가 통조림 조작에 주의하면 어느 정도 내용물의 연화가 일어나는 것을 방지할 수 있다.

라. 젤리

잼은 과피 및 씨를 제거하고 과육을 파쇄하여 적량의 설탕을 가하여 끓여 농축한 것이다. 즉 과즙만을 사용하여 만드는 것이 아니고 과즙과 과육을 혼용할 수 있는 것이 잼으로 젤리와 다른 점이며 배는 석세포가 많아 잼보다는 젤리로 많이 이용되고 있다.

젤리는 과실을 가열한 후 착즙하여 청징시킨 후 쥬스에 설탕을 가하여 농축시킨 것으로 품질이 우수하고 투명하며 광택과 향기가 있으며 단면이 윤기가 난다.

1) 젤리의 응고현상

젤리의 교질화에는 펙틴,산 및 당 등 3가지 성분이 필요하다. 따라서 세가지 성분간에는 양적인 관계가 필요하며 이 양적인 관계가 성립되면 끓이지 않아도 젤리는 자연적으로 응고된다.

일반적으로 펙틴이 적당한 경우에는 산이 많으면 설탕의 양이 적어야만 젤리화하고 산이 적은 경우에는 첨가하는 설탕의 양이 많이 있으면 젤리화하지 않는다.

또 산이 적당한 경우에는 펙틴의 양이 많으면 설탕이 적어도 젤리화는 되지만 펙틴이 어느 한계 이하에서는 아무리 많은 설탕을 가하여도 젤리화가 되지 않는다. 단, 펙틴 과당산의 양에 의하여 젤리화된다.

가) 펙틴

펙틴은 다당류의 일종으로 과실 내에서는 그 모체인 프로토펙틴(protopectin)으로 생성된다.

즉 과실이 미숙할 때는 프로토펙틴이라고 하는 물에 불용성인 것이 형성되지만 성숙함에 따라 효소의 작용을 받아 가용성 펙틴이 되어 과실은 점차 연화하는 것이다. 과실이 과숙하면 펙틴은 다시 분해하여 펙틴산이 된다.

응고에 직접 관여하는 것은 펙틴으로 당, 산의 농도가 적당하면 펙틴은 대체로 0.2% 전후에서 젤리화를 시작하고 0.5% 내외에서는 완전히 젤리화된다.

나) 산

산은 젤리화에 직접적인 관계를 할 뿐만 아니라 맛에도 큰 영향을 주어 실제 젤리화를 결정하는 것은 산의 종류나 농도가 아니고 산도이며 산도가 높으면 당이나 펙틴의 양이 많아도 응고하지 않는다.

젤리화에 가장 적당한 pH는 3.2~3.5 정도이다.

다) 당

당분은 어느 과실에나 존재하지만 과즙중에 존재하는 당분만으로는 젤리 본래의 맛을 나타낼 수는 없다.

실제로는 상당한 양의 설탕을 첨가하여 품질을 개선해야 하지만 설탕을 너무 많이 가하면 품질이 저하된다. 당의 농도가 60% 이하에서는 젤리의 질 및 저장성이 떨어지므로 대체로 62~65% 가 적량이다.

2) 젤리의 제조방법

젤리는 다음과 같은 일반공정에 따라 만든다.

〔원료〕 → 조제 → 가열 → 착즙 → 가당 → 줄이기 → 담기 → 밀봉 → 살균 〔제품〕

가) 원료조제, 가열, 착즙, 청징은 쥬스제조 공정과 같다.

나) 졸이기

과즙량의 80% 를 가당 가열하여 졸인다. 이 때 가열하는 시간이 너무 길면 설탕의 카라멜화 및 변색이 되어 젤리의 풍미와 빛깔이 나쁘게 될 뿐 아니라 펙틴이 분해되어 젤리화는 적어지므로 대체로 15~20분만에 완성되도록 한다. 가열하는 동안에 과즙 중의 단백질 등이 응고하여 표면에 거품이 떠오르므로 이것을 건져낸다.

그리고 거품이 날 때는 소량의 유지 또는 실리콘을 넣는 수가 있다. 졸이는 것을 끝마치는 점을 젤리점(jelly point)이라 하는데 이것은 다음과 같은 여러가지 방법을 써서 결정한다.

(1) 스푼법(spoon test)

가당하여 졸이는 동안 숟가락 또는 국자로 졸인 액을 떠서 이것을 솥에 흘러 내리게 하여 그 상태를 보아 결정하는 방법이다. 액이 묽은 시럽상태가 되어 떨어지는 것은 불충분한 것이고 그릇에 일부가 붙어 얇게 퍼지고 끝이 끊어져 떨어지게 되면 적당하게 된 것이다.

(2) 컵법(cup test)

졸이는 동안 소량의 액을 떠서 찬물을 넣은 컵속에 소량씩 액을 떨어뜨렸을 때 컵의 밑바닥까지 굳은 채로 떨이지게 되면 적당하고 도중에서 흩어지면 아직 덜 졸인 것이므로 더 졸여야 한다.

(3) 온도에 의한 방법

이것은 졸이는 액이 젤리점에 이르면 그것이 끓는 온도가 물이 끓는 온도보다 4~5℃ 높은 것을 이용하는 방법인데, 끓는 과즙에 온도계를 꽂아 그 온도가 104~105℃(220~ 221℉)가 되었을 때를 젤리점으로 하는 것이다.

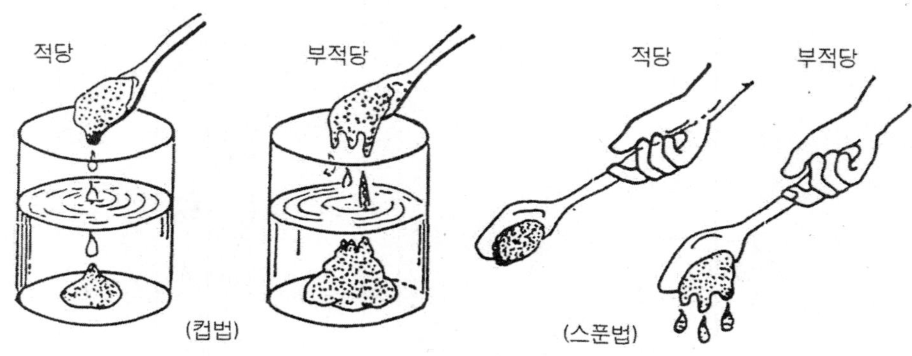

〈그림 20-15〉 젤리점의 판정

다) 담기, 밀봉, 살균

가당하여 졸여서 젤리점에 이르게 되면 농축을 끝마치는데 이것을 식기 전에 미리 잘 씻어 살균한 용기에 거품이 안나도록 주의하여 담아 밀봉하면 가열 살균하지 않아도 젤리제품 자체가 저장성이 높아 그대로 저장된다.

그러나 안전을 기하기 위하여 80~90℃로 7~8분간 살균하면 더욱 안전하게 저장되어 좋다. 살균한 것은 바로 냉각시킨다.

참 고 자 료

1. 배 재배력

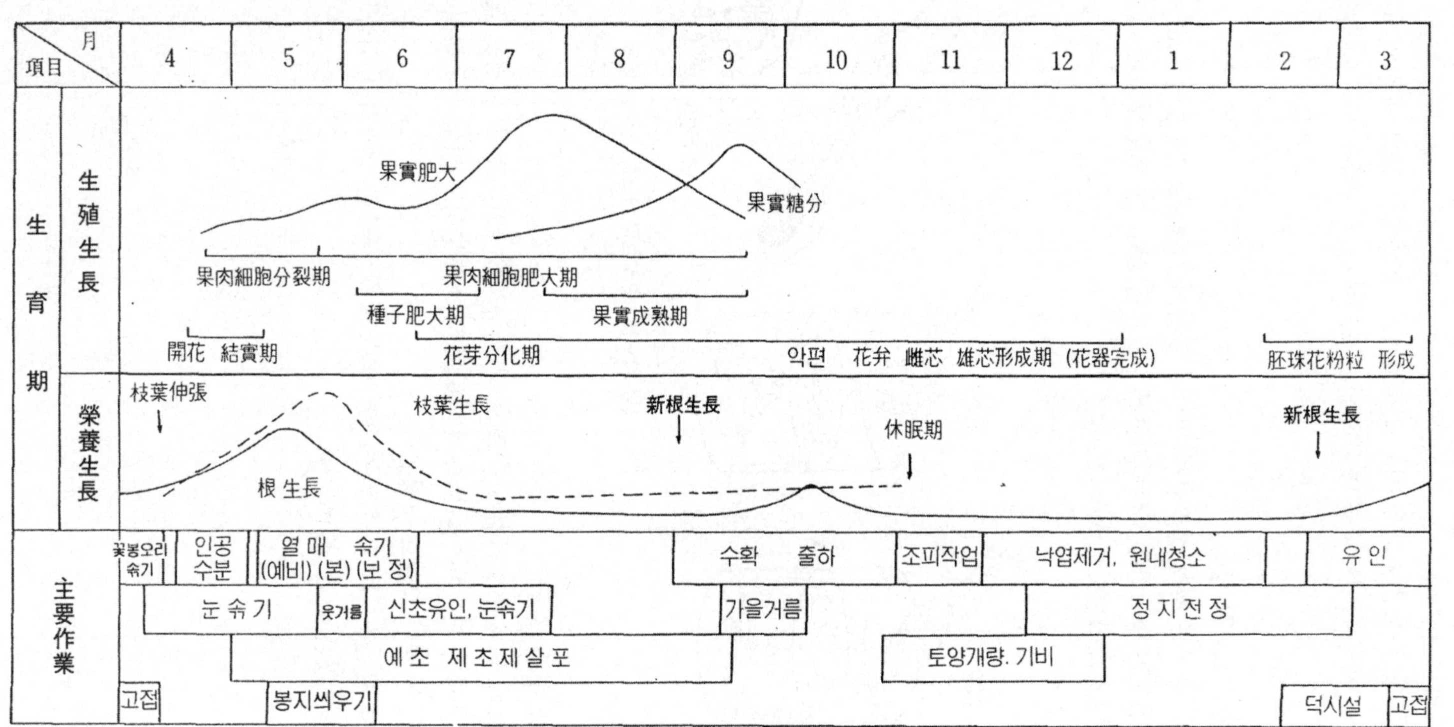

項目
月
4
5
6
7
8
9
10
11
12
1
2
3
生育期
生殖生長
果實肥大
果實糖分
果肉細胞分裂期
果肉細胞肥大期
種子肥大期
果實成熟期
開花 結實期
花芽分化期
악편 花弁 雌芯 雄芯形成期 (花器完成)
胚珠花粉粒 形成
榮養生長
枝葉伸張
枝葉生長
新根生長
休眠期
新根生長
根 生長
主要作業
꽃봉오리 솎기
인공 수분
열매 솎기 (예비) (본) (보 정)
수확 출하
조피작업
낙엽제거, 원내청소
유 인
눈 솎 기
웃거름
신초유인, 눈솎기
가을거름
정 지 전 정
예 초 제 초 제 살 포
토양개량. 기비
고접
봉지씌우기
덕시설
고접

2. 배 병충해 방제력

월별	순별	발육상	주요병충해발생소장	회수 10a당 살포량	병충해방제: 대상병충해	중점방제병해충	주요작업
1·2		휴면기					○전정, 거친껍질 벗기기
3	상			1 250 ℓ	가루깍지벌레 응애류 콩가루벌레	95% 기계유유제 800cc	○밑거름 시용 ○묘목심기
	하			2 250 ℓ	흰가루병 가루깍지 윤문병 벌레류 흑성병 응애류 동고병	석회유황합제 5도액 살비제	
4	상	발아기					○유인작업 ○고 접
	중	발아후 10일경		3 300 ℓ	적성병 배명나방 잎말이나방류 진딧물류 흑성병 풍뎅이류	적성병 흑성병 진딧물 방제	
	하	개화기					○꽃솎기 ○인공수분
5	상	낙화직후		4 350 ℓ	적성병 진딧물류 흑성병 잎말이나방류 콩가루벌레 배나무 가루깍지벌레 줄기벌	적성병 흑성병 해충 종합방제	○꽃 및 열매솎기 ○봉지 씌우기 ○관 배수작업 ○제 초
	중	낙화후 20일	적성병				
	하		배나무줄기벌레	5 400 ℓ	적성병 진딧물 흑성병 잎말이나방 복숭아순나방 콩가루벌레, 배나무이 배나무방패벌레 배나무줄기벌	적성병 응애 및 해충 종합방제 흑성병	
6	상	과실세포분열기(유과기)	흑성병				○웃거름 시용 ○여름전정 및 유인 ○제 초
	중		배명나방 배나무이	6 400 ℓ	흑성병 복숭아심식나방 복숭아순나방 배명나방 윤문병 진딧물 잎말이나방	흑성병 응애 및 해충 종합살충제	
	하						

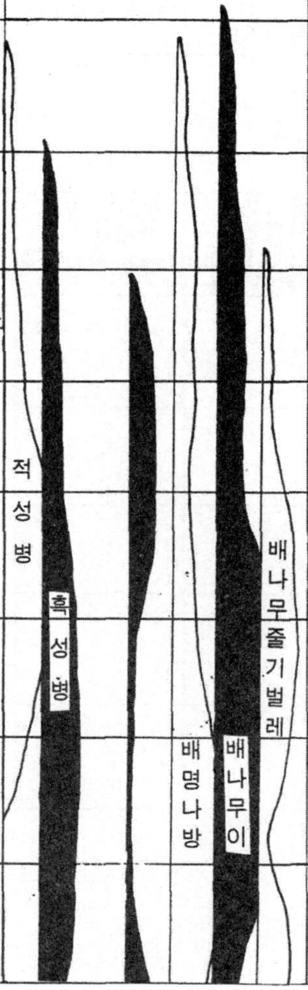

월	순	생육단계	발생			
7	상	화아(꽃눈)분화기	가루깍지벌레	7 500ℓ	흑반병 응애류 가루깍지벌레 배나무굴나방 진딧물. 배명나방	흑반병 해충 종합방제
	중					○여름전정 및 유인 ○제 초 ○배수작업
	하			8 600ℓ	가루깍지벌레 응 애 류 배나무방패벌레	응애 및 가루깍지벌레 방제
8	상	과실세포비대기				
	중			9 600ℓ	복숭아순나방 잎 말 이 나 방 가루깍지벌레 응 애 류 흑성병.흰가루병	흰가루 및 흑성병 해충 종합방제
	하	조생종수확기				○가지받치기 ○관배수 ○제 초 ○조생종 수확
9	상		흰가루병	10 500ℓ	배나무굴나방 가루깍지벌레 배명나방 .배나무이 흑성병. 흰가루병	흰가루 및 흑성병 해충 종합방제
	중	중생종수확기				○월동유살띠 ○중생종 수확
	하					
10	상					○착색증진 ○만생종 수확 ○저장준비
	하	만생종 수확기				
11·12		휴면기				○저장 ○월동대책 ○밑거름 사용 및 낙엽처리

3. 배 수출단지 약제 방제력

횟 수	살 포 시 기	관행 방제력	시안 방제력	대상 병해충
1	3월 상순	기계유유제	기계유유제	월동 해충
2	4월 상순	석회유황합제	석회유황합제	월동 병해
3	4월 중순	톱신, 스미치온	베노밀, 메소밀	흑성병, 진딧물
4	5월 상순	바리톤, 디프록스 다니톨	바리톤	적성병
5	5월 중순	바리톤, 호리미트	바리톤, 구사치온	적성병, 잎말이 나방, 진딧물
6	5월 하순	다이센, 켈센, 호리마트	다이센, 테디온	흑성병, 응애
7	6월 중순	호리마트	다이센, 구사치온 켈센	흑성병, 심식 나방,응애
8	7월 상순	트리달엠, 스미치온 사란	다이센, 테디온, 로고	흑성병, 깍지벌레,응애
9	7월 하순	아라리, 디프록스	다이센	흑성병
10	8월 상순	한방, 다니톨	다이센, 켈센	흑성병, 응애
11	8월 중순	트리달엠, 스미치온	다이센	흑성병
12	8월 하순	톱신, 켈센	베노밀, 테디온, 로고	흑성병, 흰가루병 응애, 깍지벌레

※ 미고시(배) 약제 :구사치온, 로고, 매리트

4. 비료

가. 원예용 과수전용 복비

비 종	비료 표시	보 증 성 분 (%)						용 도 표 시
		질 소	인 산	칼 리	붕 소	고 토	유기물	
2종 복비	11-10-10	11	10	10	0.3	3		원 예 용
	9-14-12	9	14	12	0.3	2		〃
	11-11-11	11	11	11	0.3	0		〃
	10-11-12	10	11	12	0.3	2		〃
	12-10-9	12	10	9	0.2	2		사과
	14-11-11	14	11	11	0.2	1		사과, 단감
	13-10-12	13	10	12	0.3	2		사과
	11-13-8	11	13	8	0.2	1		밤
	10-10-8	10	10	8	0.3	1		밤
	14-10-9	14	10	9	0.3	0		과수
	16-11-12	16	11	12	0.4	0		〃
	17-0-14	17	0	14	0.3	0		과수웃거름
	15-0-14	15	0	14	0.3	2		〃
3종 복비	12-9-9	12	9	9	0.3	1	10	사과, 배, 밤
	11-10-8	11	10	8	0.3	1	10	밤
	10-9-10	10	9	10	0.2	3	10	단감
	13-8-10	13	8	10	0	1	10	〃
	10-8-6	10	8	6	0.2	3	10	포도
	13-11-9	13	11	9	0.3	1	10	포도, 복숭아
	9-7-7	9	7	7	0.3	1	10	포도
	12-10-8	12	10	8	0.2	3	10	배
	11-8-8	11	8	8	0.2	3	10	복숭아
	13-0-9	13	0	9	0.3	1	10	추비용
	14-10-11	14	10	11	0.3	0	10	과수

나. 비료배합적부표

		유안 1	석회질소 2	초안 3	요소 4	염안 5	퇴비 6	인분비 7	대두박 8	어비 9	과린산석회 10	중과린산석회 11	토마스인비 12	용성인비 13	미강 14	유산칼리 15	염화칼리 16	소성칼리 17	초목회 18	생석회 19	소석회 20	탄산석회 21
유안	1	□	■	▨	▨	▨	■	▨	□	□	□	□	▨	▨	□	□	□	▨	■	■	■	■
석회질소	2	■	▨	■	▨	■	■	■	□	□	■	■	□	□	□	▨	▨	□	□	▨	□	□
초안	3	▨	■	□	■	■	■	■	▨	▨	▨	▨	▨	▨	▨	▨	▨	▨	■	■	■	■
요소	4	▨	▨	■	□	▨	▨	▨	□	□	■	■	□	□	□	□	▨	▨	▨	▨	▨	▨
염안	5	▨	■	■	▨	□	■	▨	□	□	▨	▨	▨	▨	□	□	▨	▨	■	■	■	▨
퇴비	6	■	■	■	▨	■	□	■	□	□	□	□	▨	▨	□	□	□	□	■	■	■	■
인분뇨	7	▨	■	■	▨	▨	■	□	□	□	□	□	■	■	□	▨	▨	■	■	■	■	■
대두박	8	□	□	▨	□	□	□	□	□	□	□	□	□	□	□	□	□	□	□	▨	□	□
어비	9	□	□	▨	□	□	□	□	□	□	□	□	□	□	□	□	□	□	□	▨	□	□
과린산석회	10	□	■	▨	■	▨	□	□	□	□	□	□	■	■	□	□	□	▨	■	■	■	■
중과린산석회	11	□	■	▨	■	▨	□	□	□	□	□	□	■	■	□	□	□	▨	■	■	■	■
토마스인비	12	▨	□	▨	□	▨	▨	■	□	□	■	■	□	□	□	▨	□	□	□	▨	□	□
용성인비	13	▨	□	□	□	▨	▨	■	□	□	■	■	□	□	□	▨	□	□	□	▨	□	□
미강	14	□	□	▨	□	□	□	□	□	□	□	□	□	□	□	□	□	□	□	▨	□	□
유산칼리	15	□	▨	▨	□	□	□	▨	□	□	□	□	□	□	□	□	□	▨	▨	■	▨	□
염화칼리	16	□	▨	▨	▨	▨	□	▨	□	□	□	□	□	□	□	□	□	□	▨	■	▨	□
소성칼리	17	▨	□	▨	▨	▨	□	■	□	□	▨	▨	□	□	□	▨	□	□	▨	■	□	□
초목회	18	■	□	■	▨	■	■	■	□	□	■	■	□	□	□	▨	▨	▨	□	■	□	□
생석회	19	■	▨	■	▨	■	■	■	▨	▨	■	■	▨	▨	▨	■	■	■	■	□	□	□
소석회	20	■	□	■	▨	■	■	■	□	□	■	■	□	□	□	▨	▨	□	□	□	□	□
탄산석회	21	■	□	■	▨	▨	■	■	□	□	■	■	□	□	□	□	□	□	□	□	□	□

■ *배합할 수 없는 것*
▨ *배합후 바로 시비하여야 할 것*
□ *배합저장 되는 것*

다. 각종 비료의 3요소 함량

• 자급비료

〈분뇨류〉

비 료 명	질소 (%)	인산 (%)	칼리 (%)	비 료 명	질소 (%)	인산 (%)	칼리 (%)
人糞(生)	1.0	0.4	0.3	羊尿(生)	1.6	0.1	1.9
人尿(生)	0.5	0.05	0.2	蠶糞(乾)	2.5	1.0	1.0
下肥(腐熟)	0.6	0.1	0.3	〃(生)	1.4	0.3	0.1
牛糞(生)	0.6	0.3	0.1	鶴糞(生)	1.6	1.5	0.9
馬糞(生)	0.6	0.3	0.3	〃(乾)	2.0~4.5	1.5~4.5	1.0
豚糞(生)	0.6	0.6	0.5	兎糞(生)	1.7	0.9	0.7
羊糞(生)	0.6	0.3	0.2	兎尿(生)	1.8	0.1	2.2
牛尿(生尿)	1.5	0.2	1.6	家鴨糞(生)	1.0	1.4	0.6
馬尿(生)	1.5	0.05	1.7	腐熟堆肥	0.6	0.3	0.6
豚尿(生)	0.6	0.2	0.8	普通堆肥	0.5	0.3	0.5

〈녹비류〉

비 료 명	질소 (%)	인산 (%)	칼리 (%)	비 료 명	질소 (%)	인산 (%)	칼리 (%)
紫雲英(生)	0.4	0.1	0.3	루핀(生)	0.4	0.1	0.3
〃(乾)	2.8	0.6	2.1	〃(乾)	2.7	1.2	2.2
靑刈大豆(生)	0.6	0.1	0.7	靑刈蠶豆(生)	0.8	0.1	0.4
〃 (乾)	2.5	0.4	3.1	〃 (乾)	2.4	0.6	2.1
크로바(生)	0.6	0.2	0.3	靑刈蠶豆(生)	0.5	0.2	0.5
헤아리 벳치(生)	0.7	0.2	0.8	〃 (乾)	2.3	0.7	2.3
〃 (乾)	3.5	0.9	2.3	靑刈라이맥(生)	0.5	0.2	0.6
山野草(生)	0.5	0.2	0.5	靑刈燕麥(生)	0.4	0.1	0.6
〃(乾)	1.6	0.4	1.3	靑刈옥수수(生)	0.2	0.2	0.4
靑刈모밀(生)	0.4	0.1	0.4	靑刈菜種(生)	0.8	0.2	0.4

〈경엽류, 엽간류, 기타〉

비 료 명	질소 (%)	인산 (%)	칼리 (%)	비 료 명	질소 (%)	인산 (%)	칼리 (%)
水稻藁 (乾)	0.6	0.1	0.9	落花生莖葉 (生)	0.6	0.1	0.3
陸稻藁 (乾)	1.0	0.1	0.9	인 각 (乾)	0.5	0.2	0.5
裸麥稈 (生)	0.5	0.1	0.9	소매부망 (乾)	0.3	0.2	0.9
小麥稈 (乾)	0.5	0.2	0.6	대맥부망 (乾)	0.7	0.4	0.8
燕麥稈 (生)	0.6	0.3	1.6	라이맥부망 (乾)	0.6	0.6	0.5
大豆莖葉 (乾)	1.3	0.3	0.5	연맥부망 (乾)	0.6	0.1	0.5
粟 稈 (乾)	0.9	0.3	1.3	蠶豆莢 (乾)	1.7	0.3	3.6
菜種稈 (乾)	0.6	0.3	1.1	菜種莢 (乾)	0.6	0.4	1.0
甘藷莖葉 (生)	0.3	0.05	0.4	감귤葉 (生)	1.6	0.3	1.2
〃 (乾)	1.2	0.2	1.3	〃 (乾)	3.0	0.5	2.0
옥수수莖 (乾)	0.5	0.4	1.6	감 葉 (乾)	2.2	0.5	3.0
落 葉 (乾)	1.0	0.2	0.3	배 葉 (乾)	2.3	0.3	1.8
大麥稈 (乾)	0.6	0.2	1.1	복숭아葉 (乾)	2.2	0.5	2.0

• **판매비료**

〈동물질 비료〉

비 료 명	질소 (%)	인산 (%)	칼리 (%)	비 료 명	질소 (%)	인산 (%)	칼리 (%)
연 박	10.4	5.1	1.0	浸出骨粉 (標準骨粉)	5.0	21.0	–
약 박	9.0	6.9	0.8	生 骨 粉	3.8	21.2	–
동 연	9.2	3.2	–	肉 骨 粉	7.2	9.0	–
蒸製骨粉	4.1	21.7	–	용	9.5	1.3	0.5
脫膠骨粉	1.4	30.3	–	魚類臟物 (生)	2.8	3.4	–

〈식물질 비료〉

비 료 명	질소 (%)	인산 (%)	칼리 (%)	비 료 명	질소 (%)	인산 (%)	칼리 (%)
大豆粕 (浸出粕)	7.4	1.5	2.2	小麥부	2.2	2.7	1.5
菜種粕	5.1	2.2	1.5	棉實粕	5.5	2.3	1.5
米 糠	2.1	3.8	1.4	海藻 (乾)	0.4	0.1	1.6
大麥부	1.8	2.9	0.8				

〈화학비료〉

비 료 명	질소 (%)	인산 (%)	칼리 (%)	비 료 명	질소 (%)	규산 (%)	칼리 (%)
硫 安(副生)	20.0	–	–	〈珪酸質肥料〉			
尿 素	46.0	–	–	珪酸質 肥料	–	25 ○	–
過燐酸石灰	–	20.0	–	珪灰石 1號	–	10 ○	–
				珪灰石 2號	–	8 ○	–
熔成燐肥	–	20.0	–				
熔過燐	–	20.0	–	〈苦土肥料〉			
硫酸加里	–	–	50.0	黃酸苦土肥料	–	–	14 ×
鹽化加里	–	–	60.0	可溶黃酸苦土肥料	–	–	27 ○
〈石灰類〉			알칼리도 %	珪燐肥料			
消 石 灰	–	–	60.0	〈珪燐肥料〉	18 ×	15 ○	–
消石灰粉末	–	–	45.0	珪燐加里肥料	10 ×	15 ○	10 ○ (加里)
石灰苦土粉末	–	–	53.0				
貝 殼 類	–	–	40.0				

주) ① 규산비료중 × 표는 수용성 규산 ○표는 가용성 규산
② 고토비료중 × 표는 수용성 고토 ○표는 구용성 고토
③ 가리비료중 × 표는 수용성 가리. ○표는 구용성 가리
④ 인산비료중 × 표는 구용성 인산

ㅇ 회 류(灰類)

비 료 명	질소 (%)	인산 (%)	칼리 (%)
木 灰	–	1.0	4.8
草 木 灰	–	1.2	5.5
藁 灰	–	1.0	4.5
海 藻 灰	–	1.0	12.0
인 각 회	–	–	4.0

5. 농약

가. 석회유황합제 희석표

희석농도 \ 원액의 농도	4.0도	5.0	6.0	7.0	8.0	10	15	20	22
보메 0.1도	40.0	51.0	61.0	67.0	84.0	106	166	231	258
0.2	19.5	24.8	30.2	35.7	41.2	53	82	114	128
0.3	12.6	16.2	19.8	23.4	27.2	31.7	56	77	86
0.4	9.2	11.8	14.6	17.3	20.1	25.8	40.7	57	64
0.5	7.2	9.3	11.4	13.6	15.2	20.4	32.5	45.1	51
0.6	5.8	7.6	9.4	11.2	13.1	16.8	26.8	37.5	42
0.8	4.1	5.4	6.8	8.1	9.5	12.4	20.0	27.8	31.2
1.0	3.1	4.1	5.2	6.3	7.4	9.7	15.6	22.0	24.7
1.2	2.4	3.3	4.2	5.1	6.0	7.8	12.8	18.2	20.4
1.4	1.9	2.7	3.4	4.2	5.0	6.6	10.8	15.4	17.3
1.5	1.72	2.42	3.14	3.86	4.61	6.1	10.1	14.4	16.2
2.0	1.04	1.56	2.10	2.64	3.19	4.32	7.3	10.5	11.8
2.5	0.62	1.03	1.46	1.89	2.33	3.23	5.6	8.1	9.2
3.0	0.34	0.69	1.04	1.40	1.76	2.51	4.46	6.6	7.5
3.5	0.15	0.44	0.75	1.05	1.36	1.96	3.66	5.5	6.2
4.0	–	0.26	0.52	0.79	1.06	1.62	3.07	4.65	5.3
4.5	–	0.11	0.35	0.58	0.82	1.31	2.60	3.99	4.58
5.0	–	–	0.21	0.42	0.64	1.08	2.24	3.49	4.03

희석농도 \ 원액의 농도	25도	27	28	29	30	31	32	33	34
보메 0.1도	300	330	345	361	377	393	409	426	442
0.2	150	165	172	179	188	196	204	212	221
0.3	101	110	116	120	126	131	137	142	148
0.4	74	82	86	89	93	97	101	102	110
0.5	59	65	68	71	74	77	81	84	87
0.6	49.1	54	57	59	62	64	67	70	73
0.8	36.5	40.2	42.1	44.1	46	48	50	52	54
1.0	29	31.9	33.3	34.8	36.5	38.1	39.7	41.4	43.1
1.2	23.9	26.4	27.7	28.9	30.2	31.6	32.9	34.3	35.7
1.4	20.3	22.4	23.5	24.6	25.7	26.9	28.0	29.2	30.4
1.5	18.9	20.9	21.9	23.0	24.0	25.1	26.2	27.3	28.4
2.0	13.9	15.4	16.2	17.0	17.7	18.5	19.3	20.2	21.0
2.5	10.9	12.1	12.7	13.3	13.9	14.5	15.2	15.8	16.5
3.0	8.9	9.8	10.3	10.8	11.3	11.9	12.4	12.9	13.5
3.5	7.4	8.3	8.7	9.1	9.5	9.9	10.5	10.9	11.4
4.0	6.4	7.1	7.4	7.8	8.2	8.6	9.0	9.4	9.8
4.5	5.5	6.1	6.5	6.3	7.1	7.5	7.8	8.2	8.6
5.0	4.84	5.42	5.7	6.0	6.3	6.6	7.0	7.3	7.6

주) 농도에 따른 원액으로 희석액을 만들 땐 숫자로 표시한 배액의 물을 타면 된다. 예를 들면, 보메 0.1도액 =원액(4.0도)+40배물

나. 배 적용 병해충별 고시농약 일람

병해충	농 약 일 람
검은별무늬병 (4)	디치수화제(델란), 포리옥신수화제, 이프로수화제(로브랄), 포리동수화제
검은무늬병 (19)	카펜수화제, 포리동수화제, 디치수화제(델란), 카벤다수화제(마이코), 캡타폴수화제(디포라탄, 모두나), 지오판수화제(톱신엠, 톱네이트엠), 베노밀수화제(벤레이트), 훼나리유제, 만코지수화제(다이센-45), 마이탄수화제(시스텐), 비타놀수화제(바이코), 펜코나졸수화제(돈나), 헥사코나졸액상수화제, 후루실라졸수화제(누스타), 훼나리수화제, 디니코나졸수화제(빈나리), 리프졸수화제, 치람수화제, 누아리몰유제
붉은별무늬병 (7)	티디폰수화제(바리톤), 훼나리유제, 마이탄수화제(시스텐), 비타놀수화제(바이코), 훼나리수화제, 디니코나졸수화제(빈나리), 트리아디메놀수화제(바이피단)
흰가루병 (5)	유황수화제(수화유황), 지오판수화제(톱신엠, 톱네이트엠), 베노밀수화제(벤레이트), 디노수화제(카라센), 포리옥신수화제
깍지벌레 (2)	아조포유제(호스타치온), 메프수화제(스미치온, 호리치온)
응애류 (6)	테디온유제(테디란), 디코폴유제(켈센), 펜부탄수화제(도큐), 아씨틴수화제(페로팔), 치아스수화제(닛쏘란), 펜프로유제(다니톨)
진딧물 (6)	피리모수화제, 이피엔유제, 피레스유제(립코드), 프로싱유제(스미사이딘), 푸루오수화제(마비산), 알파스린유제(화스탁)
심식나방 (2)	파프수화제(엘산, 씨디알), 피리다수화제(오후나크)
숙기촉진 (2)	에세폰액제(에스렐), 지베레린 도포제
비대촉진 (1)	지베레린 도포제

다. 배 살포용 농약혼용 가부표

품 종		신고, 장십랑						
농 약 명		흰가루병약	붉은별무늬병약		검은별무늬병약		겹무늬썩음병약	
농약명	품목명 (상표)	톱신엠。톱 (지오판수화제·네이트엠)	바리톤 (티디폰수화제)	빈나리 (디니코나졸수화제)	돈 나 (펜코나졸수화제)	헥사코나졸액상수화제	벤레이트。두루다 (베노밀수화제)	새론 (마이탄수화제)
잎말이나방약	메프수화제 (스미치온. 호리치온)	×	○	×	×		○	×
	피레스유제 (립코드)	○	○	○		○	○	○
진딧물약	피리모 수화제	○	○	○			○	○
응애약	디코폴유제 (켈 센)			×			○	○
	펜부탄 수화제 (도 큐)	○	○	○		○	○	○
	치아스 수화제 (닛쏘란)	○	○	○		○	○	○
	아씨틴 수화제 (페로팔)	×	○	×		○	×	
	펜프로유제 (다니톨)	○	○	○		○	○	○
굴나방약	프로싱유제 (스미사이딘)	○	○	○		○	○	○
심 식 나방약	피리다 수화제 (오후나크)	○	○	○		○	○	○

○ : 혼용가　　× : 혼용불가　　공란 : 시험중 또는 시험미실시

라. 각종 식물 생장조정제

농약명	유효성분	작용	사용법	특성	유효년한	비고
아토닉액제	Sodium-5-mononitro-guaiacol 0.3%	생장촉진	담배 6.7－1.7㎖/물20ℓ 씨 앗 : 파종전 12～24시간 침종 생육기 : 생육중요 시기	ㅇ 식물체내에 침투하여 식물세포 활력 높여줌 ㅇ 화분관 생장 촉진시켜 수정력 높여줌. ㅇ 일반 농약과 혼용해도 좋음.	5 년	ㅇ 지침서 참조
도마도톤 액제	P- chloro phenoxy acetic acid 0.15%	〃	토마토 : 꽃 3～5개 피었을때 20℃이하 400㎖/물 20ℓ 20℃이상 200㎖/물 20ℓ	ㅇ 식물체내 침투하여 식물 세포 활력 높여줌 ㅇ 낙화방지, 과실비대 효과있음.	5 년	ㅇ 이 약만 연용하면 속이 빈 과일이 생길 수 있으므로 지베레린 수용제 5－20PPM 희석하여 뿌린 3－4일 후 도마도톤을 뿌림.
지베레린 수용제	지베레린 3.1%	〃	포도(거봉) 포도(델라웨어) 감자, 여름국화 오이(억제 재배시)	ㅇ 식물 생리작용을 조장하는 특수한 식물호르몬제로 과수, 채소, 화훼 등에 광범위하게 사용됨.	4 년	ㅇ 처리적기 및 사용약량은 지침서 참조. ㅇ 지정 농도를 철저히 지켜야 하며 고농도가 되면 약해가 나기 쉬우며, 이 농약처리로 지상부 생육이 촉진되므로 영양결핍 우려가 있으니 비배관리에 주의. ㅇ 이 농약은 강알칼리성과 섞어 쓰기를 금하며 처리후 8시간내에 비를 맞으면 약효가 떨어질 우려가 있음.

농약명	유효성분	작 용	사 용 법	특 성	유효년한	비 고
지베레린 도포제	지베레린 2.7%	비대 및 숙기 촉진	베 만개후 30-40일 25mg/과경	ㅇ 숙기가 3-7일 가량 빨라지며 과실 비대가 양호. ㅇ 과실 크기를 고르게 하고 품질이 우수한 과실 생산.	2 년	ㅇ 약액이 흘러내려 과실에 묻지 않도록 하여 과경 부위에 과경당 25mg을 처리.
클록시포낙액제 (상표) 도마도란	Sodium-4-chloro-2-hydroxymethyl phenoxyacetate.9.8%	〃	토마토 1화방에 꽃 3-5개 피었을 때 1회살포 20㎖/물 20ℓ	ㅇ 식물생장 조정제로서 토마토의 착과증진 및 과실비대 효과 있음.	2 년	ㅇ 눈에 자극시킬 수 있으므로 사용시 보안경 착용. ㅇ 살포액 조제시에는 수도물 등 깨끗한 우물물 사용하고 될 수 있는한 즉시 사용. ㅇ 생장점이나 신엽에는 약해 발생 우려 있으니, 직접 약액이 묻지 않도록 주의. ㅇ 고온(30℃)시 처리 경우와 질소 과다묘에 처리할 경우 공동과, 기형과 발생할 우려 있음.
인돌비액제 (상표) 도래미	Indole-3-yl aceticacid 0.3% 6-Benzyl adenine 0.2%	생장 촉진	콩나물, 통이 싹이 터서 0.5cm 정도 나왔을때 167㎖/물 20ℓ 1가마(75kg) 당 사용량 : 12ℓ	ㅇ 콩나물 생장촉진제로 처리했을시 원뿌리 굵어지고 잔뿌리가 나지 않으며 비타민 C의 함유량이 증가하므로 콩나물 수량증대와 품질도 좋아짐.	30일 (5℃ 이하 보관)	ㅇ 약제가 물에 씻겨 내려갈 우려가 있으므로 약제처리 2시간 전후에는 물을 주지 말 것. ㅇ 약액에 침전물이 생겼을 경우에는 약병을 따뜻한 물에 넣어 침전물을 용해시켜 사용할 것.

농약명	유효성분	작 용	사 용 법	특 성	유효년한	비 고
						ㅇ 유통과정중에 있는 약이나 사용후 남은 약은 직사광선을 피해 반드시 섭씨 5℃ 이하의 냉장고에 보관.
에세폰액제 (상표) 에 스 렐	2-Chloroethyl phosphonic acid 39%	책색 촉진	토마토, 백숙기 12㎖/물20ℓ 담배. 논담배 5엽기까지 수확을 마친후 2-3일후 20㎖/물20ℓ 포도.배 : 지침서 참조.	ㅇ 토마토, 포도 : 약액을 과실에만 살포. ㅇ 담배 : 질소 과다엽을 피하되 살포 10일 전 반드시 적심. ㅇ 배 : 수관전면에 살포하되 과실부분 위주로 살포.	4 년	ㅇ 알칼리성 약제와 섞어 쓰기를 피하고 기타 다른 약제와 근접 살포도 하지 말것. ㅇ 많은 약량을 살포할 경우 약액이 과실 꼭지 부분에 고여 낙과의 우려가 있으므로 주의요. ㅇ 포도잎에 묻으면 약해가 나니 포도 송이에만 처리. ㅇ 기온이 섭씨 15℃ 이하일 경우에 효과가 떨어지는 수가 있으며 섭씨 30℃ 이상 높은 온도가 계속될 경우 사용금함. ㅇ 물에 탄 약은 당일에 사용해야 하고 중복 살포나 재살포를 금함.
루톤분제	2-(1-Naphthyl) acetamide 0.4%	발근 촉진	카네이션 : 꺾꽂이 할때 삽수기부에 분의 처리.	ㅇ 삽목. 삽묘의 발근을 촉진시켜 활착에 우수한 효과를 나타냄.	5 년	ㅇ 식용작물에 사용하지 말 것 ㅇ 삽수(삽목)에 약제를 묻히거나 반죽하여 바를때 너무 많이 묻지 않도록 할 것.

농약명	유효성분	작용	사용법	특성	유효년한	비고
아이비에이 분제 (상표) 옥시베론	4-Indol-3-yl butyric acid 0.5%	발근 촉진	국화, 카네이션, 하와이 무궁화 꺽꽂이 할 때 삽수 기부에 분의 처리.	○ 삽목, 삽수의 발근을 촉진시키는 식물 호르몬제로 발근이 촉진되고 발근수가 많아져 좋은 묘목을 얻을 수 있음.	3 년	○ 초본식물, 경화되지 않은 목본류 미성숙가지 삽목에 사용. ○ 삽수에 약제를 분의할 때 삽수 절단면으로부터 1cm 이하로 하고 너무 많이 묻지 않도록 할것. ○ 기타 지침서 참조
	4-Indol-3-yl butyric acid 0.4%	발근 촉진	국화, 카네이션, 하와이 무궁화 꺽꽂이 할 때		3 년	○ 지침서 참조
말레이액제 (상표) 액아단	6-Hydroxy-3(2H)-pyridazinone potassium salt 21.7%	생장 억제	담배, 액아억제 적심 후 667㎖/물20ℓ	○ 담배 액아억제약 ○ 담배 적심한 후 상위 5-7엽의 엽면에 희석액 뿌림.	3 년	○ 접착제 등 다른 약제와 절대로 섞지 말 것. ○ 어린묘에는 사용을 금하고 이미 생긴 액아는 완전 제거할 것. ○ 소정 희석 배수인 30배 이하로는 사용하지 말 것. ○ 맑은날 오후에 살포하되 살포직후 비가 오면 다시 한번 살포할 것.

농약명	유효성분	작용	사용법	특성	유효년한	비고
비나인수화제	N-dimethyl aminosuccinamic acid 85%	생장억제	포인세치아, 신장억제 적심후 3일 및 적심 2주후 각1회 160g /물20ℓ	ㅇ 식물의 절간 신장을 억제	3 년	ㅇ 식용작물에는 절대로 사용금지. ㅇ 약제 살포후 직사광선을 너무 오래 쪼이지 말 것. ㅇ 구리제(석회보르도액)와 섞어 뿌리거나 30일 이내의 근접살포를 금지.
패티알콜유제 (상표) 앤티싹	Fatty alcohols 74%	생장억제	담배액아억제 적심전 화아형성기 등 액아가 1-2cm 정도일 때 667mℓ /물 20ℓ	ㅇ 패티알콜로서 접촉형 액아 제거제. ㅇ 패티알콜은 자연계에 존재하는 천연 물질로서 환경 및 인축에 독성이 적고 작물 잔류 염려가 없음. ㅇ 상위엽이 개장되고 하위엽이 두꺼워져 품질향상 및 증수효과가 있음.	3 년	ㅇ 살포적기와 살포 약량을 반드시 지킬 것. ㅇ 약제살포시 바람을 등지고 살포하여 약액이 눈이나 피부에 묻지 않도록 주의하고 살포액이 코나 입으로 흡입되지 않도록 마스크를 착용할 것. ㅇ 기타 지침서 참조
씨엠액제 (상표) 코링	Choline salt of 2-hydro-6-hydroxy-3-pyridazinone 39%	생장억제	담배 액아억제 적심직후 333mℓ /물 20ℓ 감자, 양파, 맹아 억제, 수확 14일전 경엽처리 200mℓ /물 20ℓ	ㅇ 침투성이 강한 담배액아 억제제. ㅇ 식물체내로의 침투 이행성 작용으로 감자, 양파의 저장중 맹아 발아를 억제해주는 수확직전 처리제.	3 년	ㅇ 다른약제와 섞어 쓰지 말 것. ㅇ 강우가 예상되면 약제살포를 하지 말 것. ㅇ 직사광선이 강한 날에는 약제살포를 피할 것. ㅇ 기타 지침서 참조

농약명	유효성분	작용	사용법	특성	유효년한	비고
이나벤 화이드입제 (상표) 세리타드	4'−Chloro−2'(−hydroxy−benzy ℓ) isonicotin anilide 4.0%	도복 경감	벼. 출수 40−50일전	o 벼의 하위절간을 단축시켜 도복을 경감시키는 식물 생장조정제. o 도복피해를 좌우하는 요인(도복시기, 도복각도, 도복면적률, 도복형태등)을 개선하여 도복피해 경감. o 도복에 의한 등숙저하를 경감하는 효과 있음.	3 년	o 중복살포나 약량을 늘려 살포하지 않도록 각별히 주의하고 적정 사용량 살포. o 질소함량 높은 논, 생활폐수 유입되는 논에는 효과가 떨어질 우려가 있음. o 기타 지침서 참조
다이코액제 (상표) 레그론	1.1'−Ethylene−2.2'−bipyridylium dibromide 20%	작물 건조	벼, 보리 수확 7일전 50㎖/물 20ℓ 감자 수확 10일전 100㎖/물 20ℓ	o 수확기 처리하므로써 곡물의 수분 함량을 감소시켜 줌. o 작물의 수확기를 단축시켜 주므로 후작물을 먼저 재배할 수 있음. o 작물을 입모상태에서 건조시켜 주기 때문에 노동력 절감.	3 년	o 작물이 완전히 성숙하지 않았을때 처리하면 수량이 감소될 우려가 있으므로 처리시기를 꼭 지키고, 벼, 보리에 사용할 경우 전착제 가용하면 약해 우려가 있음. o 비선택성 약제이므로 약제 살포시 다른 작물에 약액이 날아가지 않도록 주의. o 기타 지침서 참조
칼라본 수화제 (상표) 크레프논	Calcium carbonate 95%	부피 방지	감귤, 과실 착색 초기부터 100일간격 400g/물 20ℓ	o 초미립자의 탄산칼슘이 주성분이며 약제살포에 의해 과실 및 잎표면에 얇고 강한 막이 형성되어 수분조절 효과를 발휘하므로 부피를 방지함.	3 년	o 사용방법을 잘지키고 뿌릴때 바람을 등지고 사용후에는 입안을 물로 헹구고 손, 발, 얼굴 등은 비눗물로 깨끗이 씻을 것. o 전착효과가 있으므로 살균, 살충제와 섞어 쓸때 다른 전착제를 사용할 필요없음.

농약명	유효성분	작용	사용법	특성	유효년한	비고
에티클로제이트유제 (상표) 휘가론	Ethyl-5-chloro-3 (1H)-indazolyl acetate 1%	적과제	감귤 만개 20-25일 후 수관처리 100㎖/물20ℓ	○ 옥신계 생장조정제	3 년	○ 어독성 Ⅱ급이므로 살포된 농약이 양어장, 저수지, 상수취수원, 해역 등으로 날려 들어가거나 빗물에 씻겨 직접 흘러 들어갈 우려가 있는 지역에서는 일시에 광범위하게 사용하지 말 것. ○ 기타 지침서 참조
디클로르프로프액제 (상표) 미성알파	(RS)-2-(2.4-Dichloro-phenoxy) propionic acid triethanolamine salt 4.5%	낙과방지	사과쓰가루 수확 25-30일전 20㎖/물 20ℓ	○ 강력한 옥신작용에 의하여 낙과방지 효과를 나타냄. ○ 적기보다 조기에 살포하면 과실 비대가 불량해짐.	3 년	○ 식물호르몬제이므로 반드시 소정농도 사용량, 사용횟수, 사용시기를 준수할 것. ○ 다른농약, 비료 및 영양제로 혼용하지 말 것. ○ 약제살포 직후 강우가 있을 경우에도 다시 살포하지 말 것. ○ 기타는 지침서 참조

마. 과수원 제초제

농약명	유효성분	대상작물	적용잡초	사용적기	물20ℓ당 사용약량	유효년한	비고
글라신액제 (상표) 근사미	Isopropylamine salt of N-(phosphono methyl) glycine 41.0%	사과 배 밤 단감 포도	일년생 및 숙근초 〃 일년생 잡초 〃 〃	잡초가 충분히 자랐을때 잡초 경엽처리	75mℓ 150~450mℓ 150mℓ 83mℓ 75mℓ	5 년	○ 비선택성 제초제 ○ 이 농약의 유효성분은 땅에 떨어지면 곧 분해되므로 사용후 작물을 파종하거나 이식하여도 피해가 없음. ○ 5년이상 자라 나무의 표피가 완전히 목질화된 경우에는 농약이 묻어도 흡수되지 않으므로 피해가 없음. ○ 기타 지침서 참조
후루옥시피르, 글리신액제 (상표) 유니바	1-Methyl heptyl ester of 4-amino-3, 5-dichloro-6-fluoro-2-pyridyloxyacetic acid 6%	사과	일년생 및 다년생 잡초	잡초가 발생되었을때 잡초경엽처리	50mℓ	3 년	○ 비선택성 제초제 ○ 살포후 2-5일이 경과한 날부터 약효가 나타남. ○ 이 농약은 잡초의 잎과 줄기로 흡수되어 쉽게 뿌리까지 이행하므로 잡초의 줄기와 잎 뿐만 아니라 뿌리까지도 고사시킴. ○ 유효성분은 땅에 떨어지면 곧 불활성화되므로 이 농약을 살포한 후 작물을 파종하거나 이식하여도 피해가 없음. ○ 기타 지침서 참조

농약명	유효성분	대상작물	적용잡초	사용적기	물20ℓ당 사용약량	유효년한	비고
파리코액제 (상표) 그라목손	1.1'-Dimethyl-4, 4'-bipyridyldiylium dichloride 24.5%	과수	일년생 및 다년생 잡초	잡초가 발생 되었을 때 잡초 경엽처리	50㎖	2 년	ㅇ 비선택성 제초제 ㅇ 침투성이 매우 강하여 약제처리 2시간후에 비가 와도 약효가 떨어지지 않음. ㅇ 토양과 접촉하면 바로 불활성화됨. ㅇ 기타 지침서 참조
브로실 수화제 (상표) 하이바엑스	5-Bromo-3-sec-butyl-6-methyl uracil 80%	감귤	과원잡초	경엽처리 : 잡초 발생때 토양처리 : 잡초발생전	30g 25g	3 년	ㅇ 잡초 발생초기에 1회 처리하면 경엽처리와 토양처리 효과가 있음. ㅇ 이행형 제초제로 약효가 서서히 나타나며 잔효성이 길어 약효가 3-4개월동안 지속됨. ㅇ 기타 지침서 참조
글루포시네이트 암모늄액제 (상표) 바스타	Ammonium 4-[hydroxy (melthyl)phosphinoyl]-DL-homoalanine 18%	사과 감귤	일년생 잡초	잡초 발생되었을 때 경엽처리	60㎖	3 년	ㅇ 비선택성 제초제 ㅇ 농약살포후 2-5일이 경과된 후부터 약효가 나타남. ㅇ 유효성분은 땅에 떨어지면 곧 분해되므로 사용후에 작물재식해도 피해 없음. ㅇ 기타 지침서 참조

농약명	유효성분	대상작물	적용잡초	사용적기	물20ℓ당 사용약량	유효년한	비고
설포세이트 액제 (상표) 터치다운	N-phosphonomethyl slycine trimethyl sulphonium salt 40.0%	사과 감귤	일년생 및 다년생 일년생 잡초	잡초가 발생 되었을 때 경엽처리	50㎖ 100㎖	3 년	○ 비선택성 제초제 ○ 유효성분은 잡초의 경엽으로부터 쉽게 뿌리부분으로 이행되어 살초작용을 하므로 약효가 서서히 나타나지만 뿌리까지 완전히 고사시킴. ○ 이 농약이 땅에 떨어지면 곧 분해되므로 사용후에 작물을 파종, 이식하여도 피해가 없음. ○ 기타 지침서 참조
크로닐입제 (상표) 카소론	2.6-Dichloro benzonitrile 6.7%	사과 포도	일년생잡초 〃	잡초발생전 이른봄 포도 눈이 나오기 1개월전	8kg 4kg	3 년	○ 흡수이행형 토양처리제로 봄에 1회 살포함으로써 장기간에 걸쳐 잡초 발생이 억제됨. ○ 발아전 및 발아하기 시작하는 광엽 및 화본과 일년생 잡초에 잘 들음.
옥시펜유제 (상표) 고올	2-chloro-a, a a-trifluoro-P'-toly13-ethoxy -4-nitrophenyl ether 23.5%	사과. 배 감귤. 포도 마늘 잔디	〃	잡초발생직전(과수 눈트기 2주기전까지) 파종복토후 토양전면 처리 춘기잔디발아전	84㎖ 50㎖ 33㎖ 50㎖	4 년	○ 토양처리형 제초제로 적용범위가 넓고 약효 지속기간이 길다. ○ 잡초가 지상부로 나올때 생장점에 이농약이 접촉하여 고사됨. ○ 어독성 Ⅱ급 농약임

농약명	유효성분	대상작물	적용잡초	사용적기	물20ℓ당 사용약량	유효년한	비고
		묘 포		이식후 토양 전면처리	33㎖		ㅇ 기타 지침서 참조
터브틸라진 수화제 (상표) 가도프림	N^2-tert-buthyl-6-chloro-N^4-ethyl-1,3, 5-triazine 2,4-diamine 80%	사 과	일년생 잡초	잡초 발생전 토양 전면처리	133g	3 년	ㅇ 토양처리형 제초제로 적용범위가 넓고 약효지속기간이 길다. ㅇ 잡초의 뿌리를 통하여 흡수이행되어 광합성을 저해함으로써 살초효과 나타냄. ㅇ 기타 지침서 참조
		감 귤	〃		33g		

ㅇ평균기온(°C)

지명 \ 월	1	2	3	4	5	6	7	8	9	10	11	12	전년
강 릉	−0.4	0.8	5.4	12.0	17.7	20.3	23.9	24.6	19.7	14.8	8.7	2.8	12.5
원 주	−5.5	−2.4	3.7	11.0	16.6	21.1	24.3	24.4	18.7	11.8	4.3	−2.5	10.5
수 원	−3.9	−1.8	3.7	10.9	16.5	20.9	24.4	25.1	19.8	13.0	5.7	−1.2	11.1
서 산	−2.3	−0.7	4.0	10.7	16.2	20.7	24.1	24.9	20.1	13.8	6.9	0.8	11.6
대 전	−2.4	−0.2	4.9	12.2	17.5	21.8	25.0	25.4	20.2	13.6	6.5	0.2	12.1
추풍령	−2.7	−0.8	4.5	11.8	17.1	20.9	24.1	24.5	19.3	13.2	6.3	0.1	11.5
포 항	0.7	2.4	6.9	12.7	17.6	20.7	24.7	25.6	20.9	15.7	9.5	3.4	13.4
대 구	−0.7	1.3	6.5	13.2	18.5	22.2	25.7	26.3	21.0	15.0	8.1	1.8	13.2
전 주	−1.2	0.5	5.4	12.6	17.9	22.0	25.7	26.3	21.1	14.6	7.8	1.7	12.9
울 산	0.9	2.6	6.9	12.6	17.4	20.8	24.9	25.9	21.0	15.6	9.3	3.5	13.5
광 주	2.2	−0.2	1.3	6.0	12.7	17.8	21.7	25.4	26.2	21.3	15.2	8.5	13.3
부 산	2.2	3.7	7.8	12.9	17.3	20.3	24.1	25.9	21.9	17.1	11.0	5.0	14.1
목 포	1.3	2.1	6.0	12.1	17.1	20.9	24.7	26.2	22.0	16.6	10.1	4.2	13.6
여 수	1.6	2.8	7.1	12.7	17.4	20.6	24.2	25.9	22.1	16.9	10.5	4.4	13.9
제 주	5.2	5.6	8.5	13.3	17.2	20.9	25.6	26.6	22.7	17.7	12.4	7.6	15.3
진 주	−0.2	2.0	6.5	12.7	17.5	21.4	24.9	25.7	20.9	14.8	7.9	1.8	13.0

ㅇ최저초상온도(°C)

지명 \ 월	1	2	3	4	5	6	7	8	9	10	11	12	전년
강 릉	−7.0	−5.8	−1.8	3.9	9.9	14.5	19.1	19.7	13.8	7.6	1.2	−4.4	5.9
원 주	−13.7	−10.2	−4.5	1.7	7.8	14.0	19.1	18.9	11.6	2.9	−3.9	−10.2	2.8
수 원	−13.4	−10.8	−6.3	0.3	6.6	13.1	19.3	19.4	11.9	2.8	−3.9	−10.6	2.4
서 산	−9.4	−8.2	−4.7	1.7	7.8	14.0	19.7	19.6	13.1	5.2	−0.9	−6.7	4.3
울 진	−7.1	−5.7	−1.7	3.6	8.7	13.6	18.4	19.1	13.7	7.2	0.7	−4.9	5.5
대 전	−10.3	−8.2	−4.0	2.6	8.5	14.5	19.6	19.9	13.5	4.9	−1.9	−8.0	4.3
추풍령	−9.9	−8.2	−4.1	2.0	7.4	13.3	18.8	18.9	12.2	4.0	−2.1	−7.8	3.7
포 항	−7.9	−6.1	−1.9	4.4	9.8	15.0	20.1	21.0	15.4	7.9	0.8	−5.4	6.1
대 구	−8.5	−6.4	−1.7	4.5	10.0	15.4	20.7	21.1	14.8	6.7	−0.1	−6.4	5.8
전 주	−7.9	−6.3	−2.2	4.6	9.9	15.3	20.7	21.0	14.9	6.9	0.5	−5.3	6.0
울 산	−7.0	−5.1	−1.1	4.6	9.4	14.9	20.1	20.9	15.4	8.0	1.4	−4.7	6.4
광 주	−6.5	−5.3	−2.0	4.7	10.1	15.6	20.9	21.2	15.3	7.4	1.1	−4.3	6.5
부 산	−5.7	−4.0	0	5.8	10.8	15.5	20.6	21.6	16.5	9.8	+3.0	−3.0	7.6
목 포	−4.4	−3.5	−0.4	5.4	10.5	15.7	20.9	21.8	16.3	9.2	3.2	−2.3	7.7
여 수	−5.4	−4.2	−0.3	5.6	10.5	15.5	20.6	21.4	16.3	9.4	2.9	−3.1	7.4
제 주	−0.3	−0.2	1.6	6.1	10.3	15.5	20.9	21.5	17.1	11.0	5.8	1.6	9.2
진 주	−9.0	−6.7	−2.7	3.6	8.8	14.8	20.3	20.6	14.7	6.3	−1.1	−5.0	5.4

ㅇ강수량(mm)

월 / 지명	1	2	3	4	5	6	7	8	9	10	11	12	전년
강 릉	58.2	6.11	71.2	77.3	73.2	110.7	217.4	261.7	216.4	111.9	78.1	38.6	1375.8
원 주	25.3	25.4	52.5	88.5	89.2	145.1	334.4	261.6	149.0	44.9	43.5	27.6	1287.0
수 원	26.6	28.3	49.1	95.3	84.7	121.6	328.9	290.9	148.4	57.7	54.7	20.8	1307.0
서 산	32.4	31.5	46.4	88.2	95.0	114.2	265.3	242.5	146.5	65.2	56.3	32.6	1216.1
울 진	49.4	59.8	69.1	79.7	61.9	105.4	145.5	167.1	162.8	88.0	66.2	35.1	1090.0
대 전	33.6	40.8	58.4	96.9	95.4	153.6	316.7	277.8	154.5	53.0	48.8	30.4	1359.9
추풍령	26.3	36.2	57.7	88.0	81.8	132	269	204	128	49.5	50.8	24.8	1149
포 항	35.8	45.2	63.8	82.7	71.3	128.8	195.5	172.4	154.4	63.4	51.9	25.9	1091.1
대 구	20.5	28.8	50.7	78.0	75.2	128.6	233.5	193.0	122.8	48.1	37.3	14.1	1030.6
전 주	35.7	41.4	60.1	99.4	97.2	146.7	278.5	244.5	143.8	60.2	59.0	29.7	1296.6
울 산	32.8	43.0	68.7	117.8	97.8	173.9	218.0	197.8	180.3	66.8	55.0	20.5	1272.4
광 주	38.6	46.6	62.0	110.3	101.4	182.6	283.3	235.9	149.8	59.4	56.1	30.8	1356.8
부 산	31.8	42.9	79.2	148.4	147.9	224.0	256.9	203.6	186.6	62.2	64.9	24.3	1472.7
목 포	35.1	47.0	54.6	95.7	89.3	162.9	209.9	155.2	130.3	52.6	51.1	27.8	1111.5
여 수	24.3	40.7	67.6	142.5	146.3	224.2	260.9	229.5	152.4	55.0	48.8	21.1	1413.3
제 주	62.3	69.7	68.2	97.2	88.8	183.7	230.2	241.3	179.4	74.2	79.0	49.6	1423.6
진 주	32.8	49.3	67.2	152.8	132.9	227.0	306.5	273.9	174.5	54.9	46.0	20.4	1538.2

ㅇ증발량(mm)

월 / 지명	1	2	3	4	5	6	7	8	9	10	11	12	전년
강 릉	71.9	65.5	96.7	135.3	172.4	135.6	127.4	122.6	98.5	94.9	79.7	76.0	1276.5
원 주	36.1	45.8	82.5	124.8	155.8	149.5	130.7	131.6	102.7	80.7	48.2	34.7	1123.1
수 원	37.5	45.9	80.3	113.9	145.2	145.5	124.3	131.9	106.7	84.3	50.6	39.1	1105.2
서 산	38.6	46.4	81.0	109.3	140.5	136.9	119.0	131.6	100.8	81.3	45.9	36.4	1067.7
울 진	67.8	62.4	87.1	128.8	160.0	131.8	128.0	132.7	104.2	98.9	76.1	70.8	1248.6
대 전	34.7	43.2	80.0	118.4	148.3	140.8	127.8	133.2	102.2	81.7	47.1	36.2	1093.6
추풍령	55.6	63.7	102.1	142.4	179.0	156.3	134.5	143.6	113.5	103.2	68.9	56.5	1319.3
포 항	72.7	69.1	99.3	130.5	171.4	155.5	152.4	154.0	109.2	101.4	132.3	71.4	1419.2
대 구	56.7	63.0	103.1	134.9	173.0	162.7	150.0	160.7	113.4	95.8	64.4	54.1	1331.8
전 주	32.9	38.4	69.7	105.7	141.8	138.3	127.2	136.7	102.0	84.9	49.3	34.7	1061.6
울 산	65.2	67.4	97.9	117.2	149.8	135.8	145.0	155.4	112.7	102.3	74.9	65.0	1288.6
광 주	41.4	50.0	89.0	118.4	146.7	146.9	143.6	150.1	111.3	93.0	56.5	42.6	1189.5
부 산	73.3	72.5	96.5	105.6	127.9	117.4	123.5	142.7	109.5	105.1	82.1	75.8	1231.9
목 포	50.7	54.1	88.0	110.3	138.0	133.7	131.2	161.1	127.8	113.6	72.9	55.0	1236.4
여 수	71.7	71.1	105.9	120.6	148.6	134.0	132.2	162.1	133.2	123.0	86.0	71.7	1360.1
제 주	57.6	60.2	93.8	113.2	135.9	138.3	167.7	172.2	127.7	111.9	76.8	62.4	1317.7
진 주	49.4	55.0	86.6	108.8	133.6	120.0	120.3	130.0	98.1	89.2	60.9	48.0	1099.9

ㅇ일조시간(hr)

지명＼월	1	2	3	4	5	6	7	8	9	10	11	12	전년
강 릉	190.3	172.7	193.9	203.7	228.7	173.6	144.1	154.0	155.1	184.6	172.6	186.0	2159.3
원 주	195.7	195.1	235.3	254.9	279.7	262.3	224.2	236.2	222.2	220.4	174.5	178.4	2678.9
수 원	172.4	173.6	216.3	212.2	243.9	215.0	157.0	179.2	195.7	204.8	157.1	160.1	2296.3
서 산	155.6	161.4	217.2	220.0	241.3	205.4	147.9	186.4	195.8	209.0	148.2	141.8	2230.0
울 진	212.6	186.9	217.9	241.7	269.7	213.6	193.5	211.4	191.6	211.0	190.4	207.4	2547.7
대 전	152.4	149.3	198.3	217.1	240.9	202.4	161.6	189.8	181.3	200.1	148.1	145.1	2186.4
추풍령	174.7	170.4	208.3	214.5	239.9	199.5	157.2	178.8	170.5	205.5	164.5	166.8	2250.6
포 항	188.9	168.1	196.7	195.6	226.9	172.3	160.0	178.7	153.2	186.2	181.4	189.8	2197.8
대 구	196.2	179.8	214.6	213.0	239.8	197.3	163.8	189.0	169.5	206.4	178.0	189.9	2337.3
전 주	149.2	149.0	195.9	201.7	227.5	184.1	140.9	181.9	176.3	199.9	147.6	139.5	2093.5
울 산	200.4	176.4	202.2	198.9	231.2	181.1	168.9	192.0	157.6	196.0	182.9	203.7	2291.3
광 주	165.4	163.1	210.2	209.4	233.9	188.3	165.3	203.8	185.5	210.4	164.2	157.9	2257.4
부 산	199.9	176.5	204.1	196.2	223.6	182.8	165.8	211.4	168.0	201.6	187.1	201.3	2318.3
목 포	138.2	141.7	193.1	189.4	215.3	178.3	157.7	216.4	185.5	205.4	154.9	133.5	2109.4
여 수	203.1	185.9	220.3	205.3	230.8	189.2	163.8	222.8	191.1	224.4	194.2	198.8	2429.7
제 주	74.9	99.2	171.0	189.6	215.8	185.7	209.3	224.2	172.8	179.1	128.0	85.9	1935.5
진 주	193.8	176.4	211.4	211.0	221.4	172.3	161.2	189.2	162.9	201.0	175.6	186.5	2262.7

ㅇ일조율(%)

지명＼월	1	2	3	4	5	6	7	8	9	10	11	12	전년
강 릉	62	57	52	52	52	37	32	38	42	53	57	63	49
원 주	64	64	64	65	64	59	50	56	60	63	57	60	60
수 원	56	57	58	56	56	49	35	43	52	59	52	54	52
서 산	51	53	59	56	55	47	33	44	53	60	48	47	50
울 진	68	61	59	61	62	49	43	50	51	61	62	69	58
대 전	49	49	54	55	55	46	36	45	49	57	48	48	49
추풍령	56	56	56	55	55	46	35	43	46	59	54	56	51
포 항	61	55	53	50	52	40	36	43	41	53	59	63	50
대 구	63	59	58	54	55	45	37	45	46	59	58	63	53
전 주	48	49	53	51	52	42	32	44	48	57	48	46	47
울 산	64	57	55	51	53	42	38	46	42	56	59	67	52
광 주	53	53	57	53	54	43	37	49	50	60	53	52	51
부 산	64	57	55	50	52	42	38	51	45	58	61	66	53
목 포	44	46	52	48	50	41	36	52	50	59	50	44	47
여 수	65	60	59	53	53	44	37	54	52	64	63	65	55
제 주	24	32	46	49	50	43	48	54	47	51	41	28	42
진 주	62	58	57	54	51	40	37	45	44	57	57	61	51

6. 전국 주요지역 기상자료

ㅇ일최저기온의 평균(℃) (월별 평년값 1961-1990)

월 / 지명	1	2	3	4	5	6	7	8	9	10	11	12	전년
강 릉	−4.1	2.9	1.2	7.0	12.8	16.4	20.8	21.4	16.0	10.5	4.7	−1.0	8.6
원 주	−11.0	−7.6	−2.1	4.0	10.0	15.9	20.5	20.2	13.6	5.7	−1.0	−7.6	5.1
수 원	−8.8	−6.6	−1.4	4.9	10.8	16.3	21.2	21.4	14.9	7.1	0.6	−5.9	6.2
서 산	−6.3	−4.8	−0.8	5.1	11.1	16.4	21.1	21.3	15.5	8.4	2.5	−3.2	7.2
울 진	−3.6	−2.6	1.2	6.6	11.3	15.4	19.7	20.7	15.6	9.9	4.1	−1.2	8.1
대 전	−6.7	−4.6	−0.2	6.1	11.7	17.0	21.6	21.8	15.8	8.1	1.6	−4.3	7.3
추풍령	−6.6	−4.9	−0.5	5.7	11.1	16.0	20.5	20.8	14.8	7.7	16.0	−4.1	6.8
포 항	−3.3	−1.8	2.3	7.8	12.8	17.0	21.4	22.4	17.4	11.3	5.1	−0.9	9.3
대 구	−5.1	−3.2	1.4	7.4	12.6	17.4	22.0	22.5	16.7	9.7	3.2	−2.7	8.5
전 주	−5.2	−3.7	0.4	7.0	12.3	17.4	22.4	22.6	16.7	9.3	3.2	−2.5	8.3
울 산	−3.5	−1.9	1.9	7.3	12.1	16.7	21.5	22.4	17.2	10.7	4.4	−1.4	9.0
광 주	−3.9	−2.6	1.1	7.4	12.5	17.4	22.3	22.7	17.2	10.2	4.1	−1.5	8.9
부 산	−1.4	0	4.1	9.4	14.0	17.5	21.8	23.3	19.0	13.6	7.3	1.3	10.8
목 포	−1.8	−1.1	2.4	8.2	13.3	17.8	22.2	23.5	18.8	12.6	6.5	0.8	10.3
여 수	−1.6	−0.5	3.5	9.2	14.1	18.0	22.1	23.4	19.2	13.6	7.2	1.1	10.8
제 주	2.4	2.6	4.9	9.3	13.4	17.8	22.8	23.6	19.5	14.1	8.9	4.6	12.0
진 주	−5.6	−3.4	0.5	6.4	11.5	16.8	21.6	21.8	16.5	8.9	2.0	−3.8	7.8

ㅇ일최고기온의 평균(℃)

월 / 지명	1	2	3	4	5	6	7	8	9	10	11	12	전년
강 릉	4.2	5.2	10.0	17.0	22.7	24.6	27.7	28.5	24.1	19.8	13.4	7.5	17.1
원 주	0.7	3.6	10.1	18.4	23.5	27.0	29.1	29.8	25.2	19.3	10.8	3.4	16.7
수 원	1.5	3.5	9.4	17.3	22.6	26.2	28.4	29.4	25.3	19.6	11.5	4.1	16.6
서 산	2.5	4.2	9.7	16.8	21.9	25.9	28.1	29.5	25.5	20.1	12.4	5.7	16.9
울 진	5.8	6.3	10.2	16.3	20.7	22.7	26.1	27.5	23.7	19.9	13.9	8.8	16.8
대 전	2.8	5.1	10.9	18.7	23.7	27.2	29.4	30.1	25.7	20.2	12.2	5.5	17.6
추풍령	1.9	4.1	10.3	17.9	23.2	26.3	28.4	29.2	24.6	19.4	11.7	5.0	16.8
포 항	5.7	7.3	11.9	17.8	22.8	25.1	28.7	29.7	25.1	20.9	14.6	8.6	18.2
대 구	4.5	6.6	12.4	19.4	24.8	27.8	30.2	31.3	26.3	21.4	13.9	7.4	18.8
전 주	3.6	5.7	11.5	19.0	24.2	27.4	30.0	31.0	26.5	21.0	13.4	6.6	18.3
울 산	6.4	7.9	12.5	18.1	23.1	25.6	29.1	30.3	25.6	21.4	15.3	9.4	18.7
광 주	4.3	6.2	11.9	18.7	23.8	26.9	29.4	30.8	26.5	21.4	13.9	7.4	18.4
부 산	6.8	8.4	12.5	17.1	21.4	23.7	27.1	29.3	25.8	21.7	15.7	9.7	18.3
목 포	5.7	6.8	11.3	17.3	22.1	25.2	28.2	30.4	26.7	22.0	15.2	8.9	18.3
여 수	5.4	6.8	11.5	16.7	21.3	24.0	27.0	29.2	25.5	20.9	14.4	8.3	17.6
제 주	7.9	8.5	12.0	17.0	21.1	24.5	28.9	29.8	25.8	21.0	15.7	10.6	18.6
진 주	6.3	8.1	12.9	19.1	23.8	26.7	29.0	30.3	26.3	21.7	14.8	8.9	19.0

ㅇ월최고기온의 평균 (℃)

지명＼월	1	2	3	4	5	6	7	8	9	10	11	12	전년
강 릉	11.6	13.6	20.2	26.4	31.7	32.8	35.0	34.7	30.4	26.5	21.2	15.5	25.0
원 주	7.7	11.8	18.9	26.6	29.7	32.1	33.7	34.1	29.9	25.2	19.0	12.4	23.4
수 원	9.0	12.0	17.8	25.2	28.6	31.2	33.0	33.3	29.9	25.6	19.3	12.9	23.2
서 산	9.3	12.1	18.0	24.1	28.3	30.8	32.9	33.7	29.8	25.9	19.9	13.8	23.2
울 진	12.7	13.8	18.6	26.1	30.2	31.1	33.8	33.9	29.4	25.7	21.2	16.3	24.4
대 전	9.9	13.4	19.8	27.0	29.6	32.4	34.0	34.1	30.5	25.7	19.9	14.1	24.2
추풍령	9.6	13.5	19.6	26.0	29.8	31.8	33.6	33.5	29.9	25.3	20.1	13.8	23.9
포 항	12.3	15.3	20.6	26.9	31.3	32.6	35.4	35.1	31.2	26.2	21.4	16.6	25.4
대 구	11.1	15.3	21.1	27.3	31.6	33.9	36.0	36.0	31.9	26.9	21.1	15.5	25.6
전 주	11.4	14.6	20.4	27.0	30.2	32.3	34.8	34.5	31.2	26.9	21.1	15.7	25.0
울 산	13.3	15.9	20.3	25.8	30.2	31.9	35.0	34.8	31.1	26.8	22.0	17.4	25.4
광 주	11.7	14.7	20.0	25.7	29.5	31.6	33.9	34.3	30.9	26.9	21.2	15.8	24.7
부 산	13.7	15.7	18.7	22.5	26.7	28.0	31.4	32.5	29.6	26.4	22.1	17.4	23.7
목 포	12.8	14.5	18.7	23.5	27.4	29.5	32.7	33.6	30.7	27.2	22.2	16.6	24.1
여 수	11.6	14.0	17.5	21.9	26.6	28.4	31.3	32.5	29.6	25.5	20.5	15.4	22.9
제 주	15.9	16.6	19.9	24.8	27.1	30.4	33.9	33.8	30.8	26.2	22.2	18.9	25.0
진 주	12.3	15.8	20.4	25.3	29.7	31.6	33.6	34.1	30.6	26.7	21.8	16.5	24.9

ㅇ월최저기온의 평균(℃)

지명＼월	1	2	3	4	5	6	7	8	9	10	11	12	전년
강 릉	−11.6	−10.1	−5.1	0.6	6.6	11.2	15.6	17.1	10.9	4.0	−3.6	−8.8	2.2
원주	−20.2	−16.7	−9.7	−3.1	3.7	9.8	15.4	15.1	5.4	−2.9	−9.6	−16.9	2.5
수 원	−16.8	−14.8	−7.6	−1.7	5.1	11.3	17.0	16.9	7.4	−0.7	−7.7	−14.3	0.5
서 산	−13.3	−11.6	−6.7	−1.7	5.3	11.8	17.0	17.4	8.8	1.6	−4.4	−10.3	1.2
울 진	−10.5	−9.4	−4.7	0.4	5.9	10.6	15.0	16.1	10.2	2.9	−3.1	−8.4	2.1
대 전	−14.1	−12.3	−7.0	−0.9	5.7	11.9	17.3	17.4	8.5	0.4	−6.2	−11.6	0.8
추풍령	13.6	−12.2	−6.7	−1.3	4.9	10.5	16.1	16.4	7.7	0.6	−5.8	−11.5	0.4
포 항	−10.2	−8.6	−3.6	1.8	7.5	12.5	16.9	18.5	12.0	4.8	−2.7	−8.0	3.4
대 구	−11.3	−10.0	−4.8	0.8	7.2	12.1	17.3	18.2	10.5	2.6	−4.1	−9.2	2.4
전 주	−12.0	−10.6	−6.0	−0.3	6.2	12.2	18.0	18.4	9.6	2.1	−4.5	−9.7	2.0
울 산	−9.8	−8.5	−4.1	0.9	6.5	11.7	17.0	18.4	11.3	4.1	−2.8	−7.8	3.1
광 주	−10.1	−8.9	−4.6	0	6.4	12.4	18.2	18.6	10.7	3.3	−2.5	−7.6	3.0
부 산	−8.7	−7.4	−2.7	3.4	9.7	13.8	17.7	20.0	14.3	6.9	−1.2	−6.5	4.9
목 포	−7.5	−6.7	−2.5	2.6	8.9	14.2	18.8	20.2	13.6	6.3	−0.6	−5.7	5.1
여 수	−7.9	−7.1	−2.8	3.0	10.0	14.7	18.5	20.1	14.5	7.3	−0.7	−5.8	5.3
제 주	−2.1	−1.9	−0.1	3.1	8.3	13.5	18.7	20.2	14.6	8.4	3.5	−0.2	7.2
진 주	−11.7	−10.0	−5.7	−1.2	5.4	11.4	17.4	17.3	9.7	1.1	−5.1	−9.7	1.6

원 황 (園 黃)

1. 육성경위

원황은 1978년에 원예연구소에서 조생적에 만삼길을 교배하여 얻은 실생중에서 1989년에 78-25-73이 유망시되어 1차 선발하여 1991년부터 1994년까지 "원교나-09호"로 지역적응시험을 4년간 검토한 결과 공시 전지역에서 조생종의 대과 고당도 품종으로 그 우수성이 인정되어 1994년 "원황"으로 최종 선발 명명하였다.

2. 주요특성

가. 생육특성

원황은 수세가 강하며, 수자는 반개장성이며 결과부위는 단과지 착생이 많고 화아형성이 잘 되어 재배하기가 쉽다. 개화기는 장십랑과 풍수보다 1일 늦은 5월 2일경이며, 꽃가루 양이 많고 주요 품종과 교배친화성이 높아 수분수로 재식 가능한 품종이다.

나. 과실특성

원황은 숙기가 9월 중순인 중생종으로 수원지방에서 수확기가 9월12일로 조기 추석용으로 적합한 품종이다. 과중은 566g으로서 대과종이며 신고보다도 크고, 과형은 정형의 편원형으로 외형이 우수하고 과피는 담황갈색으로 수려하다. 과육색은 투명한 순백색으로 육질이 유연 다즙하고 석세포가 극히 적으며 감산조화된 식미가 극히 우수하다. 당도는 13.4° Bx로 높은 편이다.

〈표1〉 주요 생육특성 및 과실특성

품종	만개일 (월. 일)	숙기 (월. 일)	과중 (g)	당도 (° Bx)	산미	경도 (kg/5mm ϕ)	과즙	육질
원 황	5.2	9.12	566	13.4	소	1.27	다	연, 밀
풍 수	5.1	9.25	360	13.6	소	1.00	다	연, 중

다. 내병충성

원황은 흑반병에 저항성인 품종이다.

라. 수량성 및 상품성

원황은 수량성이 3,600kg/10a로 풍산성인 품종이며 상온 저장력은 30일정도로 약한 편이나 저장중 생리장해 발생이 적고 수송성이 강하다.

〈표2〉 수량성 및 상품성

품종	과형	과피색	석세포	과심율 (%)	저장력	품질	수량 (kg/10a)
원 황	편 원	담황갈	소	35.0	약(30일)	상	3,600
풍 수	원편원	선황갈	소	39.2	약(30일)	상	3,600

3. 적응지역

원황은 전국재배가 가능하며 숙기가 장십랑보다 8일 빨라 추석이 빠른 해에는 극히 유리하며 품질이 우수하여 장십랑을 완전히 대체가 가능한 품종이다.

4. 재배상의 유의점

① 조생종으로는 극히 대과에 속하는 품종으로 성숙기에 가뭄이 심하거나 강우로 과습하여 석회, 붕소 등의 비료성분 흡수가 저해되면 과심갈변과 때로는 밀병증상 (water core)이 다소 발생한 우려가 있으니 과건과 과습이 되지 않도록 배수와 관수에 유의한다.

② 질소 과다시비 및 배수 불량지에서는 산미가 다소 있을 수 있으므로 유의한다.

③ 진딧물, 흡수나방 등 흡즙류의 해충 피해와 조류 피해를 받기 쉬우므로 철저히 방제하여야 한다

신 일 (新 一)

1. 육성경위

신일은 1978년에 원예연구소에서 신흥에 풍수를 교배하여 얻은 실생중 1989년에 "78-29-3"이 유망시되어 1차 선발하였다. 1992년부터 1995년까지 원교 나-13호로 지역적응시험을 4년간 검토한 결과 공시 전지역에서 조생 고감미 품종으로 그 우수성이

인정되어 1995년 "신일"로 최종 선발 명명하였다.

2. 주요특성

가. 생육특성

신일은 수세가 중이며 수자는 반개장성으로서 유사흑반병에 저항성이 강하여 재배하기 용이하다. 단과지형성이 잘 되며 풍산성이다. 개화기는 4월 27일로 장십랑과 같고 꽃가루가 많고 주요재배품종과 교배친화성이므로 수분수 품종으로 재식가능한 품종이다.

나. 과실특성

신일은 숙기가 9월 19일로서 장십랑보다 1일 빨라 추석이 9월하순인 해에 추석용으로 유리하다. 과형은 원형에 가까운 원편원형이며 과피색은 선명한 담황갈색으로 외관이 수려하다. 과중은 370g으로 장십랑과 비슷하다. 당도는 13.8° Bx로 높고 감산이 조화되어 장십랑보다 식미가 훨씬 좋다. 육질은 유연다즙하고 석세포가 극히 적어 육질이 거친 장십랑과 크게 대비된다. 과육색은 투명한 백색으로 아름답다.

〈표1〉 주요 생육특성 및 과실특성

품종	만개일 (월. 일)	숙기 (월. 일)	과중 (g)	당도 (° Bx)	산미	경도 (kg/5mm ϕ)	과즙	육질
신 일	4.27	9.19	377	13.8	소	1.11	다	연, 밀
장십랑	4.27	9.20	394	12.9	극소	1.47	중	경, 중

다. 내병충성

신일은 흑반병에 저항성인 품종이다.

라. 수량성 및 상품성

신일은 수량성이 3,200kg/10a로 장십랑보다는 다소 낮은 품종이며 상온 저장력은 30일정도로 약한 편이나 육질이 분질화되지는 않는다.

〈표2〉 수량성 및 상품성

품종	과형	과피색	석세포	과심율 (%)	저장력	품질	수량 (kg/10a)
신 일	원편원	담황갈	소	37.4	약(30일)	상	3,200
장십랑	편 원	담적갈	다	39.2	약(30일)	중	3,700

3. 적응지역

신일은 장십랑 대체품종의 하나로 감미가 더 높고 유연다즙하며, 식미가 우수하여 배 재배가 상대적으로 불리한 경기북부(한강이북) 및 강원내륙지방에 유리하다.

4. 재배상의 유의점

① 철저한 조기 적뢰 적과를 실시하여 대과화를 도모한다.
② 과숙 염려가 있으므로 적숙기 10일전부터 육질, 맛 등을 검토하여 수확적기를 도모한다.
③ 토양은 사양토는 좋지 않으며, 특히 배수가 잘 되도록 유의하여야 한다.

미 황 (美 黃)

1. 육성경위

미황은 1978년에 원예연구소에서 풍수에 만삼길을 교배하여 얻은 실생중에서 78-25-33이 유망시되어 1989년에 1차 선발하였다. 1991년부터 1995년까지 원교 나-12호로 지역적응시험을 5년간 검토한 결과, 당도가 높고 저장력이 강한 고품질 만생종 배로 그 우수성이 인정되어 1995년 "미황"으로 최종 선발 명명하였다.

2. 주요특성

가. 생육특성

미황은 수세가 강하고 수자는 반개장성으로서 유사흑반병에 저항성이 높아 재배가 용이하다. 단과지 형성이 잘 되고 풍산성이다. 만개기는 4월27일로서 만삼길보다 3일 빠르다. 꽃가루가 많고 신고, 만삼길, 장십랑 등 주요 재배품종과 교배친화성이지만 감천배, 화산, 만수 품종과는 교배불친화성이다.

나. 과실특성

미황은 숙기가 10월23일로서 신고보다 11일 늦고, 만삼길보다는 15일 빨라 두 품종의 중간에 위치한다. 과형은 원편원형이고 과피색은 담황갈색으로서 외관이 수려하다. 과중은 480g으로 만삼길보다 다소 작다. 당도는 12.7° Bx로 만삼길보다 높고 신고와 비슷하며 감미가 높다. 육질은 극히 유연다즙하여 신고보다 더 부드럽고 물이 많으며 석세포도 신고보다 적어 씹히는 맛이 좋으며 전반적으로 맛이 뛰어나다. 또한 산미가 극소하여 만삼길보다 훨씬 낮으며 신고보다도 낮아 훨씬 달게 느껴진다.

〈표1〉 주요 생육특성 및 과실특성

품종	만개일 (월. 일)	숙기 (월. 일)	과중 (g)	당도 (°Bx)	산미	경도 (kg/5mm φ)	과즙	육질
미 황	4.27	10.23	481	12.7	극소	0.92	다	연, 밀
만삼길	4.30	11.7	534	11.1	다	1.12	다	연, 밀

다. 내병충성

미황은 흑반병에 저항성인 품종이다.

라. 수량성 및 상품성

미황은 수량성이 3,700kg/10a로 풍산성인 품종이며 저온저장력은 180일정도로 강하여 신고보다 2개월 더 지속되는 저장성 품종이다.

〈표2〉 수량성 및 상품성

품종	과형	과피색	석세포	과심율 (%)	저장력	품질	수량 (kg/10a)
미 황	원편원	담황갈	소	34.6	강(180일)	상	3,700
만삼길	도원추	담황녹갈	다	33.1	극강(210일)	중	3,600

3. 적응지역

미황은 전국재배가 가능한 품종이다.

4. 재배상의 유의점

① 만생종이므로 잎 관리에 특히 유의하여 조기낙엽되지 않도록 해야한다.
② 수세에 맞추어 적정 착과시켜 과실비대가 충분히 되도록 한다.
③ 질소를 과다시용하면 과실착색이 나빠지고 저장력이 떨어지므로 특히 유의한다.

만 수 (晩 秀)

1. 육성경위

만수는 1978년에 원예연구소에서 단배에 만삼길을 교배하여 얻은 실생중에서 78-26-68이 유망시되어 1989년에 1차 선발하여 1992년부터 1995년까지 4년간 지역적응시험을 실시한 결과 극대과, 극만생으로서 저장력이 극히 강하고 품질의 우수성이 인정되어 1995년 "만수"로 최종선발 명명하였다.

2. 주요특성

가. 생육특성

만수는 수세는 강하고 수자는 만삼길처럼 직립성이며 흑반병에 저항성이 강하여 재배가 용이하다. 단과지 형성이 용이하여 풍산성이다. 만개일은 4월27일로서 신고보다 1일 늦고, 만삼길보다는 3일 빠르다. 꽃가루가 많고 신고, 만삼길, 장십랑 등 주요 재배품종과는 교배친화성이지만 감천배, 화산, 미황 품종과는 교배불친화성이다.

나. 과실특성

만수는 숙기가 10월20일로서 신고보다 18일 늦고, 만삼길보다는 7일 빠른 만생종이다. 과형은 편원형이고 과피색은 황갈색으로 수려하며 외관이 아름답다. 과중은 660g 정도로 신고나 만삼길보다 훨씬 대과이다. 당도는 만삼길보다 1°Bx이상 높고 신고와 거의 동등하다. 육질은 유연치밀하며 석세포가 극히 적어 신고보다 씹는 맛이 부드럽고 맛이 뛰어나다. 저온 저장력은 만삼길정도로 강하다. 이 품종은 만생종으로 극대과이며, 저장력이 극히 강하고 식미가 우수하여 배 단경기 출하 및 동남아시아, 원거리

유럽 수출확대용으로 유리하다.

〈표1〉 주요 생육특성 및 과실특성

품종	만개일 (월. 일)	숙기 (월. 일)	과중 (g)	당도 (°Bx)	산미	경도 (kg/5mm ϕ)	과즙	육질
만 수	4.27	10.30	663	12.4	소	1.12	다	연; 밀
만삼길	4.30	11.7	534	11.1	다	1.12	다	연, 밀

다. 내병충성

만수는 흑반병에 저항성인 품종이다.

라. 수량성 및 상품성

만수는 수량성이 3,700kg/10a로 풍산성인 품종이며 저온저장력이 210일 정도로 만삼길만큼 강하며 저장중 품질변화가 적고 수송성이 강한 품종이다.

〈표2〉 수량성 및 상품성

품종	과형	과피색	석세포	과심율 (%)	저장력	품질	수량 (kg/10a)
만 수	편 원	담황갈	극소	33.9	극강(210일)	상	3,700
만삼길	도원추	담황녹갈	다	33.1	극강(210일)	중	3,600

3. 적응지역

만수는 전국재배가 가능한 품종이다.

4. 재배상의 유의점

① 극대과의 만생종이므로 잎관리에 특히 유의하여 조기 낙엽되지 않도록 한다.

② 수세에 맞는 적정착과로 과실비대가 잘 이루어지도록 하며 질소비료 과용을 피하고 퇴비 위주로 시비한다.

감 로 (甘 露)

1. 육성경위

감로는 1986년에 원예연구소에서 신고에 신수를 교배하여 얻은 실생중에서 86-2-51이 유망시되어 1992년에 1차 선발과 1993년의 2차 선발하였다. 1994년부터 1996년까지 원교 나-16호로 지역적응 시험을 실시한 결과 조생, 고감미의 고품질 여름배 품종으로 그 우수성이 인정되어 1996년에 "감로"로 최종 선발, 명명하였다.

2. 주요특성

가. 생육특성

감로는 수세는 강하며 수자는 반개장성이다. 결과부위는 단과지형성이 비교적 용이하여 풍산성이다. 개화기는 5월1일로서 신수보다 2일 빠르고 신고보다는 1~2일 늦다. 꽃가루는 극히 적으므로 수분수로는 이용할 수 없다.

나. 과실특성

감로는 숙기가 8월 하순으로서 신수와 같거나 4일정도 늦으며, 과중은 300g 이상으로 조생으로서는 대과에 속한다. 당도는 13.8° Bx로서 높고 육질이 유연하며, 비교적 즙이 많고 석세포가 극히 적어 씹는 맛도 좋으며 식미가 우수하다. 과피색은 선황갈로서 외관도 수려하다.

〈표1〉 주요 생육특성 및 과실특성

품종	만개일 (월. 일)	숙기 (월. 일)	과중 (g)	당도 (° Bx)	산미	경도 (kg/5mm ϕ)	과즙	육질
감 로	5.1	8.27	315	13.8	소	1.40	중	연, 중
신 수	5.3	8.20	230	12.3	소	1.03	다	연, 밀

다. 내병충성

감로는 흑반병에 저항성인 품종이다.

라. 수량성 및 상품성

감로는 수량성이 3,000kg/10a로 신수보다는 다소 높은 품종이며 상온 저장력은 20일

정도로 약한 편이나 육질이 분질화되지는 않는다.

〈표2〉 수량성 및 상품성

품종	과형	과피색	석세포	과심율 (%)	저장력	품질	수량 (kg/10a)
감 로	원편원	선황갈	소	42.4	약(20일)	상	3,000
신 수	편 원	담황갈	소	34.4	약(10일)	상	2,600

3. 적응지역

감로는 전국재배가 가능한 품종이다.

4. 재배상의 유의점

① 전정시 솎음전정 위주로 하여 좋은 중·장과지를 형성시키도록 하며, 키울 가지만 절단전정을 하고 유인을 철저히 한다.
② 과숙 염려가 있으므로 적숙기 10일전부터 육질, 맛 등을 검토하여 수확적기를 도모한다.
③ 토양은 수직 배수가 잘 되도록 관리한다.

선 황 (鮮 黃)

1. 육성경위

선황은 1986년에 원예연구소에서 신고에 만삼길 교배하여 얻은 실생중에서 86-7-120이 유망시되어 1992년에 1차 선발과 1993년의 2차 선발하였다. 1994년까지 원교 나-23호로 지역적응시험을 실시한 결과 조생종, 대과, 고품질 여름배 품종으로 그 우수성이 인정되어 1996년에 '선황'으로 최종 선발 명명하였다.

2. 주요특성

가. 생육특성

선황은 수세가 강하고 수자는 반개장성으로서 단과지 형성이 잘 이루어지며, 개화기는 5월1일로 행수보다 3일 빠르고 신고보다 1일 늦다. 꽃가루 양이 많고 주요 재배품종과 교배친화성이 높아 수분수로서도 유망한 품종이다.

나. 과실특성

선황은 숙기가 9월6일로 행수보다 3일 늦다. 과중이 390g으로 행수보다 대과이며, 비교적 고당도(13.2° Bx)로서 육질이 유연다즙하고 석세포가 적어 씹는 맛도 좋으며 식미가 우수하다. 외관은 원형의 담황갈색으로 수려하며 신고와 유사하다. 과숙연화나 과피얼룩 증상이 행수에 비해 극히 적어 유통 판매에 유리하다.

〈표1〉 주요 생육특성 및 과실특성

품종	만개일 (월. 일)	숙기 (월. 일)	과중 (g)	당도 (° Bx)	산미	경도 (kg/5mm ϕ)	과즙	육질
감 로	5.1	9.6	390	13.2	소	1.80	다	중, 밀
행 수	5.4	9.3	330	12.6	소	0.76	극다	연, 중

다. 내병충성

선황은 흑반병에는 저항성인 품종이나 배나무 잎 검은점병 (괴저바이러스병 또는 유사흑반병)에는 발현성 품종이다.

라. 수량성 및 상품성

선황은 수량성이 3,000kg/10a로 행수 품종보다는 높으며 상온 저장력은 30일정도로 약한 편이나 저장중 생리장해 발생이 적고 수송성이 강하다.

〈표2〉 수량성 및 상품성

품종	과형	과피색	석세포	과심율 (%)	저장력	품질	수량 (kg/10a)
선 황	편 원	담황갈	소	40.0	약(30일)	상	3,000
행 수	편 원	담황갈	극소	34.4	약(10일)	상	2,600

3. 적응지역

선황은 전국재배가 가능한 품종이다.

4. 재배상의 유의점

① 단과지 형성이 용이하지만 신고에서처럼 강절단 전정은 삼가고 가능한 솎음전정을 위주로 하여 중, 장과지를 많이 형성하여 측지갱신 전정을 한다.
② 조기에 철저한 가지유인을 해주고 질소비료의 과다 시용을 삼간다.
③ 배나무 잎 검은점병(괴저바이러스병 또는 유사흑반병) 증상이 발현되는 품종이므로 접목번식시 반드시 건전한 접수를 이용한다.

미 니 배

1. 육성경위

미니배는 1982년에 원예연구소 나주배연구소에서 '단배'에 '행수'를 교배하여 얻은 실생중에서 1990년 82-6-44계통이 유망시되어 1차 선발한 품종이다. 1994년부터 1996년까지 지역적응시험 결과 극조생종으로서 품질의 우수성이 인정되어 1996년 최종선발하여 '미니배'로 명명하였다.

2. 주요특성

가. 생육특성

'미니배'는 수세가 강하고 수자는 반개장성이며 단과지 형성 및 유지가 잘 되며 액화아 형성도 잘 되는 편이고 결실연령이 빠른 품종이다.

개화기는 신고보다 3~4일 정도 늦으며 꽃가루 양이 많아 주요 품종과 교배친화성이 높아 수분수로도 유망한 품종이다.

나. 과실특성

'미니배'는 숙기가 8월 상순인 극조생종이며 나주지방에서 수확기가 8월5일 경이다. 과중은 210~240g으로 소과종이며 과형은 원형이다. 과피는 선명한 황갈색으로 외관이 아름답고 과육은 유백색이며 육질은 유연하고 과즙이 많다. 당도는 10.5°Bx로서 감미가 약간 낮으나 산미는 적어 식미가 우수하다. 이 품종은 봉지를 씌우지 않더라도 과피가 수려하여 무대재배가 가능하고 과심이 작아 가식부위가 많다.

〈표1〉 주요 생육특성 및 과실특성

품종	만개일 (월. 일)	숙기 (월. 일)	과중 (g)	당도 (°Bx)	산미	경도 (kg/5mm φ)	과즙	육질
미니배	4.20	8.5	240	10.5	소	0.82	다	중, 밀
신 수	4.19	8.13	275	13.0	소	0.72	다	연, 밀

다. 내병충성

'미니배'는 흑반병에 저항성이다.

라. 수량성 및 상품성

'미니배'는 수량성이 2,300kg/10a정도이며, 과심율이 극히 낮아 가식부위가 많으며 무대재배시에도 과피외관이 미려하여 무대재배도 가능하다. 극조생종으로 저장력은 7일 정도로 약한 편이다.

〈표2〉 수량성 및 상품성

품종	과형	과피색	석세포	과심율 (%)	저장력	품질	수량 (kg/10a)
미니배	원 형	선황갈	소	33.8	약(7일)	상	2,300
신 수	편원형	담황갈	소	34.4	약(7일)	상	2,300

3. 적응지역

'미니배'는 숙기가 빠른 극남부지역에 알맞은 품종이다.

4. 재배상의 유의점

① 과다 착과시키면 과실이 너무 작아질 우려가 있으므로 너무 과다 착과되지 않게 주의해야 한다.

② 상온저장력이 극히 약하므로 직접 판매가 가능한 관광농원이나 과수원에서 재배하고 Cold Chain System이 완비된 상태에서 유통토록 유의해야 한다.

만 풍 (滿 豐) 배

1. 육성경위

'만풍배'는 1982년에 원예연구소 나주배연구소에서 '풍수'에 '만삼길'을 교배하여 얻은 실생중에서 1990년 82-19-55계통이 유망시되어 1차 선발한 품종이다. 1994년부터 1997년까지 지역적응시험 결과 공시 전지역에서 중생종 고품질 대과로 우량시 되어 1997년 최종 선발하여 '만풍배'로 명명하였다. 본 품종 육성에는 조광식, 강삼석, 조현모, 손동수, 고갑천, 김기열, 홍경희, 김휘천 등이 관여하였다.

2. 주요특성

가. 생육특성

개화기는 신고보다 3~4일 정도 늦으며 꽃가루의 양이 풍부하고 주요 품종과 교배친화성이 있어 수분수로도 유망한 품종이다.

나. 과실특성

'만풍배'는 숙기가 9월 하순으로 '신고'보다 7일 빠른 중생종이며 나주지방에서 수확기가 9월23일경이다. 과중은 700g내외로 대과종이며 과피는 황갈색으로 수확시에 녹색이 남아있는 경우가 많다. 과육은 백색이며 육질은 극히 유연하고 과즙이 많다. 당도는 13°Bx내외로 감미가 높고 산미는 극히 적어 식미가 우수하다.

〈표1〉 주요 생육특성 및 과실특성

품종	만개일 (월. 일)	숙기 (월. 일)	과중 (g)	당도 (°Bx)	산미	경도 (kg/5mmϕ)	과즙	육질
만 풍	4.20	9.23	770	13.3	소	0.4	극다	연, 밀
신 고	4.16	10.1	550	11.4	소	1.0	다	연, 밀

다. 내병충성

'만풍배'는 흑반병에 저항성이다.

라. 수량성 및 상품성

'만풍배'는 수량성이 3,600kg/10a로 풍산성인 품종이며 상온하에서 저장력은 52일 정도로 '신고' 와 비슷하다.

〈표2〉 수량성 및 상품성

품종	과형	과피색	석세포	과심율 (%)	저장력	품질	수량 (kg/10a)
만 풍	편원형	황 갈	극소	31.6	중(52일)	극상	3,600
신 수	원 형	담황갈	소	35.0	중(60일)	상	3,600

3. 적응지역

'만풍배' 는 전국재배가 가능하고 '신고' 의 일부 대체가 가능한 품종이다.

4. 재배상의 유의점

① 적숙기에도 과피에 녹색이 남아 있으나 수확후 1개월이면 황갈색으로 변하므로 숙기판정에 유의해야 한다.
② 대과종이므로 일반봉지는 파지되기 쉬우므로 규격이 큰봉지를 사용하도록 해야 한다.
③ 질소질 비료의 과용을 피하고 여름철에 신초를 유인하여 액화아 형성을 유도하도록 해야 한다.

조생황금(早生黃金)

1. 육성경위

조생황금은 1986년에 원예연구소에서 신고에 신흥을 교배하여 얻은 실생중에서 1993년에 86-1-47이 유망시되어 1차 선발하여 1994년부터 1998년까지 "원교나-17호"로 지역적응시험을 5년간 검토한 결과 공시 전지역에서 조생종의 황록 대과 고당도 품종으로 그 우수성이 인정되어 1998년 "조생황금"으로 최종 선발 명명하였다.

2. 주요특성

가. 생육특성

조생황금은 수세가 강하며, 수자는 반개장성이며 결과부위는 단과지 착생이 많고 화아형성이 잘 되어 재배하기가 쉽다. 개화기는 황금배보다 2일 빠른 4월 15일경이며, 황금배와는 달리 꽃가루 양이 많고 주요 품종과 교배친화성이 높아 수분수로 재식 가능한 품종이다.

나. 과실특성

조생황금은 숙기가 9월 상순인 조생종으로 수원지방에서 수확기가 9월 8일로 황금배보다 1주일 정도 빠른 조기추석용 황록색 품종이다. 과중은 4106g으로 중과종이며 과형은 정형의 원형으로 외형이 우수하고 과피는 황금색으로 수려하다. 과육색은 투명한 유백색으로 육질이 유연 다즙하고 석세포가 극히 적으며 감산조화된 식미가 극히 우수하다. 당도는 12.8°Bx로 높은 편이다.

〈표1〉 주요 생육특성 및 과실특성

품종	만개일 (월. 일)	숙기 (월. 일)	과중 (g)	당도 (°Bx)	산미	경도 (kg/5mm φ)	과즙	육질
조생황금	4.15	9.8	410	12.8	소	0.9	다	연, 밀
황금배	4.17	9.16	390	12.1	소	1.0	다	연, 밀

다. 내병충성

조생황금은 흑반병에 저항성인 품종이다.

라. 수량성 및 상품성

조생황금은 수량성이 3,200kg/10a로 풍산성인 품종이며 황금배에 비해 동녹발생이 적으며, 상온 저장력은 30일정도로 약한 편이나 저장중 생리장해 발생이 적다.

〈표2〉 수량성 및 상품성

품종	과형	과피색	석세포	과심율 (%)	저장력	품질	수량 (kg/10a)
조생황금	원 형	황 록	소	32.0	약(30일)	상	3,200
황금배	원 형	황 록	소	30.6	약(30일)	상	3,200

3. 적응지역

조생황금은 전국재배가 가능하며 숙기가 황금배보다 8일 빨라 추석이 빠른 해에는 국내 시장에서 황금배보다 유리하며 동녹이 적고 꽃가루 양이 풍부하여 재배가 용이한 조생종으로 유망한 품종이다.

4. 재배상의 유의점

① 수세가 강하므로 강전정, 질소 비료의 과다 시용을 피하고 충분한 재식거리를 확보하여야 한다.
② 황금배 전용봉지를 가능한 일찍 씌워 동녹발생을 막아주어야 한다.
③ 황금배, 신일 품종과는 교배불친화성이므로 이들 품종의 수분수로는 이용할 수 없다.

판 권
본 사
소 유

최신 배 재배(수정증보판)

2001년 8월 15일 1판 1쇄 발행
2018년 8월 25일 1판 6쇄 발행

저 자 : 김 정 호
발행인 : 김 중 영
발행처 : 오성출판사

서울시 영등포구 영등포동 6가 147-7
TEL : (02) 2635-5667~8
FAX : (02) 835-5550

출판등록 : 1973년 3월 2일 제 13-27호
www.osungbook.com

ISBN 978-89-7336-150-2 93520